教育部高等学校轻工类专业教学指导委员会“十四五”规划教材
江苏省高等学校重点教材（编号：2021－2－075）

包装工艺与设备

卢立新　主　编
卢立新　李　光　王利强　郝发义
刘志刚　潘　嘹　吕艳娜　编　著

中国轻工业出版社

图书在版编目（CIP）数据

包装工艺与设备/卢立新主编. —北京：中国轻工业出版社，2022.8

ISBN 978-7-5184-3913-3

Ⅰ.①包…　Ⅱ.①卢…　Ⅲ.①包装工艺②包装设备　Ⅳ.①TB48

中国版本图书馆 CIP 数据核字（2022）第 044825 号

内 容 提 要

本书围绕产品包装工艺及其相应配套生产设备，系统介绍了产品包装防护与保质基础、通用包装工艺与设备、专用包装工艺与设备以及包装工艺及质量管理。通用包装工艺与设备内容包括典型单元包装工艺与设备、组合包装工艺与设备、后道包装工艺与设备；专用包装工艺与设备内容包括防潮包装、金属防锈包装、吸附/释放型活性包装、气体调节包装、控温包装、无菌包装等工艺与设备。

本书工艺与设备紧密融合，强化包装工艺理论与设计方法，突出工程化案例，将为培养学生包装工艺设计及工程化实施能力的达成提供重要基础。本书可作为普通高等院校包装工程专业或相关专业的教材，也可作为大专院校有关专业的教学参考用书、包装从业人员的工作参考书。

责任编辑：杜宇芳
策划编辑：杜宇芳　　责任终审：劳国强　　封面设计：锋尚设计
版式设计：华　艺　　责任校对：吴大朋　　责任监印：张　可

出版发行：中国轻工业出版社（北京东长安街 6 号，邮编：100740）
印　　刷：河北鑫兆源印刷有限公司
经　　销：各地新华书店
版　　次：2022 年 8 月第 1 版第 1 次印刷
开　　本：787×1092　1/16　印张：20
字　　数：486 千字
书　　号：ISBN 978-7-5184-3913-3　定价：69.80 元
邮购电话：010-65241695
发行电话：010-85119835　传真：85113293
网　　址：http://www.chlip.com.cn
Email：club@chlip.com.cn

210078J1X101ZBW

前　言

包装工艺和设备在包装系统中承担着十分重要的作用，是获得合格包装的前提和手段。包装材料是实现包装防护功能的基础，在完成所需包装原材料制造后，需采用合理工艺方法与设备将其转换为包装产品形式，进而实现包装要求。

当前，面向新工科建设、工程教育认证及今后包装科技发展，重构专业知识体系，优化培养方案成为专业建设的首要任务，专业课程特别是专业核心课程建设是其中的重点工作之一。江南大学包装工程专业围绕以“包装系统创新设计”为核心知识与能力的培养，按照“包装技术基础—包装技法—包装工艺设计—包装机械—工程化实施”能力要求重组包装工艺与机械模块课程，设置“包装工艺与设备”等专业核心课程并实施重点建设，为此组织编写配套教材。本教材重点解决以下问题：

（1）注重内容的广度和深度的协调。包装产品对象众多，相应的防护保质包装要求千变万化，教材从通用包装共性工艺、专用包装防护原理出发建立教材框架，将通用包装工艺与设备内容组织优化成三章；以典型保质工艺为重点，将专用包装工艺与设备内容组织为六章；考虑到基于机械动力学的产品物流防护包装工艺已单独设立运输包装等相关课程，不再纳入本教材。教材整体内容力求重点突出，避免大而全、多而泛。

（2）强化包装工艺理论与设计方法。包装工艺原理、包装防护与保质理论与设计方法是包装工艺设计的基础。教材结合学科科技发展与行业需求，强化包装工艺理论与方法。在第二章产品包装防护与保质基础中介绍产品—包装—环境相互作用、包装防护与保质原理、包装货架期理论等；后续在专用包装工艺中进一步拓展了包装内外传质与传热理论、气体调节包装/活性包装/控温包装等工艺设计方法、产品包装货架期预测等。

（3）突出工程化案例。将相关重点防护与保质包装设计的方法与程序、典型案例、国内外最新标准规范等有机结合，强化解决复杂工程问题能力、理论联系实践的工程应用能力的达成。

（4）结合包装学科发展、重点工程领域等技术需求及今后发展，及时增加新内容。第一次将吸附—释放型活性包装内容纳入教材，同时较为深入完整地论述了无源蓄冷控温包装的理论、设计方法及测试评价程序等。

本教材由江南大学卢立新组织编写并负责统稿，江南大学王利强、刘志刚、潘嘹，天津科技大学李光，上海理工大学郝发义，大连工业大学吕艳娜等参与编写。其中，卢立新编写绪论、第一章、第六章、第七章、第八章、第十章；李光编写第二章，王利强编写第三章，刘志刚编写第四章，郝发义编写第五章、第十一章，潘嘹编写第九章，吕艳娜参编第十章。此外江南大学包装工程专业的部分研究生参与了其中的资料收集处理工作。

本教材参考了相关教材、参考书、论文、标准以及专利等，包括编者的研究成果，未能一一列举。在此谨向引用文献的作者深表感谢！

由于编者水平有限，加之教材内容涉及面广，书中错误、不当之处在所难免，恳请读者批评指正。

卢立新

2022 年 1 月于无锡

目　录

绪　论

包装是产品转变为商品的必要手段，包装技术伴随着人类社会的进步和经济技术的革新不断延伸和发展。21世纪以来，随着商品经济的全球化和现代科学技术的高速发展，包装发展进入全新时期，物流智能化强化了包装在供应链物流管理中的作用，包装被赋予更多的功能，它已成为现代商品生产、储存、销售、使用和人类社会活动中不可缺少的组成部分。与此同时，绿色环保的理念深入人心，“绿色包装”“可持续包装”理念与要求随之发展起来。

包装工艺和设备在包装系统中承担着十分重要的作用。我国国家标准GB/T 4122.1中关于包装工艺的定义为：“用包装材料、容器、辅助物或设备将产品进行包装的方法和操作过程”，也即包装工艺是依据产品的包装要求，对包装原材料或半成品进行加工或处理，最终将被包装物包装起来，使之成为商品的过程。制定包装工艺的总体原则是技术上的先进性和经济上的合理性。由于不同企业的包装设备生产能力、包装精度与质量、操作人员熟练程度等因素都不相同，所以对于同一种产品而言，不同的企业制定的包装工艺可能是不同的；甚至同一个企业在不同的时期实施的包装工艺也可能不同。可见，就某一产品包装而言，包装工艺并不是唯一的。

国家标准GB/T 4122.2中关于包装机械的定义为：“完成全部或部分包装过程的机器，包装过程包括成型、充填、封口、裹包等主要包装工序，以及清洗、干燥、杀菌、贴标、捆扎、集装、拆卸等前后包装工序转送、选别等其他辅助包装工序。”因此，包装机械是实现包装工艺的载体，它代替手工操作，完成全部或部分包装过程，是实现包装机械化、自动化的基础，在现代包装工业生产中起到重要的作用。

包装工艺与设备是获得合格包装的重要前提和手段，包装工艺与设备的水平也反映了一个国家、行业的包装工业整体水平。包装材料是实现包装防护功能的基础，在完成所需包装原材料制造后，需采用合理工艺方法与设备将其转换为包装产品形式，进而实现包装要求。为此通过优化、创新包装工艺方法而提升包装设备整体水平，进而制造出满足现代包装功能要求的包装产品是行业关注的重点。特别是在经济危机的情况下，工艺技术创新将是包装企业拓展生产潜能、降低生产成本、增强竞争活力的重要途径。

总体上，包装工艺与设备所要解决的主要问题包括：

（1）保证实现包装的功能　包装具有保护产品的功能，例如要求防震、保鲜或防腐的产品，在包装设计中已经做过考虑，但必须按照规定的技术条件，严格执行工艺操作，才能确保包装的保护功能。为了按照规定的品质和数量将物品包装起来，必须研究、开发和采用合理的工艺规程，才能完成符合要求的合格包装件，保护消费者的权益。

（2）提高劳动生产率　所谓劳动生产率就是指单位时间内人均生产出合格包装件的数量。提高劳动生产率就要改进现有的工艺过程，采用新工艺、新技术、新材料和新设备，提高自动化程度，可极大地提高生产效率。此外，采用新的工艺和设备有助于代替烦琐的手工操作，不但能将包装操作人员从繁重的体力劳动中解放出来，而且大大地改善其现场工作条件。

（3）提升产品包装质量　现代包装机械设备按照既有的包装工艺在稳定的环境下高速、高质量的完成包装作业，人参与的作业环节、机会越来越少，有效地保证了包装质量，避免了人手直接接触、环境变化导致的产品污染及质量变化。同时包装机械设备的计量精度高，产品包装的外形整齐美观、封口可靠，保证了产品质量。

（4）不断提高包装经济性　在包装工艺过程中，不断追求如何节约原辅材料、包装生产的费用，尽量降低工艺成本。为此要采用先进的包装工艺、高效率包装设备，合理使用包装原辅材料，提高包装成品率等。只有在高生产率条件下，用合理工艺成本生产的包装件，才具有经济性，在市场上才有生命力和竞争力。

（5）适应可持续发展要求　关注包装对生态环境的影响、包装可持续发展已经成为全球共识，特别是随着新的“限塑令”的实施，使用可降解材料，发展可重复利用包装，减少包装生产及废弃物对环境的污染等已成为关注的重点之一。

总之，包装工艺与设备所要解决的主要问题就是如何获得优质、高产、经济、环保的包装件。其中优质是前提，如果不能实现包装所规定的功能作用，也就谈不上生产率和经济性。

一、包装工艺与设备的主要研究内容

包装工艺的核心内容是以包装件加工过程中的主要包装工序为主体，如容器成型、充填计量、封口、包装介质控制等，并论及相关包装工序，如供送、清洗、干燥、杀菌、贴标打印、捆扎、集装等工序。在实施形成包装件的过程中，包装工艺及过程理论方法起着关键的指导作用。

包装工艺与设备的研究涉及包装材料、结构、工艺、加工、运输乃至废弃物回收等全过程，是在学习掌握了其他有关专业课的基础上，综合应用所学知识，正确设计包装工艺并解决生产中的理论和实践问题，具体要求：① 掌握包装工艺的基本理论知识，熟悉实现包装工艺的机械设备；② 掌握主要包装方法和包装设备的基本原理、操作技术和工艺要领，了解国内外包装工艺的新动态；③ 具有正确制定包装工艺规程和分析解决包装生产问题的基本能力。为此，包装工艺与设备需研究涉及包装工程和其他学科的相关内容，其中包括以下几个方面。

1. 研究被包装物品的特性

被包装物品即产品是包装实施的对象，也是制定包装工艺规程的原始依据，因此，只有研究其特性，充分了解和认识其形态、性状、质量、强度、结构、化学性能、生理特性、价值等多方面的性质，才能在制定包装工艺方案时作出正确的决策。产品表现的特性不同，所需要的包装工艺不同，研究被包装物的特性，就是要在充分了解其物理、化学、生物特性以及保质要求的基础上，选择合适的包装材料与结构、包装工艺和制造方法，满足保护产品的要求。

例如，特殊物料的包装长期以来是包装行业关注的重点难度之一。通常，特殊物料具有如下特征：一是至少具有流动性差或流动性特强、黏度高、粒径超细、易飞扬、异形等一种特征，而带来的包装、尤其是自动包装难度大；二是危险性，主要是指物料有毒、易燃、易爆、氧化性、腐蚀性及放射性危险品等，导致包装生产过程中工艺技术规程和安全操作规程要求高。

2. 研究流通环境因素对包装件的影响

产品在完成包装后进入流通，阻止或减缓环境因素对包装产品质量影响成为包装防护的重点。包装产品的物流、销售活动是在一定的空间和时间范围内展开的，与环境因素既相互作用又相互制约。一方面包装件在保质期内各物流作业活动会受到多种物流环境因素的单独、组合或者综合作用，如气候、机械、生化等环境因素的影响；另一方面，产品（如温度敏感型产品等）基于本身特性，对外部环境及包装物流活动提出了较为苛刻的要求。因此要对包装件经历的流通环境以及环境因素对包装件可能的影响进行深入研究，从而制定相应的包装工艺规程，采取合适的物流包装防护工艺技术，以提高包装件的安全运输保障。

针对不同供应链物流系统中包装物的特点和环境影响因素，相应包装防护技术有：机械破损防护包装技术，包括缓冲、集合等包装；物理防护包装技术，包括防潮、防水、防静电、防辐射等包装；化学防护包装技术，包括防锈防腐蚀、活性保鲜等包装；生物防护包装技术，包括防霉、无菌、防虫害等包装。同时，一个具体产品的防护要求往往是多方面的，为此需要研究多种包装防护工艺的综合技术。

3. 研究包装材料及其制品的适应性

包装工艺设计须研究并熟悉各种包装材料及其制品的性能，根据技术可能与经济合理的原则，以及环境保护的要求，选择出满足被包装物品所需要的包装品。针对包装材料，关注其品种、成分、规格、性能、成型、安全、环保等要素，同时应与内装物有较好的相容性；针对包装容器制品，关注其成型、机械力学性能保持、整体防护性、集装与使用方便性、回收利用等要素。同时，在满足性能要求的前提下，尽量采用性价比高或代用的材料，以降低成本和运输等费用。

4. 研究包装速度/精度及可靠性

现代包装生产工艺，非常注重包装生产的高速高效、高可靠性、自动化智能化程度等，而包装精度是实施合格包装的基础，可靠性则是高效稳定生产的保障。包装过程中，精度控制与物料性质、输送与计量方式等因素密切相关，特别是包装精度在一定程度上与包装速度是相互矛盾的，因此需要研究采取多方面手段来控制，包括采用合理高效的综合计量方法、控制方式以及结构功能性优化等来保证包装精度与包装速度合理平衡。

5. 研究包装工艺原理与包装保质期

包装工艺可分为通用包装工艺和专用包装工艺。通用包装工艺包括各种包装材料和包装容器的制备和成型工艺、物料充填工艺以及包装完成后的一些辅助包装工艺，如封口、贴标、捆扎等。通用包装工艺是实现包装工艺过程中不可或缺的一环，需要针对被包装产品选择合理的工艺，保证符合要求。专用包装工艺是根据包装产品流通环境、包装保质期等要求，进一步研究产品包装内外的传质传热原理与理论、各类因素对被包装品性能的影响显著性及具体影响规律，获得基于流通环境、包装因素的产品防护有效期预测，制定有针对性的包装工艺包括物理、化学、生物防护等。

例如，针对各类战储物资的防护要求，以控制影响战储物资质量性能的关键因素“相对湿度和氧浓度”为目标，使包装容器内“微环境”的相对湿度保持在30%～60%、氧气浓度不大于0.1%，以此消除温度、相对湿度、盐雾、腐蚀气体等多种诱发因素对战储物资的共同交叉作用和加速影响，保证战储物资在包装封存期限 8～10 年内质量性能符合要求。

6. 研究包装设备的性能与应用

包装工艺的创新是推动包装机械创新研发的前提，而包装机械是实现包装工艺的手段。一方面，包装工艺的设计创新是推动包装机械创新的前提，特别是针对传统手工产品包装、特殊物料包装、电商销售及特种物流包装等，都需要在包装工艺设计创新的基础上，研发新型包装机械设备，实现包装机械化、自动化等。另一方面，在设计包装工艺时应充分考虑现有技术设备水平、与包装工艺的匹配性。用于包装的设备有包装机械、印刷机械和包装相关机械（如包装容器加工机械等），机种繁多、类型各异，其专业化情况、自动化程度、生产率水平也大相径庭。为此应研究各种包装设备的性能及其应用范围，在制定包装工艺规程时，根据各方面的约束条件，选择合适的包装设备。

7. 研究包装工艺的设计准则与包装标准

针对不同种类产品制定科学有效的包装工艺，是确保产品包装质量的关键。而包装工艺的设计准则是指导产品包装工艺设计基础依据。在包装成本低、安全生产、可持续等基础上，应结合具体产品研究确定包装设计准则、具体要求。

标准化是推动社会生产快速发展的强大力量，是经济技术发展的重要基础，包装标准化则是现代化商品生产和流通的必要条件。为了适应商品经济发展的需要，推动标准化、系列化和通用化工作，要研究制订产品包装标准，特别是研究同类产品包装工艺典型化，这对提高产品包装工艺设计水平，节约工艺成本，具有十分重要的意义。同时，在制定包装工艺规程时，应积极采用、贯彻执行已制定的包装标准（国家标准、行业标准、团体标准或企业标准），以提高包装品质与生产率。

8. 研究资源的合理利用

进入 21 世纪以来，推行绿色包装、可持续包装已成为共识。绿色包装包括安全无害、环境保护、节约资源等诸多内涵，要求在保证包装功能的前提下，尽量节约资源；产生的包装废弃物要少，而且能回收、处理或综合利用；或经降解后能自然消灭，或掩埋时能少占耕地，不污染江湖河流或侵蚀土地良田，或者能自动分解；如果焚烧处理，则要求不产生毒气等二次污染，或者产生新的能源时燃烧值最高等。为此，世界各国针对包装业的有关环境保护法规已陆续制定并生效，评价包装可持续性的理论方法已开始得到研究及应用。一些包装制造商已经考虑如何减少包装材料使用量、选择更环保的包装材料等来生产包装产品；此外，消费者也逐渐建立了绿色包装环保理念，选择可持续包装产品。为顺应、贯彻包装新发展理念，研究设计绿色可持续的包装工艺和包装设备。

二、包装工艺与设备的发展趋势

包装工艺与设备的发展一直伴随着包装的发展，在过去的 200 年里，包装已经从一个盛装商品的容器演变成整个产品设计中的一个重要要素。为满足现代包装产业的需要，包装工艺与设备的发展呈现出以下趋势。

1. 包装工艺的理论基础研究

保质是包装最为基础、最重要的功能。总体上看，包装保质是通过包装材料及制品、实施不同包装工艺来抑制减缓贮运环境对被包装产品的影响，因而基于包装内外的传质传热研究在包装学科、现代包装工业中具有极为重要的理论意义和工程价值。包装内外的相互作用从产品生产过程中与包装材料接触时刻开始，贯穿整个包装过程，同时直接影响产品包装保质期。

包装件在流通过程中，由于受到物理、化学、微生物及气象环境等多方面因素的影响，使包装件或内装物品受到质量性能发生变化。物理方面，有由于冲击、振动、挤压等因素引起的损坏；化学方面，有由于锈蚀、分解、化合等作用引起的损坏；微生物方面，有由于腐败、变质等因素而引起的损坏；气象环境方面，有由于湿度、沙尘、盐雾等因素引起的损坏。在过去的几十年里，国内外围绕上述相关因素对产品、包装材料及制品的质量损耗机理原理，提出了一系列包装防护保质的理论方法，为产品包装工艺的设计、产品包装防护提供了有效的基础支撑。但与此同时，应该看到围绕产品包装传质传热、保质等机理、理论方法等方面，仍存在一系列基础性的问题未解决；同时，随着环保包装材料与纳米包装材料、活性包装与智能包装应用等需求递增，需要进一步开展功能性包装保质理论方法研究，只有理论结合实践才能研发可行有效的包装工艺方案，进而推动包装工艺的不断发展。

2. 包装工艺的综合与创新

随着包装技术的发展，各种新型的包装工艺与包装技术也在不断的诞生。新型的包装工艺较之以往的工艺，更加的高效，可以满足特殊产品的防护要求，更加吸引消费者的关注，具有广阔的研究前景和巨大的市场潜力，例如气调包装、活性包装、智能包装和纳米包装等。同时，采用新技术和新工艺必须满足消费者、社会和生产者的需求。消费者需要高质量的产品最方便的满足他们不断变化的生活方式；社会需要更安全的产品来保障人民的生命健康；生产者需要可行、经济的包装工艺来满足市场要求并获取更高的效益。

与此同时，对还未实现机械化、自动化包装的产品，更需要针对产品特性与销售特点，研制其包装工艺。例如我国传统食品，还有相当一部分产品目前还未实现机械化包装，为此需要在传统食品的生产工艺的基础上，研究产品特性及保质要求，改进产品传统生产工艺、研发新型包装工艺，使产品生产与包装工艺衔接，从而完成实现传统食品的工业化包装，这对提升我国传统食品工业化、提供产业效益等均具有重要价值。

此外，注重包装的绿色设计、可持续发展理念。绿色包装是对产品设计、原材料选择、工艺设备选用、生产路线选定以及废弃物处理与利用等整个包装设计周期的技术进行变革，做到节省材料和资源、材料可降解或可再生，废弃物易回收利用。为此需要将绿色包装、可持续包装理念融入包装工艺设计中，更加全面科学地评价包装产品的环境性能，同时如何应用生命周期法（LCA）或新方法对产品在原材料、生产制造、使用以及处理等整个生命周期过程中的影响进行有效评价也将是包装工艺设计未来的重点之一。

3. 包装与物流的一体化与智能化

供应链物流的灵活、快速和高效是现代企业赢得市场竞争优势的一个重要环节。在整个供应链物流体系中，包装既是其中的组成部分，又是其他供应链物流活动的保障因素，也成为影响供应链物流绩效的基础因素。供应链包装系统集成了包装设计与制造、材料科学、物联网、供应链管理等多学科技术，其中包装整体解决方案是否合理、科学直接影响着供应链物流活动的运营效率。为此，产品包装工艺设计需要进一步考虑与实际供应链的有效融合，针对包装产品的特性、销售形式、物流防护要求以及供应链物流特点等诸多方面的因素，进行综合设计与评估。

同时，随着物联网技术应用日趋成熟，物流智能化已成为现代供应链物流发展的必然趋势。在物流智能化进程中，包装是物流过程信息的携带与传递者，同时还需满足机械化、自动化运作等提高供应链整体物流效率的要求，可见物流包装智能化是实现供应链物流快速高效管理的基础。

4. 包装生产自动化与智能化

包装机械的自动化与智能化是提高包装质量、提高生产效率的重要技术保障。目前，随着科学技术的发展，机电一体化技术、人机界面和系统控制技术的应用，有效提高了包装机械的技术水平。机电一体化系统将机械、微机、微电子、传感器等多种学科的先进技术融为一体，给包装机械在设计、制造和控制方面都带来了深刻的变化；通过人机界面和系统控制对生产工艺参数、设备运行状态进行设定和监测，同时通过变频器、高性能电机等设备，实现包装机械传动和运动化控制，实时对包装过程的速度进行调控。目前，包装机械采用计算机控制，有效实现故障自我诊断、安全连锁控制、过载和失控保护等功能，实现智能化操作与管理，大型包装生产线还实现了计算机群控联网，自动化和智能化程度大大提高。

今后，在充分考虑市场用户需求的基础上，如何进一步提高机器生产率、生产可靠性，降低生产能耗、减少环境污染等，均需要进一步寻求提高生产率的方法和途径。

提高包装机械自动化、智能化，已成为全球包装机械制造、包装产品生产商的共同需求，不仅可提高生产效率、适应产品的更新变化、实现设备故障预诊断、预维护，也可实现安全精准检测，实现全线智能化生产。

5. 包装设备的柔性和灵活化

随着市场竞争日益加剧，产品更新换代的周期已越来越短，同时为了满足市场多样性、个性化的需求，要求包装机械具有好的柔性和灵活性，这样才能符合经济性要求。据预测，多用途、简洁化、组合化、可移动、更加柔性和灵活性将是未来包装机械设备发展的重要趋势之一。

为适应包装产品品种和包装类型的变化，包装机械设备的柔性和灵活性主要表现在以下方面：

（1）量的灵活性　既能包装单个产品，也能适应不同批量产品的包装。

（2）产品的灵活性　整台设备采用单元组成，换用若干个单元，即可适应产品变化。

（3）包装件数量的灵活性　采用单元结合，将各单元组合在一起，生产不同数量的包装件产品。

为使包装机械具有好的柔性和灵活性，需要进一步提高自动化程度，大量采用计算机技术、模块化技术和单元组合形式等。

第一章　产品包装防护与保质基础

包装最为基础与重要的功能是对被包装产品的保护，包装防护主要是为了防止或减缓产品在流通领域发生数量的减少或质量变化，在现代商品流通中起着十分重要的作用。包装防护要素主要包括：物态稳定性防护、化学稳定性防护、生理生化稳定性防护、结构稳定性保护以及综合稳定性保护。为此需了解掌握影响产品质量变化的主要因素、包装产品在流通中受到的影响，同时研究包装传热和传质理论和产品包装保质基本原理，在此基础上，才能设计合理包装工艺方法。

本章主要介绍引起产品质量变化的主要因素及其相互作用关系；分析包装内外的传质与传热的基本方式、相关物理量变化的理论方程；论述产品包装防护与保质的基本原理、食品货架期的预测过程及预测方法，为后续产品包装工艺的学习与设计分析等打下基础。

第一节　引起产品质量变化的主要因素

合格的产品包装是需要将产品安全、经济、及时地递送到消费者手中。为此首先要了解引起产品质量变化的因素，它是合理设计包装防护和包装工艺的前提条件。

产品从生产到销售直至最终消费者使用的过程，所涉及到的时间和空间分布广，影响产品变化的因素也众多，从包装系统的观点分析，主要因素可归纳为三个方面：产品特性；包装性能；流通环境。

产品特性包括物理机械性质、化学性质、生物学特性等，是影响产品内在变化的主要因素，因此在产品生产加工中应该控制其性能使之达到相关法规的要求，确保在包装前品质指标安全合理。值得注意的是，产品的内在因素可以通过原料成分和加工工艺选择等进行控制。

包装可以保护产品不受、减缓某种因素的影响而导致的质量变化，合理的包装工艺就是要针对产品在流通过程中的防护要求选择合适的包装材料，设计合理的包装结构，这就需要研究包装的特性。

流通环境是指产品在整个流通过程中经历环境条件，包括温度、湿度、光线、压力、气体、机械外力等，这些因素会影响产品品质发生变化的速率，造成产品品质性能的降低，如金属产品的锈蚀、食品风味下降或腐败、果蔬的衰败等。同时，产品包装性能也会受到一些环境条件因素的影响，继而进一步影响被包装产品质量。

在多数情况下，上述三方面因素对产品的影响过程极少是相互独立的，而是相互作用的。这些因素之间的相互作用将影响产品的质量变化与产品安全，合理的防护包装应减少这些作用变化，这也是设计包装工艺的重要环节。

一、产 品 特 性

（一）产品的物理机械性质

1. 产品材料构成

产品是由一种或多种材料加工而成，材料特性是产品的最基本属性，主要包括材料种类、外观特性、物理性能（颜色、状态、气味、密度、熔点、沸点、硬度、溶解性、延展性、导电性、导热性等）、材料的力学性能（弹性、强度、韧性、脆性、塑性等）、材料的化学性能（化学成分）及其他特性。

2. 产品物理机械性质

与包装工艺相关的产品物理特性主要包括：强度刚度、物理性能、机械易损性、材料相容性、结构特征（稳定性、可拆卸性、轻便性、维护性等）、安全性以及特殊性能（辐射、磁性、易飞扬等）。

（二）产品的化学性质

（1）产品的化学成分　总体上产品的化学成分分为无机成分、有机成分以及两种混合成分三大类。化学成分就是指某一混合物中，各种化学物质的分子式以及该分子构成的化学物质在该混合物中的含量。不同产品的化学成分千差万别，导致其表现的产品化学性能也不同。

（2）产品的化学性质　化学性质是产品在化学变化中表现出来的性质，如所属物质类别的化学通性：酸性、碱性、氧化性、还原性、热稳定性及一些其他特性（易燃易爆性等）。

需要说明的是，化学性质与化学变化是两个不同的概念，性质是物质的属性，是变化的内因，性质决定变化；而变化是性质的具体表现，在化学变化中才能显出化学性质来。

（三）产品的生物学特性

与包装保质密切相关的产品生物学特性较多，最为常见是与微生物、产品呼吸作用等相关的特性。

1. 微生物特性

产品（例如食品、药品）在生产加工、包装储运以及销售食用的过程中可能受到各方面因素的影响而导致产品品质降低，甚至产生有害物质。这些影响因素总体可分为非生物学因素和生物学因素两大类。微生物污染作为典型的生物学败坏因素，是导致此类产品腐败变质的最主要原因。

（1）微生物形态　个体形态、主要包括镜检细胞形状、大小、排列，革兰氏染色反应，运动性，鞭毛位置、数目，芽孢有无、形状和部位，荚膜，细胞内含物；放线菌和真菌的菌丝结构，孢子丝、孢子囊或孢子穗的形状和结构，孢子的形状、大小、颜色及表面特征等。

（2）生理生化特征　生理生化特征主要包括：

① 能量代谢。利用光能还是化学能进行。

② 对氧气的要求。专性好氧、微需氧、兼性厌氧及专性厌氧等。

③ 营养和代谢特性。包括所需碳源、氮源的种类，有无特殊营养需要，存在的酶的种类等。

（3）特定微生物　尽管能造成产品污染的微生物的来源广泛且种类众多，但是并不是所有种类的微生物都会造成产品的腐败变质。一般而言，针对某一特定的包装或存储条件下的产品而言，其微生物体系中只有一种或几种特定微生物能够快速繁殖成为优势菌种，并对产品的腐败做出主要或决定性的贡献，这种导致产品腐败变质的特定微生物也常被称作该包装或存储条件下的产品的特定腐败微生物。特定腐败微生物的生长繁殖速率决定了产品的腐败速率、产品货架期。

(4) 微生物生长繁殖 当产品或产品表面具备为微生物提供营养物质及生长条件时，产品中微生物进入生长繁殖过程，同时各类代谢产物就聚集在产品上，并对产品的性状及品质造成一定的影响。

一般情况下，稳态条件下的任何同源微生物群体在富含营养的培养基或真实食品系统上的生长规律都可用图 1-1 所示曲线表示。微生物生长大致可划分为迟滞期、指数生长期、稳定期和死亡期四个主要阶段。但当微生物生长进入稳定期和死亡期时，食品一般都已经出现了明显腐败现象。

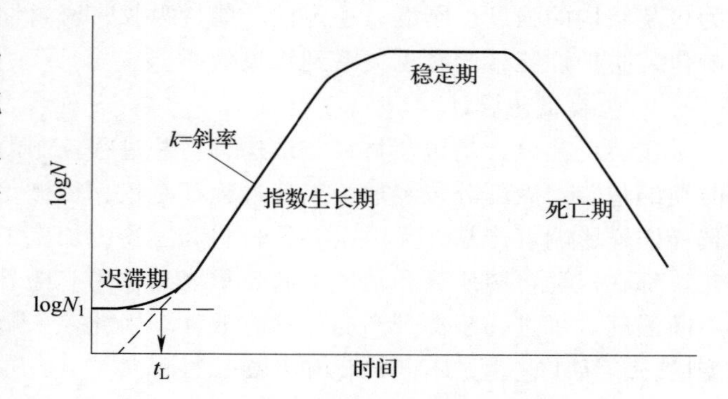

图 1-1 典型食品微生物生长曲线

2. 呼吸作用

果蔬采收后脱离了母体，虽然不再能从母体上获得水分和养料，继续进行光合作用和合成有机物质，但仍然是活着的有机体，还在进行着生命活动，此时呼吸作用成为新陈代谢的主体。呼吸作用一方面直接联系着体内各种生理过程，为采后的生理代谢提供能量；另一方面它直接联系着其他各种生化过程，也影响和制约着产品的寿命、品质变化和抗病能力。果蔬采后呼吸代谢的结果是体内营养物质不断消耗的过程。其中呼吸类型、呼吸强度等是包装保鲜保质关注的重点特征参数，它们与产品的种类与品种、发育年龄与成熟度、产品不同部位、贮运环境条件等相关。

二、包 装 性 能

包装性能就是包装物在用于产品包装的过程中所表现出的性质，产品与包装形成一个密切的整体，包装性能对产品品质变化起到关键作用。现代包装中使用的包装材料与制品种类众多，这些材料与制品由于自身理化性质的差异，所表现的性能也会不同；同时包装材料的性质不同造成所制成的包装物在结构形式上多种多样，也使得包装工艺选择上的不同，最终都会影响到产品的品质变化。

通常包装特性对产品质量变化影响的具体表现形式主要有包装材料性能、包装结构性能以及包装工艺等。

1. 包装材料性能

包装材料性能主要包括力学机械性能、物理性能、化学稳定性等多方面，这些特性对于产品的质量变化有着密切的相关性。

① 包装材料力学机械性能。包装材料的力学性能主要包括弹性、强度、韧性、脆性、塑性等性能，不同产品的防护对包装材料的力学要求不同。在产品的运输、销售过程中，包装材料对产品的结构稳定性保护很大程度上依赖于包装材料的力学机械性能。

② 包装材料物理性能。包装材料的物理性能是指包装材料在外界环境下，只发生物理形态变化而不改变材料本身的性能，主要包括包装材料的密度、相对密度、吸湿性、阻隔性、导热性、耐热性、耐寒性等性能。

③ 包装材料化学稳定性能。包装材料化学稳定性能主要是指受外界环境条件作用下不易发生化学变化的性能。由于包装材料在储运过程中经受日光照射，空气中的氧气以及温湿度的影响，酸、碱、盐等物质的侵蚀和各种化学反应，材料会发生老化或腐蚀。

2. 包装结构性能

包装结构指的是包装的不同部位或单位形体之间的构成关系。包装结构性能主要表现为包装结构的强度、刚度、稳定性、能量吸收、密封性等方面。包装结构性能优劣直接影响包装防护性能，同时也关系到物流效率。

3. 包装工艺设计

包装工艺设计是包装材料与结构、包装过程控制的综合过程。现代包装不同于手工业时期的包装，大部分包装加工工艺过程都是依靠机械化设备进行批量生产，包装工艺设计选择同样影响着产品。无论是各种材料和容器的加工工艺，还是包装完成后的辅助包装工艺，都在保证包装质量和功能上起着重要的作用。随着包装的发展，新的包装工艺和技术不断涌现，可进一步提升产品保护有效性，因此，一个具体产品的包装工艺并不是一直不变的，包装工艺也是不断优化和发展的过程。

不同的包装工艺的原理和实现方式，对产品的保护能力各异，合理的包装工艺需要满足特定产品的要求。例如，对于易受机械损伤的产品进行缓冲包装，对于易受微生物污染的产品进行无菌包装，对于易受化学腐蚀的产品进行防锈包装，对于易受环境气体影响的产品进行气调包装或真空包装等。

三、流 通 环 境

产品须经过流通才能到达用户手中并实现社会价值。现代运输物流作为一种先进的组织方式和管理技术，包含了产品整个生命周期的流通过程，在国民经济和经济发展中发挥了重要的作用。

（一）流通过程与环节

产品的流通过程是指产品从制造工厂到用户消费使用的全过程，包装也一直参与其中，其流通过程包括了包装操作、运输、中转、装卸、仓储、销售、包装废弃物的回收再利用等环节。包装件的流通过程可归纳为三个基本环节：装卸搬运环节、运输环节、储存环节，它们是影响产品质量变化的主要外部因素。

1. 装卸搬运环节

包装件在流通过程中要经历多次装卸、搬运作业。在作业过程中，由于操作不慎会造成包装件发生跌落、碰撞而产生破损，而包装件的重量、体积会影响装卸作业方式。装卸作业分为人工和机械两种方式，其中跌落冲击是引起产品质量变化的主要原因。

2. 运输环节

运输是借助运输工具，将产品从生产地运送至仓储地、卖场、用户的过程。长途运输工具有汽车、火车、船舶和飞机；短途运输工具有铲车、叉车、电瓶车和手推车等。

运输过程对包装件造成损害的因素有冲击、振动、气象环境，流通过程中的各种生物、化学、机械活性物质也会对产品产生损害。

3. 储存环节

储存是包装件流通过程中的一个重要环节。储存方法、堆码重量、堆码高度、堆码方式、储存周期、储存环境等会直接影响产品质量。

（二）流通环境的影响

包装好的产品即包装件在流通过程中所经历的一切外部因素称为流通环境条件，它们是客观存在的，是导致包装件破损或产品失效的主要原因。流通环境条件可分为机械因素、生化因素（气象、环境）、人为因素。表1-1是包装件在流通过程中所受到的各种环境因素的影响。

表1-1　流通过程中损害包装的外界因素及原因

环境因素	具体形式	损害包装的原因
机械因素	冲击	装卸时的跌落、翻滚，搬运输送时的跌落、翻滚，车辆遇到路面突起时产生颠簸，车辆启动、刹车时货物滑动而产生水平碰撞，吊钩、叉子等尖锐物的扎、戳
	振动	路面高低不平，铁轨接缝，车辆结构振动，车轮不平衡
	静压力	仓储堆码，包装捆扎带及起吊时的拉紧力、约束力
	动压力	车辆振动引起的堆垛共振以及上下货物之间产生碰撞
生化因素	温度变化	太阳辐射强烈，天气寒冷，临近设备的加热、冷却
	湿度变化	水汽通过材料扩散
	气压变化	海拔高、环境温度骤降
	光照	光化学降解作用
	水	装卸、储运过程中雨淋，水运时溅淋，湿气、水蒸气环境，温度骤降导致冷凝
	盐雾	海水因风浪作用形成的微小盐核的化学腐蚀作用
	沙尘	沙漠及多尘地带，强气流或湍流作用下产生的微小物质粒子的入侵和磨损作用
	生物	微生物、霉菌、鸟、鼠
	放射性	材料放射性污染
人为因素	野蛮装卸	工人抛、扔、掷，机械操作不规范
	偷盗	撬、砸等强行破坏包装

1. 机械因素

机械因素主要有振动、冲击、压力等机械外力，它们发生在包装件流通过程中的各个环节。

（1）振动　振动是产品流通中常见的危害因素，也是造成包装件破损的主要因素之一。现代交通方式多种多样，在输运过程中会存在周期振动和随机振动两种形式，后者具有不确定性、不可预知性和不可重复性，统称为随机性。在实际运输中，车辆的发动机、变速箱及传动轴等旋转部件的质量偏心或者其他机件的摆动都会造成各种周期振动。

（2）冲击　冲击是物体在极短时间内发生很大的速度变化或完成突然的能量转化。冲击会使物体承受很大的外力或产生很大的加速度，可分为水平冲击和垂直冲击，包装件的垂直冲击主要发生在装卸作业和搬运中，水平冲击主要发生在运输车辆的突然启动和制动、火车转轨、飞机着陆、船舶靠岸等时段。发生冲击时，内装物及其外包装在外力作用下可能破损失效。

（3）静压力　运输过程中，堆垛的包装件要承受来自上层包装件的压力，在此静态载荷的长时间作用下，包装箱、缓冲材料或者结构会发生较大的变形，继而导致包装件损坏。

（4）动压力　动压力描述的是一种快速施加压缩载荷的情况，包装件在运输中，不仅受到静态压力，还会受到来自运输工具底板传递的动态压力，以及发生水平位移时的摩擦力，堆码的包装件因车辆颠簸产生跳动时与下层包装件产生多次碰撞冲击，因此下层包装件承受的动态载荷远比静态载荷带来的危害要大。

2. 生化因素

包装件流通的范围广，会经历不同程度的气象生化环境条件的影响，包括温湿度、雨雪、光照辐射、气压、盐雾、风沙、化学气体等。为此需了解气象环境对包装件性能和品质的影响。

（1）温湿度　温度对包装件的影响主要表现在温度高低和温差导致的影响，主要包括：

① 材料强度、刚度变化。

② 材料与结构尺寸变化，使结构配合发生变化。

③ 包装容器老化、失效，降低机械性能。

④ 包装材料特性（渗透性、拉伸率、张力等）发生变化。

⑤ 包装内外传质传热变化，继而影响被包装物的质量及保质期。

⑥ 引起化学类产品化学反应速度品质发生变化。

⑦ 微生物生长繁殖、生理反应速度变化。

（2）光照辐射　在储运、分销、零售展示以及购买后，产品暴露在自然和人工光源中，会产生光照引起的产品质量恶化，如外观、风味或芳香、营养的完整性。例如，储存期间光辐射对食品的影响已经被广泛地研究，特别是涉及脂质基质和含脂肪食品，这些影响主要归因于光解自由基自氧化或光敏氧化。叶绿素、类胡萝卜素、类黄酮、花青素、肌红蛋白和同步交感的着色剂是存在于食物的典型光敏剂，当光电磁能量被吸收，电子被提升到一个更高的水平，并且增敏剂变得不稳定；同时在氧的存在下，激发态的敏化剂容易与另一分子交互，产生自由基或自由基离子，成为含氧产物。以相同的方式，被激发的敏化剂可与基态分子氧竞争，导致高度反应性的单线态氧的生成。这些反应的后果引起食品褪变或变色、异味和营养损失等。

太阳辐射是一种由太阳发出的以电磁波形式传播的能量，达到地球上界的太阳辐射光谱 99%以上在波长 0.15～4.0μm，大约 50%的太阳光谱能量在可见光谱区（图 1-2）。

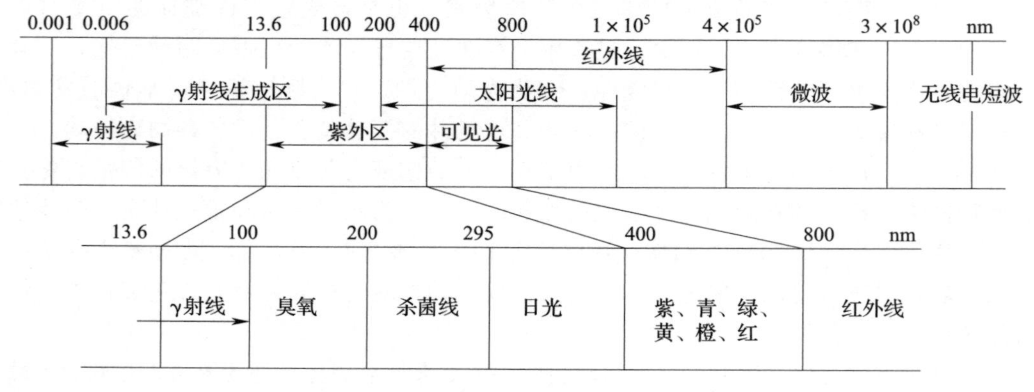

图 1-2　光谱图

光照辐射对包装件的主要影响：

① 红外线可使产品及其包装制品温度升高，加速其物理和化学变化。

② 光照加速化学类物质的降解，导致相关物质发生光氧化、色彩变化等。

③ 紫外光会引起大多数高分子材料的光化学降解，影响橡胶以及塑料的弹性和塑性，加速老化。

（3）盐雾　盐雾是指大气中由含盐微小液滴所构成的弥散系统。其成因主要由于海洋中海水激烈扰动，风浪破碎，海浪拍岸等产生大量泡沫、气泡，气泡破裂时会生成微小的水滴，海水滴大部分因重力作用而降落，一小部分处于涡动扩散保持平衡的状态而分布于海面上。它们随气流升入空中，经裂解、蒸发、混并等过程演变成弥散系统，形成大气盐核。

盐雾对包装件的影响主要表现为加速金属包装制品的锈蚀，造成机械活动件阻塞、电导性增强、绝缘性降低等。因此，在沿海地区流通的产品包装件必须注重对盐雾的防护性。

（4）风沙　大气中的风传递着大量的水分和热量，吹起沙尘，而自然界中的大部分沙尘，主要成分是石英。风沙的共同作用具有较强的穿透力和破坏作用，能对产品，特别是运动部件，产生快速磨损或损伤。当大气中含有湿气或其他气体时，则可能对金属产生腐蚀作用。

（5）化学气体　在城市以及工业区的大气中，生产和生活中燃烧的含硫煤以及石油制品制造等过程中产生的废气被排放到大气，这些废气中含有大量 HCl、Cl_2、SO_2、NO_2 等有害气体及水蒸气，在扩散过程中与空气中水分相结合，生成酸性物质，对环境造成影响，继而影响包装制品及产品质量变化，例如加快金属腐蚀速率等。

（6）其他因素

在包装流通中，影响产品质量变化的生化因素还有很多，如微生物、生物、包装气氛、静电、磁场等。由于产品的包装保护涉及的学科领域广泛，实际包装中必须参考相关领域的专业知识，针对具体的产品进行深入的研究，更好地保护包装产品。

3. 人为因素

人为因素主要来自人工操作不当或其他人为造成的使包装产品变化的行为。对于需要人工搬运的包装件，工人在装卸、搬运包装过程中可能会为了省力和方便，随意操作导致抛、扔等行为的发生。

（三）物流环境条件标准化

研究分析流通环境条件的一般性规律，为现代包装技术提供可靠、全面、科学的数据信息，必须进行环境条件标准化。所谓环境条件标准化，就是用统一的表示方法和度量单位，对流通环境条件的性质作科学的归纳分类，对每一类环境条件和严酷程度作出定量的描述，建立标准化的评价方法。

一些国家已经制定了适合的流通环境试验标准，如美国 ASTMD4169《运输集装箱及系统的性能测试标准实践》，MIL-STD-810H《环境工程考虑和实验室试验》，日本 JISZ0200《包装—性能试验方法一般通则》等。同时，国际标准化组织（ISO）和国际电工委员会（IEC）推出了若干关于流通环境标准化的文件。我国流通环境条件标准化工作起步虽晚，但进展迅速。国家标准 GB/T 4796、GB/T 4797、GB/T 4798 体现了这方面的成果，它们对电工电子产品的流通环境条件、等级公路货物运输机械环境、军用物资运输环境作了规定，对于其他类产品也有指导意义。

1. 分类及简化

环境条件分类是环境条件评价与标准化基础。国际电工委员会（IECTC104）对产品的环境条件按不同的特性分为 5 大类：① 气候环境条件，分 16 种参数。② 生化环境条件，分 10 种参数。③ 机械活性物质条件，分 2 种参数。④ 机械环境条件，分 8 种参数。⑤ 电磁环境条件，分 7 种参数。具体内容见表 1-2。

表 1-2　环境条件参数

环境条件类别	环境参数
气象环境条件	低温、高温、温度变化、相对湿度、绝对湿度、低气压、气压变化、空气等周围介质运动、降水、太阳辐射、热辐射、降水以外的溅水、潮湿
生化环境条件	植物群、动物群、海盐、二氧化硫、硫化氢、氮氧化物、臭氧、氯化氢、氟化氢、氨
机械活性物质条件	空气中的沙尘、沉积的沙尘
机械环境条件	稳态正弦摆动、稳态随机振动、非稳态振动(包括冲击)、自由跌落、倾倒、摇摆与倾倒、稳态加速度、静负载
电磁环境条件	磁场、电场、谐波、信号电压、电压和频率变化、感应电压、瞬变

包装件在流通过程中产生的负荷是多种环境参数的随机组合，较难预测。为方便工程设计，须将流通环境条件加以简化。国际上一般用英文字母和数字来表示环境参数类别和严酷程度。国际电工委员会推荐的标准 TC104 规定：K—气候环境条件；B—生物环境条件；C—化学活性物质条件；S—机械活性物质条件；M—机械环境条件。字母前的数字表示环境条件种类代号，即：1—贮存；2—运输；3—有气候防护场所，固定使用；4—无气候防护场所，固定使用；5—地面车辆使用；6—船用；7—携带和非固定使用。字母后的数字表示环境条件严酷程度，数字越大，条件越严酷。

我国标准目前也采用这一表示方法。例如，2K4 表示运输过程—气候环境条件—4 级严酷程度。对于给定的产品，应采用一整套的分级描述，例如：2K2/2B1/2C2/2S2/2M3。最低的等级组合 2K1/2B1/2C1/2S1/2M1 代表了产品在最严格的运输条件下承受的环境条件，而最高的等级组合 2K5/2B3/2C3/2S3/2M4 则代表范围很宽的运输条件，包括了非常严酷的环境条件。

2. 环境条件量化

在运输包装设计中，必须对各类环境条件的严酷程度作定量描述。国家标准 GB/T 4798.2—2008 中分别对单个气候环境条件、生物化学环境条件、机械活性物质环境条件、机械环境条件这四类环境条件进行了分级量化。

四、相 互 作 用

产品表现出的物理化学特性易受到外界环境作用，如牛奶、橙汁等饮料的 pH 值和溶解氧含量会受到外界大气浓度和温度的影响，水果和蔬菜的呼吸速率、生长调节剂的释放等容易受到外界温度变化以及机械损伤的干扰，这些相互影响产生的变化分为物理、化学、微生物等方面。因此在考虑产品自身特性的同时，应该研究产品与外部因素作用的机理，进而为合理设计包装工艺提供充分的依据。

包装材料对产品而言也并非完全惰性的，它们之间的相互作用会影响到产品质量和保质期，具体表现在分子迁移和渗透上，例如镀锡薄钢板金属罐包装的产品，其内部会涂有涂层材料，在环境温度贮藏一定时间后内涂层会发生降解反应，其中的铁也发生溶解，其结果会使产品褐变变色、口味下降。此外，塑料包装材料中的增塑剂从包装材料中迁移到食品中，甚至会超过食品中增塑剂的法定限量。包装与产品的相互作用并不总是从包装材料到产品的单方面的迁移，往往也伴随着产品对材料的传质，进而影响产品自身的理化性质和包装的保护性能。典型的例子是包装材料如塑料会吸附一些食品中的抗氧化物质或风味物质，导致食品的化学反应速率增加，缩短食品货架期。

这些相互作用具体表现除了传质之外，也包括传热和其他能量传递，因此，应该考虑产品、材料和外界环境的共同作用对产品质量变化的影响。

综上，可以看出对于产品的保护，就是根据产品固有性质、流通环境和外界条件，选择合适的包装材料、设计合理的包装结构和包装工艺，最终达到保证产品质量与安全的目的（图 1-3）。

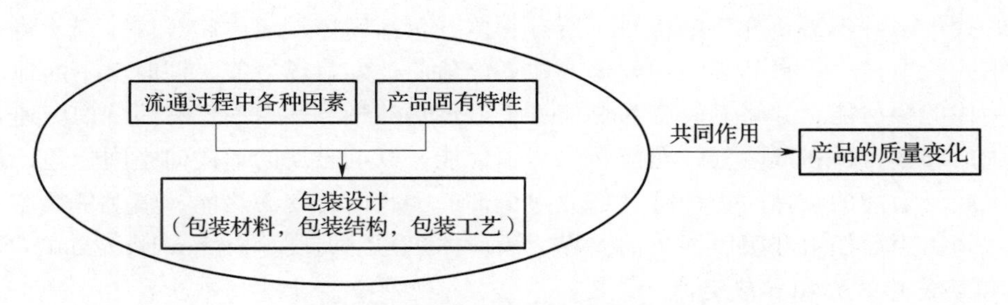

图 1-3　影响产品质量变化的因素

第二节　包装传热与传质

在产品生产、销售、使用的时间过程中，产品会发生质量变化，其中贮运环境、包装以及被包装物三者之间的质量与能量交换是导致产品性能、质量发生变化的主要原因，为此需了解分析产品包装体系中各成分间相互作用。

一、包装材料的传热

传热是指热量的传递，由热力学第二定律可知，凡是有温度差存在时，热量就会从高温处传递到低温处，因此传热是自然界和工程技术领域极为普遍的现象，在各个领域都涉及传热的问题。在众多产品中，温度敏感产品的理化性质极易受到环境温度的影响，如药品和生物制品、大部分生鲜食品等，它们对储存和运输温度要求苛刻，需要采用特殊的控温防护技术，通过隔热、控温包装来减少产品与外界环境的热交换，使产品处在稳定的温度环境内。

1. 传热方式

根据传热机理的不同，热传递有三种基本方式：热传导、热对流和热辐射。

（1）热传导　物体各部位之间不发生相对位移，仅借助分子、原子、自由电子等微观粒子的热运动引起的热量传递称为热传导。对于包装材料，热传导的条件是材料之间存在温度差，如包装箱外侧受环境影响的高温向内侧的低温部分的热量传递。热传导可在固体、液体和气体中发生，其中，包装材料的热传导属于典型的导热方式，起因主要是自由电子的运动。对于纯热传导的过程，不涉及物质的宏观位移，仅是一种传热方式。材料的热传导取决于几个因素：特定材料的温差、材料传热能力以及所涉及传热的面积。

（2）热对流　热对流指流体各部位之间发生相对位移所引起的热传递过程。流体中产生热对流的原因有两种：一种是流体中各处的温度不同而引起的密度和压力的差别，产生压力差进而产生相对位移，这种对流被称为自然对流；另一种是因泵（风机）或搅拌等机械外力造成的质点强制运动，这种对流称为强制对流。

对于产品包装的传热中，发生的并非单纯对流方式，而是流体流过固体表面时发生的热对流和热传导联合作用的传热过程，即是热由流体传到固体表面（或反之）的过程，通常称为对流传热或给热。对流传热的特点是靠近壁面附近的流体层中依靠热传导方程传热，而在流体主体中则主要依靠对流方式传热。

（3）热辐射　因热的原因而产生的电磁波在空间的传递，称为热辐射。辐射传热是三种传热方式中唯一不需要介质的传热，所有物体（包括固体、液体和气体）都能将热能以电磁波形式发射出去。自然界一切物体都在不停地向外发射辐射能，同时又不断地吸收来自其他物体的辐射能，并将其转变为热能。辐射传热的特点是：不仅有能量的传递，还有能量形式的转换，即在放热处，热能转化为辐射能，以电磁波的形式向空间传递；遇到另一个能吸收辐射能的物体时，即被其部分或全部的吸收而转变为热能。辐射传热取决于几个因素：物体表面发射和吸收能量的差异、表面的热力学温度、Stefan-Boltzmann 常数。

2. 包装传热过程和导热定律

传热方式往往不是单独存在的，而是两种或三种传热方式的组合，称为复合传热。大部分通过包装材料的传热过程往往就是对流传热和热传导的组合，可以表述为通过包装壁内外的热对流和导热的串联组成，如图 1-4 所示可分为三个过程：

① 热流体如热空气以对流的方式将热量传递到包装壁的左侧。

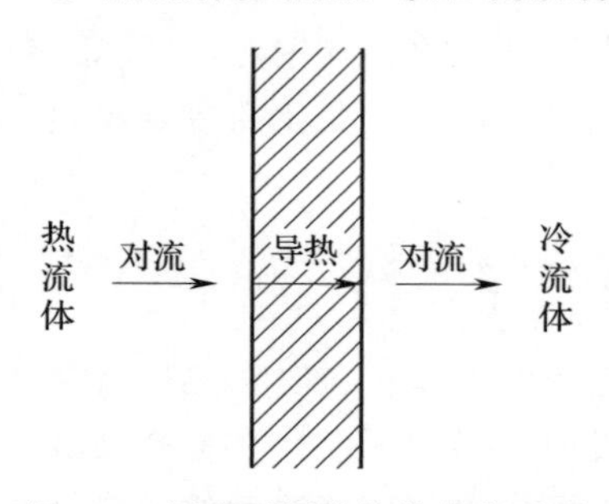

图 1-4　间壁两侧流体的传热过程

② 热量从包装材料的左侧以热传导的方式传递到较冷的右侧。

③ 最后以对流方式将热量从包装材料的右侧传递给冷流体。

传热过程的推动力是温度差，包装材料在外侧面和内侧面的各位置的温度差不同，故使用平均温度差来表示。在稳态传热中，单位面积在单位时间内从一侧到另一侧传导的热量称为热通量，正比于传热的温度差（T_2-T_1），反比于材料厚度 l，即

$$\Phi=\lambda\frac{T_2-T_1}{l} \tag{1-1}$$

式中　Φ——热通量；

λ——材料导热系数；

l——材料厚度；

T_2-T_1——材料两侧温度差。

λ数值代表物质的导热能力的大小，数值越大，导热能力越强，反之则导热能力越弱。

二、包装内外的传质

引起包装产品变化的原因不外乎产品本身特性、流通环境条件以及包装与产品之间的相互作用，它们往往是共同作用的，共同作用的具体表现形式包括整个包装系统中的传质，即物质质量的传递，如图1-5所示。图中，m_E和m_P分别代表由环境E向包装P的传质和由包装P向产品F的传质，m_F代表由产品F向包装P和环境E的质量迁移。

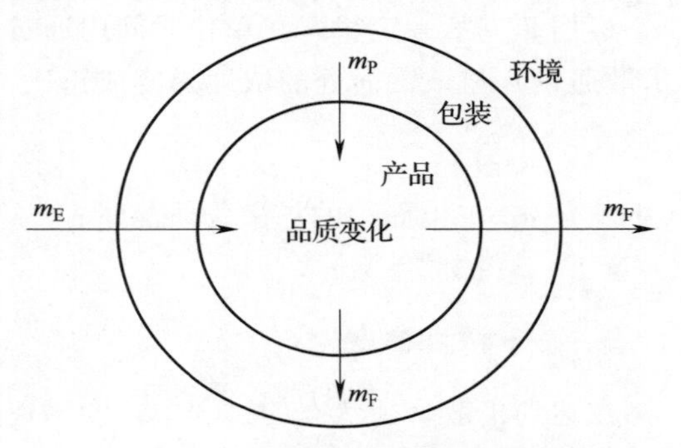

图1-5　包装系统中的传质现象

包装的传质可以理解为通过包装材料进出的分子扩散导致质量的传递，常见的质量传递有水蒸气、氧气、二氧化碳以及有机蒸气等小分子物质的通过。传质往往伴随着化学反应，导致包装材料和产品的品质发生变化。包装材料将产品与外界环境分隔开来，表现出阻水、阻气、保香等阻隔性能。

包装传质主体分为渗透、迁移、吸附（也称为负迁移）。渗透和迁移受相同的物理过程控制，这些过程包括传质物质在包装和产品中的吸附或吸收，以及通过包装和包装产品件的边界层和包装与周围大气的边界层的扩散。由于金属和玻璃可以认为是不可透过的，纸和纸板是高透过性的，实际上目前的渗透研究都是针对塑料材料及其复合材料。

1. 包装材料的渗透性

渗透是指渗透物通过包装材料（不含裂缝、空穴、其他缺陷）的分子扩散，主要包括来自/进入内部/外部气体环境的吸收/解吸两个基本机制。特征是渗透物须穿过包装材料的两个界面，同时在产品、包装和外界环境中进行扩散。渗透物质主要包括气体、水蒸气、液体等，其中气体、水蒸气对包装材料的渗透是关注重点。

由于聚合物无定形区的移动性，包装膜具有溶解分子物质的能力，从而造成自由分子在固相就可以发生扩散迁移。在包装膜中，通过扩散性分子的热能和动能使其在晶格的空位内随机传播和扩散，而聚合物主链则会在其之前发生移动，分子的运动由包装膜分离相中平衡扩散物质的化学势能的倾向性决定的。

包装膜的渗透现象可以用三个步骤来描述（图1-6）：

（1）气体或水蒸气分子溶解在薄膜壁

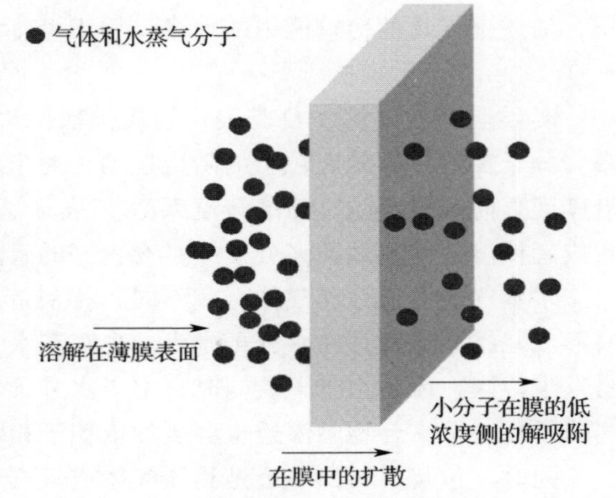

图1-6　通过聚合物材料的渗透传质

上的聚合物材料中形成高浓度。

（2）这些气体或蒸汽分子通过聚合物材料向浓度较低的膜另一侧扩散。分子运动与聚合物材料中的“孔”的多少有关，这些孔因热扰动作用引起聚合物滑动而形成。

（3）气体和蒸汽解吸附，并从膜表面蒸发。

结合图 1-6，分子的渗透性是由每种聚合物材料的溶解性和扩散速度来决定的，符合亨利定律和菲克定律。

根据菲克第一定律，在单位时间内通过垂直于扩散方向的单位截面积的扩散物质流量（扩散通量）与该截面处的浓度梯度成正比，即

$$J=-D\cdot\frac{\mathrm{d}c}{\mathrm{d}x} \tag{1-2}$$

式中　J——单位面积的扩散物质流量；

D——扩散系数；

$\frac{\mathrm{d}c}{\mathrm{d}x}$——浓度梯度。

在达到扩散平衡状态的过程中，渗透速度会随着薄膜截面浓度梯度的变化而变化。当达到扩散平衡时，式（1-2）可改写为：

$$J=D\cdot\frac{c_1-c_0}{l} \tag{1-3}$$

式中　c_1-c_0——薄膜表面浓度差；

l——薄膜厚度。

根据亨利定律，在一定温度下，水蒸气或气体溶解在包装材料中的浓度 c 与该气体的分压力 p 成正比，表示为：

$$S=\frac{c}{p} \tag{1-4}$$

式中　S——溶解度系数。

式（1-3）中的浓度可以用分压 p 代替，表示为：

$$J=D\cdot S\frac{p_1-p_0}{l} \tag{1-5}$$

式中，$D\cdot S$ 为渗透系数，它是传质物质在薄膜中的扩散系数 D 和溶解度系数 S 的乘积，描述聚合物的传输能力的大小，用 P 表示，即：

$$P=D\cdot S \tag{1-6}$$

实质上，扩散系数 D 是表示物质扩散能力的物理量，表征分子通过聚合物的速度大小，分子扩散依靠微观粒子的随机运动，对于薄膜来说，扩散主要发生在薄膜内部，并且沿厚度方向实现传质；而溶解度系数 S 表征了通过分子数量的多少。因此具有低扩散系数或者低溶解度系数的高分子膜具有良好的阻隔效果。

水蒸气的渗透性和气体有些不同，特别是对于极性聚合物，由于水分子的极性高且容易形成氢键，氢键存在水分子本身，也存在水分子和极性聚合物之间，导致聚合物薄膜容易发生溶胀，渗透水分子。同时，由于水分子与聚合物之间的强烈相互作用，其他普通气体分子在极性聚合物中渗透也会更加依赖于相对湿度的变化。

同时，包装材料的渗透是具体气体或蒸汽通过包装材料能力的量度，而塑料材料的渗透性是聚合物本身的性质、聚合物官能团和各种添加剂、传质物质的性质、环境条件等多

因素综合作用的结果。

2. 包装材料内物质的迁移

原本存在于包装材料中的物质传递至所包装物中的过程就是迁移，出现传递的组分称为迁移物。理论上一旦采用包装材料与制品实施产品包装后即存在迁移现象。其中包装材料中添加剂或污染物向被包装食品中的迁移最早引起人们关注，因为这涉及食品安全问题。近年来，随着活性包装研究的兴起与不断深入，人们开展利用这一传质过程，将活性物质置入包装材料中，利用活性物质向食品、药品等产品中扩散对产品实施主动保质包装。下面针对食品包装过程中迁移进行论述。

过去三十余年的研究表明，包装材料与包装食品之间的迁移是可预测的，同时迁移反应过程由主体由扩散控制。因此可用基于 Fick 定律的扩散数学来描述迁移过程。为了简化问题，作如下假设：

① 初始，迁移物均匀分布在包装材料中，食品中迁移物浓度为零。

② 迁移物经由包装材料与食品接触的一侧进入食品，另一侧不发生传质，并且包装材料与食品的接触面处传质系数非常大，远远大于扩散系数，不考虑传质阻力。

③ 食品为理想混合状态，任意时刻食品中的迁移物均匀分布，不存在浓度梯度，食品的体积无限大（相对包装材料的体积而言）。

④ 在整个迁移过程中，包装材料中的迁移物扩散系数 D 为常数。

⑤ 整个迁移过程中，包装材料和食品的接触面上的迁移时时处于平衡状态。

⑥ 忽略包装材料边界效应以及包装材料与食品的相互作用。

根据 Fick 第二扩散定律，得到一维半无限介质的扩散方程为：

$$\frac{\partial C(x,t)}{\partial t}=\frac{\partial}{\partial x}\left(D\frac{\partial C(x,t)}{\partial x}\right) \tag{1-7}$$

根据上述假设，得到初始条件和边界条件分别为：

初始条件：$t=0$　　$C=(x,\ t)=C_{in}$　　$(0<x<l)$

边界条件：$t>0$　　$\frac{\partial C(x,\ t)}{\partial x}=0$　　$(x=0)$

$C(x,\ t)=0$　　$(x=1)$

式中　D——扩散系数；

C_{in}——包装材料迁移物的初始浓度；

l——包装材料厚度。

式（1-7）可描述食品包装材料内物质的迁移。针对实践工程问题，可结合初始条件、边界条件、相关假设等，进行相应的求解，继而开展食品包装迁移的预测与相关安全性评估。

在迁移评价中，迁移物在包装中的初始浓度已知，通常的做法是从总的传质开始作最坏的假设。从塑料包装材料向食品的传质基础是由动力学因素（在包装和食品中扩散）和热力学因素（在包装和食品之间的平衡分配）决定的，因此，决定迁移的参数主要是物质两相之间的分配系数和扩散系数。物质在两相间的分配系数大小主要依赖于物质的极性和两种介质的极性等。

3. 包装光照辐射

对于透光包装，包装内部产品会吸收透射光而导致品质变化。产品吸收光能量的多少可以用光密度表示，光密度是入射光与透射光比值的对数，光密度越高，光能量越大，对产品作用越强。图 1-7 为人造光源和包装膜发出的电磁辐射之间的交互。

为此，由给定包装材料传输的入射光的比例遵循朗伯-比尔定律：

$$I=I_0 e^{-kl} \tag{1-8}$$

式中 I——由所述包装材料传递的光的强度；

I_0——入射光的强度；

k——包装材料取决于材料性质和波长的特征常数（吸光度）；

l——包装材料厚度。

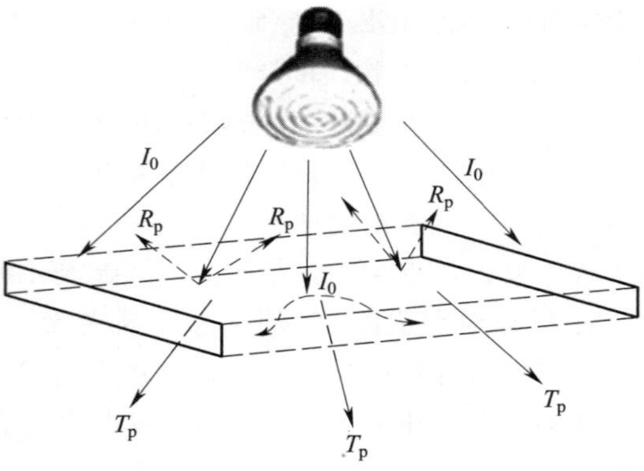

图 1-7 人造光源和平面薄膜发出的电磁辐射之间的交互

假设总透射光（I/I_0）被吸收或由产品反射并未涉及立体包装内壁的耗散现象，一个包装产品的光吸收总量为：

$$I_{abs}=I_0 T_p \frac{1-R_f}{(1-R_f)R_p} \tag{1-9}$$

式中 I_{abs}——由产品所吸收的光的强度；

T_p——由包装材料的分步传输；

R_p——由包装材料所反射的部分；

R_f——由产品所反射的部分。

三、包装传热和传质的影响

产品包装传质传热的直接影响主要包括：

① 包装内外物质的交换。主要表现为使包装顶空、或产品组分增加或减少，包装内水和二氧化碳的损失、产品水分活度的变化；外界环境中的污染物和挥发性组分进入继而可能产生异味影响产品质量等。

② 包装内外热交换。主要表现为包装制品、被包装物温度以及包装内相对湿度等变化继而导致产品质量、形态等变化，包装材料与产品间相关作用变化，包装内外物质的交换速率变化等。

③ 与包装产品产生反应。包括渗透物与产品发生化学、生化反应、电化学反应等；对氧敏感产品的氧化并将影响产品的组分、品质以及安全等。

④ 包装性能变化。例如，包装材料对气体、光、液体等渗透性变化；包装材料内活性物质、添加剂等扩散行为的变化；包装材料老化、材料强度等机械性能的变化等。

第三节 产品包装防护与保质

在了解产品质量变化的主要因素以及传热传质机理后，如何通过包装来进行保护设计是首先要考虑的，这也是进行包装工艺实现和设备生产中面临的问题，结合产品在流通过程中各种因素影响的研究，除了进行一些必要的包装工艺，如灌装、充填、封口、贴标、捆扎等，还需要采用有针对性的专用包装方法。产品受到的危害主要是机械因素导致的破损和生化因素导致的质量变化，不同的受损方式需采取针对性的包装防护和保质方法。

一、产品机械损伤及包装防护

产品在从生产到运输到销售地以及从销售地到消费者这些过程中，不可避免得会受到振动、冲击等机械环境影响，从而导致产品机械损伤及防护产品的破损。因此，为了使物品安全可靠地到达消费者手中，需要对产品实施合理地防护包装结构设计。

1. 动力学激励下的机械损伤

产品包装在机械外力作用下，既有可能造成产品的破坏损伤，也可能造成包装的破损。

（1）产品破损机理　目前对于产品的破损还没有明确的定义，不同产品的破损机理不同，在评价中的标准也不同。如前节所述，产品在流通过程中受到多种因素的影响，包括机械因素引起的力学负载如冲击、振动对电子产品的机械损伤，环境因素引起的生化因素负载如温度湿度条件对易吸湿吸氧食品的损伤，人为不当操作造成的包装件的破坏。其中力学负载是引起破损的主要原因。

从力学角度分析，包装件中产品的损坏模式包括：

① 冲击过载损坏。当冲击载荷超过产品或它们的部分元器件材料的屈服点后，会产生塑性变形，或使内装物或它们的部分元器件功能失效。对于具有细长杆状的元器件受冲击时，压力一旦超过压稳的临界值，将出现弹性失稳而破坏。对于某些脆性材料制成的产品，当冲击引起的压力过大时，会产生脆性断裂。

② 疲劳失效。许多弹性材料制成的内装物或它们的部分元器件，在流通过程中受到长期交变应力的作用，即使应力值低于弹性失效应力值也可能会发生失效，即产生疲劳失效。

③ 过度变形。有的产品尽管受力没有达到破坏强度水平，但如果变形过大，超过结构设计允许公差的范围，引起相邻部件被擦伤或电子部件等短路，同样会导致产品失效。

④ 表面磨损。由于冲击振动作用，使产品重要部位表面受到磨损，产生大量导电颗粒，影响使用功能，或外观严重受损。

不同的生产企业对其不同的产品制定有不同的破损程度的定义，需要制定包装件试样试验合格判定标准。除了电工机械产品受到力学负载会引起损伤外，果蔬等食品同样易受到力学损伤。

对于果蔬来说，在采前采后受到的机械损伤是造成破裂和浪费的主要因素，包括受到静态压力、振动和碰撞冲击。机械损伤会造成果实受伤部位的细胞机构的破坏，导致水分和汁液的流失，果实组织迅速软化，并引起受伤部位的组织褐变。同时机械损伤加速了微生物对果蔬的侵害，导致了果蔬发生霉变，使果品的品质和经济效益受到影响。有研究表明，振动是运输过程中水果机械损伤的突出原因。

（2）包装制品破损机理　产品因包装不善而造成损失的原因有多种多样。例如，有因包装材料及容器制造工艺原因造成的商品渗透损失；有因缓冲材料应用及设计不当造成的破损；有因包装材料及结构不适应运输包装条件造成的商品变质。一般来说，包装制品自身在流通中机械性破坏的具体形式有：

① 包装制品的某一部分由于外界冲击而受到作用力超过强度极限时，就会产生塑性变形或脆性断裂。

② 包装制品的某一部分在冲击作用下发生应力集中，从而导致破坏。

③ 包装物的组件在外力作用下发生结构分解。

④ 包装缓冲材料在外力作用下产生失效。

⑤ 机械外力作用下其他可能引起包装破坏的任何变化。

2. 机械破损评价方法

研究产品的破损机理是便于采用科学合理的破损测定、评价方法来判断类似产品损伤程度。

（1）脆值和破损边界　脆值和破损边界曲线是衡量产品抗冲击性能的标准。Mindlin提出脆值概念，认为产品失效与否取决于其承受的峰值加速度是否超过极限值。脆值反映了产品的抗冲击能力，是产品的强度指标。随后，Newton 提出破损边界理论，奠定了现代缓冲包装设计的基础。后续国内外一些学者也在这个基础上不断完善创新这一理论。

目前大量的研究主要针对的是机电产品，因为这些产品本身的特性，往往是有一个固定的“损坏点”，超过这个点，产品就发生损坏，破损边界理论对于这些产品是适用的。但是对于果蔬等其他产品来说，虽然受到外界作用使产品发生局部的破损，但可能并不会影响继续使用，并没有完全丧失它的价值。

（2）破损率　对于有多个产品的包装，内部产品在外部作用下会出现部分损坏现象，可用破损率作为其破损评价方法，即

$$R_D=\frac{M_D}{M_W}\times 100\% \tag{1-10}$$

式中　R_D——破损率；

M_D——破损产品质量（个数）；

M_W——产品总质量（总数）。

临界破损率是指包装件中破损产品所能允许的最大破损率，这个最大破损率一般是由产品生产商根据产品自身特性、消费者对于产品的评价等多个因素提出来的，运输包装结构设计必须以此作为设计目标。

（3）果蔬损伤评价方法　过于果蔬来说，其破损机理相对复杂，其机械损伤的测定方法主要有：目测法、损伤体积估算法等。

目测法是一种简易的测定方法，以可见的果品外伤长度、深度、平均面积等表示其损伤程度，美国农业部将草果分为四级，分别是微伤特选级、轻伤精选级、中等损伤实用级和严重损伤等外级。在此基础上，有学者提出了评价多种综合损伤程度的评价指标，称为损伤指数 EBI%（Equivalent Severe Bruise Index）：

$$\text{EBI}\%=0.1\times(\text{微伤})+0.2\times(\text{轻伤})+0.7(\text{中伤})+1.0(\text{重伤}) \tag{1-11}$$

损伤体积估算法是依照果蔬受损的体积进行评定。我国商业部标准（鲜草果 GH015-58）以果品褐变体积作为果品损伤量，制定分级标准，一般是受损伤 24～48h 后测定，可按椭球体计算，也可按双球冠体或经验公式估算。

3. 产品缓冲包装工艺

缓冲包装设计包括冲击防护包装设计和振动防护包装设计。冲击防护包装设计以流通

环境条件和缓冲材料的动力特性曲线为依据，合理选用缓冲特性曲线，计算缓冲衬垫尺寸，优化缓冲包装结构形式。振动防护包装设计以流通环境条件和缓冲材料的阻尼特性为依据，合理选择缓冲材料，把包装产品的振动传递率控制在预定的范围内。具体理论方法参考《缓冲包装》教材，这里不再论述。

二、产品保质包装及货架期

（一）非机械破损产品的包装保质

贮运、销售、使用过程中，产品除了可能受到机械因素导致的破损外，还存在由于环境条件等引起的包装产品质量变化，包括物理、化学、生理生化等变化，为此需要开展针对性包装防护，才能达到包装保质的效果。目前，常见的包装保质方法主要包括：

（1）采用性能符合要求的包装材料或结构，阻隔减缓或调节包装内外的传质传热作用。为了阻隔或减缓包装内外的传质传热作用，采用针对性的符合性能要求的包装材料或结构，使被包装物达到保质期。

① 采用高阻隔材料，例如气体、水蒸气、光照高阻隔材料包装，保证包装内的气体组分含量、相对湿度，产品水分活度（含水率）、光照氧化等在产品保质期内符合要求（指标）。

② 采用保温材料实施阻热包装，保证包装内的温度、产品温度变化等在产品保质期内符合要求（指标）。

③ 采用气体选择性渗透包装材料，调节包装内外的气体（水蒸气）交换，从而保证包装内的气体组分、压力等满足被包装物（例如果蔬）生理作用，同时达到保质保鲜等要求。

（2）通过调节包装内初始气氛，抑制或减缓产品发生质量变化。氧气、二氧化碳等气体是引起食品氧化衰败、微生物生长繁殖、生化产品质量变化的主要来源。针对一部分产品质量变化对氧气、二氧化碳等气体依赖，通过调节包装内初始气氛，降低包装内氧气、二氧化碳等气体存在，从而减缓产品质量变化。

实施包装作业时，通过调节包装内的初始气体使之与大气不同组分、或采用软袋包装充满液态类产品使之不存在顶空，同时采用气体高阻隔包装材料与制品，控制贮运销售期内的包装内外气体交换。例如充气包装、真空包装等。

（3）采用“主动”包装，为包装内持续提供人工设计的环境氛围而实现保质。

① 采用功能性活性包装材料，通过控制包装材料中的活性物质向包装内释放，继而依托活性物质、活性物质与包装内介质或产品表面等作用从而抑制产品质量变化、抑制微生物等生长、材料腐蚀等。例如抗菌包装、抗氧化活性释放包装、气相防锈包装等。

② 采用功能性活性包装材料或单独放置活性物质单元，通过包装材料或单独活性物质单元持续吸收包装内某一种气体、水蒸气等，从而抑制产品质量变化等。例如脱氧包装等。

（4）通过控制被包装物的初始性状、贮运环境并协同包装，实现产品综合性保质。

① 对于极易受微生物影响而变质的产品（例如液态食品等）、或需要长保质期产品，通过对产品进行预处理杀菌，并结合微生物生长控制的包装，从而实现产品的有效包装。例如无菌包装。

② 通过产品包装并结合贮运销售环境条件（例如温度）的控制，控制引起产品质量变化的某一条件，从而实现环境敏感性产品的有效、长保质期的包装保质。

（二）产品保质期理论

由于产品的质量在贮运、销售过程中将发生变化，为此需要明确产品质量的期限。特别是对于由于发生化学、生理生化等反应而导致的质量变化的产品，通常须有明确的质量期限。对于不同的产品，一般采用保质期、有效性、货架期等表述，其含义也随着社会的变革、人们的习惯和需求发生着变化。

对于药品则采用有效期。药品有效期是指该药品被批准的使用期限，表示该药品在规定的贮存条件下能够保证质量的期限。它是控制药品质量的指标之一。药品的有效期一般在 6 个月到 36 个月，有的可达 5 年。《药品管理法》中规定，不得使用过期药品。

对于食品，GB 7718 中关于保质期的定义为“预包装食品在标签指明的贮存条件下，保持品质的期限。在此期限内，产品完全适于销售，并保持标签中不必说明或已经说明的特有品质。超过此期限，在一定时间内，预包装食品可能仍然可以食用。”产品的保质期是指产品的最佳食用期。产品的保质期由生产者提供，标注在限时使用的产品上。在保质期内，产品的生产企业对该产品质量符合有关标准或明示担保的质量条件负责，销售者可以放心销售这些产品，消费者可以安全使用。在国际上，采用货架期来表述，一般来说，货架期可以被定义为生产和包装后，食品在适当的储存条件下保持产品质量水平可以被接受的时间，如图 1-8 表示食品质量变化和储存时间与货架期的关系。食品在储存期内，由于各种原因出现质量变化，对于任何一个食品都应该有一个明确的质量水平区别是否能够食用，这个质量水平通常被定义为可接受极限（Acceptable Limit），达到与可接受极限相对应的质量水平所需的时间为货架期。

在贮运环境可控的情况下，食品货架期很大程度上由包装性能决定的，几乎无一例外，食品货架期的最大化依赖于包装的成功。如图 1-9 所示，未包装处理的食品随着贮运时间的延长，从初始品质 I_0 迅速降低到可接受极限 I_{lim}，到达货架期终点 t_{sl}^{f}；而进行包装处理的食品，由于包装对食品的保护作用，食品品质降低速度变缓，到达货架期终点的时间延长至 t_{sl}。

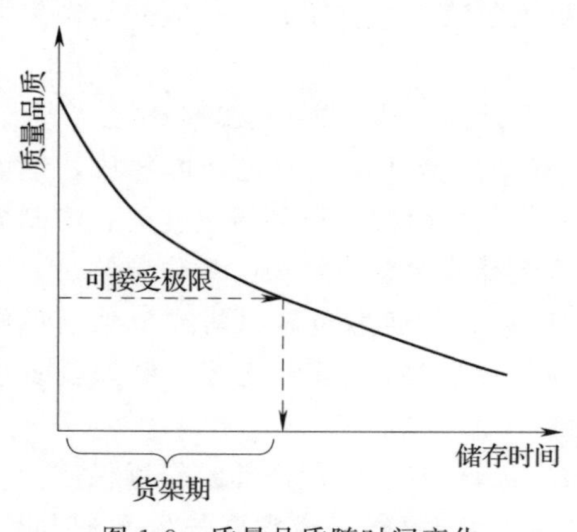

图 1-8　质量品质随时间变化

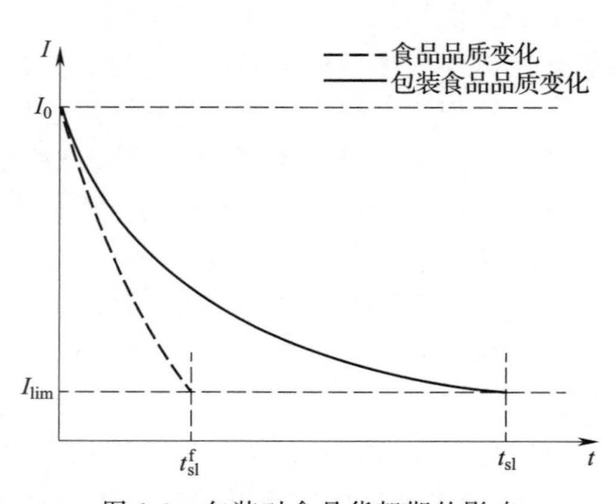

图 1-9　包装对食品货架期的影响

研究包装保质期的主要目的是估算产品在特定储存条件下可使用的时间值，生产商应该考虑生产流通过程中影响产品品质的因数和控制成本、储运流通销售和消费者的方便性，延长产品货架期，更好的保护产品品质。

1. 食品货架期评价方法

根据货架期的概念，可以知道食品质量是一个动态的过程，通常食品质量随着时间的推移不断降低。通过选择合适的质量指标，食品的质量降低过程可以作为时间的函数进行监控。例如，可以通过检测待定食品特性或目标营养物的损失，或者通过测量不希望变化的指标的发展来描述质量下降。

通用质量指标 I 随储存时间演变的数学描述可以表达如下：

$$t=f(I,\lambda) \tag{1-12}$$

式中　I——质量指标；

λ——相关参数；

t——时间。

函数 f 描述了储存时间随指标 I 变化的规律，而货架期是对应于可接受极限 $I_{\lim}$ 下的时间值，它是区分食品可接受与不可接受的重要依据，因此货架期 SL 可以表示如下：

$$SL=f(I_{\lim},\lambda) \tag{1-13}$$

总体上，货架期预测一般来说可分为三个步骤，如图 1-10 所示。

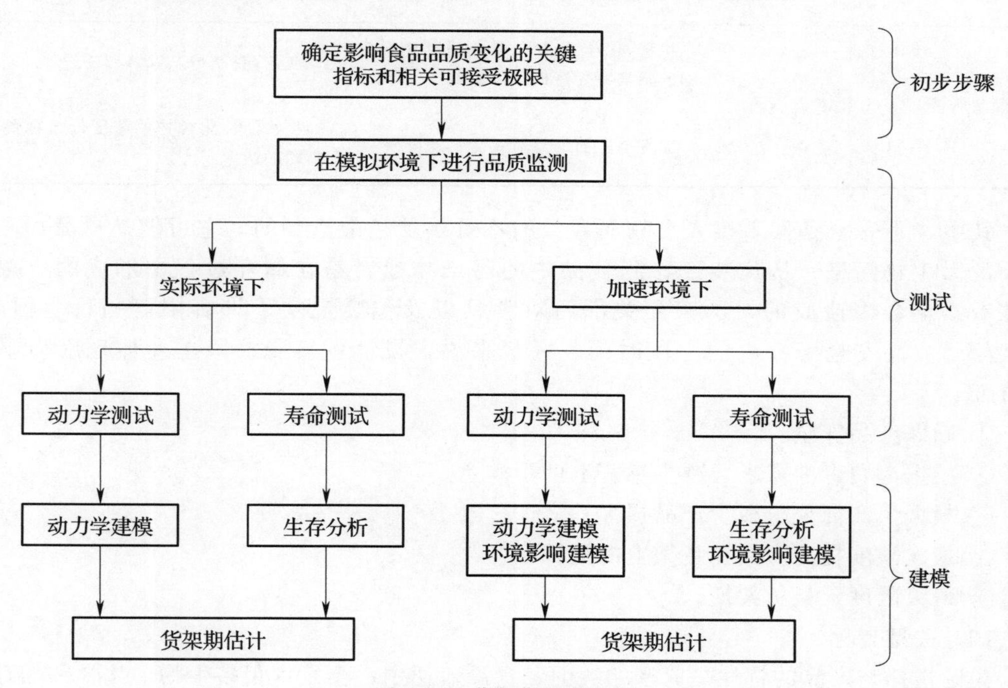

图 1-10　货架期预测过程

初步步骤是确定进行货架期研究所需的关键指标 I 和可接受极限 $I_{\lim}$；第二步是侧重于进行测试，在特定的包装、储存条件下进行测试，获得建模的相关数据和参数；最后，处理实验数据进行货架期计算。

货架期研究是客观的、系统的决定产品能够达到预期时间而采用的方法，确定了货架期研究的关键指标后，要对该指标随时间的变化进行评估，这一步可以被称为货架期测试，对储存食品在一定环境条件下对关键指标变化进行连续监测。可以通过两种方法对食品质量变化进行监测，第一种是进行实际储运销售环境条件下的货架寿命测试（Real-

Time Shelf Life Testing)；第二种是在加速质量损失的环境条件下进行的加速货架寿命测试（Accelerated Shelf Life Testing，ASLT）。

（1）可接受极限

可接受极限的概念相对简单直观，它是食品可接受与不可接受的分界点，即区分产品在货架期内和货架期外的质量标准。但可接受极限也是研究货架期寿命时最难定义的参数。基本上，产品在储存过程中有两种可能会变的不可接受。第一主要是潜在的导致消费者健康风险发生的安全问题；第二是质量问题，由于产品的外观质量变差、感官或营养质量差会导致消费者不满意，见表 1-3。

表 1-3　导致食品不合格的安全和质量问题

问题	风险	涉及现象	例子
食品安全	消费者健康	食物中微生物的生长	微生物数量超出规定
		包装中污染物的迁移	油墨或增塑剂的浓度
		形成有毒化合物	组胺或过氧化物的浓度超过法规规定的限值
食品质量	消费者不满	生物,化学或物理现象的产生对食物的感官特性造成负面影响	变色,变气味,变风味,变质
		标签上声明的有益化合物的降解	生物活性化合物的浓度低于标签上声明的浓度

其中，不安全条件下摄入食物而导致的不可接受是最重要的，它可能是食品加工过程中的微生物污染、从包装迁移到食品中的污染物或者是在储存过程中形成的有毒或潜在有毒化合物造成的，国家相关部门对食品以及包装规定了许多限制指标。但是，货架期是食品安全寿命内的一段时间。一般来说，设计可接受极限主要体现在以下几个方面：

① 确保产品安全。

② 根据消费者的需求，减少感官上的不满意。

③ 根据生产商要求减少产品损失。

④ 最大限度提高产品在货架上的周转率。

⑤ 最大限度延长货架期。

（2）关键指标

关键指标与产品的特性是紧密相关的，食品流通中，会发生很多生物、化学和物理变化，并且不同食品质量品质在储存期间会同时或连续发生变化。在所有潜在的质量指标中，选择哪一个或多个作为关键指标用于货架期估算是难点。通常关键指标可以从不同的化学、物理、生物和感官质量指标中进行选择，例如微生物含量、含水率、色泽、氧化速率等，这些指标可根据法规或以往实验的数据进行确定，或者选择让消费者决定产品是否被接受。

2. 货架期预测理论模型

（1）基于化学动力学的货架期预测理论模型　基于化学动力学预测方法为出发点，食品品质指标的变化大多是由化学反应引起的，其变化速率会受到环境因素的影响。

通常在恒定环境下，对关键指标 I 的分析是绘制质量指标关于储存时间的曲线，经典动力学理论的原理可以用来分析数据并测量质量指标衰减速率，指标 I 的变化率被定义为：

$$\frac{dI}{dt}=-kI^n \tag{1-14}$$

式中　k——速率常数；

T——储存时间；

n——反应级数。

速率常数 k 与食品特性、包装特性和环境因素相关。一般反应级数 n 从 0～2 不等，也可以有更高阶的。对式（1-14）变换并对时间进行积分，可获得零级（$n=0$）、一阶（$n=1$）、二阶（$n=2$）或 n 阶的等式：

$$\int_{I_0}^{I_i}\frac{dI}{I^n}=\int_0^t k\,dt \tag{1-15}$$

表 1-4 显示了不同反应级数的积分方程和通用方程。

表 1-4　不同级数的方程

反应级数	动力学方程
$n=0$	$I=kt+I_0$
$n=1$	$\text{In}I=kt+\text{In}I_0$
$n=2$	$\frac{1}{I}=kt+\frac{1}{I_0}$
$n\neq1$	$I^{1-n}=(n-1)kt+I_0^{1-n}$

当采用加速货架期测试试验时，选择适当的加速因子，许多用于 ASTL 的因素是影响速率常数 k 的因素，如温度、相对湿度、光强强度、气体分压等，其中，改变温度的加速试验是使用最广泛的。

Arrhenius 方程是从可逆化学反应的理论上发展而来，已被证明对食品发生的复杂化学、物理变化具有一定经验性，其参数化的表达公式为：

$$k=k_0\cdot e^{-\frac{E_a}{R}\left(\frac{1}{T}-\frac{1}{T_0}\right)} \tag{1-16}$$

式中　k——T 温度下的反应速率；

k_0——T_0 温度下的反应速率；

E_a——活化能；

R——理想气体常数。

在反应级数确定的情况下，反应的速率常数与货架期成反比。因而通过计算任何两个相差 10℃温度下的货架期的比值，可确定 Q_{10} 的值。

$$Q_{10}=\frac{k_{T+10}}{k_T}=\frac{SL_T}{SL_{T+10}} \tag{1-17}$$

式中　SL_T——温度为 T 时的货架期；

k_T，k_{T+10}——温度分别为 T、（$T+10$）时的反应速率常数；

SL_{T+10}——温度为（$T+10$）的货架期。

在表 1-5 中可以看出 Q_{10} 对货架期预测的重要性。例如，某产品在 50℃下的货架期为两周，当 Q_{10} 为 2.0 时，那么它在 20℃下的货架期为 16 周；若 Q_{10} 为 2.5 时，那么在 20℃下的货架期就会成倍增加（31.3 周）。有研究表明罐头食品的 Q_{10} 一般为 1.1～4.0，脱水产品的 Q_{10} 一般为 1.5～10.0，冷冻产品的 Q_{10} 一般为 3.0～40.0。

表 1-5　　Q_{10}对货架期的影响

温度/℃	货架期(周)			
	$Q_{10}=2.0$	$Q_{10}=2.5$	$Q_{10}=3.0$	$Q_{10}=5.0$
50	2	2	2	2
40	4	5	6	10
30	8	12.5	18	50
20	16	31.3	54	4.8 年

（2）基于微生物生长动力学的货架期预测理论模型　对于易腐败食品，微生物生命活动是食品变质的主要原因。因此，可通过食品经历不同环境后微生物的生长状况，构建合适的模型来描述微生物生长规律，实现货架期的预测。

国外研究总结将微生物生长动力学模型分为一级模型、二级模型和三级模型。其中，一级模型通常用于描述一定生长条件下微生物数量变化与时间的关系；二级模型描述环境因子（温度、pH、水分活度等）的变化对一级模型中参数的影响；三级模型主要指建立在一级和二级模型基础上的应用程序软件。表 1-6 列出目前主要应用的微生物生长动力学模型。

表 1-6　　微生物生长预测模型

初级模型	二级模型	三级模型
Gomperta 函数 修正的 Gomperta 函数 Whiting 和 Cygnrowicz 生长模型 Baranyi 模型 改进的 Monod 模型 Logistic 模型 三阶段线性模型	Belehradek 模型 Ratkowsk 模型 Arrhenius 模型 修正的 Arrhenius 模型概率模型 多项式或响应模型 Williams-Landel Ferry 表面模型	美国农业部病原菌 Pathogen Modeling Program 软件 食品微生物模型项目计划 假单胞菌预报技术 Food Spoilage Predictor 专家系统

思考题与习题

1. 针对不同类型的典型商业化包装产品，详细论述产品包装内容的传质传热过程、包装原理及质量控制要点。

2. 分析论述产品—包装—环境的相互作用的形式与机制。

3. 针对果实的跌落损伤评价，能否建立相应的跌落破损边界？若能，说明具体思路方法。

4. 说明食品货架期与包装的关系；同时在货架期预测过程中，如何结合包装因子开展货架期的试验与评价？

5. 针对表 1-4，推导不同反应级数对应的货架期一般表达式。

第二章　典型通用包装工艺与设备

产品包装过程需要一定的工艺技术以及实现实际操作的包装设备，对于任何一种产品，均需要完成若干包装工序环节才能形成完整包装件，包装过程包括成型、充填、裹包、封合等主要包装工序，清洗、干燥、杀菌、贴标、捆扎、集装、拆卸等前后包装工序，以及转送、选别等其他辅助包装工序。

本章主要介绍充填、灌装、裹包、封合、贴标的典型通用包装工艺与设备，包括其工艺技术方法与特点、相应包装设备的工作原理、工艺流程、主要机构和主要应用对象与场景，并针对典型产品进行包装工艺设计与评价。

第一节　充填工艺与设备

充填工艺就是将待包装物料按预定的精确量（质量、容量、数量）充填到包装容器内的工艺技术，相应的机器称为充填设备。

待包装物料一般为固体物料，常用的固体物料有块体类、颗粒类、粉剂类等，在充填过程中，由于产品的性质、状态以及要求的计量精度和充填方式等因素不同，因而对于不同的物料采用的计量充填方式也不相同，也就有了多种形式的充填设备。充填设备种类虽多，但一般都由物料供送装置、计量装置和下料装置等组成。按照定量与充填方法不同，充填工艺可分为计数式充填、容积式充填、称重式充填以及混合式充填。

一、计数式充填

计数式充填是按照产品数量充填的方法，在条状、块状、片状、颗粒状产品包装中广泛应用。由于生产的标准化、规格化、机械化，某些较大的块体物料，如巧克力豆、饼干等产品各自都具有相同的分量和质量，在对这些产品进行包装时，多采用计数式充填。在对一些袋装产品、盒式产品等的二次包装中，也往往应用计数式充填。

按计数的方式不同，计数式充填可分单件计数和多件计数。

（一）单件计数

单件计数充填是采用机械、光学、电感应、电子扫描方法或其他辅助方法，逐件计数产品件数，并将其充填至包装容器内。

1. 螺钉形产品计数充填

图 2-1 为螺钉形产品单件计数充填装置，电机 8 经传动系统驱动刮板式提升给料器 1 作垂直方向回转，杂乱状态的物料从上部滑落到两个平行供料辊 2 之间，又顺着倾斜的供料辊向下部的滑槽 4 流动；由拨料轮 3 将重叠的产品扫除，仅剩一列恰好进入滑槽 4 中，顺序滑落到装有光电计数器 5 和磁性闸门 6 的下端；当产品通过光电计数器 5 时计数，产品充填到包装容器中，达到规定数量后关闭磁性闸门，完成一次计数充填。

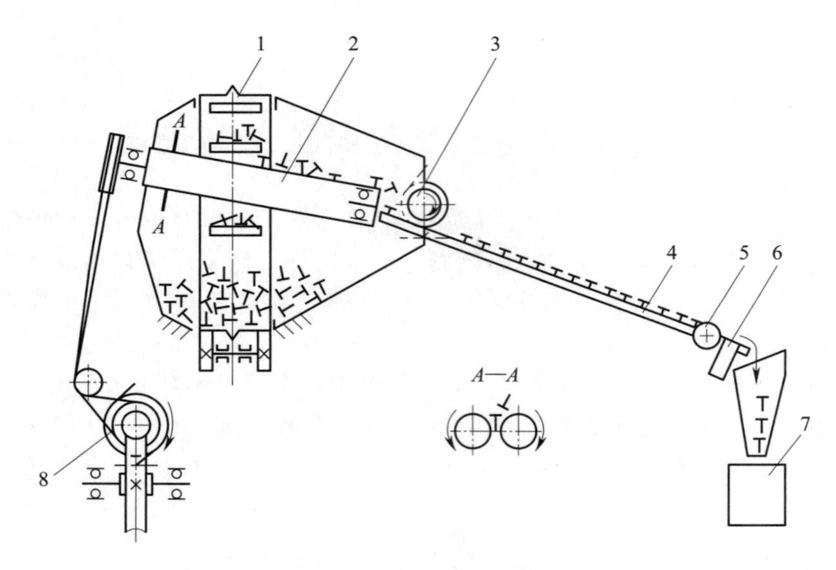

图 2-1　螺钉形产品计数充填装置

1—刮板式提升给料器　2—供料辊　3—拨料轮

4—滑槽　5—光电计数器　6—磁性闸门　7—包装容器　8—电动机

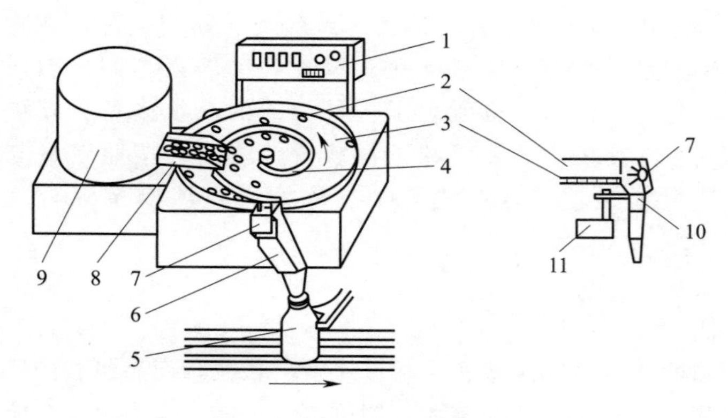

图 2-2　片剂计数充填装置

1—控制器面板　2—围墙　3—旋转平盘

4—回形拨杆　5—药瓶　6—药粒滑道　7—光电传感器

8—下料滑板　9—料斗　10—翻板　11—磁铁

2. 片剂计数充填

图 2-2 为片剂计数充填装置，利用一个旋转平盘，将药粒抛向转盘周边，在周边围挡开缺口处被抛出转盘；药粒由转盘滑入药粒滑道 6 时，滑道上设有光电传感器 7，通过光电系统将信号放大并转换成脉冲电信号进行计数；当输入的脉冲个数等于预选的数目时，控制器向磁铁 11 发生脉冲电压信号，磁铁动作，将通道上的翻板 10 翻转，药粒通过并引导入瓶。

(二) 多件计数

多件计数充填是按规定的数量，利用辅助量，如长度、面积、体积等，进行比较以确定产品件数，如 5 件或 10 件为一组计数，并将其充填到包装容器内。

1. 长度计数充填

图 2-3 为香烟装箱的多件计数充填装置，以 10 条为一组的条烟 1 分 5 路进入计量工位；计量室的一端装有五个触点开关 3，当条烟触到开关时，即可发出信号，表明计量室内已满 10 条；接着启动上压板 2 和下托板 4 使其下移一条烟的厚度距离，上压板退回上位，腾出空位供随后的条烟进入计量室；如此重复五次后，再由底部的触点开关发出信号指令水平推板 5 向前推移，直至 50 条烟为一组进入侧向开口的纸箱内。

2. 转盘式计数充填

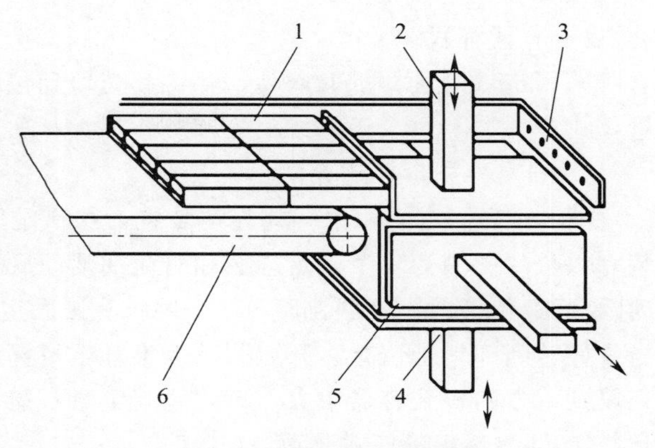

图 2-3 条烟计数充填装置

1—条烟 2—上压板 3—触点开关 4—下托板 5—水平推板 6—输送带

图 2-4 为转盘计数充填装置，在一个与水平成 30°倾角的带孔转盘上开有几组（3～4 组）小孔，每组孔数由每瓶的装量数决定。在转盘下面装有一个固定不动的托板 4，托板有一个扇形缺口，其扇形面积只容纳转盘的一组小孔。当一组小孔与扇形缺口相对时，物料经落片斗 3 落入药瓶中。

转盘上小孔的形状应与待装药粒形状相同，且尺寸略大，转盘的厚度要满足小孔内只能容纳一粒药的要求。当改变装瓶粒数时，则需更改带孔转盘。常用于药片、药丸、巧克力糖球等规则物品的计数定量包装。

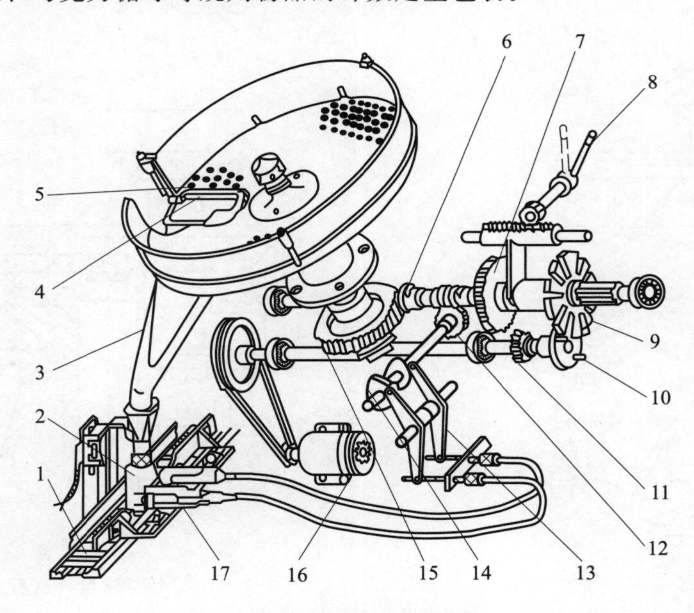

图 2-4 转盘计数充填装置

1—输瓶带 2—药瓶 3—落片斗 4—托板 5—带孔转盘 6—蜗杆 7—齿轮 8—手柄 9—槽轮 10—拨销 11—小齿轮 12—蜗轮 13—摆动杆 14—凸轮 15—蜗轮 16—电动机 17—定瓶器

二、容积式充填

容积式充填是将产品按预定的容量充填至包装容器内的方法，主要有量杯式、转鼓式、螺杆式、柱塞式、气流式等形式。

容积式充填把精确容积的物料装进每一个容器，而不考虑物料密度或重量，每次计量的质量取决于每次充填的体积与充填物料的密度。该类充填方法常用于那些视比重小或体积要求比质量要求更高的物料。

（一）量杯式

采用定量的量杯量取产品，并将其充填到包装容器内，分固定容积量杯式和可调容积量杯式。

1. 固定容积量杯式充填

图 2-5 为固定容积量杯式充填装置，物料经供料斗 1 靠重力落到计量杯内，圆盘口上装有数个（图中为 4 个）量杯 3 和对应的活门底盖 4，圆盘上部为物料罩 2。当主轴 11 带动圆盘 12 旋转时，物料刮板 9（与供料斗 1 固定在一起）将量杯 3 上面多余的物料刮去。当量杯转到卸料工位时，开启圆销 7 推开定量杯底部活门 4，量杯中的物料在自重作用下充填到下方的包装容器中去。该装置其定量不能调整，若要改变定量，则需要更换量杯。

2. 可调容积量杯式充填

图 2-6 为可调容积量杯式充填装置，采用可随产品容量变化而自动调节容积的量杯量取物料，并将其充填到包装容器内。量杯由固定量杯 3 和活动量杯 4 上、下两部分组成。活动量杯 4 固定在调节支架 12 上，通过手轮 13 可改变固定量杯 3 和活动量杯 4 的相对位置，从而实现容积微调，其计量精度可达 2%～3%。

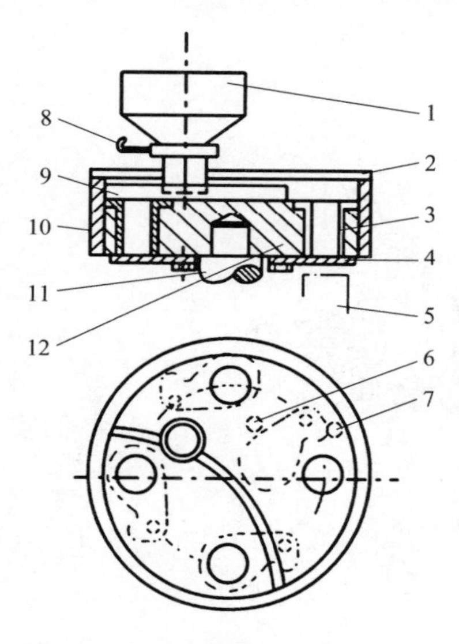

图 2-5　固定容积量杯式充填装置

1—料斗　2—物料罩　3—量杯
4—活门　5—包装容器　6—闭合圆销
7—开启圆销　8—下粉闸门　9—物料刮板
10—护圈　11—转盘主轴　12—圆盘

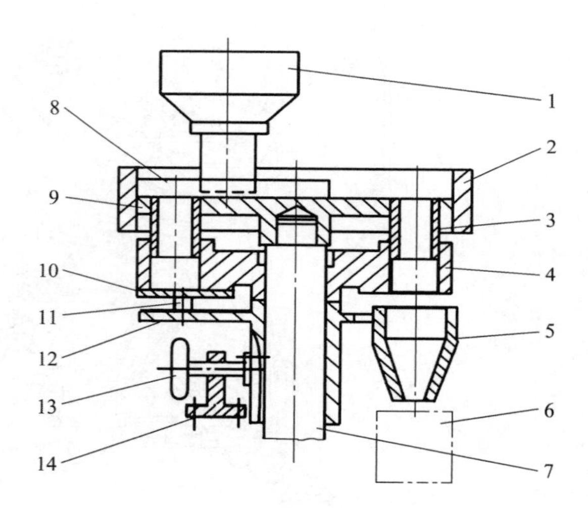

图 2-6　可调容积量杯式充填装置

1—料斗　2—护圈　3—固定量杯　4—活动量杯
5—下料斗　6—包装容器　7—转轴　8—刮板
9—转盘　10—活门　11—活门导柱
12—调节支架　13—手轮　14—手轮支座

（二）转鼓式

转鼓式充填与量杯式充填的原理相同，其计量容腔为各种形状的槽形腔体，具有结构简单、紧凑的特点，适用于散堆密度稳定、流动性好、无结块的细粉粒物料的小包装计量，如味精、精盐等。槽形腔体可设计成固定容积式或可调容积式。

1. 固定容积转鼓式充填

图 2-7 为固定容积转鼓式充填装置，计量容腔是由转鼓的外圆弧槽、壳体的内圆弧槽

以及两端端盖所围成的密闭容积。待包装物料倒入料斗中，计量转鼓在传动装置驱动下旋转，当计量容腔经过装料口时，从料斗中充填物料；当计量容腔旋转至排料口时，计量腔中的物料在重力作用下排出，经导管 5 充填到包装容器中。

2. 可调容积转鼓式充填

图 2-8 为可调容积转鼓式充填装置，其工作原理与上述固定容积转鼓式充填装置相同。不同的是转鼓计量腔容积可调，可通过调节螺钉 3 调节活门 4 在转鼓上的径向位置实现，但其调节量有限，只适用于物料散堆密度变化不大的场合。

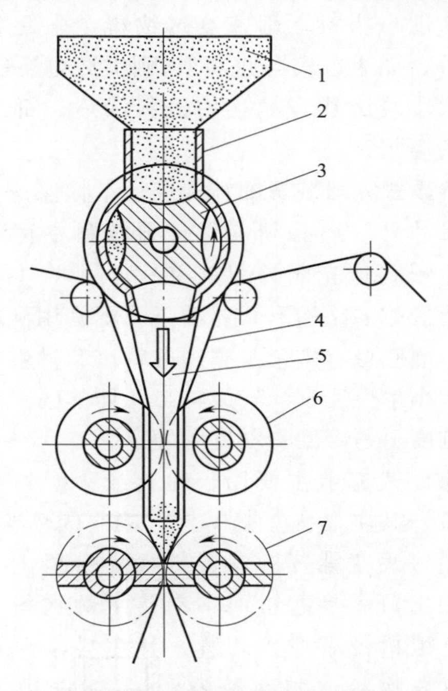

图 2-7　定容积式转鼓充填装置

1—料斗　2—壳体　3—转鼓

4—包装材料　5—导管　6—纵封辊　7—横封切断

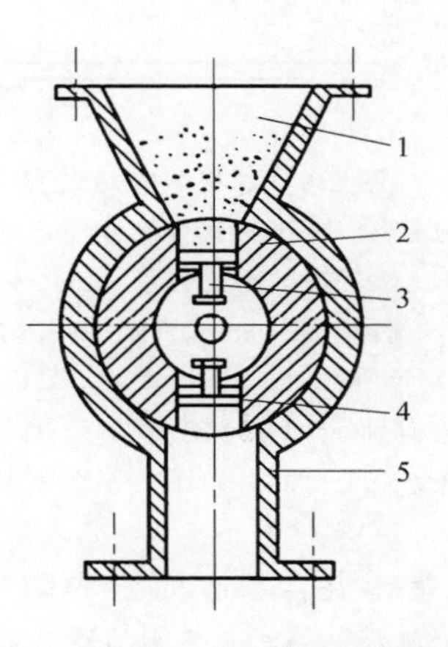

图 2-8　容积可调式转鼓充填装置

1—料斗　2—转阀

3—调节螺钉　4—活门　5—出料口

(三) 螺杆式

图 2-9 为螺杆式充填装置，是利用螺杆的螺旋槽容积，并通过控制螺杆旋转的转数或时间来量取物料，并将其充填到包装容器内。适用于充填流动性良好的颗粒状、粉状固体物料，也可用于稠状流体物料，但不宜用于易碎的片状物料或比重变化较大的物料。

螺杆式充填装置是利用螺杆螺旋槽的容腔来计量物料的，由于每个螺距都有一定的理论容积，因此，只要准确地控制螺杆的转数，就能获得较为精确的计量值。

每次充填物料的重量可由式（2-1）求出：

$$G=V\gamma n_0=FL\gamma n_0 \tag{2-1}$$

式中　V——一圈螺旋的容积，cm^3；

F——螺旋截面积，cm^2；

L——每圈螺旋线周长，cm；

γ——物料的比重，kg/cm^3；

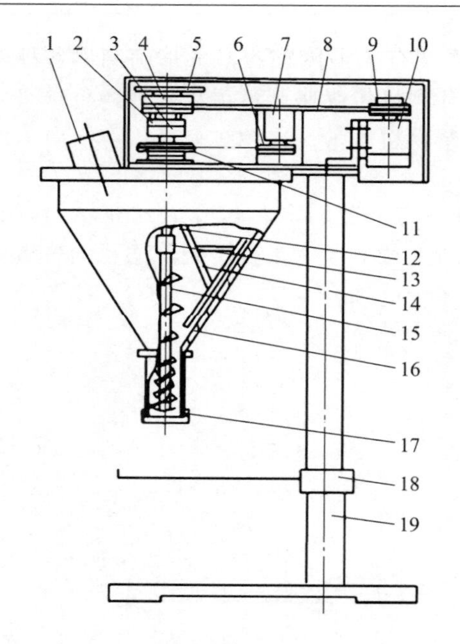

图 2-9　螺杆式充填装置

1—进料器　2—电磁离合器　3—电磁制动器　4—大带轮　5—光码盘　6—小链轮　7—搅拌电机　8—齿形带　9—小带轮　10—计量电机　11—大链轮　12—主轴　13—联轴器　14—搅拌杆　15—计量螺杆　16—料仓　17—筛粉格　18—工作台　19—机架

n_0——充填一次螺杆的转数。

（四）容积式充填的应用范围及选用原则

量杯式充填适用于颗粒较小且均匀的物料，计量范围一般在 200mL 以下。在选用时应注意，由于量杯容量调得不正确、料斗送料太慢或不稳定、料斗装料面太低、进料管太小、物料流动不畅等都会使量杯装不满；如果机器的运转速度与物料下落速度过快则会引起物料重复装料；如果容器与进料管不同心、节拍不准、容器太小或因物料粘连使送料滞后，都会引起物料的溢损。

转鼓式充填装置的结构设计，除保证必要的结构尺寸外，还必须确保计量物料在运转条件下，能顺利地充满计量腔和完全排除干净。为此，计量腔的结构形状要适当，不宜用深而窄的槽形，槽底忌有尖角。壳体进料口和排料口的结构、大小也要适宜。转鼓轮与壳体的间隙根据物料的粒度、易碎度、黏度等确定。

螺杆式充填主要用于粉料或小颗粒状物料的计量，其主要优点是结构紧凑，无粉尘飞扬，还可通过改变螺杆的参数扩大计量范围。但不适用在出口容易起桥而不易落下的物料，如咖啡粉、蛋糕混合料、面粉等物料。通常螺杆充填机带有搅拌装置，其在料斗内不断搅动以免物料结块，因此对于不允许破碎的颗粒物料（如种子等），不能选用该设备计量。

三、称重式充填

称重式充填是将产品称重后充填至包装容器内的方法，适用于流动性差，颗粒大小不均，密度变化幅度较大，易受潮结块物料的计量。根据称重的形式不同，可分为间歇式称重和连续式称重。

（一）间歇式称重

1. 单台秤

图 2-10 为振动盘供料的称重式充填装置，适用于密度均匀的散体物料。工作时，将物料倒入料斗 5 中，物料通过粗供料斗 7 和细供料斗 9 送入秤斗 11，荷重传感器 10 检测秤斗中被送入的物料。当物料达到预定计量值的 80%～90%时，粗供料斗停止供料，此时细供料斗还继续供料；当秤斗中的物料达到预定值时，细供料斗停止供料，此时通过操作开斗电机 8 使秤斗打开，物料即被排出充填。

2. 组合秤

图 2-11 为高精度计量组合秤，一般可配备 9～14 个秤斗，呈水平辐射状排列；物料

从中央料斗1进入分料斗2和各秤斗3，每一秤斗都配有重量传感器，可精确测出各秤斗中物料质量，然后根据选定的组合数目，借助电子计算机作快速计量，从多种物重组合中挑选出等于或略大于标重的最佳秤斗组合，作为包装物料质量。这种组合秤误差一般不超过±1%，每分钟称重60～120次。

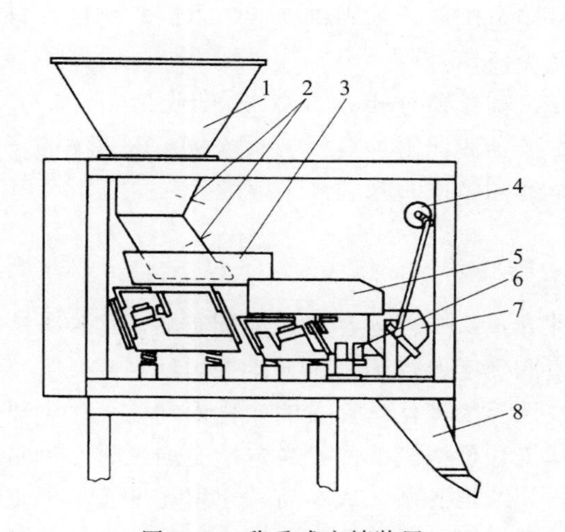

图2-10 称重式充填装置

1—料斗 2—闸门 3—粗供料斗 4—开斗电机
5—细供料斗 6—荷重传感器 7—秤斗 8—出料斗

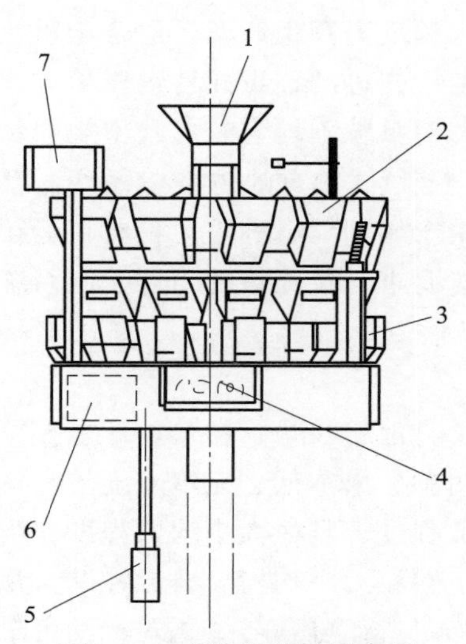

图2-11 高精度计量组合秤

1—中央料斗 2—分料斗
3—秤斗 4—显示板 5—控制机构
6—秤内计算器 7—质量选择输入

(二) 连续式称重

高速称量时多采用连续式称重装置，其实质是定时计重，即通过控制物料的稳定流量及其流动时间间隔来进行计量。当物料容重发生变化时，则借调节料流的横截面积或移动速度，使单位时间内物料的重量流量保持稳定。常用电子皮带秤或螺旋式电子秤来实现连续式称重。

图2-12为电子皮带秤，采用电子自动检测、控制物料流量的计量方法，并通过物料分配机构来实现等量供料。当物料的密度变化时，秤盘上的物重随之变化，秤盘4将会产生上下移动，通过传感器6反馈到称重调节器3，进而控制料斗闸门2，使物重在很短时间内恢复到给定值，保证物料流量稳定，然后由输送带将物料送至与其同步运转的分配器内。分配器通常是一种具有等分格子的圆盘，圆盘按给定的转速作等速回转运

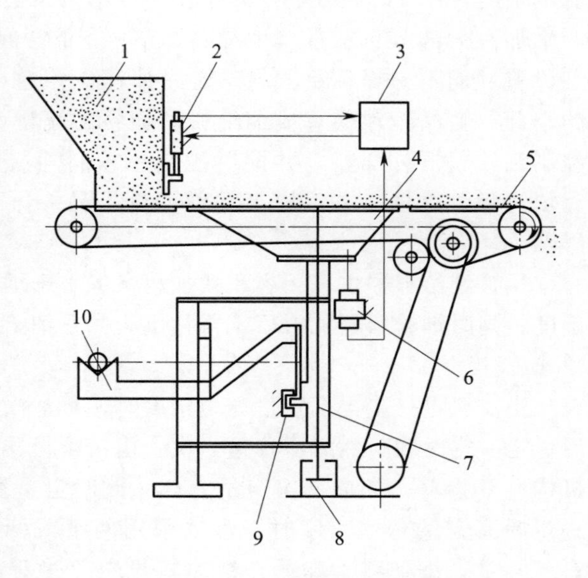

图2-12 电子皮带秤

1—料斗 2—闸门 3—称重调节器
4—秤盘 5—输送带 6—传感器 7—主秤体
8—阻尼器 9—限位器 10—副秤体

动，盘中的每个格子在回转中所截获的物料的重量相同。当物料转到卸料工位时就从格子的底部经漏斗落入包装容器中。

（三）称重式充填的应用范围及选用原则

采用单台秤称重，生产率较低，称重速度加快时精度就降低。采用多台秤组合计量，可大幅度提高生产率，适合于粗粒和块状物料的高精度计量。多斗电子组合式称量充填是目前最先进的称重式计量充填方法之一，其适用范围广，不同机型适于不同物料的计量充填，对颗粒不均匀及形状不规则物料的计量尤为适用。

连续式称重的物料在秤盘上没有停顿时间，称重速度快，一般达到 150～300 件/min，但由于属于动态称重，物料在运动中难免会有振动或冲击现象，影响称量精度。因此这种装置要求有较完善的闭环控制系统，以获得足够的精度与较高的生产率。

四、混合式充填

目前粉粒状物料自动定量充填主要有两种方式：一种是容积式定量充填，这种方法结构简单、成本低、充填速度较高，但定量充填准确度依赖于物料视比重的稳定性，受物料松散程度、颗粒大小均匀程度、吸湿性、结块性等物理化学性质的变化影响较大，主要适用于颗粒大小均匀、自流性好、视比重相对稳定、价格较低的物料定量充填；另一种是称重式定量充填，与容积式自动定量充填相比，其结构复杂，成本高，充填速度慢，但定量充填准确度较高，主要适用于颗粒大小不均匀不规则、视比重不稳定、价格较高的物料定量充填。

混合式定量充填是在容积式定量充填和称重式定量充填基础上发展起来的一种先进新技术，综合了容积式定量速度高和称重式定量精度高的优点。整个充填过程与称重式定量充填相同，在计算机控制下，采用多级给料来实现。首先由容积式粗给料器快速往称重料斗中加入大部分目标量（主加料），一般可在 90%～95%，稳定一定时间后进行准确静态称重（而不是像称重式自动定量那样，一边给料一边称重的动态称重）；然后将剩余的小部分量精确地换算成细给料器加料的流量（时间一定）或时间（流量一定）；最后控制细给料器补加料，并同时控制称重料斗投料气缸打开投料门投料，完成一次定量充填过程。这样一方面提高加料速度，另一方面减少加料冲击和落差对称重准确度的影响。

尽管细给料器也采用容积式加料，但由于加料量少，补加料误差亦小，提高了定量准确度；同时细给料器加料后不再称重，并在细给料同时又投料，从而进一步提高了定量充填速度。

当需要进一步提高定量充填精度时，可适当降低定量充填速度，在细给料器加料结束后稳定一定时间，然后再称量一次，由精给料器完成最后补加料，同时控制称量料斗投料机构打开投料，完成一次定量充填。此时定量充填精度可达到±0.5%左右。当需要进一步提高定量充填速度时，可以采用两组或两组以上加料装置。粗加料、称量、精加料、称量、细加料、称量、精加料投料等过程在时间上可以重叠进行，因此通过计算机对整个过程进行协调控制，可以明显提高定量充填速度，达到单组加料装置的两倍左右。

第二节　灌装工艺与设备

灌装工艺就是将液体产品按预定量充填到包装容器内的工艺技术，相应的机器称为灌装设备。主要用于玻璃瓶、金属易拉罐（包括铝质两片罐和马口铁三片罐）及塑料瓶的液料灌装。灌装液料主要包括食品行业的啤酒、矿泉水、饮料、乳品、植物油及调味品，化工行业的洗涤日化用品、矿物油及农药等。

灌装设备发展迅猛，具有技术水平高、功能多、大型化、高速化、结构简单化等特点。

一、灌装的基本原理

（一）灌装的基本方法

各种液体产品的物理性质和化学性质均不相同，在灌装过程中，为了使产品的特性保持不变，必须采用不同的灌装方法。

（1）常压法　常压法也称纯重力法，即在常压下，液料依靠自重流进包装容器内。大部分能自由流动的不含气液料都可用此法灌装，例如白酒、果酒、牛奶、酱油、醋等。

（2）等压法　等压法也称压力重力式灌装法，即在高于大气压的条件下，首先对包装容器充气，使之形成与贮液箱内相等的气压，然后再依靠被灌液料的自重流进包装容器内，如图 2-13 所示。

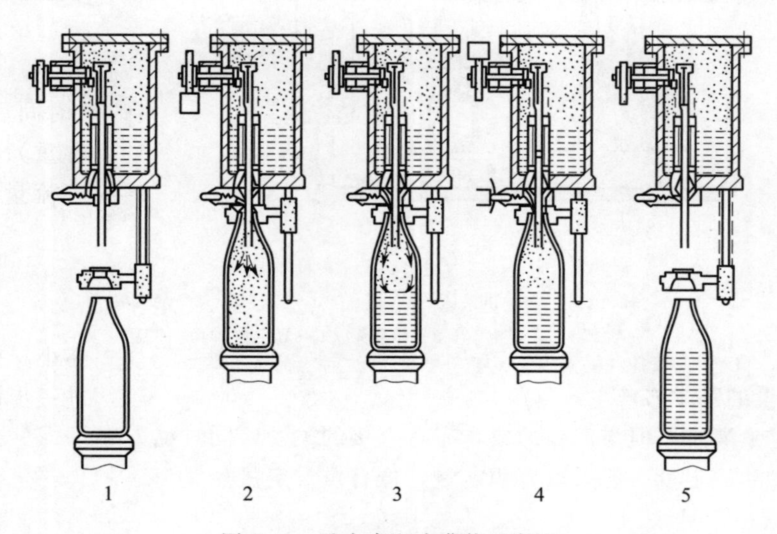

图 2-13　重力真空式灌装示意图

1—瓶阀对中　2—开阀充气等压　3—进液回气　4—关阀泄压　5—灌装结束

等压法普遍用于含气饮料，如啤酒、汽水、汽酒等的灌装，可以减少这类产品中所含二氧化碳的损失，并能防止灌装过程中过量起泡而影响产品质量和定量精度。

（3）负压法　负压法是在低于大气压的条件下进行灌装，有两种实现方式：一是重力真空式，即贮液箱内处于真空，包装容器首先抽气使之形成与贮液箱内相等的真空，随后液料依靠自重流进包装容器内，如图 2-14 所示；二是压差真空式，即贮液箱内处于常压，只对包装容器抽气使之形成真空，液料依靠贮液箱与待灌容器间的压差作用产生流动而完成灌装，如图 2-15 所示。

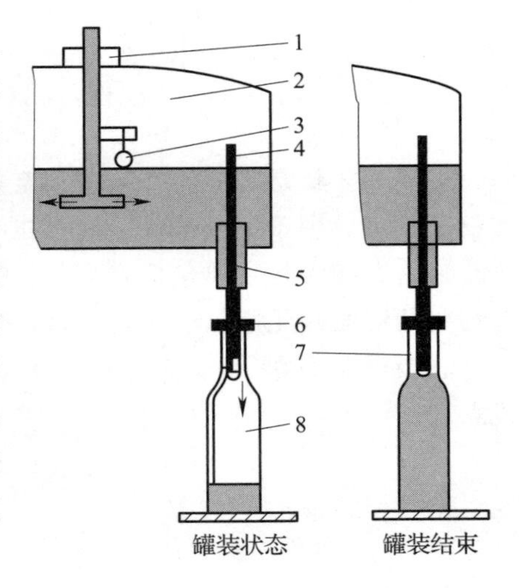

图 2-14　重力真空式灌装示意图

1—液体供给　2—真空室　3—浮子　4—排气管　5—灌装阀　6—封口　7—灌装液位　8—空气

负压法灌装应用面较广，它既适用于灌装黏度稍大的液体物料，如油类、糖浆等；也适用于灌装含维生素的液体物料，瓶内形成真空减少了液料与空气的接触，延长了产品的保质期，如蔬菜汁、果汁等；还适用于灌装需保留其香味的液体，如葡萄酒、白酒等；以及灌装有毒的物料，以减少毒性气体的外溢，如化工试剂、农药等。

（4）压力法　压力法是利用机械压力或气压，将被灌物料挤入包装容器内。这种方法主要用于灌装粘度较大的稠性物料，如番茄酱、果酱、肉糜、牙膏、香脂等。

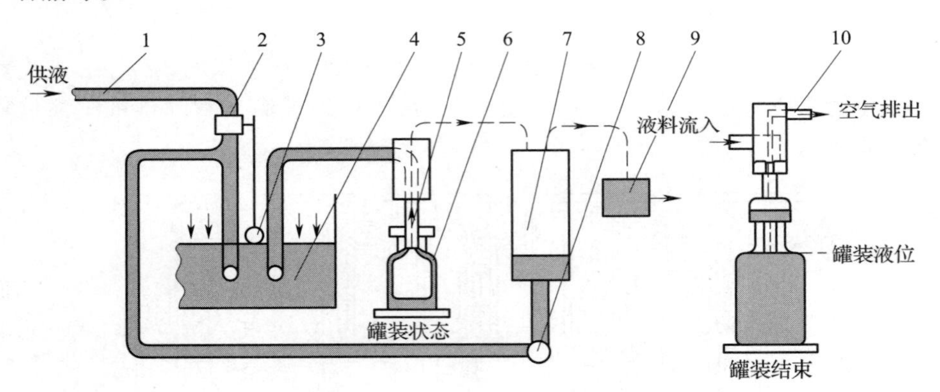

图 2-15　压差真空式灌装示意图

1—输液管道　2—供液阀　3—浮子　4—储液罐　5—灌装阀　6—容器　7—真空室　8—循环泵　9—真空泵　10—气道

（二）定量的基本方法

准确的定量灌装不但与产品的成本有着直接的关系，同时也影响产品在消费者心中的信誉。液体产品的定量一般采取容积定量，也有重量定量。

1. 控制液位定量法

控制液位定量法是通过控制被灌容器中液位的高度以达到定量灌装的目的，每次灌装的液料容积等于一定高度的瓶子内腔容积。该方法结构较简单，不需要辅助设备，使用方便，但对于要求定量准确度高的产品不宜采用，因为瓶子的容积精度直接影响灌装精度。

图 2-16 为消毒鲜牛奶、鲜果子汁等的灌装机构。当橡皮垫 5 和滑套 6 被上升的瓶子顶起后，灌装头 7 和滑套 6 间出现间隙，液体流入瓶内，瓶内原有气体由排气管 1 排至贮

液箱；当灌至排气管嘴 A—A 截面时，气体不能再排出；随着液料的继续灌入，液面超过排气管嘴，瓶口部分的剩余气体被压缩，液料沿排气管上升，根据连通器原理，一直升至与贮液箱内液位水平为止；然后瓶子下降，压缩弹簧 4 使灌装头与滑套重新密封，排气管内的液料也滴入瓶内，从而完成了一次定量灌装。

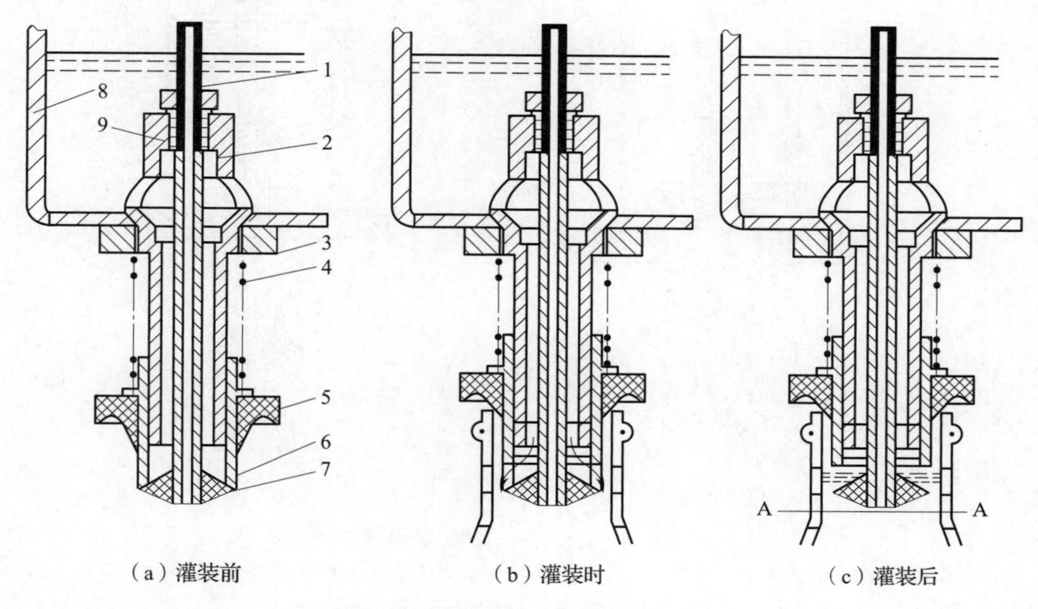

图 2-16　控制液位定量法原理图

1—排气管　2—支架　3—紧固螺母　4—弹簧　5—橡胶垫
6—滑套　7—灌装头　8—贮液箱　9—调节螺母

只要操作条件不变，瓶内每次灌装的液料高度也保持不变。若要改变灌装量，可通过改变排气管嘴进入瓶中的位置实现。

2. 定量杯定量法

定量杯定量法是先将液体注入定量杯中进行定量，然后再将定量的液体注入待灌瓶中，每次灌装的容积等于定量杯的容积。

图 2-17 为直动定量杯的一种结构。在没有待灌瓶时，定量杯 1 由于弹簧 7 的作用而下降，并浸入贮液箱的液体中，则箱内的液体沿着其周边流入并充满定量杯；当待灌瓶由瓶托抬起，瓶嘴将灌装头 8 连同进液管 6、定量杯 1 一起抬起，使定量杯超出液面；并使进液管中间隔板上、下孔均与阀体 3 的中间相通，定量杯中液体由调节管 2 流下，经中间隔板的上孔流至阀体 3 的中间槽，再由隔板的下孔经进液管下端流进待灌瓶中，瓶内空气则由灌装头上的透气孔 9 逸出；当定量杯中流体下降至调节管 2 的上端面时，定量灌装则完成。定量杯中容量可由调节管 2 在定量杯中的高度来调节，也可更换定量杯。

3. 定量泵定量法

定量泵定量法是采用压力法灌装的定量方法，一般由动力控制活塞往复运动，将物料从贮料缸吸入活塞缸，然后再压入灌装容器中，每次灌装物料的容积由活塞往复运动的行程来控制。

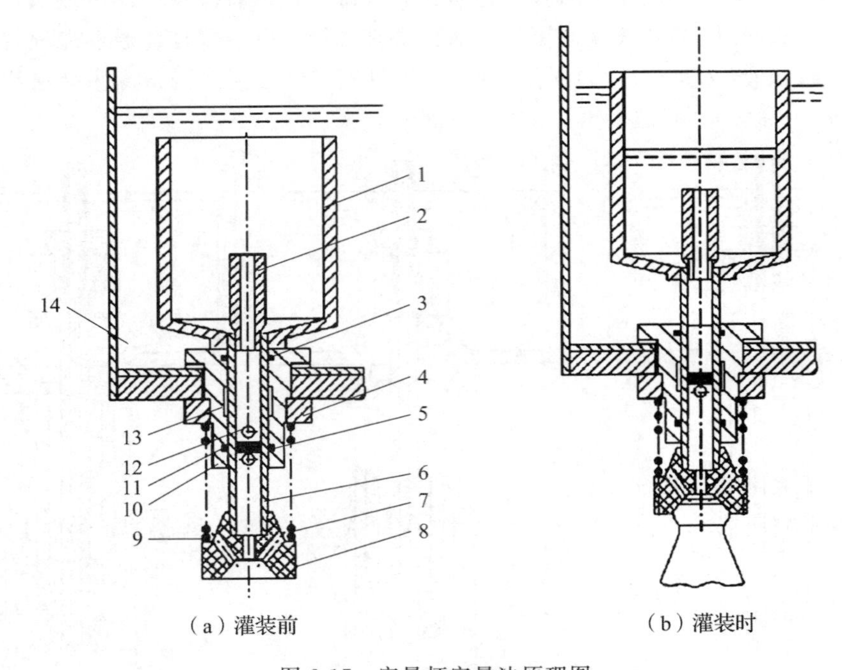

图 2-17　定量杯定量法原理图

1—定量杯　2—调节管　3—阀体　4—紧固螺母　5—密封圈　6—进液管　7—弹簧　8—灌装头　9—透气孔　10—下孔　11—隔板　12—上孔　13—中间槽　14—贮液箱

图 2-18 是利用定量泵进行定量灌装番茄酱的原理图。活塞 9 由凸轮（图中未示出）控制作上下往复运动，当活塞向下运动时，液料在重力及气压差作用下，由贮液缸底部的孔经阀 4 的月亮槽流入活塞缸内，实现吸料；当待灌容器由瓶托抬起并顶紧灌装头 7 和阀 4

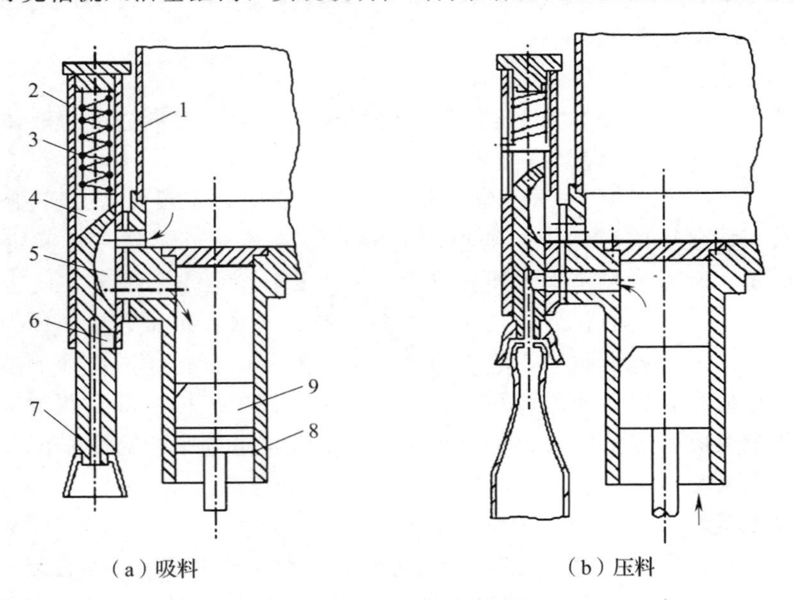

图 2-18　定量泵定量法原理图

1—储液室　2—阀体　3—弹簧　4—滑阀　5—弧形槽　6—下料孔　7—灌装头　8—活塞缸体　9—活塞

时，弹簧 3 受压缩而滑阀上的月亮槽上升，则贮料缸与活塞缸隔断，滑阀上的下料孔与活塞缸接通；与此同时，活塞在凸轮作用下向上运动，液料再从活塞缸压入待灌容器内，实现压料；当灌好液料的容器连同瓶托一起下降时，弹簧 3 迫使滑阀也向下运动，滑阀上的月亮槽又将贮料缸与活塞沟通，以便进行下一次灌装循环。若要改变每次的灌装量，只需调节活塞的行程即可。

4. 称重定量法

在灌装阀中有两个大小不相同的液道，液体通过液道时，由负载传感器随时测量液体重量，当充填的液体接近规定的充填量时，灌装阀则可转换成小流量的回路，因而该方法灌装精度非常高。

（三）灌装的水力过程

根据水力学知识，液料由贮液箱或定量杯经过灌装阀流入待灌瓶内，这一过程应该看成是液体的管嘴出流，按照定量方法和灌装嘴口伸入瓶内位置的不同，又可分成以下两种情况。

（1）控制液位定量法管嘴出流　当采用控制液位定量法灌装时，若灌装嘴口伸入到瓶颈部分，由于贮液箱内液位保持恒定，而贮液箱内液面上气压和待灌瓶内的气压基本又是一个定值，因此，液体流动速度是基本不变的，灌装过程则属于稳定的管嘴自由出流情况，如图 2-19 所示。

若灌装嘴口伸入在接近瓶底部，那么灌装过程分为两步：第一步，在液面尚未灌至灌装嘴口之前，属于稳定的管嘴自由出流情况；第二步，在液料嘴口之后，由于作用在嘴口上的静压力随着瓶内液料的逐渐上升而变化，故属于不稳定的管嘴淹没出流情况，如图 2-20 所示。

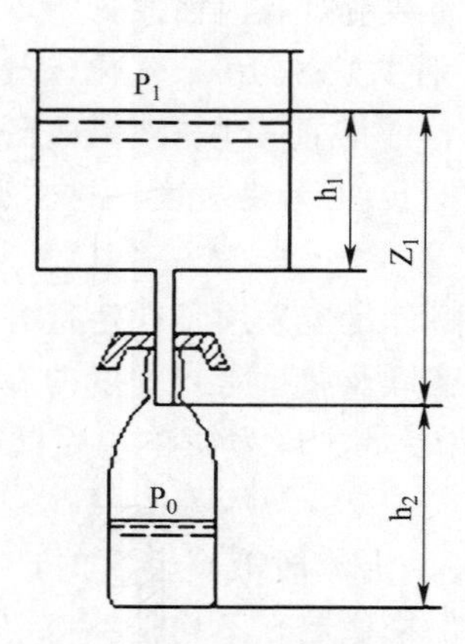

图 2-19　控制液位高度定量短管灌装

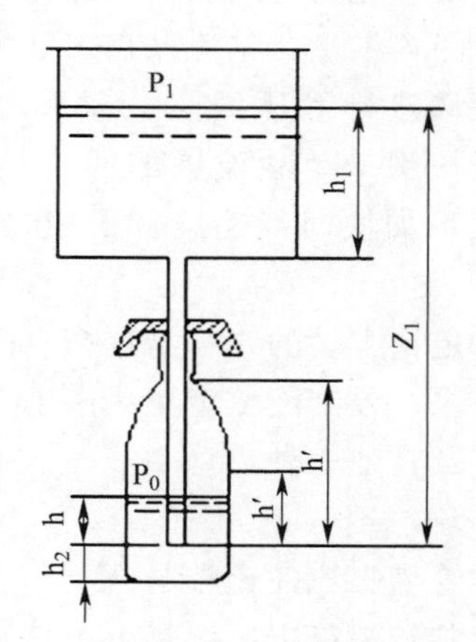

图 2-20　控制液位高度定量长管灌装

（2）定量杯定量法管嘴出流　当采用定量杯定量法灌装时，若灌装嘴口伸入在瓶颈部分，由于定量杯内液位在灌装过程中逐渐变化，因此，液体流动速度也随时间变化，灌装过程则属于不稳定的管嘴自由出流情况，如图 2-21 所示。

若灌装嘴口伸入在接近瓶底，那么，灌装过程也分两步：第一步，在液料尚未灌至灌装嘴口之前，属于不稳定的管嘴自由出流情况；第二步，在液料已淹没嘴口之后，属于不稳定的管嘴淹没出流情况，如图 2-22 所示。

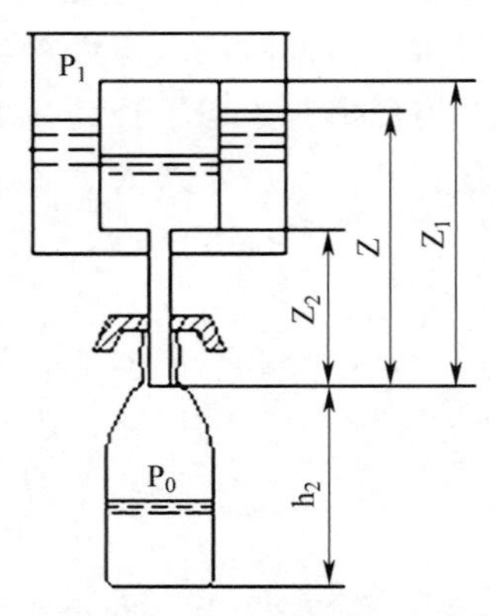

图 2-21 定量杯定量短管灌装

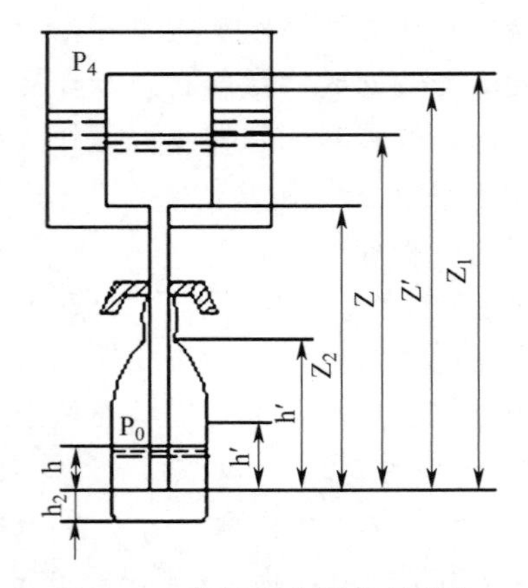

图 2-22 定量杯定量长管灌装

(四) 灌装工艺的比较与选择

(1) 灌装方法的比较与选择　灌装方法的正确选择，除考虑液体本身的工艺性能如黏度、起泡性、含气性、挥发性外，还必须考虑产品的工艺要求、灌装机的机械结构等综合因素。对于一般不含气的食用液料如瓶装牛奶、瓶装酒类等，可以采用常压法，也可采用负压法。为了减少灌装时液料中的含氧气量，以便延长产品的保质期，采用较大真空度的负压法更有利；但真空度越大，酒的香味越易损失，而且负压法较之常压法需增加设备成本。

对于某种液料的灌装不一定选择单一的方法，也可以综合选择几种方法，例如为了减少啤酒中的含氧量，避免保存期氧化变质，一种方法是灌装前对瓶内抽取真空，然后再充入二氧化碳进行等压灌装，即采用真空等压法；另一种方法是用二氧化碳充气等压，瓶内空气被引入单独设置的回气箱，并不排至贮液箱，灌装前阶段在等压下进行，灌装后阶段可加快回气速度，形成与贮液箱的压差，从而提高灌装速度，即采用等压压差法。

(2) 定量方法的比较与选择　因液料性质不同，液料计量应采用不同定量方法。从定量精度来看，控制液位定量法由于直接受到容器容积精度以及瓶口密封程度的影响，其定量精度不及其他三种方法高。从机械结构看，控制液位定量法最为简单，因此得到广泛应用。

(3) 管嘴出流的比较与选择　淹没出流可以减小自由出流时液料落下时产生的冲击力，使灌装较为稳定，但是由于灌装嘴口上的水头不能保持稳定，又均是不稳定的淹没出流。目前一般采用环隙进液并沿瓶壁降落的阀端结构，这不仅使灌装始终保持稳定的管嘴出流状态，同时又避免了液料落下产生的冲击力，使灌装更为稳定，这对于含气饮料的灌装更显得有利。

二、灌装机械的总体结构与工作原理

1. 常压灌装机

常压灌装机的总体结构如图 2-23 所示，主要由贮液箱 1、进出瓶拨轮 4 和 9、进瓶输送装置 5、灌装阀 2、主轴及传动系统组成。液料由进液管 12 进入环形贮液箱 1 中，瓶子由进瓶输送装置 5、星形拨轮 4 送入到升降机构 6 上；瓶子在上升的同时绕灌装机回转，当瓶子和灌装阀 2 紧密接触时自动灌装液料；灌装结束后瓶子由升降机构 6 送入到水平位置，再由出瓶星轮 9 送至压盖机上。每当灌装机工作结束时，可自动清洗，清洗液由管 12 进入贮液箱 1 中，再经清洗阀 3 和泵 7、排水管 8 排出机外。

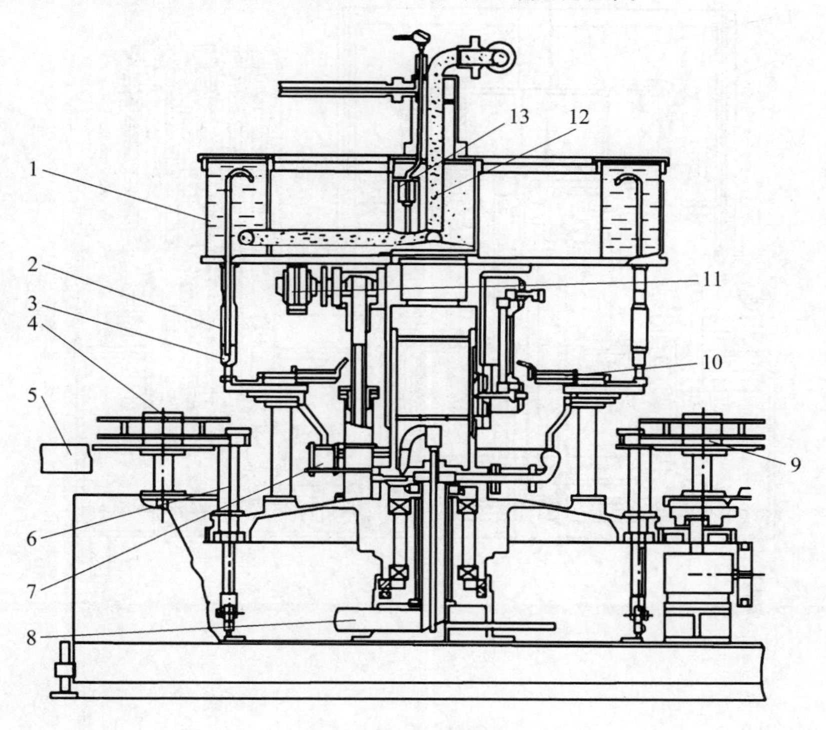

图 2-23　常压灌装机

1—贮液箱　2—灌装阀　3—清洗阀　4—进瓶星轮　5—进瓶输送装置
6—升降机构　7—洗涤用泵　8—排水管　9—出瓶星轮　10—清洗用气缸
11—贮液箱高度升降调节装置电机　12—进液料管　13—液位控制浮球开关

2. 等压灌装机

等压灌装机的总体结构如图 2-24 所示，主要由环形液室 2、拨瓶星轮 5、分件供送螺杆 6、中心进液管 10、进气管 11、灌装阀 20 等组成。洗净的瓶子由分件供送螺杆 6 和拨瓶星轮 5 送到托瓶台上，瓶子上升后瓶口与灌装阀紧密接触，进行等压灌装，灌装结束后，由拨瓶星轮将瓶子送到压盖机上。

3. 负压灌装机

负压灌装机的总体结构如图 2-25 所示，空瓶由链带 1 送入，经不等距螺杆 2 分成一确定的间距，再由拨轮 3 送到托盘机构 4 上；瓶子随瓶托回转的同时，由升瓶导轮 16 带动上升一定距离；当瓶口顶住灌装阀密封圈时，瓶内空气被真空吸管 6、真空气缸 8 吸走，瓶内形成一定的真空度；在压差作用下，贮液箱内液体被吸液管 11 吸入瓶内，进行灌装；灌装结束后，在凸轮导轮带动下瓶托下降，使液管内存在的液料流入瓶内；然后瓶托再下降，瓶子处于水平位置，由出瓶拨轮将瓶子送到压盖机。

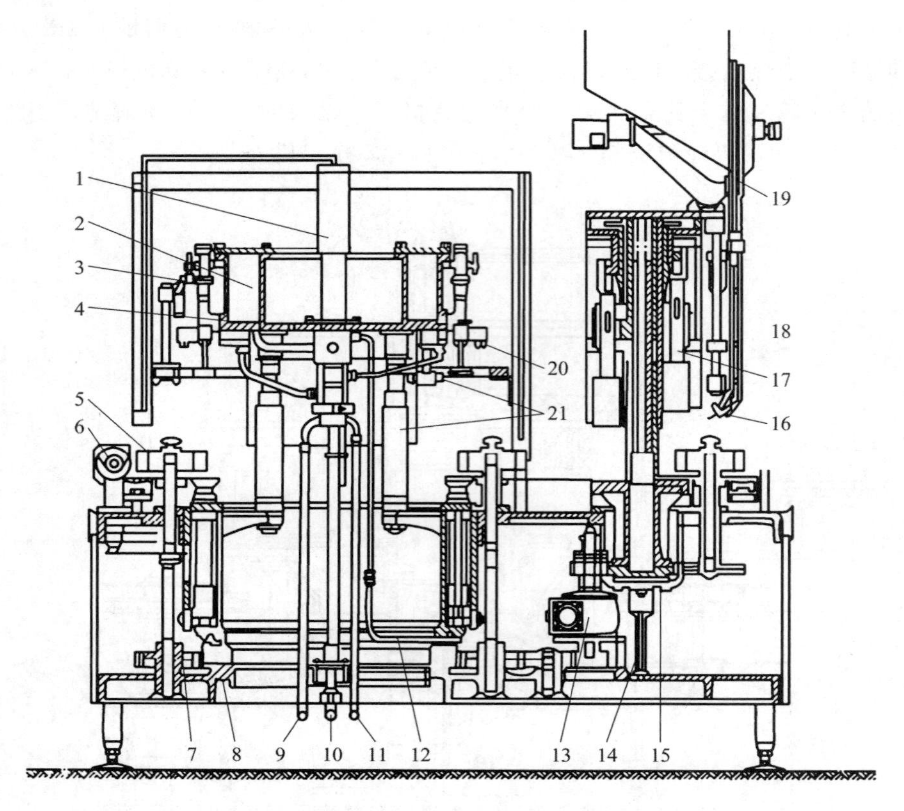

图 2-24　等压灌装机

1—控制环支架　2—环形液室　3—快关拨叉　4—环形回气预压室　5—拨瓶星轮
6—分件供送螺杆　7—驱动轮　8—轴承　9—回气管　10—中心进液管　11—进气管
12—压缩空气管　13—蜗杆减速器　14—压盖装置高速调节杆　15—压盖装置支座　16—压盖监控装置
17—压盖头　18—王冠盖进给通道　19—王冠盖整理装置　20—灌装阀　21—灌装装置高度调解机构

4. 压力灌装机

压力灌装机的总体结构如图 2-26 所示，在贮酱箱 1 底部装有 12 个活塞，活塞柄的下端装有滚轮，滚轮沿凸轮 7 环形轨道运转，控制活塞往复运动，实现吸料和出料；同时轨道一端装有升降机构，可调节活塞行程。在贮酱箱外侧安装 12 个灌酱阀，与贮酱箱相通；托瓶板 5 在凸轮 9 的带动下连同待灌瓶做升降运动，实现阀门的开启与关闭。电机 10 经齿轮 11 等传动元件，带动灌装台 6 和贮酱箱转动，贮酱箱同时带动灌装阀转动，完成灌装工作。

5. 称重灌装机

称重灌装机是以称重的方式来实现定量，主要是用于油漆、润滑油、乳化油等一些低粘度物料的灌装。它利用电子秤计量准确度高的特点，把电子秤与称重控制仪表连接，在计量过程中电子秤的压力信号不断传输到控制仪表，控制仪表驱动执行元件，以实现停泵、关闭气动阀门等操作，图 2-27 为称重式灌装机结构图。

称重灌装机的灌装阀为双头结构，包括大流量灌装阀和小流量灌装阀，大流量灌装阀实现快速灌装，小流量灌装阀实现精确灌装，保证罐装速度和精度。

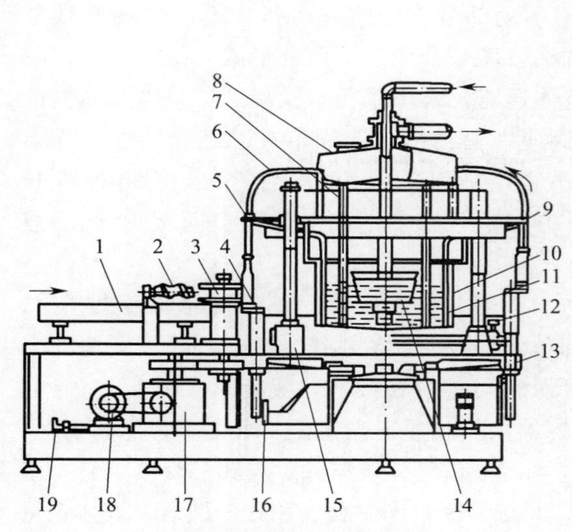

图 2-25　负压灌装机

1—进瓶链带　2—不等距螺杆　3—进瓶拨轮
4—瓶托机构　5—灌装阀　6—吸气管　7—真空指示管
8—真空气缸　9—上转盘　10—贮液箱　11—吸液管
12—放气阀　13—下转盘　14—液位控制装置
15—贮液箱高度调节装置　16—托盘升降导轮
17—蜗轮减速箱　18—电机　19—调速手轮

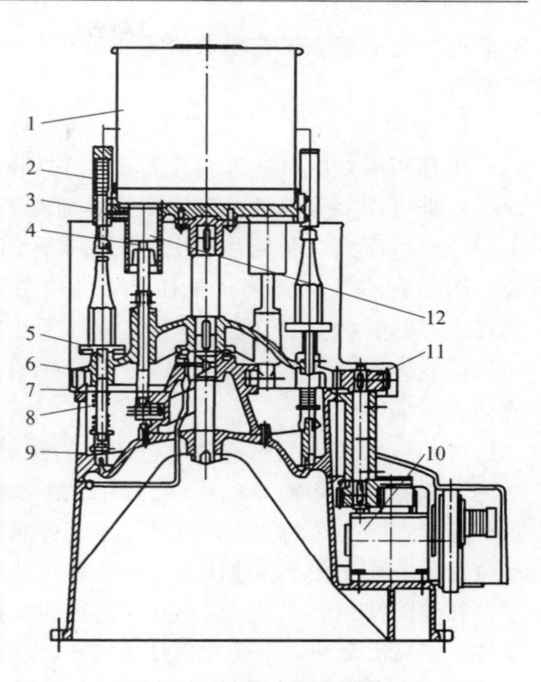

图 2-26　活塞式压力灌装机

1—贮酱箱　2、8—弹簧　3—灌装活门
4—活塞　5—托瓶板　6—灌装台
7、9—凸轮　10—电机　11—齿轮　12—计量室

图 2-27　称重式灌装机

三、灌装机械主要部件

（一）灌装阀

灌装阀是自动灌装机执行机构的主体部件，它的功能在于根据灌装工艺要求，以最快的速度沟通或切断贮液箱、气室和灌装容器之间流体流动的通道，保证灌装工艺过程的顺

利进行。完成灌装工艺要求的灌装头有多种形式，根据阀中可动部分的运动形式可分为以下两种。

1. 单移阀

单移阀阀体中有一件可动部分，它相对于不动部分，开闭阀时作往返一次的直线移动。根据可动部分移动前后开闭流体通路的方法，又可分成以下两种形式。

（1）端面式　利用移动块的端面来开闭流体通路，常用于马口铁罐、广口玻璃瓶的灌装。图 2-28 是一个端面式单移阀的结构图，阀座 3 借助螺母 5 固定在贮液箱 4 上，固定阀蝶 10 用螺纹连接于阀座 3 上，并用螺母 2 吊紧，弹簧 7 保证橡皮活门 9 与固定阀蝶 10 间的密封，橡皮外套 6 同样起密封防漏作用；升瓶后在橡皮活门 9 与固定阀蝶 10 间形成液门进行灌装。

（2）柱面式　利用移动块柱面上的孔道与不动部分（阀座）的孔道接通与否来开闭，适用于非粘性食用液体的灌装。图 2-29 为柱面式单移阀的结构图，用螺纹调节高度的定量杯连接在阀芯 2 的上面，压盖 4 下无待灌容器时，定量杯浸没在贮液箱中，阀芯 2 处于起始位置时，抽气孔 7 和液体流入小孔 8 与待灌容器均不相通；当压盖 4 下面有待灌容器时，定量杯随同阀芯上升，同时小孔 6 对准抽气孔 7，容器内气体被排除；当阀芯继续上升，定量杯 1 则高出液面，小孔 6 离开抽气孔，与真空系统切断，同时孔 6 和孔 8 接通，液体定量杯 1 流入容器内；最后，灌装头在弹簧 3 的作用下，阀芯恢复到原位，完成一个工作循环。

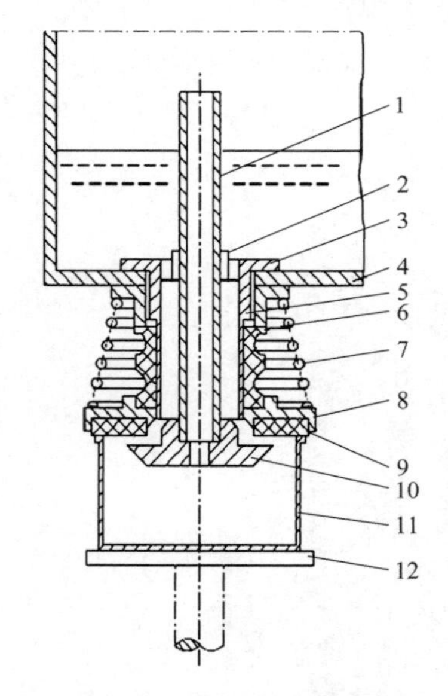

图 2-28　端面式单移阀结构简图

1—回气管　2—螺母　3—阀座
4—贮液箱　5—螺母　6—橡皮外套
7—弹簧　8—滑套　9—橡皮活门
10—固定阀蝶　11—待灌容器　12—托瓶台

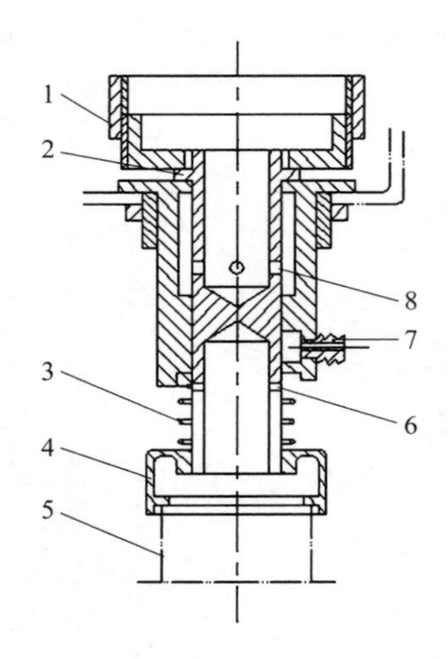

图 2-29　柱面式单移阀结构简图

1—定量杯　2—阀芯　3—弹簧
4—压盖　5—容器　6—下孔口
7—抽气孔　8—上孔口

2. 旋转阀

旋转阀阀体中的可动部分相对于不动部分在开闭阀时作往复一次或多次的旋转摆动，在摆动的两极限位置，由可动部分上的孔眼是否对准不动部分上的孔眼来完成流体通路的开闭。根据相对转动面是沿圆柱面（或圆锥面）还是沿平面进行，又可分成以下两种形式。

（1）柱式（或锥式）　阀可动部分旋塞的圆柱面（或圆锥）上开有一定夹角的孔眼，分别与不动部分阀座的孔眼相对应。图 2-30 为一种简单的锥式旋转阀，只要控制旋柄摆动到一定的角度，就能通过旋塞开闭阀座上的流体通路。由于旋塞在阀座中的来回转动容易磨损而产生漏液，因此一般做成锥塞形式，并用弹簧压紧，以便补偿。

（2）盘式　此种阀在其可动部件阀盖的端平面上开有一定夹角的孔眼，并分别与不动部件阀座的孔眼相对应。图 2-31 为用于啤酒、汽水等压灌装的盘式旋转阀结构简图。其工作原理为：阀座 2 用螺钉固定在贮液箱的大转盘上，内部有两个气体孔道 Q_1、Q_2，还有两个液体孔道 Y_1、Y_2，孔道 Q_1 与贮液箱中的气室相通，孔道 Q_2 与灌装瓶相通，但它们彼此之间并不相通；孔道 Y_1 与贮液箱中液室相通，孔道 Y_2 与灌装瓶相通，它们彼此也不相通。阀盖 1 套在固定于阀座中的短轴上，阀盖上有气体孔道 Q_3、Q_4、Q_5 彼此相通，还有液体通道 Y_3、Y_4 彼此也相通。阀盖上旋爪由固定挡块拨动，使阀盖旋转，并与阀座处于不同的相对位置，从而完成灌装工艺的各个过程。

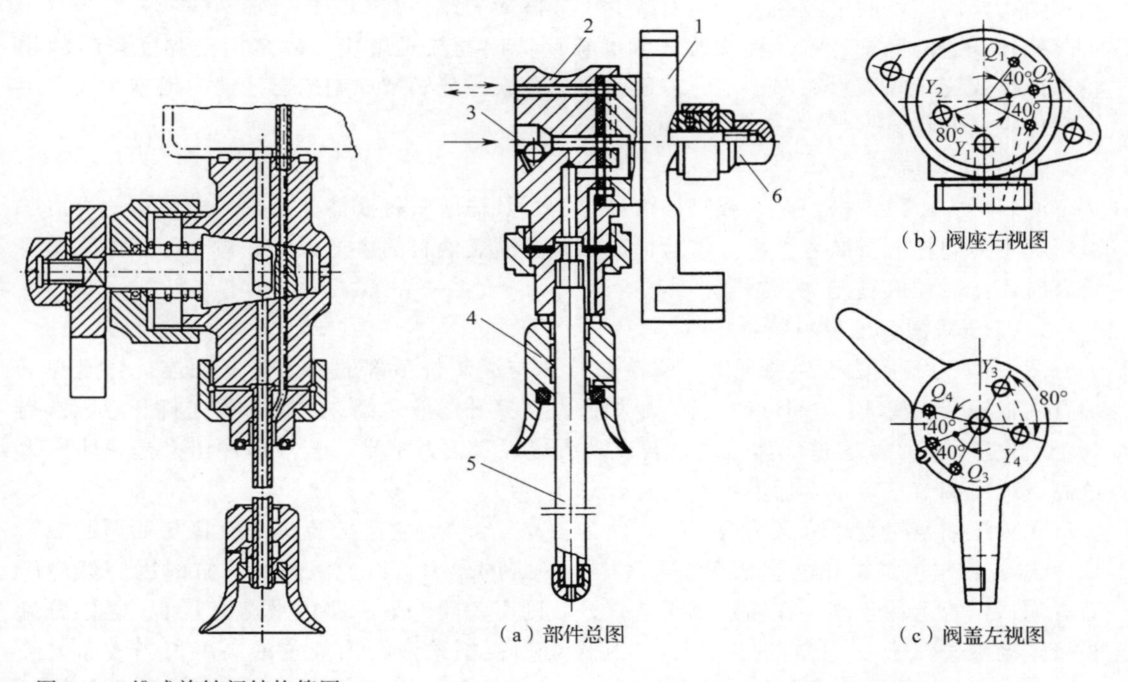

（a）部件总图　（b）阀座右视图　（c）阀盖左视图

图 2-30　锥式旋转阀结构简图

图 2-31　盘式旋转阀结构简图
1—阀盖　2—阀座　3—制止钢球
4—对中罩　5—下液管　6—螺母

第一工作位置（充气等压）：此时阀盖由原始位置逆时针方向旋转 40°，所处的位置是阀盖上孔道 Q_3、Q_4 与阀座上的孔道 Q_1、Q_2 相对应，此时贮液箱内气室的气体由阀座上孔道 Q_1 经过阀盖上孔道 Q_3、Q_4，再转入阀盖上孔道 Q_2，并进入待灌瓶中，从而完成充气等压过程。

第二工作位置（进液回气）：此时阀盖逆时针方向旋转40°。所处的位置是阀盖上的孔道Q_4、Q_5与阀座上的孔道Q_1、Q_2相对应，则贮液箱中的液体依靠液位差由阀座上的孔道Y_1，经过阀盖上的孔道Y_3、Y_4再转入阀座上的孔道Y_2，并进入待灌瓶中，而瓶内气体由阀座上的孔道Q_2，经过阀盖上的孔道Q_3、Q_4，再转入阀座上的孔道Q_1，并排入贮液箱的气室内，从而完成进液回气过程。

第三工作位置（气、液全闭）：此时阀盖顺时针方向旋转80°，这样阀盖上只有孔道Q_3、Y_3分别与阀座上孔道Q_2、Y_1相对应，实际上不能沟通贮液箱与待灌瓶间的气体通道和液体通道，从而使气、液道均处于关闭状态。

第四工作位置（排除余液）：此时阀盖再沿逆时针方向旋转40°，这样又回到第一工作位置，气道中的余液由于自重流入待灌瓶中，从而完成排除余液过程，以免影响下一灌装循环的正常进行。

第五工作位置（气、液全闭）：此时阀盖再顺时针方向转40°，这样又回到第三工作位置，也就是原始位置，从而完成一个灌装工艺循环。

另外在阀座中还装有制止球，当无瓶或灌装时瓶子破裂，由于液体流速突然增大，制止球则堵塞阀座上的进液孔道，从而减少了液体损失。

比较上述两种旋转阀，柱式旋转阀磨损漏液问题较难解决，故多用于黏度较高的物料，而盘式旋转阀液料在阀体内尚需迂回穿过孔眼，势必增加制造与清洗的困难，故多用于黏度较低的物料。

（二）供料装置

灌装液料由贮液槽经泵（或直接由高位槽）及输液管将液体产品输入贮液箱，再由贮液箱经灌装阀输入待灌容器中，这就形成了整个灌装液料的供送系统。对于等压法、真空法有时还需对贮液箱充气或抽气。

1. 等压法灌装的供料装置

图2-32为等压法供料原理图。输液总管3与灌装机顶部的分流头9相连，分流头下端有六根输液支管14与环形贮液箱12相通。在打开输液总阀2之前，需先打开液压检查阀1，以透明管3观察进液体压力，若流动缓慢说明压力不足，若液体冲出来是说明压力过高，均需调节，待正常后方可准备打开总阀。

无菌压缩空气管4分叉为两路，一路为预充气管7，它经分流头9直接与环形贮液箱12相通，其作用是在开机前对液体充气产生一定的压力，以免液料初入缸时因突然降压而冒泡；该管上截止阀5在输液总阀2打开后则需关闭。另一路为平衡气管8，它以分流头接至高液位浮子13上的进气阀11，其作用为控制贮液箱内液位的高度。当液面太高时，即液压高于气压，高液位浮子13即上升打开进气阀，无菌压缩空气进入贮液箱，以补充气压的不足，保证液体能稳定地进入贮液箱；当液面下降时，即液压低于气压，低液位浮子16下降，则打开放气阀18，贮液箱内较高气压被释放，气压降低使进液增多。贮液箱内液面基本稳定在视镜17的中部。

2. 负压法灌装的液料供送装置

负压法灌装系统结构较复杂，形式较多，但根据其采用灌装方式不同，大体可分两种：一种方式是在待灌瓶和贮液箱中都建立真空，而液体是靠自重产生流动而灌装的；另一种方式是在瓶中建立真空，靠压差完成灌装。负压法灌装机的供料系统可有单室、双

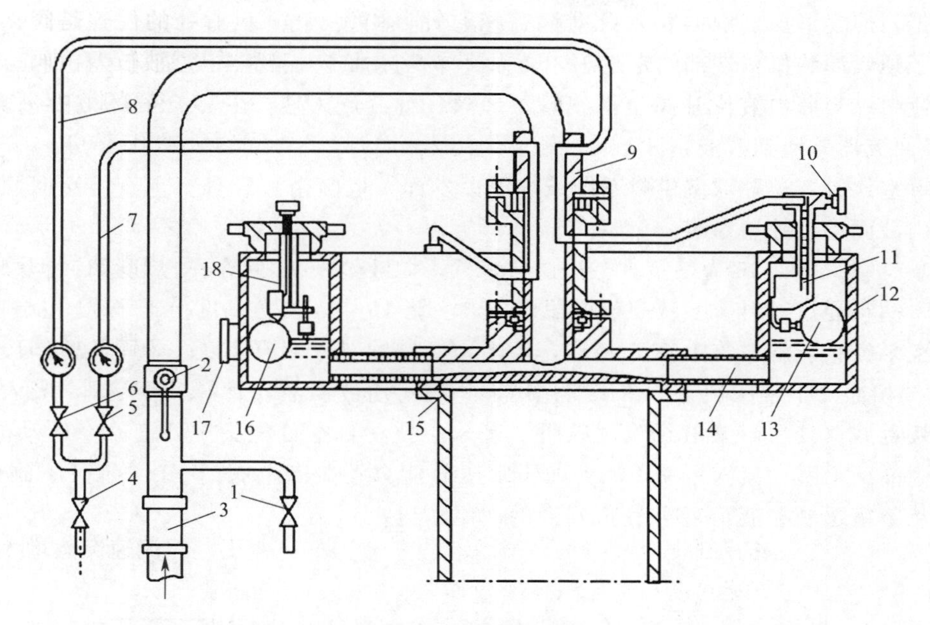

图 2-32　等压法供料装置

1—液压检查阀　2—输液总阀　3—输液总管（透明段）　4—无菌压缩空气管（附单向阀）
5、6—截止阀　7—预充气管　8—平衡气管　9—分流头　10—调节针阀　11—进气阀
12—环形贮液箱　13—高液位浮子　14—输液支管　15—主轴　16—低液位浮子　17—视镜　18—放气阀

室、三室等多种形式，单室属于前一种方式，其余属于后一种方式。

（1）单室　单室是一种真空室与贮液箱合为一室的供料装置，图 2-33 为其工作原理图。被灌液体经输液管 1 由进液孔 3 送入贮液箱 5 内，箱内液面依靠浮子 4 控制基本恒定，箱内液面上部空间的气体由真空泵经真空管 2 抽走，从而形成真空；瓶子由托瓶台 7 带动上升并首先打开气阀 9 对瓶内抽气，接着瓶子继续上升打开液阀 8 进行灌液，瓶内被置换的气体吸至贮液箱内再被抽走。

这种结构使贮液箱内整个液面成为挥发面，故不宜灌装含有芳香性的液体，但总体结构比较简单，并容易清洗。

（2）双室　双室是有一个贮液箱与一个真空室的供料系统，图 2-34 为其工作原理图。液料经输液管 1 输送到贮液箱 8 内，箱内液位由浮子 7 控制，真空泵将真空室 2 内

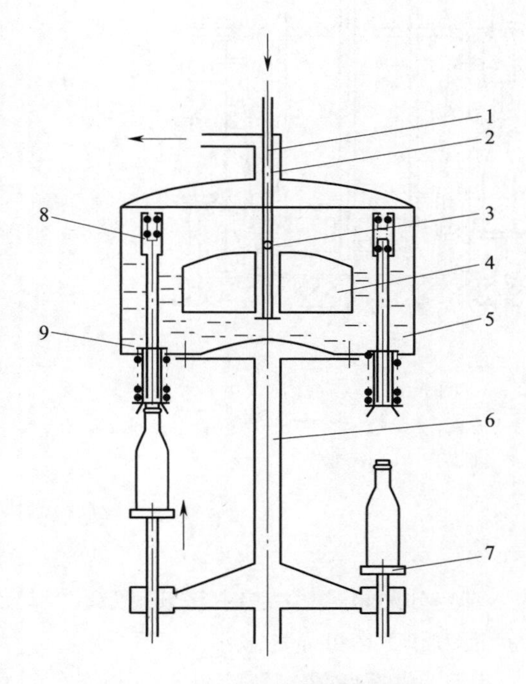

图 2-33　单室真空法供料装置

1—输液管　2—真空管　3—进液孔　4—浮子
5—贮液箱　6—主轴　7—托瓶台　8—液阀　9—气阀

气体抽走，使之形成真空；灌装机构有一进液管通往贮液箱，另有一抽气管通往真空室，一旦瓶子顶紧灌装机构端部的密封垫，瓶内气体即被抽走，液料在贮液箱与瓶内压差作用下流入瓶中；当瓶内液位升高至抽气管下缘时，继续流入瓶内的多余液体被抽进真空室2，再经回流器4回到贮液箱8。

与单室比较，这种双室供料系统减少了挥发面，但因余液经真空室直接流回贮液室，因此箱内液面难以控制稳定。

（3）三室　图2-35为三室真空法供料装置，贮液箱16安装在作连续运转的灌装机工作台上，液料通过进料管2从高位槽输送入贮液箱16中，液位高度由浮子14控制。工作时，真空泵经吸气管3与上室5相连，使上室5一直处于负压状态，而贮液箱因通气孔11与大气相通处于常压状态；在压差作用下，液料通过吸液软管8、灌装阀9吸入瓶内；当料液接近瓶口处后，余液经吸气软管6吸入上室；真空分配头1外套一个转动的配气环，使余液从上室5流入下室7；当处于常压时能自动关闭上阀门10并打开下阀门12，其存液从下室返回贮液箱16，完成料液的回流输送。

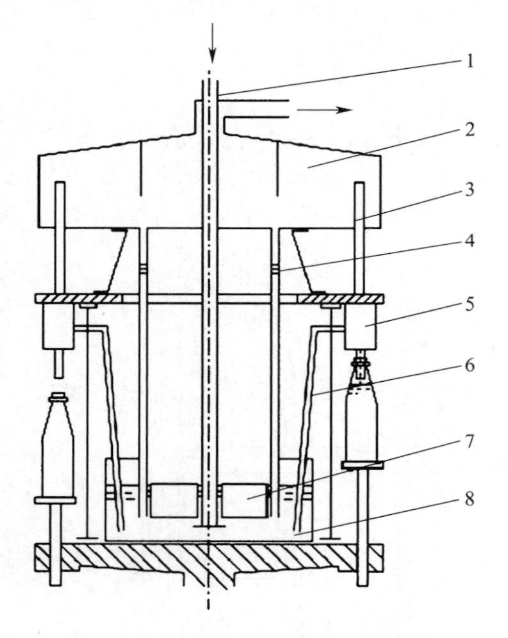

图2-34　双室真空法供料装置

1—输液管　2—真空室　3—抽气管　4—回流管　5—灌装阀　6—吸液管　7—浮子　8—贮液箱

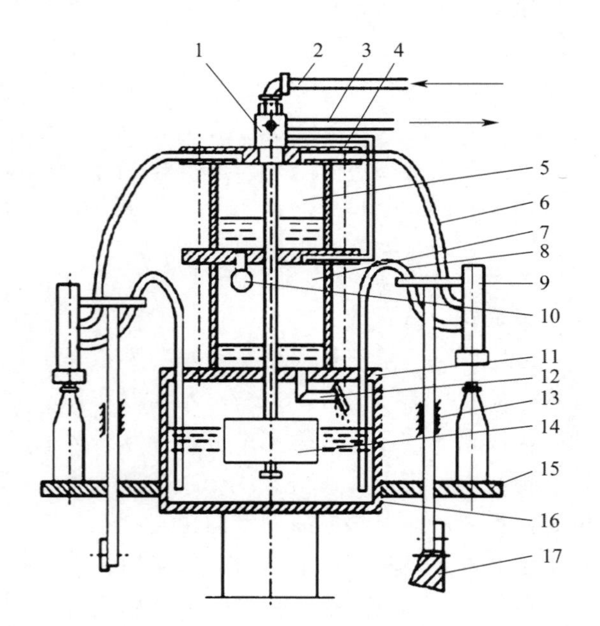

图2-35　三室真空法供料装置

1—真空分配头　2—输液管　3—吸气管　4—通气管　5—上室　6—吸气软管　7—下室　8—吸液软管　9—灌装阀　10—上阀门　11—通气孔　12—下阀门　13—升降杆　14—浮子　15—托瓶台　16—贮液箱　17—托瓶凸轮

真空分配箱虽然结构上比较复杂，但却使真空灌装机的结构紧凑了，且利于提高灌装生产能力和工作可靠性。

（三）供瓶装置

1. 送瓶机构

按照灌装的工艺要求，准确地将待灌瓶送入主转盘升降机构托瓶台上，是保证灌装机正常而有秩序工作的关键。

洗瓶机出来的瓶子由输送带送来后，为了防止挤坏、堵塞，并准确地送入灌装机，必须设法使瓶子单个地保持适当的间距并定时送进，目前一般采用分件供送螺杆和拨瓶轮，如图 2-36 所示。

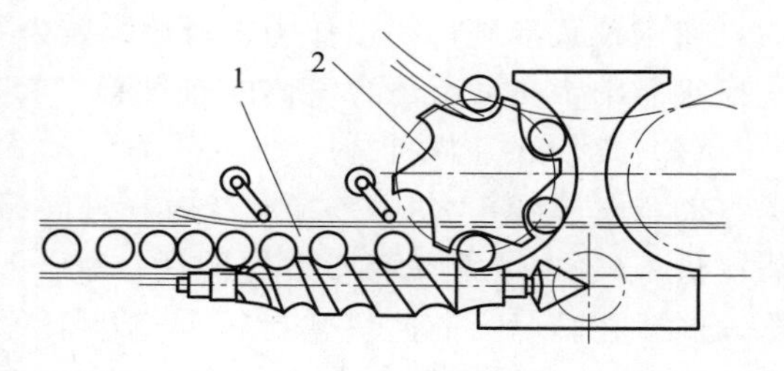

图 2-36　送瓶机构

1—分件供送螺杆　2—拨瓶轮

（1）分件供送螺杆　分件供送螺杆在结构上是一种空间高副机构，其结构形式受供送瓶的大小、形状等的制约。从外观形式看，前端应设计呈截锥台形，有助于将玻璃瓶顺畅地导入螺杆的工作区段，而另一端应具有与玻璃瓶同半径的圆弧过渡角，以便和拨瓶轮同步衔接。

为了使刚进入螺杆工作区段的玻璃瓶运动平稳，第一段最好采用等螺距，使它暂不产生加速度；鉴于星形拨轮的节距通常都大于两只玻璃瓶原来在链带上紧相接触时运动的中心距，最后一段螺旋线一定要变螺距，为改善瓶的惯性运动，它应该制约玻璃瓶以等加速度规律逐渐增大其间距。

（2）拨瓶轮　拨瓶轮可将瓶子准确地送入灌装机中瓶的升降机构，或将灌满的瓶子从升降机构取下送入传送带。为了使瓶子稳定传送，在传送带旁边还需要安装护瓶杆，在进出瓶拨轮外还要安装导板，护瓶杆离开传送中心线的距离要可调，以适应不同规格的瓶子。

2. 瓶的升降机构

在旋转型灌装机中，由拨瓶轮送来的瓶子需先上升到规定的位置，以便打开灌装阀进行灌装；然后再把已灌满的瓶子下降到规定的位置，以便拨瓶轮将其送到传送链带上送走，这一动作是由瓶的升降机构完成的。瓶的升降机构要求运行平稳、迅速、准确、安全可靠、结构简单，常用的有下列三种形式。

（1）机械式升降机构　图 2-37 为机械式升降机构原理图，瓶托的上滑筒 3 和下滑筒 6 通过拉杆 5 与弹簧 2 组成弹性筒，在下滑筒的拨销上装有滚动轴承 7，使整个瓶托可沿着凸轮导轨的曲线升降。由于上滑筒与下滑筒间还可产生相对运动，这不仅保证了灌装时瓶口的密封，同时又保证了有一定高度误差的瓶子仍可正常灌装。每只瓶托用螺母固定装在下转盘边缘的孔中，并随转盘一起绕立轴旋转，这相当于是一个圆柱凸轮—直动从动杆机构，其中圆柱凸轮不动，而直动从动杆绕圆柱凸轮的轴线旋转。

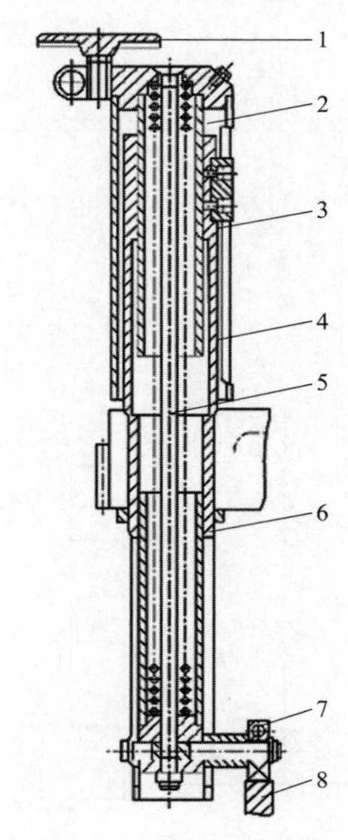

图 2-37　机械式升降机构

1—托瓶台　2—压缩弹簧　3—上滑筒

4—滑筒座　5—拉杆　6—下滑筒

7—滚动轴承　8—凸轮导轨

这种升瓶机构的结构比较简单，但是工作可靠性差，如果灌装机运转过程中出现故障，瓶子沿着滑道上升，很容易将瓶子挤坏，对瓶子质量要求很高，特别是瓶颈不能弯曲，瓶子被推上瓶托时，要求位置准确；在工作中，缓冲弹簧也容易失效，需要经常更换。因此，这种结构适用于小型的半自动化不含气体的液料灌装机中。

（2）气动式升降机构　图 2-38 为气动式升降机构原理图，所用压缩空气的压力通常为（2.45～3.92）$\times 10^5$Pa。升瓶时，进气阀门 5 关闭，排气阀门 4 打开，压缩空气由气管 7 进入气缸 2，推动活塞 3 连同托台瓶 1 上升，使活塞 3 上部的存气经排气阀门 4 排出；降瓶时，在转盘旁的撞块控制下排气阀门 4 关闭，进气阀门 5 打开，压缩空气改由气管 6 和 7 同时进入气缸 2。由于活塞 3 上下的气压相等，托台瓶 1 和瓶子在重力作用下下降。

这种升降机构克服了机械式升降机构的缺点，因为它采用气体传动，有吸震能力，当发生故障时，压缩空气好比弹簧一样被压缩，这时瓶子不再上升，故不会挤坏。但是，活塞的运动速度受空气压力的影响较大，若压缩空气压力减小，则瓶的上升速度减慢，以致不能保证瓶嘴与灌装阀密封；若压缩空气压力增加，则瓶的上升速度快，导致瓶不易与进液管对中，又使瓶子下降时冲击力增大，如若灌装含气性气体，则容易使液料中的二氧化碳逸出。

（3）气动机械混合式升降机构　图 2-39 为气动机械混合式升降机构原理图，配有托瓶台 1 的套筒 2 可沿空心柱塞 5 滑动，方块 8 起导向作用，防止套筒升降时发生偏转。升降时，压缩空气由柱塞下部经螺钉 3 上的中心孔道进入套筒内部，以推动托瓶台运动，其速度由凸轮导轨 6 和滚动轴承 7 加以控制，直至工作台转到降瓶区后才完全依靠凸轮的强制作用将套筒连同托瓶台 1 压下。同时，柱塞内部的压缩空气被排到与各托瓶气缸相连的环管中，再由此进入其他正待上升的托瓶缸内。

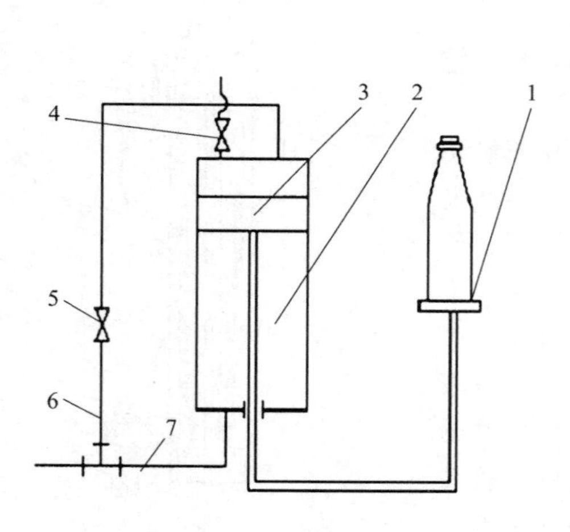

图 2-38　气动式升降机构
1—托瓶台　2—气缸　3—活塞
4—排气阀门　5—进气阀门　6 、7—气管

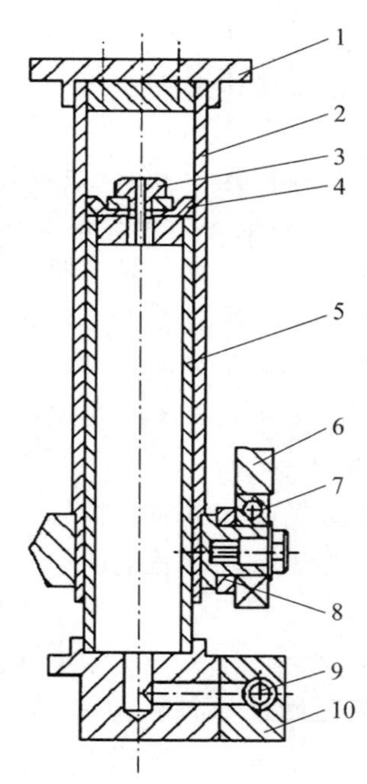

图 2-39　气动机械混合式升降机构
1—托瓶台　2—套筒　3—螺钉
4—密封垫　5—空心柱塞　6—凸轮导轨
7—滚珠轴承　8—方垫块　9—环管　10—卡块

这种升降机构是以气动机构将托瓶台升起、用凸轮推杆机构将其降下的综合式升降机构。它利用了气动机构的缓冲功能，托升平稳，且运动速度快的特点；同时又利用了凸轮推杆机构运动控制平稳的特点，使托瓶升降运动得到又快又好的工作质量。但此种升降机构的结构较为复杂。

第三节 裹包工艺与设备

裹包工艺是用挠性材料全部或局部裹包产品的工艺技术，相应的机器称为裹包设备。通常采用纸、塑料薄膜、复合膜等挠性包装材料，通过折叠、扭结、缠绕、黏合、热封、热成型等不同操作，使包装材料全部或局部包覆块状物品。其中块状物品的形状，既有常见的长方体、圆柱体、球体等规则，也有如水果、家禽等产品的不规则形状，一些粉体、散粒体经过盒、盘等预包装之后，也可以看作是块状物品。

一、扭结式裹包

用挠性材料裹包产品，将末端伸出的裹包材料扭结封闭的方法称为扭结式裹包。扭结式裹包是糖果传统的包装方法之一，近年来已经推广到其他产品的包装，对球形、圆柱形、方形、椭圆形等形状的产品都可以实施裹包。产品裹包后外形美观，且易于开拆，因此得到非常广泛的应用。

扭结式裹包按其传动方式分为间歇式和连续式两种，国内目前常用的是间歇双端扭结式裹包机。

（一）扭结裹包工艺

1. 工艺流程

图 2-40 为糖果扭结裹包工艺流程图，可以实现输送带送糖、送糖杆和接糖杆夹糖并送入张开的糖钳手、糖钳手闭合转位、扭结、打糖等操作。

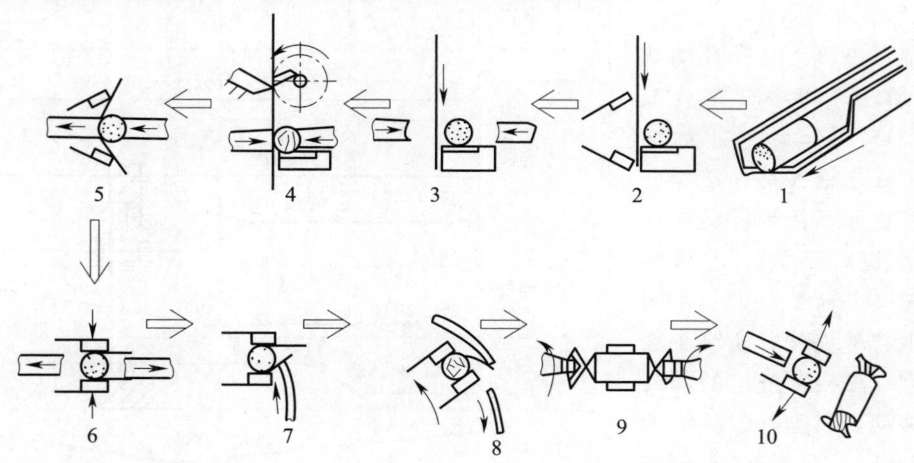

图 2-40 扭结裹包工艺流程图

1—送糖 2—糖钳手张开、送纸 3—夹糖 4—切纸
5—纸糖进入糖钳手 6—接、送糖杆离开 7—下折纸 8—上折纸 9—扭结 10—打糖

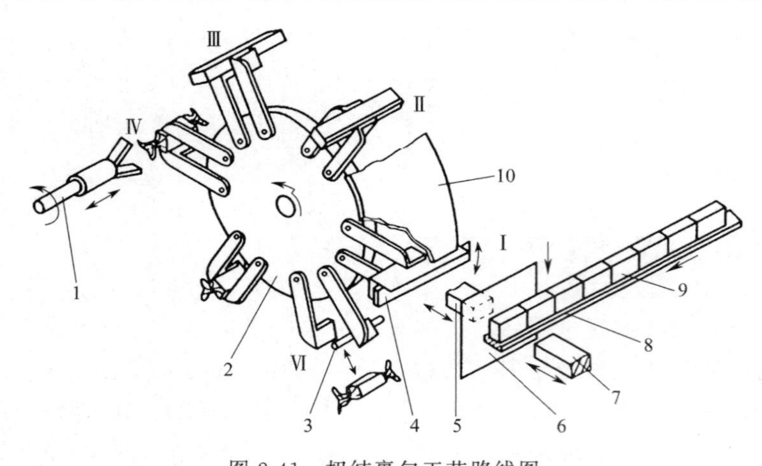

图 2-41　扭结裹包工艺路线图

1—扭结手　2—工序盘　3—打糖杆　4—活动折纸板　5—接糖杆
6—包装纸　7—送糖杆　8—输送带　9—糖果　10—固定折纸板

2. 工艺路线

图 2-41 为扭结裹包工艺路线图，主传送机构带动工序盘 2 作间歇转动；随着工序盘 2 的转动，分别完成对糖果的四边裹包及双端扭结；在第Ⅰ工位，工序盘 2 停歇时，送糖杆 7、接糖杆 5 将糖果 9 和包装纸 6 一起送入工序盘上的一对糖钳手内，并被夹持形成 U 形状；然后，活动折纸板 4 将下部伸出的包装纸（U 形的一边）向上折叠；当工序盘转动到第 II 工位时，固定折纸板 10 已将上部伸出的包装纸（U 形的另一边）向下折叠成筒状；固定折纸板 10 沿圆周方向一直延续到第Ⅳ工位；在第Ⅳ工位，连续回转的两只扭结手夹紧糖果两端的包装纸，并完成扭结；在第Ⅵ工位，钳手张开，打糖杆 3 将已完成裹包的糖果成品打出，完成裹包过程。

3. 工作循环图

扭结裹包机工作循环图如图 2-42 所示，接糖杆在分配轴转至 215°时运动到接糖终点，并将纸与糖夹持在接糖杆和送糖杆之间，接糖杆随送糖杆开始后退，至 305°送糖结束；同时，进糖工位糖钳手闭合，将纸与糖夹住；扭结手在 195°闭合，在旋转扭结的同时作轴向移动，以弥补包装纸的缩短量，至 340°轴向移动结束；出糖工位糖钳手 120°打开，打糖杆 155°开始打糖，至 215°打糖结束并开始返回。

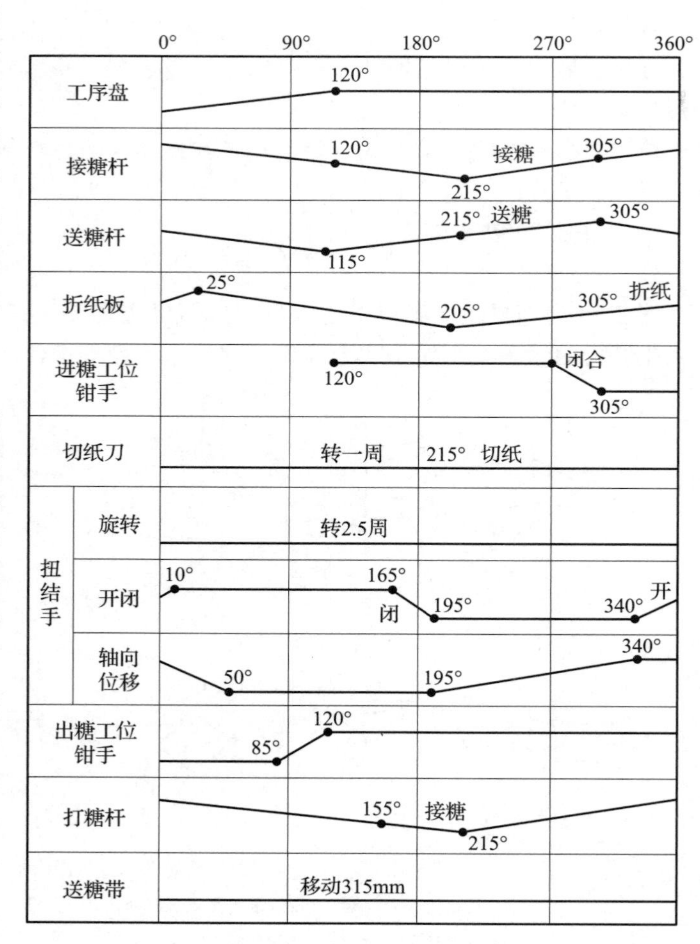

图 2-42　扭结裹包机工作循环图

（二）机器结构

图 2-43 为间歇双端扭结式糖果包装机外形图。它主要由料斗 3、理糖部件 4、送纸部件 14、裹包机构和扭结机构等组成。其中，理糖部件采用振动料斗给料，转盘式理糖机构理糖，然后用输送带将理好的糖果送到包装工位。送纸部件采用卷筒纸连续供纸方式，主要由两个供纸辊、导向辊、橡胶拉纸辊及切纸刀等组成，两个供纸辊分别装有商标纸 12 和内衬纸 13，经导向辊后，由一对拉纸辊牵引并送到包装工位。当送糖杆、接糖杆将糖果和包装纸一起夹住时，包装纸被切纸刀切断。裹包机构主要由工序盘、送糖杆、接糖杆、活动折纸板、固定折纸板及摆动凸轮、连杆等组成；工序盘的转盘用圆锥销固定在转盘轴上，由槽轮机构驱动间歇转动，转盘上的 6 对糖钳手根据包装动作要求，在不同工位上张开或闭合（夹紧）。糖果经包装纸四面裹包后，两端需扭结封闭，扭结机构由左右对称两部分组成，主要由扭结手、槽凸轮、摆杆、拨轮、齿轮及传动轴等组成。为满足包装纸扭结封闭的要求，扭结机构在扭结过程中应完成扭结手的转动、轴向移动和扭结手的张开或闭合等三种运动。

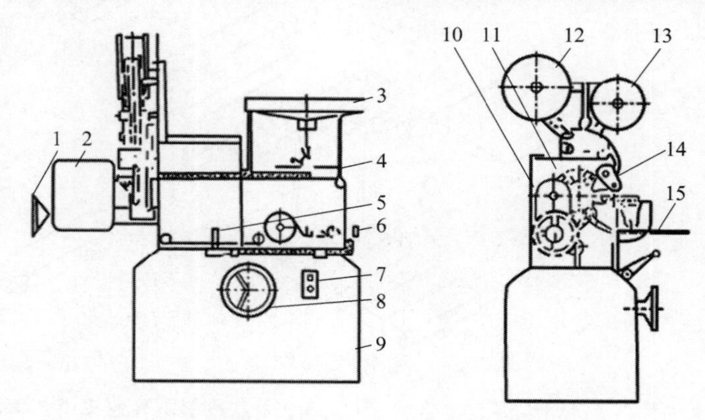

图 2-43　间歇双端扭结式糖果包装机

1—调试手轮　2—扭结部件　3—料斗　4—理糖部件　5—手柄　6—张带手轮　7—开关　8—调速手轮　9—底座　10—主体箱　11—工序盘　12—商标纸　13—内衬纸　14—送纸部件　15—输出糖槽

二、折叠式裹包

用挠性材料裹包产品，并将末端伸出的裹包材料折叠封闭的方法称为折叠式裹包。折叠式裹包一般是先将物品置于包装材料上，然后按顺序折叠各边。在折边过程中根据工艺要求，有的在最后一道折边之前上胶使之粘合，有的用电热烫合，有的则只靠包装材料受力变形而成型。

一般采用透明纸薄膜裹包，可在充分显示物品的外观、增加美观及价值感、提高产品的展销性的同时，保证包装后的物品能全密封、防潮、防污染。广泛适用于食品、医药、日用化工等行业中的各种盒式物品的单件自动包装，如盒装食品、药品、化妆品、扑克牌、香烟、餐巾纸等。

（一）折叠裹包工艺

1. 工艺流程

图 2-44 为条盒透明纸裹包机工艺流程图，可对条盒自动上料、堆叠、包装、热封、整理、计数，并自动粘贴防伪易拉线。折叠裹包工艺路线为阶梯形，其包装工艺流程为：条盒 6 进给，同时透明纸 1 进给并定长切断；透明纸到位，同时条盒由托板 7 上托形成倒 U 形裹包；摆动板将条盒夹持，托板下降返回，长边折叠板 3 折叠底面后长边；推板及两顶端折叠板 4 折叠两顶端后部的短边；在推板及两顶端折叠板 4 推动条盒前进过程中，折

叠底面的前长边，热封底面长边，折叠两顶端前部的短边；最后折叠两顶端的下部长边和上部长边，并完成两顶端封合。

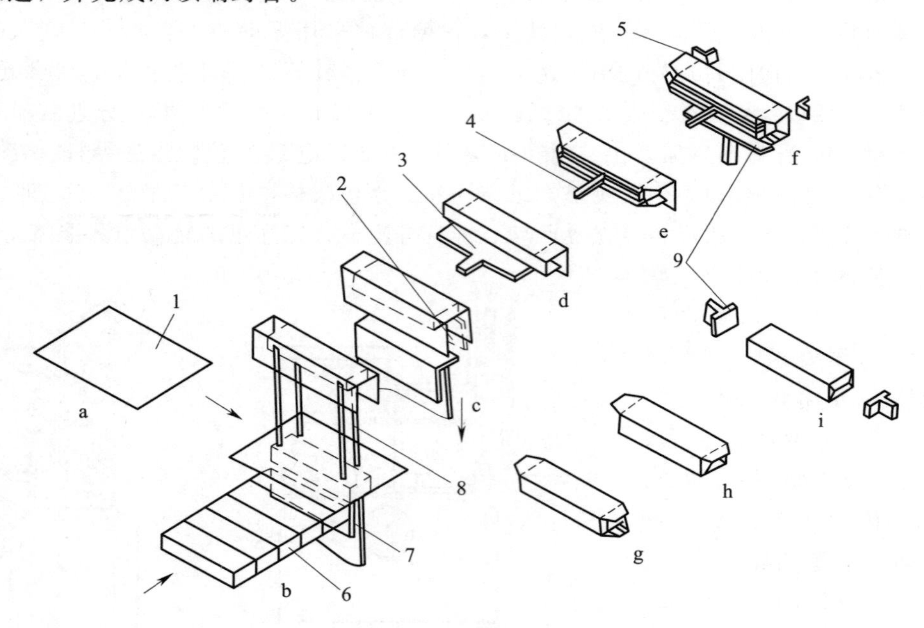

图 2-44 条盒透明纸裹包机工艺流程图

1—透明纸 2—摆动板 3—长边折叠板 4—推板及两顶端折叠板
5—固定折叠板 6—条盒 7—托板 8—垂直通道 9—热封器

2. 工作循环图

图 2-45 为条盒透明纸裹包机工作循环图，托板在 0°～114°时，将条盒与覆盖的透明纸一起提升到最高位置，并在 114°～124°时停在最高位；摆动板在 105°～120°为向前摆动，

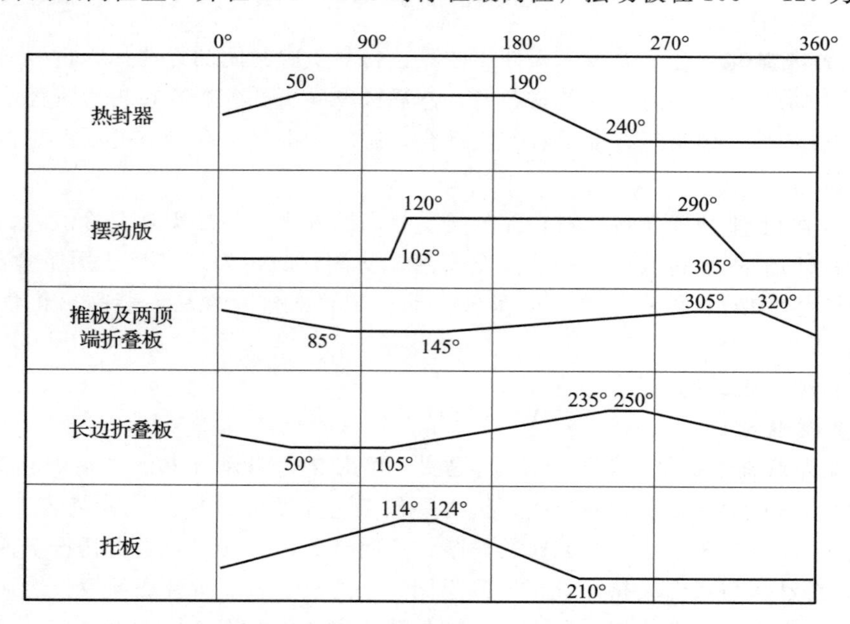

图 2-45 条盒透明纸裹包机工作循环图

于120°摆到终点并停留，当托板在124°时开始下降，摆动板将条盒托住；透明纸长边折叠板在105°～235°时，对条盒底部后侧长边进行折叠，并在235°完成折叠；推板及两顶端折叠板在145°～305°时，首先完成两端短边的折叠；在前进的过程中，在235°时再完成对条盒底部前侧长边的折叠，同时将后侧长边压住，长边折叠板在250°开始返回；接着由固定折叠板对前侧短边进行折叠，在305°完成并停留至320°。摆动板在90°～305°返回；热封器在50°～190°条盒停止时，完成端部热封。

（二）机器结构

图2-46为条盒透明纸裹包机外形图，主要由条盒输入装置1、包装系统2、透明纸供送系统3、动力装置4、条盒输出机构及控制系统等组成，可用于包装条盒烟、盒装茶叶及长方形块状物品等。

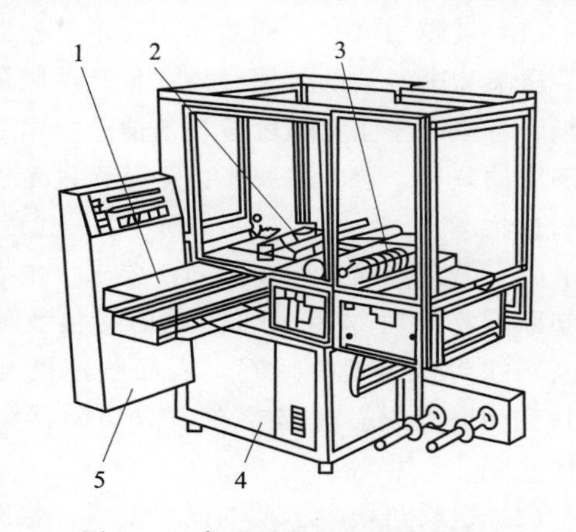

图2-46　条盒透明纸裹包机外形图

1—条盒输入装置　2—包装系统
3—透明纸供送系统　4—动力装置　5—电气控制柜

三、接缝式裹包

用挠性包装材料裹包产品，将末端伸出的裹包材料热压封闭的方法称为接缝式裹包。因物品经包装后，外形如枕状，固也称枕型裹包。接缝式裹包能适合多种规格对产品的裹包，不但能对块状规则物品进行直接单体裹包，而且还能对包装物品排列组合后进行集合裹包。

在包装过程中，产品沿水平方向送入已成型的薄膜材料并密封，可以采用上供膜，由卷筒材料去裹包产品；可以采用下供膜，将产品送到输送中的卷筒材料内。

（一）接缝裹包工艺

1. 工艺流程

接缝式裹包机的工艺流程如图2-47所示，包装膜卷1在供膜辊1和牵引辊6带动下匀速前进，在通过制袋成型器3时被折叠成筒状；供送链上的推头将被包装物4送入筒状薄膜材料内，并随筒状薄膜材料一起前进；纵封辊7将对接的薄膜边封合；横封切断器8在左侧袋的前端和右侧袋的后端

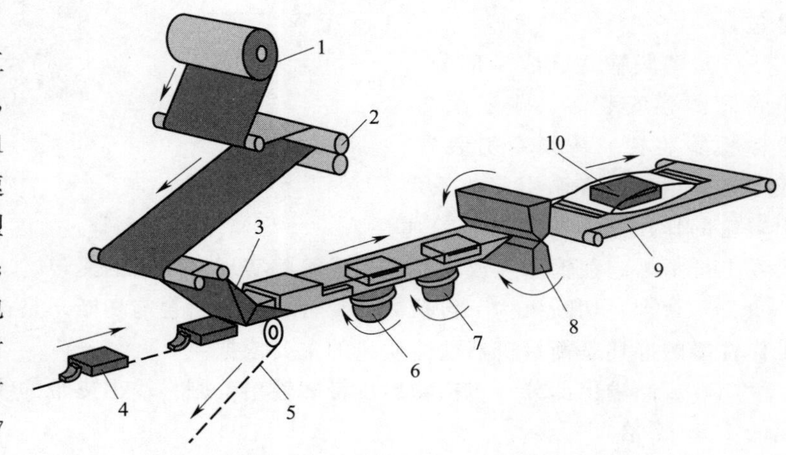

图2-47　接缝裹包工艺流程图

1—包装膜卷　2—供膜辊　3—制袋成型器　4—被包装物　5—输送链条
6—牵引辊　7—纵封辊　8—横封切断器　9—输出装置　10—包装成品

热封，同时在中间切断分开；输出装置9将包装成品送出。

2. 各机构运动的同步要求

(1) 供膜与纵封运动的同步要求　接缝式裹包机正常工作时，纵向封合应达到热合紧密、压痕清晰整洁的效果。为此包装薄膜从送膜开始，直至进入制袋成型器、牵引辊、纵封辊，各段薄膜张紧程度应均匀适中。由于薄膜材料的材质、厚度、拉伸强度、热收缩率及环境的差异，包装薄膜张力调整无确定性规律，一般可通过观察、触摸的方法将其调整到理想状态。

(2) 纵封与横封运动的同步要求　由于接缝式裹包机属于连续式包装机，纵封辊和横封切断器将同时作用于匀速运动的包装薄膜，以完成纵、横向封口。因此，要求横封切断器在封口压紧的瞬间，表面线速度与纵封辊表面线速度须一致，方可取得理想的横封和切断效果。这需要在横封切断器设置不等速机构，可通过转动导杆或偏心链轮机构实现。

(3) 送料与横封运动的同步要求　接缝式裹包机进料机构通常为包含等间距推料器的闭环输送链，每一件产品随推料器的运动进入成型器，实现物料的充填。之后，再随包装薄膜的运动，通过横封切断器完成横向封口和切断。在横向封合时，必须避免横封机构压在包装物上。当包装材料印有定间距商标图案，并要求图案与产品始终保持相对位置时，则需要自动补偿供送长度与图案间距不一致所造成的累积误差。

(二) 机器结构

接缝式裹包机的结构如图2-48所示，主要包括产品进料、薄膜输送、成型器、封切机构、控制系统等部分。

(1) 产品进料部分　由包含若干等间距推头的输送链、可调节间距的护板等组成，将被包装物品按包装周期送入已成型的卷筒材料中，以便进行裹包。

图2-48　接缝裹包机结构图

(2) 薄膜输送、成型部分　由卷筒薄膜安装架、输送滚筒、色标检验装置、薄膜牵引装置、成型器等组成，在牵引滚筒及牵引辊轮的作用下，薄膜自卷筒薄膜卷上拉下，向前输送经成型器成型成筒状实现对物品的裹包。

(3) 封合、切断机构　包括纵向封合、横向封合与切断，是接缝式裹包机的核心，其工作性能的好坏是衡量机器性能质量的主要依据。

(4) 成品输出部分　包括输出皮带和输出毛刷，输出皮带的线速度一般为主机牵引速度的1.5～2倍。

(5) 电器控制部分　电器控制部分是裹包机的控制系统，其功能的强弱是裹包机自动化程度高低的重要标志，主要包括控制面板（或操作屏幕）、主电机控制系统等。

四、贴 体 包 装

贴体包装是将产品置于底板上，使覆盖产品的塑料薄片（薄膜）在加热和抽真空作用下紧贴产品，并与底板封合。

贴体包装所用的包装材料主要是塑料薄膜和涂布热封涂料的衬底两类。塑料薄膜材料常用聚乙烯或离子键聚合物，衬底材料通常用瓦楞纸板或白纸板。因抽真空的需要，白纸板必须进行穿微孔加工，穿孔的方法是用带针滚轮滚压白纸板，穿出直径 0.15mm 左右的微孔，穿孔密度为每平方厘米 3～4 个。

贴体包装具有如下特点：使产品固定在预定位置上，防止产品在运输中损坏；防止产品受潮变质；因薄膜透明，可直接展示产品；可组成包装，体现其集合功能；衬底可以印刷，增强商品的宣传效果。

（一）贴体包装工艺

贴体包装工艺过程如图 2-49 所示，包括薄膜加热供送、抽真空、薄膜与衬底封合、包装件传送等过程。图 2-49（a）中，卷筒塑料薄膜 1 由夹持架 2 夹住，上方的加热器 3 对薄膜加热，被包装物品 4 放在衬底 5 上，被送到抽真空平台 6；图 2-49（b）中，夹持架 2 将软化的薄膜压在物品上，开始抽真空；图 2-49（c）中，抽真空后，薄膜紧紧吸附在物品上，并与衬底封合在一起，形成完整的包装，此时上方的加热器 3 停止加热；图 2-49（d）中，完整的包装件被传送出去。

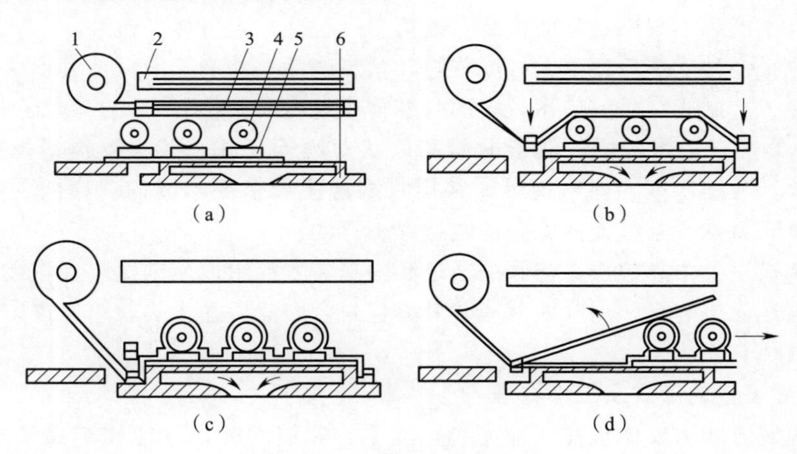

图 2-49　贴体包装工艺过程

1—卷筒塑料薄膜　2—夹持架　3—加热器　4—被包装物品　5—衬底　6—抽真空平台

（二）贴体包装设备

图 2-50 为连续式自动贴体包装机，衬底纸板 1 以单张供给，或以卷盘式带状供给。衬底纸板一般涂有热熔树脂或黏合剂涂层；被包装物品 2 由自动供给到衬底纸板上所要求的位置；输送机 11 上有孔穴，在输送带载着衬底纸板通过抽真空区段时，对衬底纸板抽真空，使受热软化的塑料薄膜贴附在被包装物品上，并与衬底纸板黏合；薄膜 6 经导辊 4 送出后，再由真空带吸附着薄膜两侧边送进；加热装置由热风循环机 8、加热器 7 和热风通道等组成。在热风循环机 8 驱动下，热风作强制循环，使薄膜受热均匀；最后由切断装置按包装要求裁切，完成包装过程。

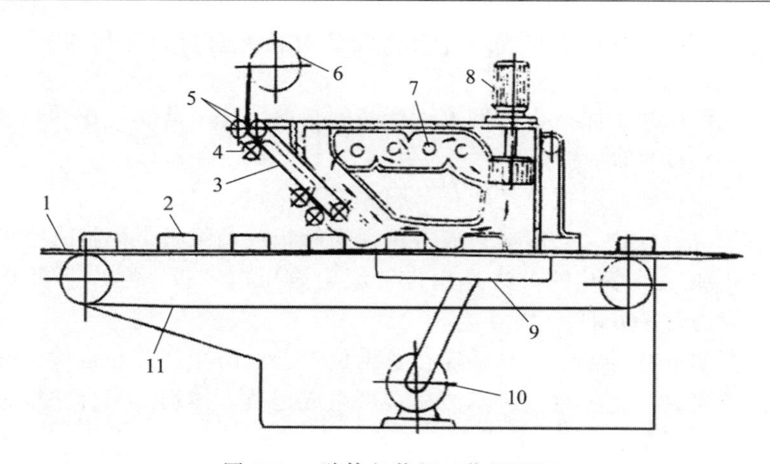

图 2-50　贴体包装机工作原理图

1—衬底纸板　2—被包装物品　3—真空输送带　4—导辊　5—松卷辊
6—薄膜　7—加热器　8—热风循环机　9—真空箱　10—真空泵　11—输送带

五、收 缩 包 装

将产品用热收缩薄膜裹包后再进行加热，使薄膜收缩后裹紧产品的方法称为收缩包装。收缩包装用途较广，主要用于销售包装和运输包装，可裹包食品、日用品和工业品等，特别适合于形态不规则物品的包装。既可单件包装，也可多件包装。

收缩薄膜是一种受热后发生大幅度收缩，紧裹物品，并能长期保持其形状的薄膜，采用拉伸和急冷工艺制成。目前使用较多的收缩薄膜材料有聚乙烯 PE、聚氯乙烯 PVC、聚丙烯 PP 等种类，有平张薄膜、对折薄膜和筒状薄膜等形式。其主要技术指标包括收缩率、收缩张力，收缩温度、热封性等，常用收缩薄膜大多要求纵向、横向的收缩率均为50%左右，也有特殊要求纵横两方向的收缩率不等的。

收缩包装机主要由裹包机、热收缩通道和输送装置等组成，输送装置将被包装物品按包装规格要求送入包装机，用收缩薄膜将其裹包封合，然后送入热收缩通道，使薄膜收缩将物品紧紧裹住。

（一）收缩裹包的形式及工作原理

热收缩包装方式主要体现在收缩裹包作业上，收缩薄膜尺寸应比产品尺寸大 10%～20%。如果尺寸过小，充填物品不方便，还会造成收缩张力过大，可能将薄膜拉破；尺寸过大，则收缩张力不够，包不紧或不平整。收缩裹包的形式有以下几种。

1. 全封闭式

全封闭式是将被包装物品四周都封合包裹起来，用于要求密封性好的产品包装。

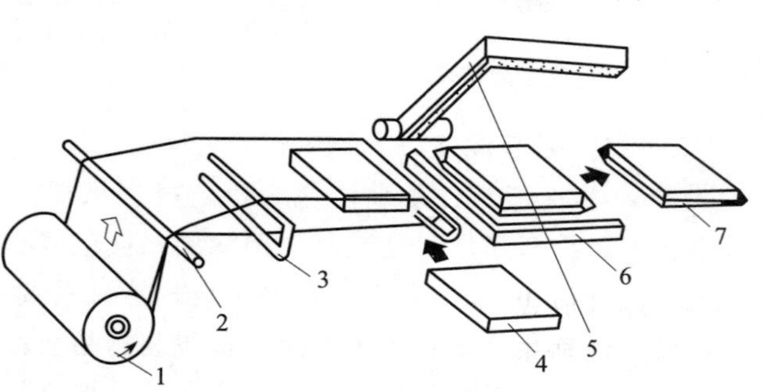

图 2-51　L 形封口裹包装置

1—收缩薄膜　2—导向辊　3—撑袋器　4—产品
5—L 形封切装置　6—底座　7—成品

（1）L 形封口　如图 2-51 所

示，采用对折薄膜，用L形封切装置，一次完成横向和纵向封合并切断。将膜拉出一定长度置于水平位置，用机械或手工将开口端撑开，把产品推到折缝处。在此之前，上一次热封剪断后留下一个横缝，加上折缝共2个缝不必再封，因此用一个L型热封剪断器从产品后部与薄膜连接处压下并热封剪断。一次完成一个横缝和一个纵缝。L形封口结构简单，操作方便，手动或自动均可，适合包装异形及尺寸变化多的产品。

(2) 三面封口　如图2-52所示，采用单卷平张薄膜，先将其纵向封合，使薄膜成筒状，将产品从后部推入，然后经两次横向封切制成枕型包装。

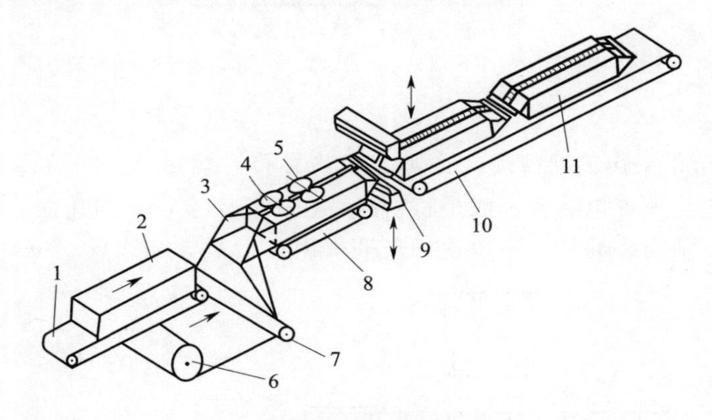

图2-52　三面封口裹包装置

1、8、10—输送带　2—产品　3—成型器　4—牵引辊

5—纵封辊　6—平张薄膜　7—导辊　9—横封切断装置　11—成品

(3) 四面封口　如图2-53所示，采用上下两卷平张膜，经两次横向封切之后，完成前后两端的封合；在包装物前进过程中通过纵向封切装置完成左右两端的封合，从而实现四面封口。

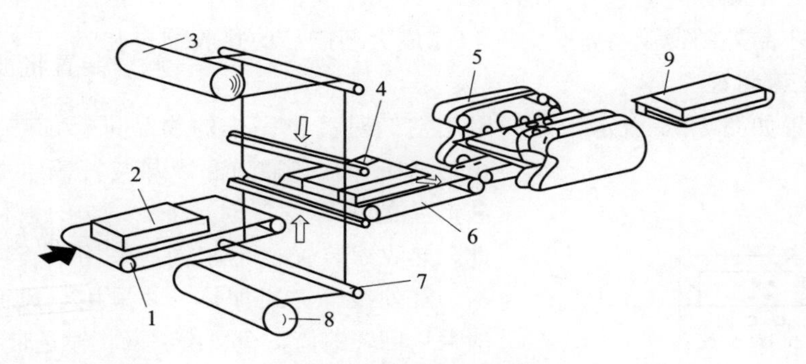

图2-53　四面封口裹包装置

1、6—输送带　2—产品　3—上膜　4—横封切断装置

5—纵封装置　7—导辊　8—下膜　9—成品

2. 两端开放式

如图2-54所示，采用筒状薄膜或上下两卷平张薄膜进行裹包。工作时，将筒状薄膜开口扩展，把物品用导槽送入，筒状薄膜尺寸应比物品尺寸大10%左右。此裹包方式比较适合于圆柱形物品（如电池、胶卷、卷纸、酒瓶口等）的裹包。采用筒状薄膜包装，外形美观，但不适应产品多样化的要求。

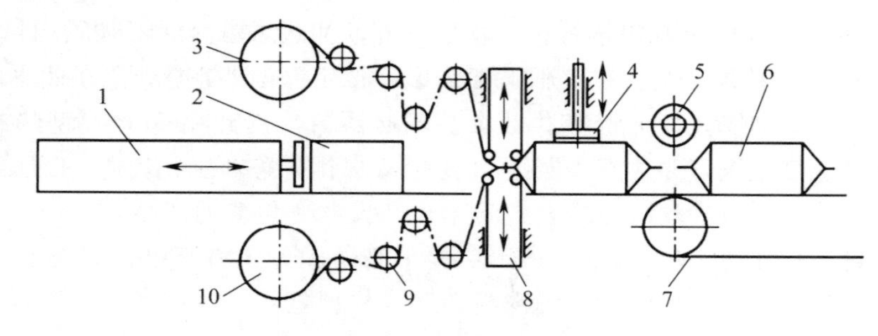

图 2-54　两端开放式裹包装置

1—气缸　2—产品　3—上膜　4—压紧板　5—压辊　6—成品　7—输送带　8—封切装置　9—导辊　10—下膜

3. 一端开放式

如图 2-55 所示，采用筒状薄膜套住被包装物并将一端封合，或将薄膜预制成袋，再套住物品进行裹包。该裹包装置一般是将物品堆积于托盘上，连同托盘一起裹包，多作为运输包装而采用。预制袋的尺寸一般比托盘堆积物约大 15%～20%。

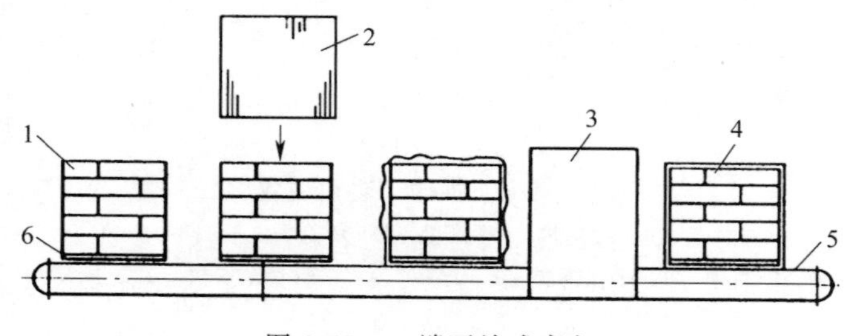

图 2-55　一端开放式裹包

对于体积庞大的产品可采用现场收缩包装方法来包装。将筒状薄膜从薄膜卷筒上拉出一定长度，把开口端撑开套包在产品外面，封切薄膜的上部开口，然后使用手提枪式热风机，依次加热产品外的薄膜各部位，可以完成大型产品的热收缩包装。

(二) 热收缩装置

热收缩装置如图 2-56 所示，是利用热空气对裹包完毕的物品进行加热使薄膜收缩，由传送带、加热通道和冷却装置等组成。由于被包装产品的多样性，对收缩的要求也不尽相同，因此，热收缩装置也不相同。采用电、煤气、石油燃料、红外线等方式加热，并采用热风循环。输送一般采用回转滚筒，金属编织网状输送带，耐热皮带。

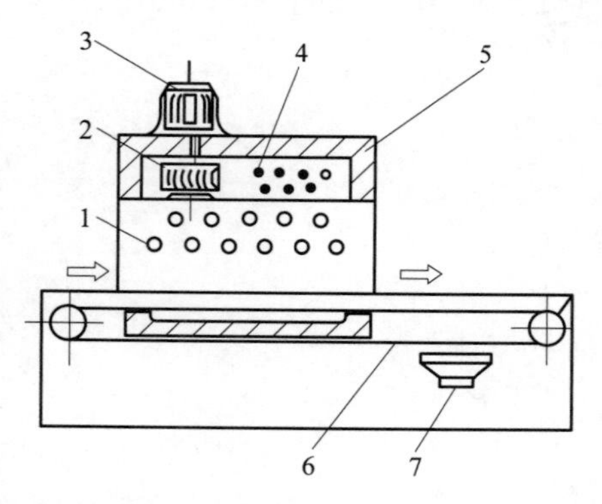

图 2-56　热收缩装置

1—热风吹出口　2—热风循环风扇　3—风扇电机　4—加热元件　5—加热通道　6—传送带　7—冷却风扇

热收缩操作时，将预包装件放在传送带上以规定速度运行进入加热通道，利用热空气吹向包装件进行加热，产品外部的薄膜自动收缩包紧产品；热收缩完毕后，包装件传送出加热通道，自然冷却后从传送带上取下。也可根据产品大小、薄膜种类和薄膜热收缩温度高低，在送出加热通道后使用冷风扇加速薄膜冷却。热收缩的物理过程包括气体膨胀过程、张力收缩过程、冷却定型过程。

加热通道是一个内壁装有隔热材料的箱形装置，加热通道为保证热风均匀地吹到包装物上，均采用温度自动调节装置以确保通道内温度恒定（温差在±5℃），并采用强制循环系统进行热风循环。加热时，热风速、流量、输送器结构、出入口形状和材质等，对收缩效果均有影响。由于各种薄膜的特性不同，所以应根据各种薄膜的特点，选择合适的热收缩通道参数。

第四节　封口工艺与设备

封口工艺是在包装容器内盛装产品后，将容器的开口部分封闭起来的工艺技术，相应的机器称为封口设备。包装质量在很大程度上取决于封口质量，因此容器封口质量的好坏将直接影响到产品的外观质量和保质期。

制作包装容器的材料多种多样，各种材料的包装容器形态和物理性能也各不相同，有用纸、纸板、塑料膜或其他复合材料做成的袋、筒、盒等柔性包装容器；也有用金属薄板、玻璃、陶瓷和木材等材料做成的瓶、罐、桶箱等刚性包装容器。其所采用的封口形式及封口装置也不一样，如塑料袋多采用接触式加热、加压封口和非接触式超声波熔焊封口，麻袋、布袋、编织袋多采用缝合的方法封口，箱类容器多采用钉封粘合或胶带粘封的方法封口，金属罐和饮料瓶类多采用卷边、压盖、旋盖封口。

一、卷边封合

卷边封合是将翻边的罐身与罐盖内侧周边相互钩合、卷曲并压紧而使容器密封的一种封口形式，主要用于马口铁罐、铝罐等金属容器以及一些复合罐的封合。

（一）双重卷封工作原理

罐体与罐盖的周边牢固地紧密钩合而形成的五层（罐盖三层、罐体两层）的卷边缝的过程，称为双重卷边。为提高罐体与罐盖的密封性，一般在罐盖内侧预先涂抹一层弹性胶膜（如硫化乳胶）或其他弹性充填材料。

双重卷边封口时，首先将已加盖的罐体由送罐机构送至封罐机工作台，封罐机的上、下压头将罐体与罐盖压住，借助传动机构及卷封径向送进装置，使卷封滚轮向罐体和罐盖上的待卷封凸缘行进，卷封滚轮与罐体作相对转动，同时卷封滚轮向罐体中心作相对的径向进给运动。头道卷封作业时，头道滚轮将罐盖的卷封凸缘滚挤至罐体的凸缘之下，使二者凸缘相叠合并卷曲成所要求的形状；头道卷封作业完成后，头道滚轮立即撤离，开始二道卷封作业，二道滚轮在凸轮作用下向罐体中心作径向进给运动，使已卷曲的罐体和罐盖凸缘向罐体贴合靠拢并持续滚压，形成紧密勾连的卷边封口。图 2-57 为马口铁等金属罐双重卷边封口时，压头、罐盖、罐体、滚轮间相互位置示意图。

双重卷边采用滚轮进行两次滚压作业来完成。第一次作业又称头道卷边，如图 2-57（a）所示，卷边时头道卷边滚轮首先靠拢并接近罐盖，接着压迫罐盖与罐体的周边逐渐卷曲并相互逐渐钩合。当沿径向进给 3.2mm 左右时，头道卷边滚轮立即离开；接着二道卷边滚轮继续沿罐盖的边缘移动，如图 2-57（c）所示，二道卷边能使罐盖和罐体的钩合部分进一步受压变形紧密封合，其沿径向进给量为 0.8mm 左右。两次进给量共约 4mm，头道卷边滚轮的沟槽窄而深，而二道卷边滚轮的沟槽则宽而浅。

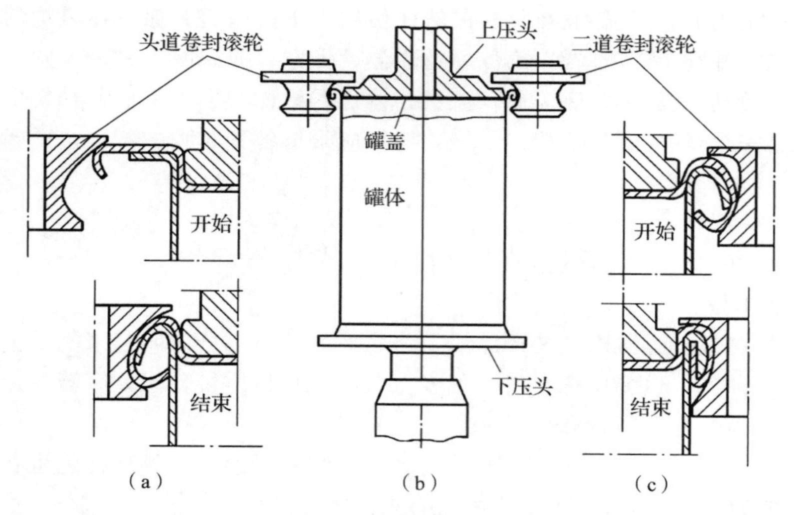

图 2-57 双重卷边封口原理
(a) 头道卷边 (b) 卷封工作 (c) 二道卷边

(二) 卷边封口机

1. 卷封工艺过程

图 2-58 为 GT4B2 型卷边封口机示意图，主要由送罐机构、送盖机构、六槽转盘机构、封罐机构、卸罐机构等组成。其工作过程为：充填有物料的罐体，经等间距推头 15 间歇地将其送入六槽转盘 11 的进罐工位；盖仓 12 内的罐盖由连续转动的分盖器 13 逐个拨出，并由往复运动的推盖板 14 送至进罐工位罐体的上方；罐体和罐盖被间歇地传送到卷封工位；由托罐盘 10、压盖杆 1 将其抬起，直至固定的上压头定位后，用头道和二道卷边滚轮 8 依次进行卷封；托罐盘和压盖杆恢复原位，已卷封好的罐头降下，六槽转盘再送至出罐工位。为了避免降罐时的吊罐现象，在压盖杆 1 与移动的套筒 2 间装有弹簧 3，以便降罐前给压盖杆一定预压力。

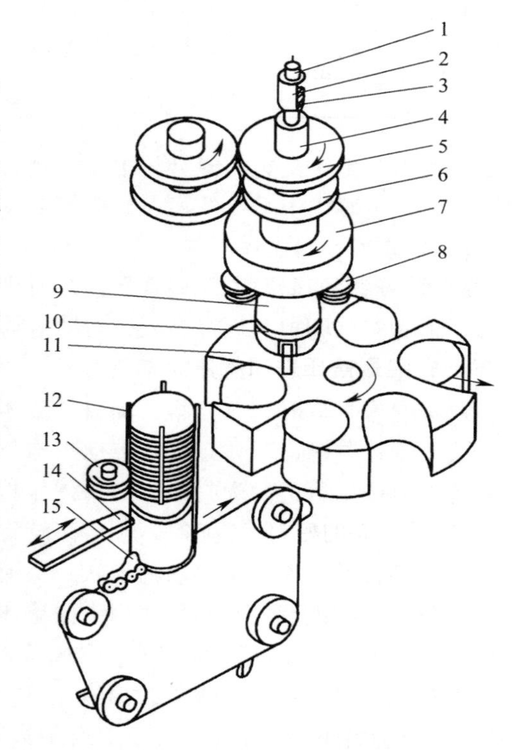

图 2-58 GT4B2 型卷边封口机
1—压盖杆 2—套筒 3—弹簧
4—上压头固定支座 5、6—差动齿轮
7—封盘 8—卷边滚轮 9—罐体
10—托罐盘 11—六槽转盘 12—盖仓
13—分盖器 14—推盖板 15—推头

2. 工作循环图

图 2-59 为 GT4B2 型卷边封口机工作循环图，六槽转盘在凸轮和进罐拨轮的作用下，作间歇回转运动 (0°～125°42′转动)，定时从进罐送盖部分接来罐体与罐盖，并传送到下托盘上；下托盘在凸轮和摆杆的作用下把罐托起 (125°42′～184°42′)，并夹压于上压头之下；

为使罐体与盖稳定上升，压盖杆在凸轮和摆杆作用下下降（121°36′～145°12′）与下托盘一起把罐头夹住一并往上升起，直至罐头被固定不动的上压头顶住为止（184°42′）；罐头被夹紧后，不断转动的卷边机头，带动卷边滚轮绕罐体及盖边作切入卷封作业；当卷封完毕且卷边滚轮已完全退离罐卷缝后，处于静止状态的压盖杆又在凸轮作用下，趁下托盘未降下，稍先行下降（315°42′），并通过上部弹簧作用，给罐头施加压力，使罐头脱离上压头，随同下托盘一起自由下降至工作台面上；压盖杆至347°12′下降结束，下托盘下降从323°12′～0°42′结束；此时六槽转盘又开始转动，一方面把封好的罐头转位送出，另一方面又接入新的罐体与盖并重复转置于下托盘上，进行下一次封口。

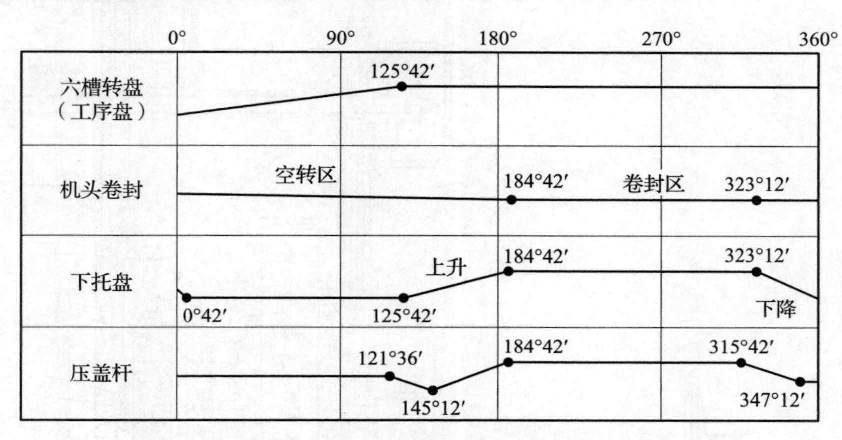

图 2-59　GT4B2 型卷边封口机工作循环图

二、压 盖 封 合

皇冠压盖封口机将皇冠盖的褶皱边压入玻璃瓶口凹槽内，并使盖内的密封材料产生适当的压缩变形，实现对玻璃瓶口的密封，其特点是密封性能好、制作简单、成本低。

（一）皇冠盖压盖机构工作原理

1. 皇冠盖的结构

皇冠盖的边缘有 21 条折痕，盖内有密封垫。注塑密封垫生产工艺为：在制盖过程中，向瓶盖内滴入一滴熔融的 PE，使盖旋转，熔融的 PE 便均布在盖内，并沿盖顶内圆周形成“O”型断面的密封环，盖封后可获得良好的密封性。

2. 供盖装置

瓶盖的供给用自动料斗经送盖槽到达压盖机头内，图 2-60 所示为一种供盖装置，送盖滑槽 1 上口接自动料斗出口，下口安装着送盖器，送盖器靠弹簧 3 与压盖机头内导向环槽缺口紧密衔接，滑槽内的瓶盖向下滑到滑槽出口处时，由压缩空气将它吹送到压盖头的导向环中，等待下一工位的压盖封口。当导向环中存有瓶盖时，因压缩空气输送的瓶盖受阻，从而推顶供盖滑槽，使其绕铰接于机架的铰接点摆动，保证导向环中仅存留一个瓶盖，当压头越过滑槽出口处时，拉伸弹簧使供盖滑槽复位。

3. 皇冠盖压盖机

皇冠盖压盖封口机如图 2-61 所示，主要由传动系统、供瓶系统、供盖机构、压盖机头等部分组成。瓶盖倒入料斗 1 后，受撞块 6 及固定销 2 的不断翻动，并借固定销 2 和转盘4形成的29个与瓶盖外形相似的通道使其整理成同一方向；当瓶盖自供盖滑槽10落下，被压缩空气吹入压盖模13下部定位后，随着转鼓11的转动，凸轮9即将压盖模13下压，使瓶盖牢固地封在瓶口上；动力自空心轴14传至转鼓11后，又经过一对齿轮和一对锥齿轮传至转盘4。

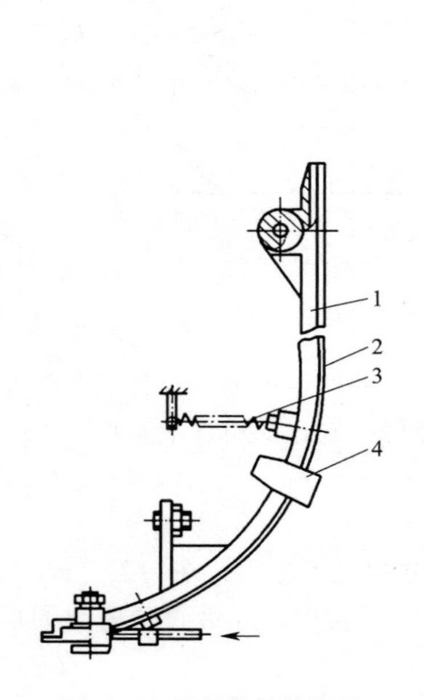

图2-60 供盖滑槽结构图

1—供盖滑槽 2—盖板

3—弹簧 4—排反盖门

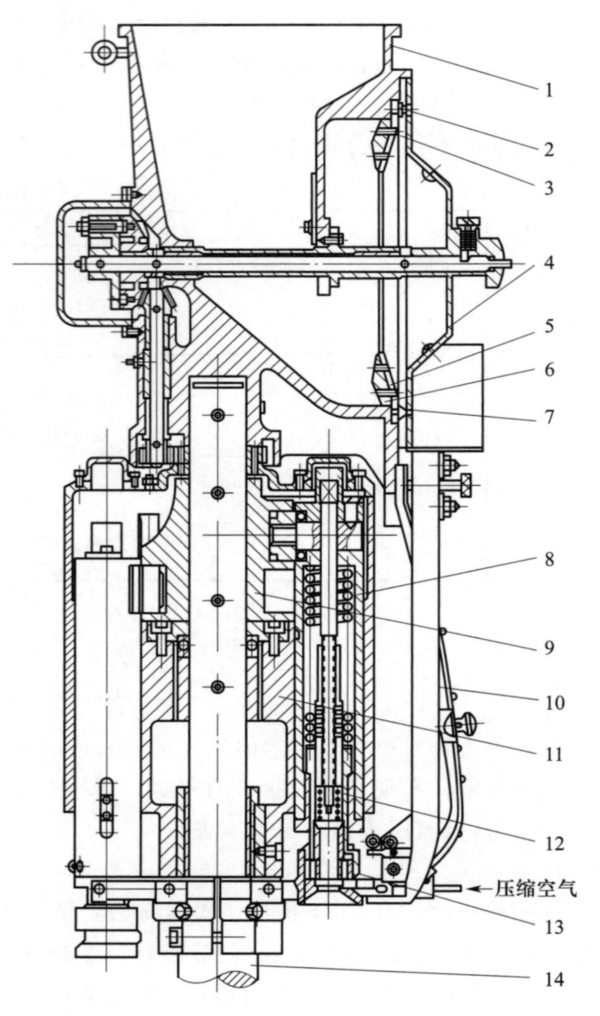

图2-61 皇冠盖压盖机

1—料斗 2—固定销 3—销子

4—转盘 5—中间隔盘 6—撞块

7—固定销 8—大弹簧 9—凸轮 10—供盖滑槽

11—转鼓 12—小弹簧 13—压盖模 14—空心轴

（二）影响压盖封口质量的因素

（1）压头与转盘间的间距　压头与转盘间的间距应与瓶的高度相对应，否则会使瓶的损伤率增大或盖封不牢、密封不严。

（2）瓶盖质量　瓶盖材料为0.24～0.28mm厚的马口铁带材或板材，其材质及机械性能应符合GB/T 2520—2017《冷轧电镀锡钢板及钢带》的规定；制成的瓶盖不得有裂纹和斑伤；密封垫须粘接稳固不脱落，无注塑不完整等缺陷；盖封后能承受800kPa的内压而不泄漏；制盖时材料的应变应小于等于屈服点，否则因压盖时材料的进一步塑性变形会引起材料硬化或断裂，使瓶盖达不到盖封质量要求。

（3）玻璃瓶尺寸　不同瓶高可以通过调节压头与转盘的间距来保证盖封质量，对同一批瓶的高度变化范围，须使大弹簧的最小工作负荷、最大工作负荷在所对应的变形范围内，否则不能有效地降低瓶的破损率，难以保证盖封质量，也不能有效地保证应有的生产率。

（4）大弹簧对瓶高超差的适应性　对同一批瓶，在保证最低瓶的封盖质量的前提下，大弹簧的最大工作压力 P_z 和极限载荷 P_g 对应变形量 δ_z、δ_g 的差值就是瓶高超差的允许范围，显然 P_z/P_g 的值越小，则对瓶高超差的适应范围越宽，瓶的损伤率越低。

（5）压模锥孔尺寸　在压盖过程中，须使锥孔、瓶盖，瓶口的尺寸相匹配，否则压合不牢；封盖质量不好，或使瓶的损伤率增大，或使脱模难，或使瓶盖损伤，应对其锥孔的锥度和小端尺寸严格控制，保证制造精度。

（6）导槽的磨损程度　在保证导槽制造精度的前提下，若导槽过度磨损，导槽与滚轮的配合间隙会增大，这不仅会加剧振动和噪声，而且会使其有效作用高度变小，致使盖封不牢，密封程度也达不到要求。此时应更换大直径的滚轮，以消除因磨损带来的不良后果。

三、旋盖封合

旋盖封口是采用螺纹联接实现瓶罐容器封口的一种方式。瓶罐容器的封口部位制作有外螺纹，瓶盖上加工有相应的内螺纹。瓶盖一般采用金属薄板或塑料制造，瓶盖内通常衬有弹性密封垫。进行旋盖封口时，将带密封垫的螺旋盖旋拧在待封口的瓶罐上，旋拧产生的压力使置于瓶口与盖底部间的弹性密封垫发生弹性变形，得到封口要求的密封性联接。

（一）旋盖工艺过程

图2-62为气动旋盖工艺过程，工艺动作为：取盖→捉盖→持盖→对中瓶口→旋盖→脱盖复位，进入下一工作循环。这种旋盖头具有动作灵敏、结合柔顺平稳、工作可靠等优点。

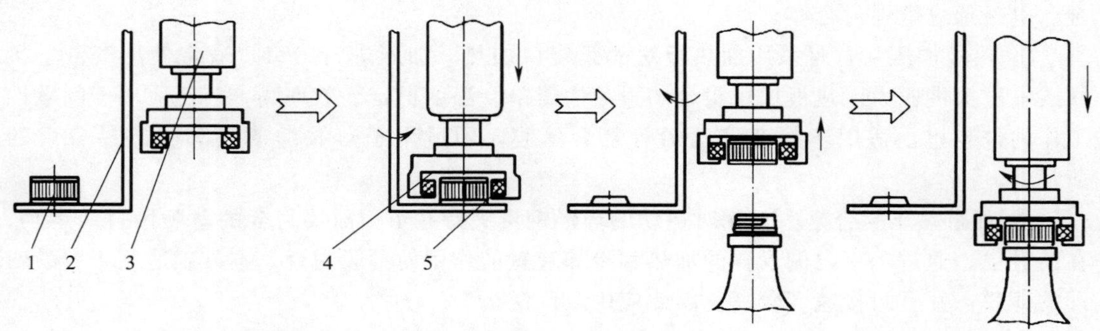

图2-62　旋盖工艺过程示意图

1—瓶盖　2—持盖器　3—旋盖头　4—压块　5—橡胶体

（二）旋盖机构的工作原理

常见旋盖头有三爪式和两爪式，一台旋盖机一般装有数只旋盖头，工作时各单体由传动装置带动绕机头主轴公转，转换工位，同时实现定位、定时上升、下降移动及绕其轴线自转，协调按工艺过程完成旋盖动作。

图 2-63 为三爪式旋盖头，捏盖、持盖动作是由 3 只夹爪 2 完成，当旋盖头与瓶盖对中时，旋盖头下降，迫使瓶盖推挤夹爪绕轴 9 摆动，瓶盖进入 3 只夹爪 2 之间，由于 3 只夹爪同受弹簧 1 的束缚，可使夹爪将瓶盖捏住；机头带着旋盖头上升转换工位，当旋盖与瓶口对中时，旋盖头再次下降，此时传动轴 6 亦被驱动旋转，同时旋盖头在下降中因受瓶的作用而使弹簧 4 受压，在弹簧 4 的作用下，离合器的主从动部分结合，轴 6 的转动便经摩擦片 7、球铰 3 而传到胶皮头 8 上，借助胶皮头 8 与瓶盖间的摩擦作用而把瓶盖旋紧在瓶口的螺纹上；旋紧后若压盖头仍继续作用，摩擦片 7 便打滑，可防拧坏瓶盖；旋盖头上升、停转，依靠瓶及其内容物所受的重力作用而完成脱盖，旋盖头进入下一工作循环。通过螺杆 5，可调节旋盖头的高度，以适应不同高度瓶的旋合封口。

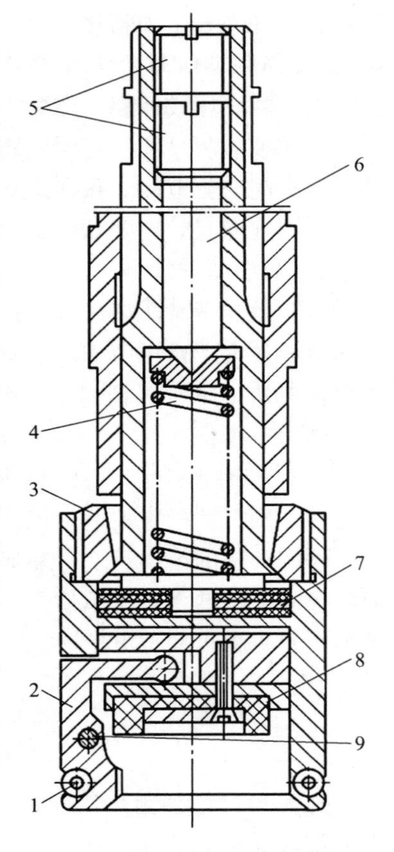

图 2-63　三爪式旋盖头结构图

1—弹簧　2—夹爪　3—球铰
4—压缩弹簧　5—螺杆　6—传动轴
7—摩擦片　8—胶皮头　9—销轴

四、加热封合

对于软袋，根据袋型、材质及包装要求，应选用不同的封口方式，主要有黏合封口、捆扎封口、热封等。其中，捆扎封口主要用于大袋、重袋产品的包装。

下面主要讨论软塑袋热封工艺，主要分为接触式热封和非接触式热封。接触式热封主要有热板加压热封、环带热压封合、热辊加压封合、脉冲加压封合、高频加压封合、电热细丝熔断封合等。非接触式热封主要有热板熔融封合、超声波熔焊封合、红外线熔焊封合、电磁感应熔焊封合等。

① 热板加压封合是采用加热板对薄膜袋口加热、加压进行封口。通常使用气液、机械或电磁提供压力。热板加压封合装置结构简单、温度恒定、效率高，广泛应用于间歇性工作的包装机，适用于封合聚乙烯等复合薄膜，不适用于热收缩薄膜和受热易分解的薄膜。

② 环带热压封合是一对相对运动的环形钢带夹持并牵引需要封合的薄膜做直线运动。在前进中，通过钢带内侧设置的加热和冷却装置的作用使薄膜封合。本方式适用于容易变形的薄膜，并且封接速度较高，因此应用较广泛。

③ 热辊加压封合是由一对辊轮中的一个或两个辊轮对薄膜袋口加热加压进行封口。单层膜因受热易变形，封合效果较差，所以热辊加压封合多用于复合薄膜。

④ 脉冲加压封合通过电脉冲元件的瞬时加热将薄膜封合。该方式适用于受热易变形

和易分解的薄膜，如聚乙烯、聚丙烯或尼龙薄膜。

⑤ 高频加压封合是一种内加热封口方法，因聚合物存在感应阻抗，当外接高频电源后，聚合物产生热量进而熔融封合，该方法封口强度较高，适用于高阻抗薄膜，如聚氯乙烯。

⑥ 电热细丝熔断封合是使用电热细丝代替热切刀，封合强度较高，主要用于热收缩薄膜。

⑦ 超声波熔焊封合是使用超声波作用在薄膜叠合的中心使其发热熔融封合，如图 2-64 所示。超声波熔焊封合多用于聚丙烯、尼龙、铝塑复合材料、聚氯乙烯等薄膜，该方式适用于对热辐射敏感的食品、药物、无线电及电子元件等产品的包装封口。

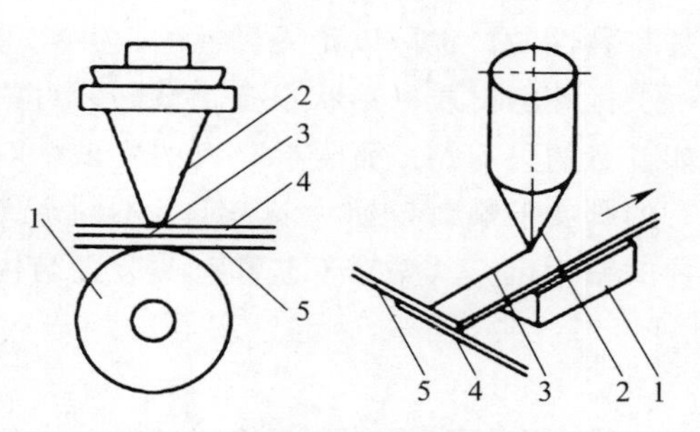

图 2-64　超声波熔焊封合示意图
1—工作台　2—超声波发射器
3—封缝　4、5—薄膜

⑧ 红外线熔焊封合和电磁感应熔焊封合分别是通过红外线和高额感应磁场使薄膜熔融封合。

表 2-1 为常用的薄膜包装材料以及其适用的热封方式。

表 2-1　　常用的薄膜材料与热封方法

薄膜材料	热板加压	脉冲加压	高频加压	超声波熔焊	热封温度/℃
低密度聚乙烯	√	√	×		121～177
高密度聚乙烯	√	√	×		135～155
无延伸聚丙烯	√	√	×		163～204
双轴延伸聚丙烯	▲	√	×	√	99～129
聚苯乙烯	×	√		√	121～163
硬质聚氯乙烯	▲	√	√		127～205
软质聚氯乙烯	×	▲	√		93～177
聚乙烯醇	▲	▲	▲	▲	160～182
双轴延伸聚酯	×	▲	×	▲	135～204
聚碳酸酯	×	▲	×	√	204～430
尼龙	▲	√	▲	√	177～260

注：√：表示效果好，▲：表示效果一般，×：表示不能采用

第五节　贴标工艺与设备

贴标工艺是在产品或包装件上加贴标签的工艺技术，相应的机器称为贴标设备。标签上的商标、商品的规格及主要参数、使用说明与商品介绍，是现代包装不可缺少的组成部分。标签对商品有装潢作用，其是否美观和赏心悦目，对商品的销售、消费者体验起着非常重要的作用。精美的标签需要采用合适的贴标工艺技术和设备，才能保证其贴标质量。

一、标 签 类 型

标签是指加在包装容器或产品上的纸条或其他材料，上面印有产品说明和图样；或者是直接印在包装容器或产品上的产品说明和图样。标签的内容主要包括制造者、产品名称、商标、成分、品质特点、使用方法、包装数量、储藏注意事项、警告标志、其他广告性图案和文字等。标签材料包括纸板、复合材料、金属箔、纸、塑料、纤维织品等，可以是有黏性的，也可以是无黏性的，并且可以压制花纹。

标签的材质、形状很多，被贴标对象的类型、品种也很多，贴标要求也不尽相同。例如，有的只需贴一张身标，有的要求贴双标，有的要求贴三个标签（身标、肩标、颈标），有的则要求贴封口标签。为满足不同条件下的贴标需求，贴标机有多种多样，不同类型品种的贴标机，其贴标工艺和有关装置结构差别较大。

二、粘 合 贴 标

粘合贴标采用黏合剂将标签粘贴在包装容器上，适用于各类玻璃瓶、塑料瓶、聚酯瓶等，能自动取标、上胶、粘贴，并在检测器控制下完成无瓶不供标、无标不上胶等动作，广泛应用于食品、饮料、酒类、化工、医药等行业。

1. 粘合贴标的基本工艺过程

不同类型的粘合贴标机，其贴标机构有所不同，但贴标工艺过程大致相同，一般都包括以下几个基本工序：

① 取标。由取标机构将标签从标盒（或标仓）中取出。

② 标签传送。将标签传送给贴标部件。

③ 打印。在标签背面印上生产日期、产品批次等数码。

④ 涂胶。在标签背面涂上黏合剂。

⑤ 贴标。将标签贴附在容器的适当位置上。

⑥ 抚平。将粘贴在容器表面的标签进一步抚平、贴牢、消除皱折、鼓泡、翘起等缺陷，使标签贴得平整又牢靠。

2. 粘贴方式

用贴标机对包装容器粘贴标签，其机器整体结构有以下两类：

① 直线式粘贴。包装容器在输送装置带动下沿直线向前移动，在移动过程中将预涂黏合剂的标签贴在包装容器适当位置。

② 回转式粘贴。包装容器在回转台带动下做回转运动，在回转过程中将预涂黏合剂的标签贴在包装容器适当位置。

（一）直线式真空转鼓贴标

1. 圆柱体容器

直线式真空转鼓贴标机如图 2-65 所示，其工作过程是：包装容器由板式输送链 1 进入供送螺杆 2，按一定间隔送到真空转鼓 3；同时触动“无瓶不取标”装置的触头，使标盒 6 向转鼓靠近，标盒支架上的滚轮触碰真空转鼓的滑阀，使正对标盒位置的真空气眼接通，从标盒 6 中吸出一张标签贴靠在转鼓表面，标盒 6 则离开转鼓准备再次供标；带有标签的转鼓经印码、涂胶等装置，在标签上打印批号、生产日期并涂上适量黏合剂；随着转鼓的继续旋转，已涂黏合剂的标签与螺杆送来的待贴标容器相遇，当标签前端与容器相切时，转鼓上的吸标真空小孔通过阀门逐个泄压，标签失去吸力，与真空转鼓 3 脱离而粘附在容器表面上；容器带着标签进入搓滚输送带 7 和海绵橡胶衬垫 8 构成的通道，标签被抚平、贴牢。

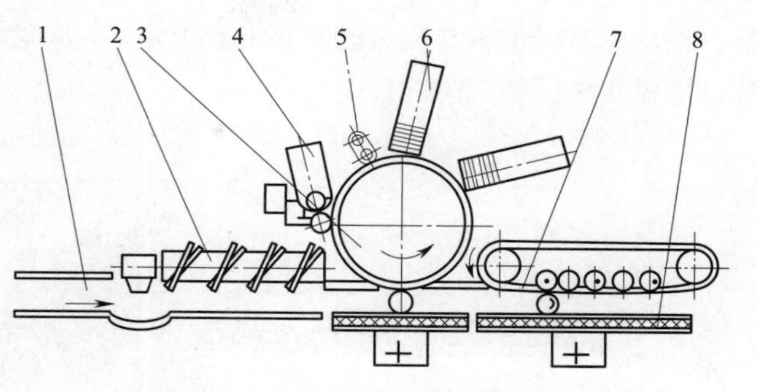

图 2-65　直线式真空转鼓贴标机示意图

1—板式输送链　2—供送螺杆　3—真空转鼓　4—涂胶装置　5—印码装置　6—标盒　7—搓滚输送带　8—海绵橡胶衬垫

图 2-66 为卷盘标签供标的直线式真空转鼓贴标机，其工作过程是：包装容器由板式输送链 8 送进，经分隔星轮 9、拨轮 10 分隔拨送到贴标工位；同时标签自标签卷盘引出，绕张紧轮 2、打印装置 3，到达输送装置 4，由回转式裁切装置 5 裁切成单张标签；单张标签在真空吸力作用下随真空转鼓 6 作回转传送，传送中由涂胶装置 7 在标签背面进行涂胶；当标签传送至贴标工位，真空转鼓卸压消除真空吸力，借助真空转鼓的摩擦作用使包装容器产生旋转而使标签粘附在包装容器表面；随后板式输送链 8 将容器送进由衬垫压板 11 和搓滚辊输送带 12 组成的标签搓滚通道，贴标容器在滚动中进一步抚平标签，并使之贴牢，由板式输送链送出。

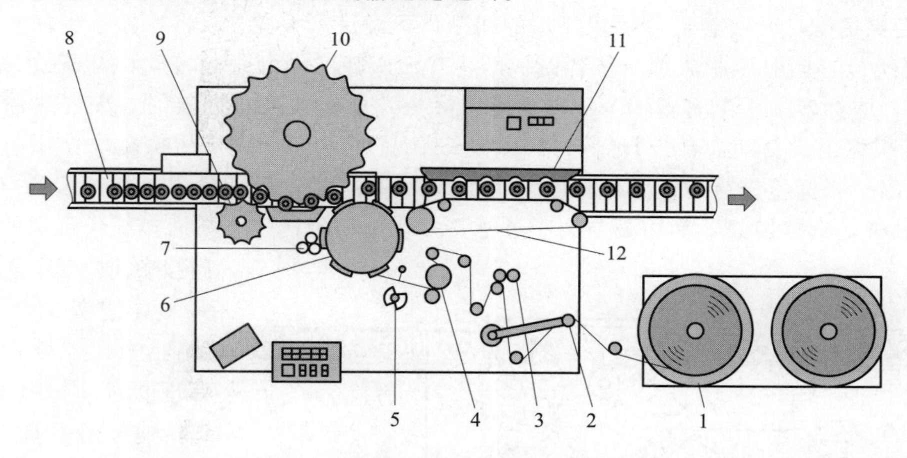

图 2-66　直线式真空转鼓贴标机示意图

1—卷盘标签　2—张紧辊　3—打印装置　4—输送装置　5—裁切装置　6—真空转鼓　7—涂胶装置　8—板式输送链　9—分隔轮　10—拨轮　11—衬垫压板　12—搓滚摩擦带

2. 非圆柱体容器

图 2-67 为适合非圆柱体容器双面贴标的直线式真空转鼓贴标机，其工作过程是：包装容器由板式输送链 10 经供送螺杆 9，以等间距分隔供送；当摇摆式标盒 1 与真空吸标吸标传送辊 2 上的吸标板接触时，吸标传送辊利用真空吸力取出单张标签，并作回传传送，期间由打印装置 8 进行打印；当其转到与真空转鼓 3 上的吸标板接触时，吸标传送辊卸压，而真空转鼓 3 的真空吸标板接通真空，将吸取标签；在真空转鼓的转动过程中由涂胶装置 4 在标签背面涂胶标；已涂胶标签进入贴标工位与送来的包装容器在加压辊 5 处接

触，标签被贴到包装容器表面，并由后辊抚平；包装容器经按压装置 7 进一步加压贴牢标签，由板式输送链 10 输出。

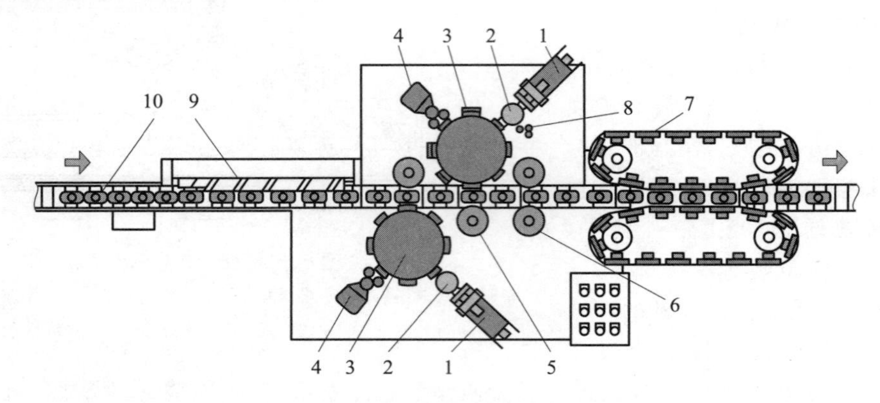

图 2-67　直线式真空转鼓贴标机示意图

1—标盒　2—吸标传送辊　3—真空转鼓　4—涂胶装置　5—加压辊

6—后辊　7—按压装置　8—打印装置　9—供送螺杆　10—板式输送链

（二）回转式真空转鼓贴标

1. 圆柱体容器

图 2-68 为回转式真空转鼓贴标机示意图，其工作过程是：包装容器由板式输送链 4 送进，经供送螺杆 6 将容器分隔成要求的间距，再经星形拨轮 7，将容器送到回转工作台 9 的所需工位，同时压瓶装置压住容器顶部，并随回转工作台一起转动；标签放在固定标盒 12 中，取标转鼓 1 上有若干个活动弧形取标板，取标转鼓 1 回转时，先经过涂胶装置 2 将取标板涂上黏合剂，转鼓转到标盒 12 所在位置时，取标板在凸轮碰块作用下，从标盒 12 粘出一张标签进行传送；经打印装置 11 时，在标签上打印代码，在传送到与真空转鼓 3 接触时，真空转鼓 3 利用真空力吸过标签并作回转传送；当与回转工作台上的包装容器接触时，真空转鼓 3 失去真空吸力，标签粘贴到包装容器表面；随后理标毛刷 10 进行梳理，使标签舒展并贴牢，最后定位压瓶装置升起，包装容器由星形拨轮 8 送到板式输送链 4 上输出。

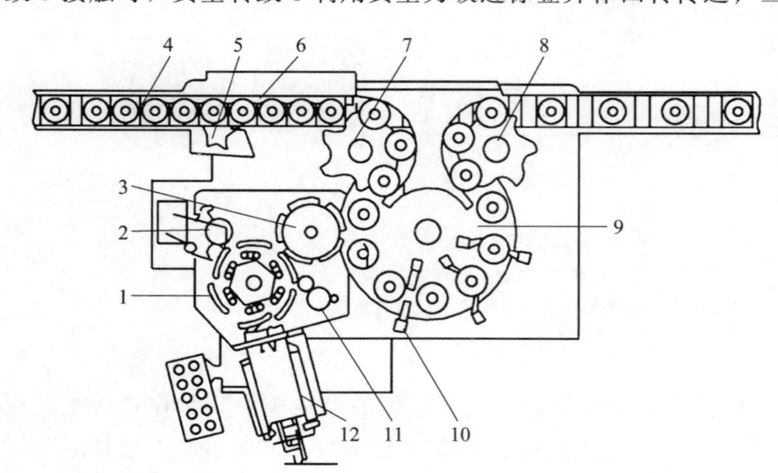

图 2-68　回转式真空转鼓贴标机示意图

1—取标转鼓　2—涂胶装置　3—真空转鼓　4—板式输送链

5—分隔星轮　6—供送螺杆　7、8—星形拨轮　9—回转工作台

10—理标毛刷　11—打印装置　12—标盒

2. 非圆柱体容器

图 2-69 为回转式真空转鼓贴标机示意图，其工作过程是：包装容器由输送链 1 经供送螺杆 2 进行间距分割，而

后由拨轮 3 推送到回转工作台的定位托盘 6 中；真空吸标辊 10 从标盒 9 取出一张标签，经打印装置 11 打印代码，涂胶装置 7 涂胶，当与回转工作台上的包装容器相遇时，真空转鼓卸压，标签即粘贴到包装容器表面；随后包装容器经滚轮 13 和 14 的滚压整理，将标签贴牢，由星形拨轮送到输送链上输出。

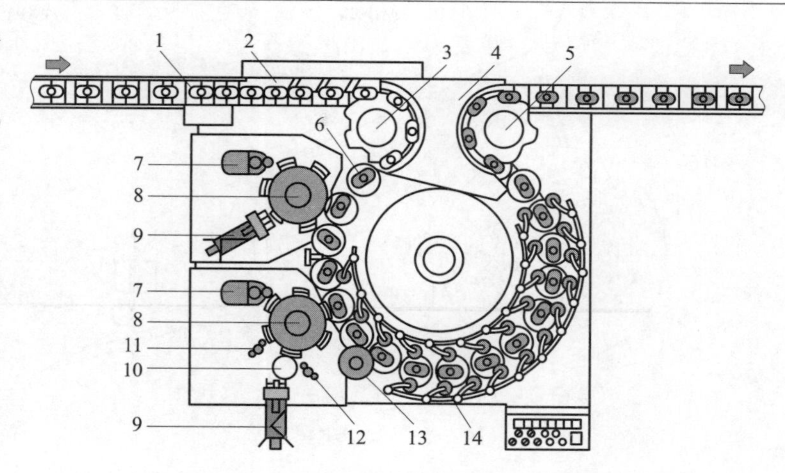

图 2-69　回转式真空转鼓贴标机示意图

1—输送链　2—供送螺杆　3、5—星形拨轮　4—导板　6—定位托盘　7—涂胶装置　8—真空转鼓　9—标盒　10—真空吸标器　11、12—打印装置　13—大滚轮　14—小滚轮

（三）不干胶贴标

不干胶贴标机是指利用卷筒式不干胶标签对包装物进行贴标的机械。干胶贴标机按容器的运行方向可分为立式贴标机（图 2-70）、卧式贴标机（图 2-71）等。

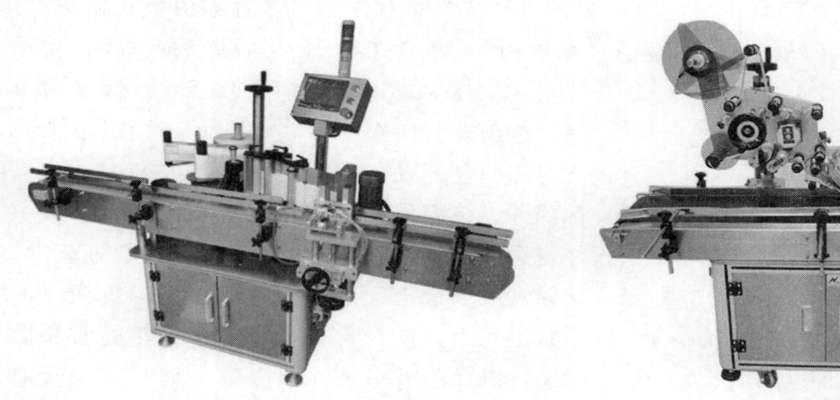

图 2-70　立式贴标机

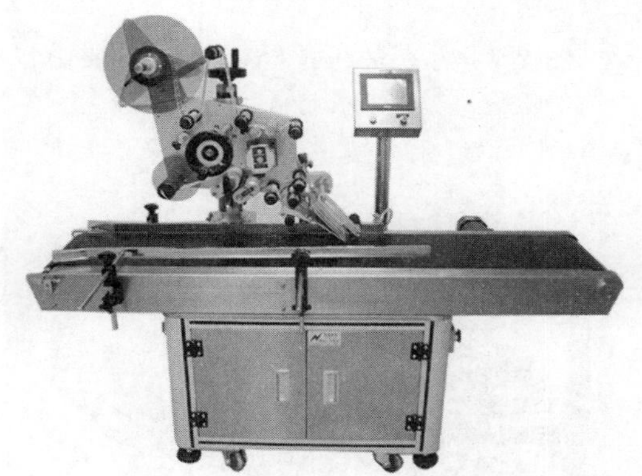

图 2-71　卧式贴标机

瓶子由理瓶机进入贴标机传输带后，经过分瓶轮后间隔适当的距离。当瓶子经过测物电眼时，电眼发出信号，信号经过处理后，在瓶子到达与标签位置相切时，步进电机启动，同时打印机工作，在标签上打印日期。当标带经过剥离板时，由于标带上的标签较硬，不易沿玻璃板急转弯，因此当标带的底纸急转弯时，标签由于惯性继续向前运动，与底纸分离，顺势与输送到位的瓶子粘贴，然后进入滚贴装置进行滚压，贴到容器瓶上。

不干胶贴标机的核心部件是供标机构，如图 2-72 所示，该机构主要是完成标签的输送和底纸的回收，包括放标机构、剥离板、牵引机构和收纸机构等。在瓶子到达与标签位置相切时，步进电机启动，带动牵引辊拉动底纸，当标带上的拉力大于摆杆末端的弹簧拉力时，摆杆顺时针摆动。由于摆杆顺时针摆动，刹车带与放标盘中心轴脱离，放标盘在标

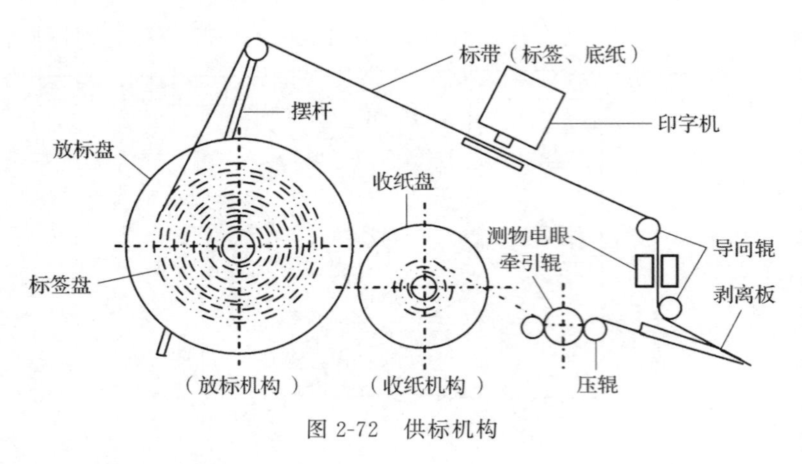

图 2-72　供标机构

带的拉动下转动。当一个标签完全经过时，测物电眼发出步进电机停转信号，此时由于摆杆末端的弹簧拉力作用使摆杆复位，刹车带重新抱紧放标盘中心轴，放标盘停转。收纸机构主要用于底纸的回收，由于在贴标过程中步进电机带动牵引辊的速度不变，而底纸的卷筒半径在不断的扩大，因此采用步进电机通过锥形带变速带动收纸盘转动。

（四）压式贴标

压式贴标是一种贴标头可往复运动的贴标方法，贴标头在往复运动过程中完成取标、涂胶和贴标工作，该贴标方法既可用于产品外表面贴标，也可用于产品凹槽内贴标。只需改变个别部件，即可实现在瓶子（方瓶、扁瓶或异形瓶）、纸箱、纸盒及其他产品上贴标签。

图 2-73 为一种压式贴标机，主要由供标机构、贴标机构、涂胶机构、纸盒传送机构等组成。其基本工作原理为：贴标机构 3 可以做二维运动，即水平方向的往复运动以及垂直方向的往复运动。贴标机构下部安装有真空吸标部件，该部件可跟随贴标机构沿导轨做水平往复运动，其上的吸嘴在靠近标盒时接通真空，从标盒吸取最上面的一张标签。供标机构 1 的标盒上有纸张吹松部件，可以使标签处于松散状态，以保证吸嘴每次只吸取一张标签。吸取标签后的贴标机构向右运动，经过涂胶机构 2 的涂胶辊上方时，贴标机构下降，标签背面被涂上一层胶水。贴标机构继续向右运动，直到碰到缓冲挡时停止，此时已涂胶的标签位于包装容器正上方，贴标机构下降进行贴标。当标签与包装容器表面接触后，切断吸嘴真空，压紧标签完成贴标。最后贴标机构沿水平方向向左返回，进行下一轮贴标循环。

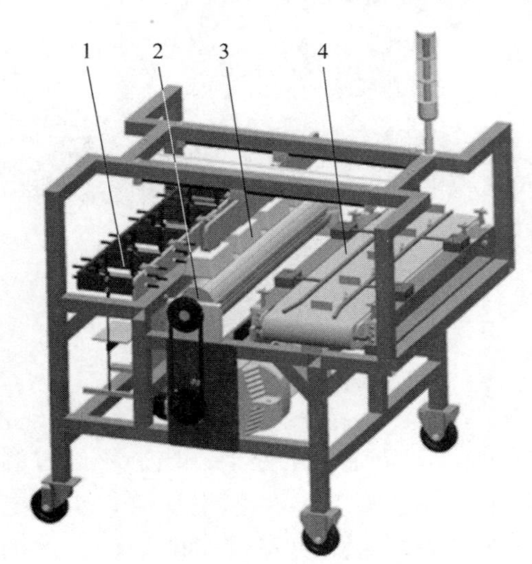

图 2-73　压式贴标机

1—供标机构　2—涂胶机构

3—贴标机构　4—包装容器传送机构

三、收缩贴标

收缩贴标又称收缩套标，是利用薄膜材料收缩而制成的一种非粘贴性标签，套在包装容器表面从而实现贴标。由于收缩套标能够提供最大的装潢表面积，表现出高质量的图像效果，给人带来强烈的视觉冲击，并且还具有较强的防伪和促销功能，是一种适合各种商品贴标的最灵活表现方式。收缩套标还可以实现商品的再包装（将原有图案遮住），并用于临时促销活动，或者可以在不影响整体设计的前提下，展示出更多的商品信息。

薄膜材料由表材和基材组成，表材主要为聚苯乙烯PS或改性聚酯PET，基材主要是α-烯烃/环-烯烃共聚物或α-烯烃/乙烯基芳香族共聚物。收缩套标机有立式、卧式套标机，旋转式、直线式套标机，以及直接式、间接式套标机。

（一）热收缩套标

热收缩套标是将聚氯乙烯或氯乙烯共聚物制成拉伸（取向）平挤薄膜并焊缝，或者制成在吹塑成型过程中被拉伸的管状薄膜，然后将管状薄膜切断套在包装容器外侧，当取向薄膜受热时产生收缩，恢复到原来的尺寸，并紧箍在包装容器周围的一种贴标方法。

图2-74为套标机工作原理图，图2-75为机器结构图，其基本工作过程为：将预先印刷作好的标签薄膜卷筒放到机器的薄膜支架上，标签薄膜1经过牵引辊和导辊输出；经光电装置2检测标签长度，然后经内胎模和筒膜牵引辊3使标签呈圆筒状向下传递，当圆筒状标签薄膜经过切刀盘4时，切刀盘根据光电装置的指令将筒膜切成单个标签；标签在拨动辊5作用下套向瓶身，旋转毛刷6将刚刚套进的标签整理到位；标签的下边缘在定位器7的作用下获得准确定位；最后进入标签热收缩装置，标签收缩固定在瓶身上，完成套标过程。

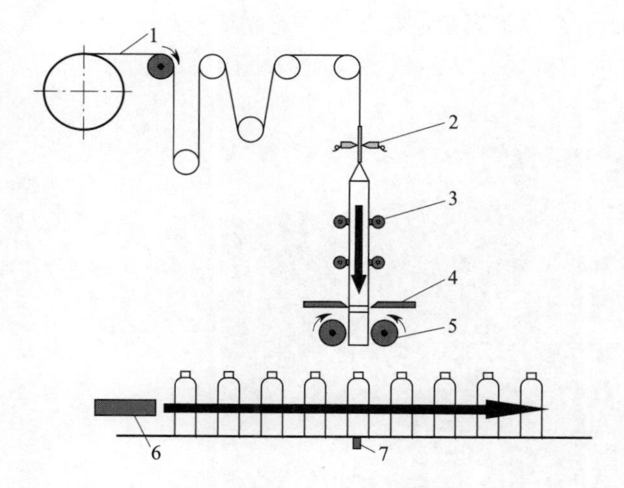

图2-74　套标机工作原理图

1—标签薄膜　2—光电装置　3—筒膜牵引辊

4—切刀盘　5—拨动辊　6—旋转毛刷　7—定位器

图2-75　套标机结构图

这种全自动收缩套标机适合于圆形、方形、曲面形和各种异形瓶罐的套标，可以完成容器套“头”、套“脖”、套“腰”、套“脚”或全身套入等工作。瓶身套标可达350瓶/min，瓶口套标可达400瓶/min。

（二）弹性收缩套标

弹性收缩筒状标签通常采用聚乙烯类具有足够弹性的材料制成，一旦套在容器上即紧贴容器。该标签常用于塑料或玻璃罐或瓶上，容器可以是圆形、椭圆形及其他形状，尤其适用于轮廓较为复杂的特殊容器，但容器上需有直的及平行的棱线，以使标签能紧贴和平整。

图 2-76 为德国克朗斯公司的可加工拉伸套标薄膜的新型贴标机 Sleevematic ES，该产品有两种按功率分级别的机型：最大额定功率为每小时 27500 个容器的 Sleevematic ES 单转塔，以及最大额定功率为每小时 55000 个容器的双转塔。这种新型可拉伸标签采用以低密度聚乙烯（LDPE）为基础的薄膜，是聚氯乙烯（PVC）套标合适的替代产品；标签的弹性比传统的高出两倍以上，在饮料瓶上的拉伸率甚至可高达 55%，因此所需材料也就更少；该机器既不需要热缩通道，也不需要容器干燥装置，有效降低了能源消耗。

图 2-76　弹性收缩套标机

四、模块化贴标

上述贴标机主要实现一种方法的贴标，针对贴标多样化的需求，克朗斯推出模块化贴标机，无论是圆柱形容器还是异形容器，无论是玻璃容器还是 PET 容器，无论用冷胶、热胶还是自粘标，它们全都适用，甚至能组合成不同的贴标技术。克朗斯模块化贴标机整体结构如图 2-77 所示。

图 2-77　模块化贴标机整体结构

（一）模块化贴标工艺原理

克朗斯模块化贴标机只在一个工作台上即可为玻璃和塑料容器粘贴预切标、环绕标或自粘标；根据型号，机器生产能力可为每小时 6000～72000 个容器；在简单的即插即用原则下通过更换贴标站来轻而易举地切换标签工艺。图 2-78 为模块化贴标机工艺原理图，1～4 为不同贴标站，其中 Canmatic 贴标站 3 用于已裁切的环绕标，Contiroll 贴标站 4 用于卷盘式环绕标；5～8 组成贴标工作台。

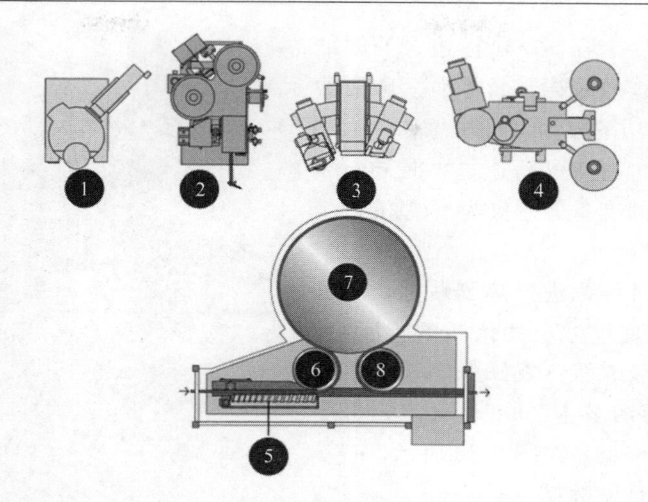

图 2-78　模块化贴标机工艺原理图

1—冷胶贴标站　2—自粘标的贴标站　3—Canmatic 贴标站
4—Contiroll 贴标站　5—进口螺杆　6—进口星轮　7—容器台　8—出口星轮

图 2-79 为模块化贴标机示意图，其中图 2-79（a）包含 3 台冷胶贴标站和 1 台自粘标的贴标站；图 2-79（b）包含 1 台冷胶贴标站和 1 台 Canmatic 贴标站；图 2-79（c）包含 1 台自粘标的贴标站和 1 台 Contiroll 贴标站。

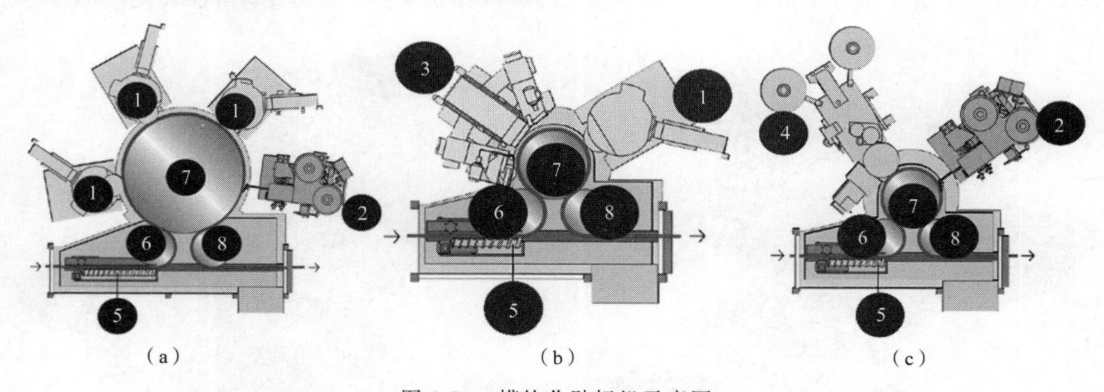

图 2-79　模块化贴标机示意图

（二）可更换式贴标站

通过丰富多样的组合方式，克朗斯模块化贴标机将为产品营销开辟新的设计空间，下面介绍符合即插即用原则的可更换式贴标站。

1. 预切标的冷胶贴标站

用于预切粘胶标，伺服驱动装置磨损低，外壳由不锈钢制成，防止外部影响的特殊密封件，无需工具即可快速转换到其他标签或容器，如图 2-80 所示。

图 2-80　预切标的冷胶贴标站

2. 自粘贴标站 APS 3 和 APS 4

自粘贴标站 APS 3 用于自粘标，自动调节的伺服驱动装置，可达每分钟 120m，设置随时可重复，功率每小时高达 48000 个容器，供标边缘处的准备公差仅为±0.5mm，如图 2-81 所示。自粘贴标站 APS 4 伺服电机功率极高，可达每分钟 180m，经重量优化的部件，功率可高达每小时 60000 个容器，供标边缘处的准备公差仅为±0.2mm。

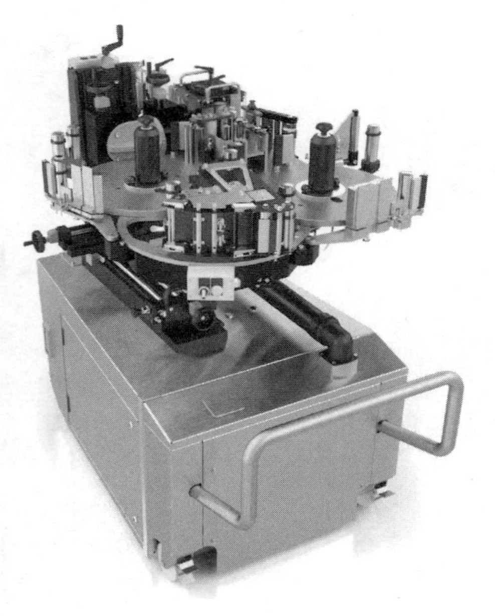

图 2-81　自粘贴标站 APS 3

3. Canmatic 贴标站

使用已裁切的环绕标进行热胶贴标，两个相互独立工作的热胶装置可个性化调整胶液温度，坚固耐用的辊式涂胶装置（在缺失容器的情况下不涂胶），料库可容纳多达 9000 个标签，生产过程中可以进行重叠校正，如图 2-82 所示。

4. Contiroll ED 贴标站

采用卷盘式环绕标，适用于不同标签长度和功率范围的电子切割装置，输送辊、切割装置和真空抓标鼓由伺服电机驱动，可自动粘接卷盘末端，通过触摸屏进行自动可重复的高度调节。卫生设计和最佳易用性，具有“Gravure Glue Application”可控胶液涂抹功能的新型涂胶装置，保证切割刀使用寿命达到 1.2 亿次切割，在一分钟内完成换刀，如图 2-83 所示。

图 2-82　Canmatic 贴标站

图 2-83　Contiroll ED 贴标站

第六节　典型产品包装工艺设计与评价

本节将以一些典型产品为例，介绍其包装工艺方案和包装设备，并进行评价分析，包括薯片充填包装、瓶装水灌装、烟包裹包、茶饮料易拉罐封口、啤酒瓶贴标的工艺设计与评价。

一、薯片充填包装工艺设计与评价

（一）产品特性分析

市面常见薯片包装分为袋装与桶装，这里选择袋装作为介绍对象。薯片类油炸膨化食品本身脆性大、易受潮、易氧化、质量轻，在包装过程中常借助称重装袋，且常常需要充入氮气等气体达到防氧化以及对其本身易碎缺点的保护，使产品维持形状。由于本身易受潮，在包装材料的选择上要有适宜的阻隔性，维持其口味与品质。

（二）薯片充填包装工艺方案

1. 包装材料

镀铝膜（PET/AL/PE、PA/AL/PE）、复合材料。

2. 工艺参数

制袋长度宽度范围合理，其中制袋长度50～300mm，制袋宽度40～200mm；可实现5～70包/min的自动包装速率，可拓展包装需充入氮气等气体的食品。选用称重计量方式，精确称取定量包装物，输入到包装袋中，封口完成单个包装；称重充填精度取决于称量装置系统，最高可达0.1%。

3. 工艺流程

采用组合式定量充填包装技术，其核心部分就是电脑组合秤。电脑组合秤有多个（8个以上）独立的称量斗，每个称量斗都装有一个称重传感器，对称量斗中的物料称重后将重量信号传输给计算机。在每个称量斗上方都有一台加料器，通过过渡斗给称量斗加料。每个加料器在同一工作条件下加料相同时间，其加料量服从正态分布，虽然离散性大，但若有足够的可组合个数，则多个加料量的组合一定可得到高精度的同一目标重量的整体。计算机对各个称量斗的重量信号进行计算组合，对符合或最接近设定目标重量的一组或多组选定后，控制对应组的各个称量斗的闸门一起打开，往下面包装机投料，完成一次定量充填过程。

定量充填的结果是通过静态称重和计算组合得到的，利用这种技术，可得到优于传统的定量充填速度和精度。有的电脑组合秤在每个称量斗的下方设有储料斗，称量斗和储料斗中的物料均可参加组合，从而增加了可组合个数，一方面提高了组合定量精度，另一方面增加了每次组合符合设定目标重量的组数，提高了定量充填速度。

电脑组合秤不仅可对薯片、牛肉干、糖果等片或块状不规则固体物料进行定量充填，而且可对其他可流动的固体物料进行定量充填。对片或块状不规则固体物料来讲，其准确度可达到平均个体重量的一半以下。电脑组合秤型号规格很多，其速度最低为60次/min，最高可达200次/min。

（三）薯片充填包装设备

1. 设备简介

图2-84是一款多头自动高精度秤，选用高精

图2-84　薯片充填包装设备

度数字式称重传感器使计量准确，且具有故障自诊断能力，从而降低机械故障率。适用于一些对重量要求精准以及一些易碎的膨化食品的称重包装，如：饲料、小米椒、腌制辣椒、藕带、冷冻水饺、汤圆、糖果、薯片、饼干、干果、种子、药片等小块、片状、颗粒状物料的自动计量包装。

2. 主要特点

采用线性矢量秤实时自动称重，控制阀门自动充填；计量精度高、速度快，包装规格调整方便；带有自动报警，如夹料、门未关、卷膜跑偏、无卷膜、无色带等故障时会出现报警；薄膜牵引采用伺服电机驱动，使牵引更轻松，精确控制袋长；横封采用伺服电机驱动，运行无冲击、噪声低、张开行程随意控制，可任意调整封口压力，能适用于各种厚度以及复杂的包材；可自动完成卷膜制袋，物料计量充填，包装袋封口、打印日期，另可选配功能连包、欧洲挂钩孔、手拎孔、折角、冷却、长袋等；单独配置了一台充氮气机，可以在包装薯片、薯条的同时，往袋子里面充氮气，从而达到长期保存的目的。

（四）薯片充填包装工艺评价

整体包装流程简洁，技术成熟可靠，包装效果精良，对于薯片等要求精准且本身易碎、外形多变的散装食品包装带来了极大的便利。充填精度高，称重结果不受容器皮重变化的影响，广泛用于有精度要求且贵重物料的装填，尤其适用形状不规则、质量变化大的产品，如酥脆易碎物料，包装效率高，成本低。

二、瓶装水灌装工艺设计与评价

（一）产品特性分析

影响液体灌装的主要因素是液体物品的黏度和含气状况。饮用水属于不含气、黏度低且可以自由流动的液体，可以利用自身重力将其灌入包装容器内。

（二）瓶装水灌装工艺方案

1. 包装材料

PET、PE、PP、HDPE。

2. 工艺参数

瓶装水一般采用冲灌旋一体机实现冲瓶、灌装和旋盖操作，头数：24-24-8；生产能力：12000～15000 瓶/h；灌装精度：±3mm（液面定位）；适用瓶型：圆形或方形、聚酯瓶；规格：瓶径 Φ50～100mm、瓶高 150～330mm；适用瓶盖：塑料螺纹盖；冲瓶用水压力：0.2～0.25MPa；冲瓶用水量：1500kg/h。

3. 工艺流程

利用冲灌旋一体机进行瓶装水灌装工艺过程为：

（1）冲瓶　瓶子由风送道传递，然后通过拨瓶星轮传送至冲瓶机；冲瓶机回转盘上装有瓶夹，瓶夹夹住瓶口沿导轨翻转 180°，使瓶口向下；在冲瓶机特定区域，冲瓶夹喷嘴喷出冲瓶水，对瓶子内壁进行冲洗；瓶子经冲洗、沥干后在瓶夹夹持下沿导轨再翻转 180°，使瓶口向上；洗净后的瓶子通过拨瓶星轮由冲瓶机导出并传送至灌装机。

（2）灌装　进入灌装机的瓶子由瓶颈托板卡住并在凸轮作用下上升，然后由瓶口将灌装阀顶开，灌装采用重力灌装方式；灌装阀打开后物料通过灌装阀完成灌装过程，灌装结束后瓶口下降离开灌装阀；瓶子通过卡瓶颈过渡拨轮进入旋盖机。

（3）旋盖。旋盖机上的止旋刀卡住瓶颈部位，保持瓶子直立并防止旋转；旋盖头在旋盖机上保持公转并自转，在凸轮作用下实现抓盖、套盖、旋盖、脱盖动作，完成整个封盖过程。成品瓶通过出瓶拨轮从旋盖机传送到出瓶输送链上，由输送链传送出三合一机。

（三）瓶装水灌装设备

1. 设备简介

CGF 系列 PET 瓶三合一机集冲洗、灌装、封盖于一体，均采用回转式结构，是以国外先进技术为基础，根据纯净水等饮品的灌装工艺要求研制而成的。

2. 主要特点

（1）冲瓶机　冲瓶机主要用于饮料、水等产品瓶的冲洗之用。瓶子通过拨轮进入设备，由夹钳和翻转机构夹住瓶口转至瓶口朝下，无菌水冲洗后沥干，自动翻转至瓶口朝上输送至灌装机，如图 2-85 所示。

（2）灌装机　灌装机是三合一机的主体设备，瓶子可在升降机构凸轮作用下实现上升和下降，当瓶口顶起灌装阀后将其打开，开始灌装；当瓶子下降后，灌装阀关闭，完成灌装，如图 2-86 所示。

图 2-85　冲瓶机

图 2-86　灌装机

（3）旋盖机　旋盖机是三合一机中精度最高的单机，对设备运行的可靠性、产品的次品率影响极大。利用世界上先进的法国“ZALKIN”封盖技术，提高了机器运转平稳性和使用可靠性；旋盖头是旋盖效果可靠性的主要部件，对磁力环的机构进行设计，使得旋盖扭矩更准确，旋盖效果更可靠；设有进瓶检测开关，与落盖导轨与拨盖盘连接处的锁盖气缸连锁控制瓶盖的排出，保证了无瓶时停止喂盖；落盖导轨上装有一组光电开关，当落盖导轨上无盖时会自动停止运转并报警，避免无盖瓶的出现，如图 2-87 所示。

图 2-87　旋盖机

（四）瓶装水灌装工艺评价

瓶装水冲灌旋一体机结构紧凑，控制系统完善，操作方便，自动化程度高。采用风送道与进瓶拨轮直连技术，取消了进瓶螺杆及输送链，变换瓶型简单容易。瓶子通过风送道进入机器后，由进瓶钢拨轮（卡瓶颈方式）直接送至冲瓶机冲洗。采用高精度、高速定量灌装阀，液位准确无液损，确保优良的灌装质量。封盖头采用恒扭矩装置，以确保封盖质量。采用高效的理盖系统，具有完善的喂盖技术及保护装置。灌装系统采用卡瓶颈进瓶技术，避免瓶口二次污染。变换瓶形无需调整设备高度，更换拨瓶星轮即可实现，操作简单、方便。控制系统具有水位自动控制、缺盖检测、冲瓶自停及产量计数等功能。

三、烟包裹包工艺设计与评价

（一）产品特性分析

市面常见烟包有硬包、软包两种，前者便携性略高，材质为白卡纸；后者材质精细，保护性略低于硬质烟包，材质为铜版纸。烟包表面印刷要求纸质无异味、精细整洁、着墨率高、不脱墨、包装折角柔顺耐破、耐候性好、有机挥发性化合物残留达标等。近年来响应环保的要求，纸张材料绿色环保日益重要，包装用材增添了普通卡纸硬包、PET 镜面复合卡纸硬包，以及使用真空镀铝材料代替复合铝箔纸等。

以上要求裹包紧密性强、环保无毒、透明清晰、具有一定的弹力，低温可焊性好、防尘阻温，收缩自如且在常见低温下保持柔软性。

（二）烟包裹包工艺方案

1. 包装材料

OPP、BOPP 薄膜、热粘玻璃纸及防伪金拉线。

2. 工艺参数

包装速度：40～80 包/min；包装尺寸：长（50～240）mm×宽（20～120）mm×高（10～60）mm。

3. 工艺流程

烟包裹包工艺过程为：前道烟包输送线将烟包运送至三维裹包机料仓，随后烟包在移动过程中被切断的单膜 U 型裹包，并继续运动至行星上料位置，同时完成烟包盖、底的端折；在随行星上料装置运动至顶弧处，先后封压折叠侧面，并在接下来的工位完成封接；随后烟包运送至后部传送带，并在运动过程中完成另一端折叠与上下薄膜折叠封口，最后加热收缩完成裹包。

（三）烟包裹包设备

1. 设备简介

图 2-88 为自动三维透明膜包装机，可对物品进行单件或散件的自动包裹、热封、计数，并自动粘贴防伪金拉线，具有包装速度可无级调速、缺盒不下膜、对色标等功能，更换少量零件可包装不同规格的包装物品。使用该机包装的物品外观美观、别致，可起到防潮、防尘、

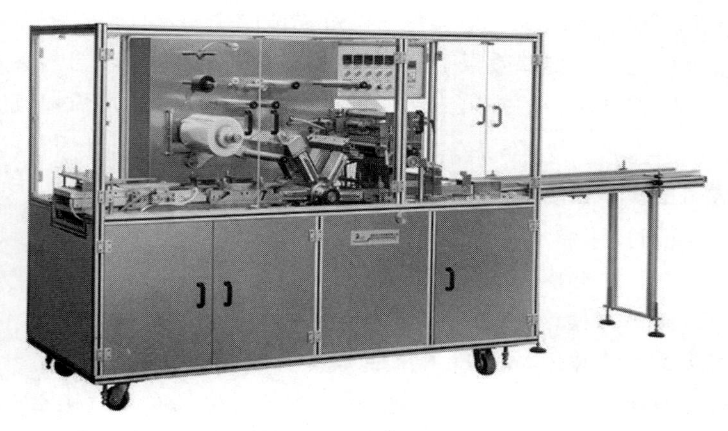

图 2-88　自动三维透明膜包装机

防伪作用；有利于提高产品的包装档次，提高产品附加值，并且易拆包。广泛用于药品、保健品、食品、化妆品、文具用品等行业中的各种盒式物品的单件自动包装。

2. 主要特点

结构紧凑合理，性能稳定可靠，操作维护简便；采用多功能数显变频器，无级变速；模具更换方便、灵活；具有自动供料、自动计数等功能；传动部分设有各类保护装置及故障提示；设有试机送膜离合器，不浪费包装材料。

（四）烟包裹包工艺评价

用既定薄膜材料通过裁切、折叠、整形、热封等装置将烟包裹包为三维六面体折叠封包。裹包机可在其技术参数范围内，通过调整运行参数，与前道输送及后道输出相配合，从而使烟包生产线平稳高效运行。更换部分零件可包裹不同规格产品，拓展了设备的功能性。缺盒时不下膜，有效避免运行错误导致出现残次品的情况。

四、茶饮料易拉罐封口包装工艺设计与评价

（一）产品特性分析

茶饮料是指用水浸泡茶叶，经抽取、过滤、澄清等工艺制成的茶汤或在茶汤中加入水、糖液、酸味剂、食用香精、果汁或植（谷）物抽提液等调制加工而成的罐装制品，如冰红茶、茉莉花茶等。茶饮料中茶汤主要成分容易氧化络合，造成色泽变褐，形成浑浊沉淀或絮状沉淀，影响外观品质，其中光照、氧气、温度都会对其品质产生特定的影响。封口工艺是茶饮料包装工艺中最重要的一步，良好的封口质量是保证茶饮料品质的关键。

下面以冰红茶变薄拉伸两片罐为例，分析其包装生产工艺。两片罐罐底和罐身是一体的，且罐底与罐身是用拉伸和罐壁压薄法形成的变薄拉伸罐，采用二重卷边进行罐体封口。

（二）茶饮料易拉罐封口包装工艺方案

1. 包装材料

变薄拉伸罐的原材料主要有铝合金薄板和镀锡薄钢板，现在人们普遍选用美国铝业协会标准的3000系列铝合金。铝合金具有密度低、强度高、塑性好的特点，同其他金属材料一样，具有阻隔性优良、适印性好、加工性能好、可回收等优点。

2. 工艺参数

头数：12；封口速度：1600罐/min；罐体规格：直径Φ50～83mm，高度30～205mm。

3. 工艺流程

茶饮料易拉罐封口包装工艺过程为：灌装后的茶饮料通过传送带传送，通过拨瓶星轮传送至放盖机构，将预先放置的罐盖放置罐口处；托罐平台上升，先排掉罐盖以下的空气，然后托罐平台上升至罐身与罐盖在卷封夹头作用下相互配合完好，此时支承座弹簧的力量将罐身与罐盖相互夹紧在一起；卷封夹头高速旋转将罐盖卷边卷入罐身的翻边下面，完成第一重卷封，同时第二重卷封滚轮靠近，将填注在多层金属密封区的密封胶压紧，形成密封带，完成二重卷边的整个卷封，封口结束后由输送带送出。

（三）茶饮料易拉罐封口包装设备

1. 设备简介

图2-89为一款Zacmi封罐机，能自动保证空罐或包含多种产品的广口容器的卷封，

容器可以是“字母盖”“易拉盖”。卷封轮配备食品级自动润滑系统，带有泵、过滤器、压力控制器和蒸汽疏水阀，以消除冷凝，显著减少维护的需求。卷封轮和压头使用特殊材料制造并经过特殊表面处理，以保证更好的耐用性和润滑性。

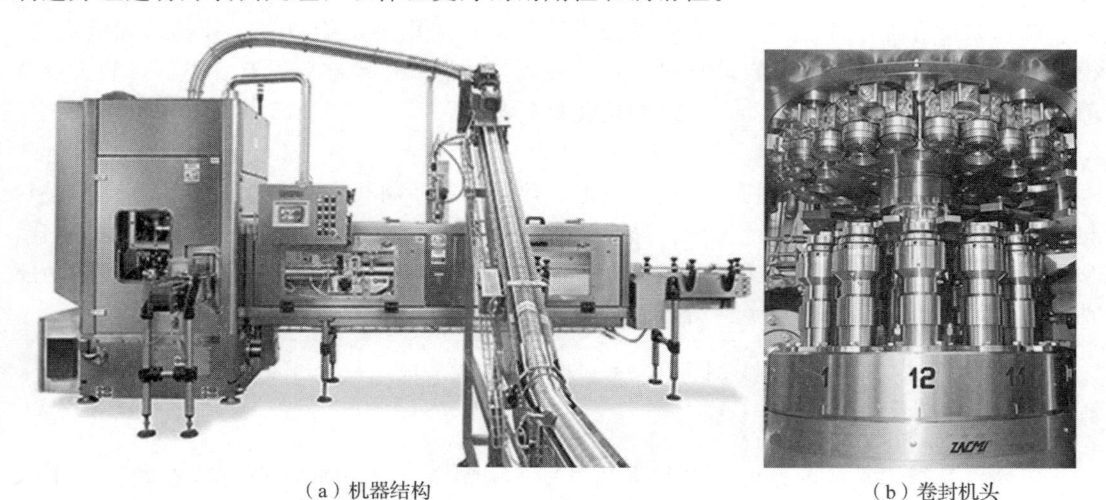

（a）机器结构　　（b）卷封机头

图 2-89　Zacmi 封罐机

2. 主要特点

包装速度快，每分钟最多可封口 1600 罐；性能优良，因为带有自动润滑系统等，能显著减少维护需求；设备材料选择 304 钢，防腐防锈，具有很好的牢固性。

（四）茶饮料易拉罐封口包装工艺评价

通过双重卷封同步的方法将茶饮料封口，在此封口机后添加 DSM 系统检测不合格封口，因为封轮，压头材料的选择可以很好的规避二重卷边常见缺陷，包装工艺简单，生产速度快，整个包装流程配合流畅，包装不合格率低，成本相对较低。

五、啤酒瓶贴标工艺设计与评价

（一）产品特性分析

玻璃啤酒瓶是生活中最常见的啤酒包装材料，在我国 80%以上啤酒包装仍然是玻璃啤酒瓶。玻璃作为包装容器的主要优点在于其优异的气体阻隔性，对氧气、二氧化碳几乎零渗透；较高的抗压强度；可重复使用。在啤酒瓶上粘贴标签是啤酒灌装过程的重要环节，贴标质量的好坏将直接影响到啤酒包装的效果。

（二）啤酒瓶贴标工艺方案

1. 包装材料

啤酒瓶标签一般为纸质，大多是单面涂布纸，也有一部分采用非涂布纸，主要有铝箔标、铜版纸标、湿强纸标、镭射纸标等。

贴标用黏合剂主要有 5 种类型：糊精型、干酪素型、淀粉型、合成树脂乳液和热熔胶。除热熔胶外，其余都是水溶性的。为方便啤酒瓶清洗和重复使用，啤酒瓶贴标用胶一般为淀粉胶、化学胶和酪素胶类。选用时要考虑瓶壁性质、生产条件、啤酒温度、贴标速度、标签特性、涂胶方式和产品的运输储存条件等。

2. 工艺参数

适合瓶型：瓶径 Φ40～100mm、瓶高 140～320mm；最大标签宽度：125mm；生产能力：50000 瓶/h；标掌数目：8；贴标数目：身标 1 个、背标 1 个、颈标 1 个。

3. 工艺流程

啤酒瓶贴标工艺原理如图 2-90 所示，贴标装置主要由涂胶装置、取标板和机械手转盘等组成。工作时在取标板上先涂上黏合剂，当取标板转至标盒时，粘取一张标签，且在其内表面涂上黏合剂，在以后的旋转过程中，由旋转机械手摘下取标板上已涂胶的标签，在贴标工位贴在啤酒瓶上。

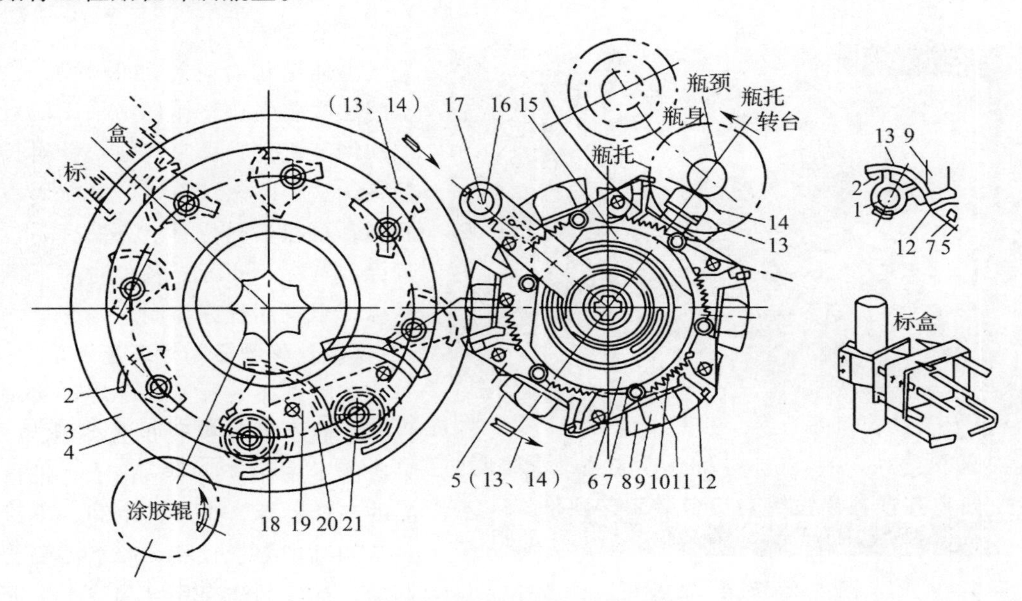

图 2-90　啤酒瓶贴标工艺原理图

1—摆动轴　2—取标板　3—转动台面　4—盖板　5—夹标摆杆　6、15、21—凸轮　7—螺钉　8—扇形板　9—身标海绵垫　10—颈标海绵垫　11—摆动轴　12—夹标块　13、14—海绵垫　16—固定臂　17—固定轴　18—滚柱　19—扇形齿轮　20—小齿轮

啤酒瓶贴标装置的关键部件是凸轮-齿轮机构，它控制着上胶、取标、送标机构的协调运作，其相关参数对可靠实现贴标至关重要。齿轮-凸轮组合机构如图 2-91 所示，取标板 2 在凸轮控制下完成上胶、取标、送标动作。小齿轮 3 和取标板 2 被固定在同一根轴上，取标板 2 随取标转毂 1 公转。由于装在扇齿轮 4 上的滚子 5 受凸轮 6

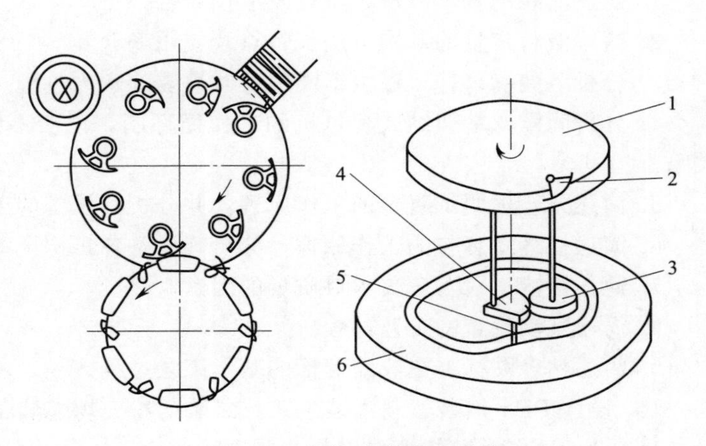

图 2-91　齿轮-凸轮组合机构

1—取标转毂　2—取标板　3—小齿轮　4—扇形齿轮　5—滚子　6—凸轮

的凸轮槽控制，使得扇齿轮4摆动，扇齿轮4带动小齿轮3、取标板2摆动，完成上胶、取标、送标动作。取标转毂转一周，取标板有3个工作过程：上胶、取标、送标，在这3个工作过程之间有3个过渡阶段。由于取标板的自转是靠凸轮来控制，因此，凸轮曲线应有3个工作曲线段。

（三）啤酒瓶贴标设备

1. 设备简介

图2-92为回转式啤酒瓶贴标机，主要针对长宽标且定点瓶贴标，托瓶盘全部采用独立伺服驱动，使每个瓶在托瓶盘的转位灵活准确，满足各种瓶型不同位置的准确贴标。

图2-92 回转式贴标机

2. 主要特点

整体结构合理，外形美观大方，空间层次感强；整体标站采用四点定位和调节机构，稳定性强；针对长宽标签，适合圆瓶、方瓶、扁瓶等不同瓶型；可在不同位置定点贴标，包括身标、背标、头标；各种时速下准确贴标，全自动程序控制。

（四）啤酒瓶贴标工艺评价

该啤酒瓶贴标流程合理，实现取标、涂胶、贴标过程的连续化生产，采取的湿胶标签技术适用于大批量产品的高速贴标，生产效率高。不过对日常的维护要求较高，胶水需要当天调配，标签的洁净程度和胶水性能也会受到温度等可变因素的影响。

思考题与习题

1. 简述灌装的基本方法、特点及应用场合。
2. 简述液料定量的基本方法、特点及应用场合。
3. 分析灌装嘴口伸入瓶内不同位置时灌装的水力过程。
4. 分析间歇双端扭结式裹包机的工作循环图，说明不同机构在时间和空间上的协调关系。
5. 简述条盒透明纸裹包的工作原理，并分析其设备的工作循环图。
6. 简述接缝式裹包的工作原理，分析其设备各机构运动的同步要求。
7. 简述影响皇冠盖压盖封口质量的因素。
8. 简述气动旋盖的工艺过程。
9. 简述粘合贴标、热收缩套标的基本工艺过程。
10. 设计PET瓶装饮料灌装工艺、袋装奶粉充填包装工艺，并进行评价。
11. 设计冷鲜肉贴体裹包工艺，并进行评价。

第三章　通用组合包装工艺与设备

随着商品的种类和数量的不断增加，单一的包装机械已难以满足市场需求，能够同时实现多种工艺的组合包装设备凭借着其独特的优势，在保证实现包装功能的前提下，能大幅度提高生产效率和包装经济效益。目前，组合包装工艺与设备已经成为了包装行业的热门话题。

在产品流通过程中，由于自身的理化性质、包装制品的性能及外部环境因素的影响，会对产品造成损伤，严重时可导致产品失去原有价值。因此，选择科学合理的包装工艺至关重要，要综合考虑产品、包装制品、外部环境等多方面因素，采取相应的包装设备。组合包装设备通过将能够实现不同工艺的装置按照工艺流程合理组合，并且可以根据包装要求对其装置进行增减或替换，以适应多种产品的包装需求。

本章在第二章基础上，主要介绍预制袋—充填—封合、折叠盒—充填—封合、热成型—充填—封合、软管成型—充填—封合、收缩与拉伸包装等典型组合包装过程的包装工序、技术方法、特点等，论述相应包装设备的工作原理、工艺流程、主要机构和主要应用对象等。

第一节　预制袋—充填—封合工艺与设备

袋装包装工艺在包装领域的地位极其重要。袋装材料通常选择纸、塑料薄膜、金属箔以及它们的复合材料等厚度较薄的柔性材料。袋装包装的包装形式多样，其袋形及其大小主要取决于被充填物料的性质、包装袋容量、包装材料的性能、制袋封口方法及使用要求等，袋型主要分为三边封口长方形底袋、三边封口叉形袋、搭接或对接三面封口枕形袋、三边封口棱锥形袋两面封口袋、三边封口自立袋、四面封口袋、三面封口袋等。

袋装包装的工艺简单，成本低，印刷效果好，包装形式多样，适合固体、液体等多种内装物料的包装，并且成品占用空间少，便于运输。但袋装包装存在阻隔性能较差、保质期较短、封口易出现褶皱等缺点。

按袋装方法分类，袋装包装的生产设备主要有预制袋—充填—封口机和在线制袋—充填—封口机两种。

一、预制袋—充填—封合工艺过程

预制袋是在包装之前由手工或制袋机制成，包装时再将袋口撑开，充填物料后封口。与在线制袋相比，预制袋—充填—封口机有着生产效率更高、设备体积更小、制袋工艺更灵活等优势。

预制袋—充填—封合工艺过程主要为：供袋、开袋、充填、封口。

（一）供袋

供袋是指通过专门供袋装置将预制包装袋放置于贮袋斗内，通过取袋吸盘供给下一工序。供袋装置根据包装袋在贮袋斗内放置情况不同，一般分为横型和竖型两种。横型供袋装置适用于挺度较低的包装袋，如单层塑料薄膜袋，该方法袋子上下堆放比较规则、平整，不易出现吸盘吸取位置偏差等问题；竖型供袋装置则适合刚性稍好的袋子，如复合材料制作的包装袋等。

横型供袋装置的贮袋斗有水平式和倾斜式两种。如图 3-1 所示，倾斜式横型供袋装置的贮袋斗 4 与水平面呈约 10°夹角，通过重力作用使预制袋向一侧齐平，避免了袋子在供袋过程中出现散乱。供袋时，取袋吸盘 3 向贮袋斗移动，吸取最上层的预制袋后移向下一工位。贮袋斗上装有位置自动补偿装置 5，保证下一预制袋的位置正确，能顺利输送。

竖型供袋装置的贮袋斗一般为水平式，如图 3-2 所示。该设备设有推袋装置保证不断补充空袋，推袋装置通常选用弹簧、气缸或步进式输送带。通过真空吸附带 2 和分袋毛刷 3 将空袋定位，取袋吸盘 4 吸取该空袋并输送至工序链 5 进入下一工序。

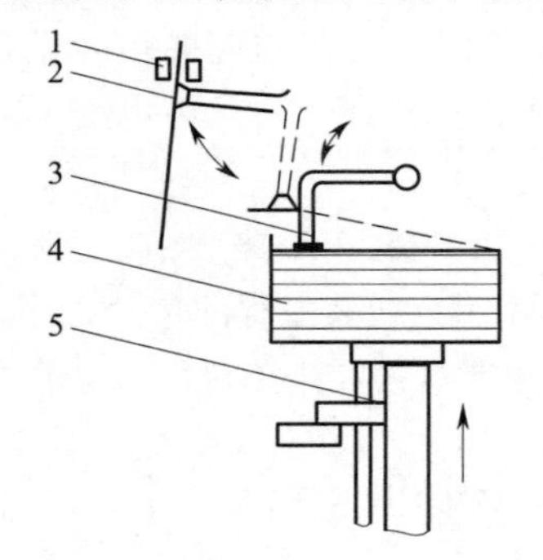

图 3-1 倾斜式横型供袋装置

1—夹袋机械手 2—上袋吸盘 3—取袋吸盘

4—贮袋斗 5—位置自动补偿装置

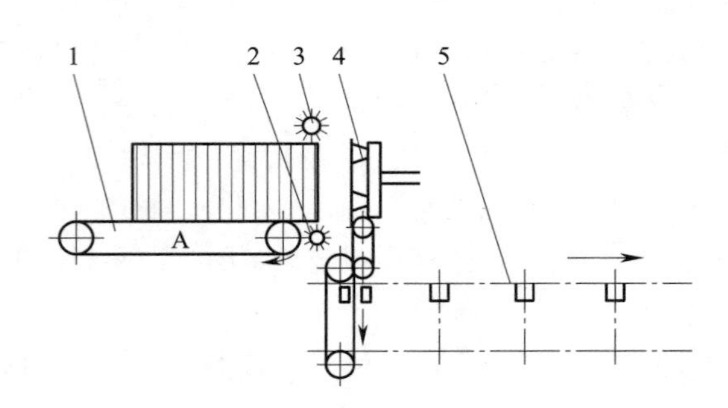

图 3-2 竖型供袋装置

1—步进式输送带 2—真空吸附带

3—分袋毛刷 4—取袋吸盘 5—工序链

（二）开袋

预制袋必须开袋才能进行充填工序。常用的开袋方法主要有真空吸盘法、喷嘴法。

真空吸盘法是通过吸盘的真空吸力使袋口打开，如图 3-3 所示。夹袋夹手将空袋送入充填工位，在进行充填前需用真空吸盘将空袋袋口打开。喷嘴法是利用喷嘴将袋口吹开，如图 3-4 所示。

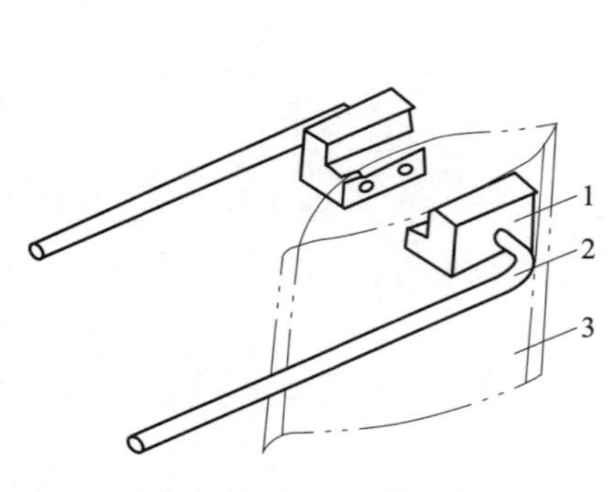

图 3-3 真空吸盘开袋

1—真空吸盘 2—传动杆 3—空袋

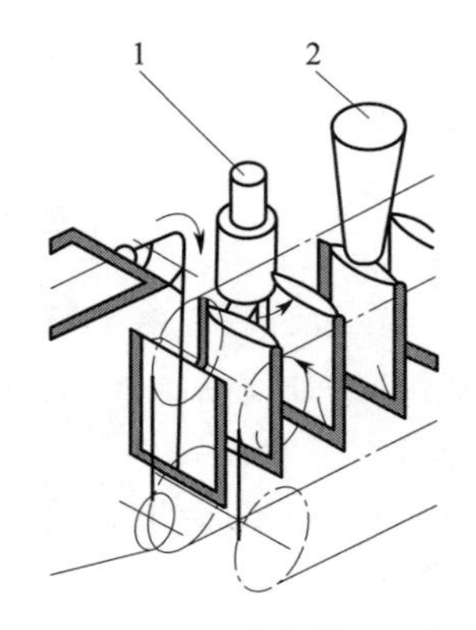

图 3-4 喷嘴开袋

1—喷嘴 2—充填装置

上述两种开袋装置将袋口打开，都会导致袋角距离变短，因此需要主传送链的夹带-张袋机构在开袋工位适时改变两夹袋手之间的距离，如图 3-5 所示。

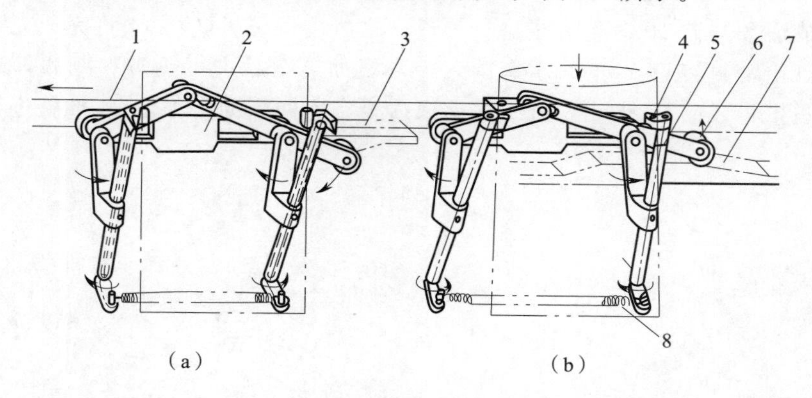

图 3-5　主传送链的夹带-张袋机构示意图

1—复式辊子链　2—支座　3、7—固定凸轮　4—钳手　5—夹钳套杆　6—连杆滚轮　8—拉簧

(a) 开钳卸袋　(b) 闭钳张袋

(三) 充填

充填是将物料按照包装要求定量填充入预制袋中，根据内容物的形态，选择不同的充填工艺。液体物料根据其流动性、黏性、挥发性、化学稳定性不同，选用相应的灌装工艺进行充填。固体物料基于形态、密度、黏性、稳定性、计量精度要求等选择其充填工艺。

容积式充填法是通过容积来计量物料的量，每次计量的质量取决于每次充填的体积与充填物料的密度。容积式充填法根据计量机构的不同，分为量杯充填和螺杆充填，适用于对充填精度要求不高、密度稳定的粉末或小颗粒物料。

(四) 封口

根据袋型、材质及包装要求，应选用不同的封口方式，主要有黏合封口、捆扎封口、热封等。其中，捆扎封口主要用于大袋、重袋产品的包装。在预制袋—充填—封合包装机中，一般采用热封。

二、预制袋—充填—封合机的主要类型

预制袋—充填—封合机能通过机械手自动取袋、打印日期、开袋、定量充填、封口并输出产品。根据输送链的运动形式可分为回转式和直移式两种类型。其中，回转式预制袋—充填—封合机因其结构紧凑、体积较小，所以使用较普遍。

(一) 回转式预制袋—充填—封合机

图 3-6 所示为回转式预制袋—充填—封合机工艺流程图，其工艺过程依次为给袋、印刷、开袋、物料充填、蒸汽脱气、热封冷却、产品送出。其中，可根据包装物的要求选择不同的充填方式。设备的每一个装置可根据需要进行增减替换。

给袋式真空包装机是一种典型的回转式预制袋—充填—封合机，可以通过输送盘上的真空室对包装袋进行抽真空。图 3-7 所示为给袋式真空包装机工艺流程图。首先，预制袋存放在贮袋斗 1 内，贮袋斗上的位置自动补偿装置确保给袋工序的稳定流畅，取袋吸盘 2

将最上面的预制袋吸出并将袋转成直立状态，送至充填转盘 9 上的夹袋手 5 夹住，打印器 4 完成打印，开袋吸盘 6 完成开袋，之后根据物料状态选择使用加料管 7 或加液管 8 完成填充，填充完成后预封器 10 对包装袋进行预封，之后由送袋机械手 11 将完成充填工序的包装袋移送至真空密封转盘 15 的真空室内，经二级抽真空后进行热封和冷却，最后打开真空室通过输送带将成品 25 输出，该工序结束后真空室回到准备工位 24 准备进行下一产品的包装工作。

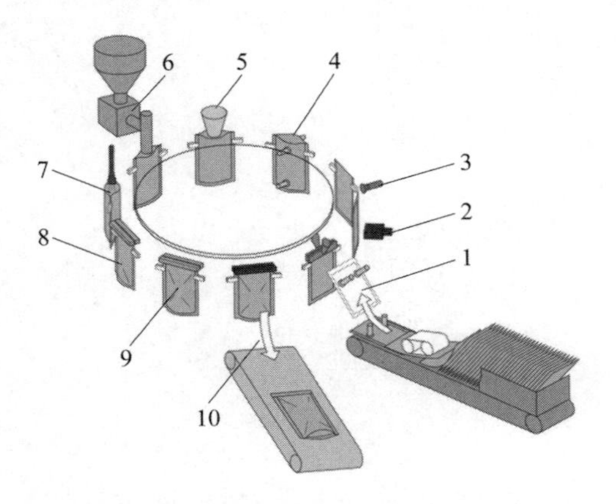

图 3-6　回转式预制袋—充填—封合机工艺流程图

1—给袋　2—印字　3—印字检查
4—开袋　5—固体投料　6—液体充填
7—蒸汽脱气　8—第 1 次热封
9—第 2 次热封　10—冷却、产品送出

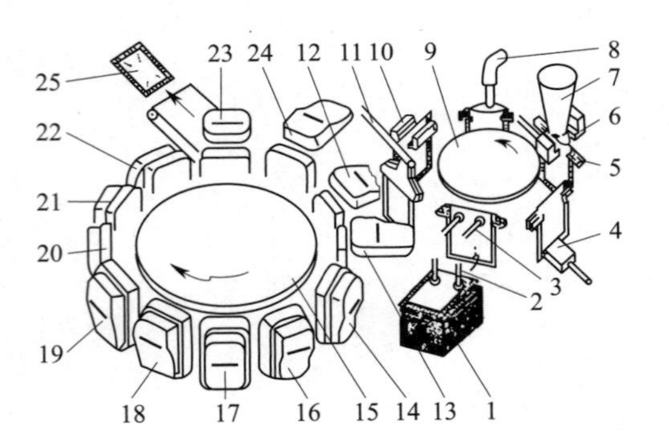

图 3-7　给袋式真空包装机工艺流程图

1—贮袋斗　2—取袋吸盘　3—上袋吸盘　4—打印器
5—夹袋手　6—开袋吸盘　7—加料管　8—加液管
9—充填转盘　10—预封器　11—送袋机械手
12—真空室开盒装袋　13—真空室闭合　14—预备抽真空
15—真空密封转盘　16—第一次抽真空　17—保持真空
18—第二次抽真空　19—热封室　20、21—冷却室
22—真空室开盒　23—卸袋　24—准备工位　25—成品

(二) 直移式预制袋—充填—封合机

直移式预制袋—充填—封合机主要由给袋装置、开袋装置、封口装置以及输送链四个部分组成，其工艺过程为预制袋叠放—吸盘取袋—喷嘴开袋—充填—热风冷却—成品输出，与回转式预制袋—充填—封合机相比，其夹袋装置的运动形式为直移式，传动布局较简单；封口器热压温度低，可减少包装损伤的概率，并且在运动过程中不会造成对包装袋的离心力。

图 3-8 为直移式预制袋—充填—封合机结构示意图。首先，预制袋存放在贮袋斗 1 内，由取袋吸盘 2 将靠近输送链一端的第一张预制袋取出送至下一工位，下一工位的夹袋手将其夹住，然后开袋喷嘴 3 通过喷气将包装袋袋口打开，加料斗 4、5 或加料管 6 对其进行充填，充填后包装袋被封口器 7、8 加热封合，经冷却器 9 冷却后通过输送链将包装袋输出。

回转式和直移式预制袋—充填—封合机适用于三面、四面封口的扁平袋，也适用于自立袋。这两种多功能包装机使用的预制袋主要由塑料复合材料制成，单膜制作的预制袋因取送困难而很少应用。

此外，上述的两种多功能包装机通常用于小袋包装，内装物重量较小，一般为几十或几百克的颗粒、粉状、液体等。对于重量较大的颗粒、粉状物料（一般为 20～50kg），如粮食、水泥、化肥等，通常选用重袋包装机进行包装。

（三）重袋包装机

重袋包装机是一个组合机组，它是由自动定量包装机、带式运输机和封口机三种设备组合。其工艺过程为：取袋、开袋、定量充填、封口。重袋包装机使用包装袋一般为麻袋、布袋、纸塑编织袋等。因预制袋种类不同，封口方式也有所区别，通常采用缝合法、黏合法和捆扎法。

如图 3-9 所示，物料放置于储料仓 1 内，仓底闸板 2 控制向充填装置 3 下料，通过机械手或人工将包装袋开口并放置于充填口下方，充填装置定量称重后将物料装入包装袋，通过输送机送到封口机 4 工位进行封口。

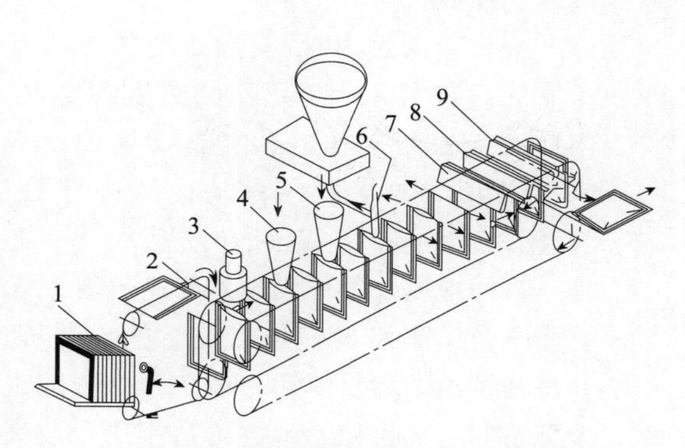

图 3-8　直移式预制袋—充填—封合机结构示意图

1—贮袋斗　2—取袋吸盘　3—开袋喷嘴　4、5—加料斗（固体物料）　6—加料管（液体物料）　7、8—封口器　9—冷却器

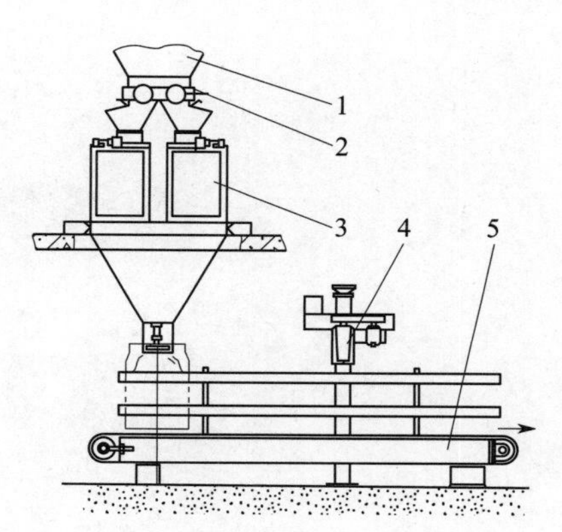

图 3-9　重袋包装机示意图

1—储料仓　2—仓底闸板　3—充填装置　4—封口机　5—带式运输机

重袋包装机的给料方式可分为重力给料、振动给料、螺旋给料和带式给料，如图 3-10 所示。重力给料用于流动性比较好的物料；振动给料广泛用于粉状物料，具有较高的精度；螺旋给料用于流动性较差的物料；带式给料由输送带、加料层控制器组成，适用于输送难以处理的物料。

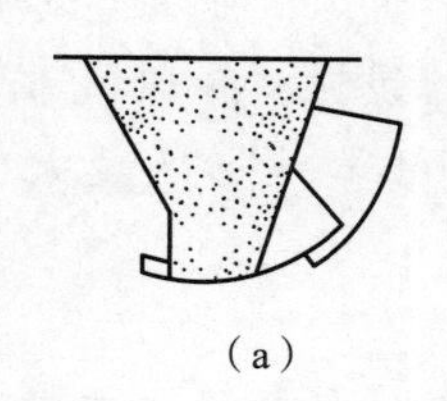

（a）

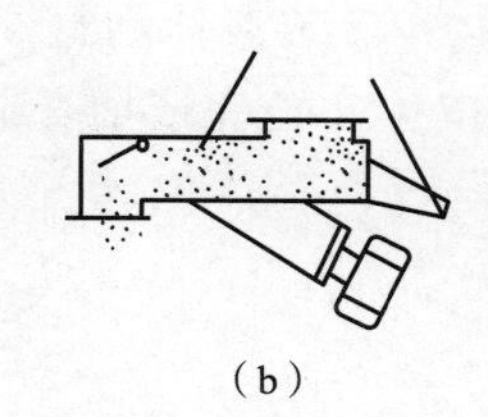

（b）

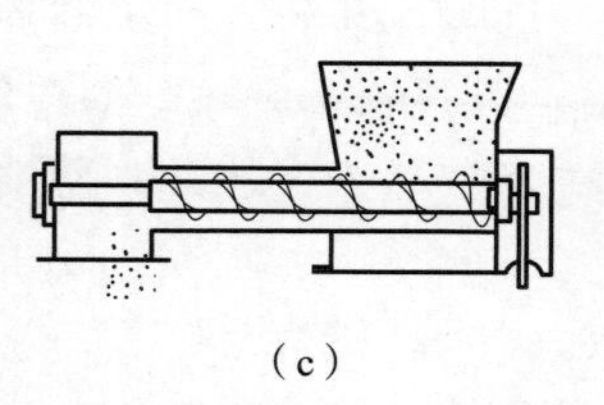

（c）

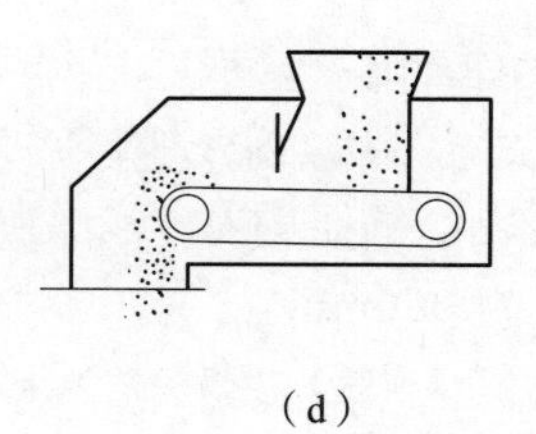

（d）

图 3-10　给料机构示意图

（a）重力给料机构　（b）振动给料机构　（c）螺旋给料机构　（d）带式给料机构

三、典型预制袋—充填—封合包装机结构

预制袋—充填—封合包装机主要是由打码机、PLC 控制系统、开袋引导装置、振动装置、除尘装置、电磁阀、温控仪、真空发生器或真空泵、变频器、输出系统等标准部件组成。主要可选配置为物料计量充填机、工作平台、重量选别秤、物料提升机、振动给料机、成品输送提升机、金属检测机。

下面介绍几种典型的预制袋—充填—封合包装机结构。

(一) 回转式预制袋—充填—封合包装机

图 3-11 所示为一种典型的回转式预制袋—充填—封合包装机，该设备由预制袋全自动旋转包装机和电子组合称配套而成，具有计量精确、包装速度快、运行稳定及应用范围广等优点。

图 3-11　回转式预制袋—充填—封合包装机外型图

该设备通过 PLC 控制系统人工设置所需的包装参数，满足不同的生产要求。PLC 控制系统和传动装置自动处理所有生产过程，如送料、自动取袋、打码、开袋、定量灌装、热封和成品输出。此外，自动检测装置可以识别没有打开或没有完全打开、没有充填或热封的包装袋，并将其拣出，重复使用，避免浪费。通过选择不同的电机控制参数可适用于包装液体、颗粒、酱料、粉末、不规则块状物等内装物。

回转式包装设备主要有两种工作流程：

六工位：上袋、打码、开袋、下料振动、热封、整型输出。

八工位：上袋、打码、开袋、下料振动、下料、预热封、热封、整型输出。

(二) 回转式真空包装机

图 3-12 所示为回转式真空包装机的外型图，该机由充填和抽真空两个转台组成，两转台之间装有机械手自动将已充填物料的包装袋送入抽真空转台的真空室。充填转台有 6 个工位，自动完成供袋、打印、开袋、充填固体物料/灌装液体物料 5 个动作；抽真空转台有 12 个单独的真空室，包装袋在旋转一周经过 12 个工位完成抽真空、热封、冷却和卸袋，机器的生产能力为 30～50 袋/min，产品袋长范围为 100～180mm，袋宽最大为 260mm。

(三) 直移式预制袋—充填—封合机

图 3-13 所示为一种典型的直移式预制袋—充填—封合机外型及其包装产品样式，主要适用于食品饮料、粉末、颗粒、辣椒酱等物料自动充填灌装与封口，采用液泵加压灌装。

图 3-14 所示为该直移式预制袋—充填—封合机工艺流程图，与传统直移式预制袋—充填—封合机相比，该包装机通过双出模式设计，包装效率更高、包装方式更灵活。该设备适用于平袋和自立袋包装，速度最高可达 120 袋/min。

图 3-12 回转式真空包装机外型图

图 3-13 直移式预制袋—充填—封合机外型图及其包装产品

（四）重袋包装机

图 3-15 为一种典型的重袋包装机外型图。该重袋包装机由给料装置、称重传感器、夹袋机构、钢结构支架、输送设备、气动系统、电控系统等组成。该设备采用人工挂袋，通过电控系统控制给料速度、定量充填，可自动完成给料、称量、放料、脱钩等工序。根据物料的不同，可以选用相应的给料方式，如重力自流、螺旋喂料、振动给料、皮带喂料等，使包装更流畅，精度更高，速度更快。该设备包装产量为 5～40 袋/h，包装规格为 300～2000kg，包装精度±0.2%。

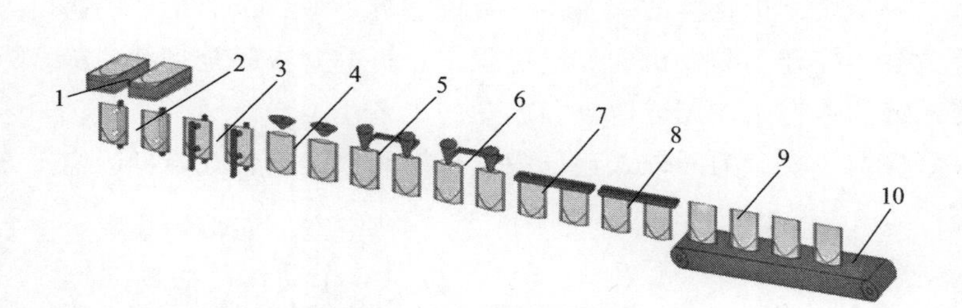

图 3-14 直移式预制袋—充填—封合机工艺流程图
1—双贮袋斗 2—双取袋机构 3—双开袋机构
4—双吹气机构 5—一次灌装 6—二次灌装
7—一次上封 8—二次上封 9—成品 10—输送带

图 3-15 重袋包装机外型图

第二节 折叠盒—充填—封合工艺与设备

折叠盒是一种应用非常广泛的包装容器，其材质大多为纸板，也有部分折叠盒因包装要求需要选用塑料或复合材料。折叠盒主要用于包装药品、食品、香烟、文教用品、化妆品、工艺品等。近年来，由于折叠盒具有成本低、平板堆码、储运方便、印刷效果好、绿色环保等优点，越来越受到人们的青睐。

随着包装技术不断进步，折叠盒的包装工艺也逐步向标准化、自动化、多功能化方向发展。折叠盒—充填—封合是指通过专用设备将折叠盒打开后完成充填内装物并封合的过程。此过程一般通过折叠盒—充填—封合机实现，以满足大批量标准化生产、降低人工成本的需求。本节主要讲述了折叠盒—充填—封合的工艺过程和包装机械。

一、折叠盒—充填—封合工艺过程

折叠盒—充填—封合的工艺路线一般为：吸盒、打印、开盒、充填、封盒、输出成品，根据内装物的不同，具体工艺过程有所区别。其中，在吸盒工艺需要完成取盒和放盒。如图 3-16 所示为一种典型的工艺过程。

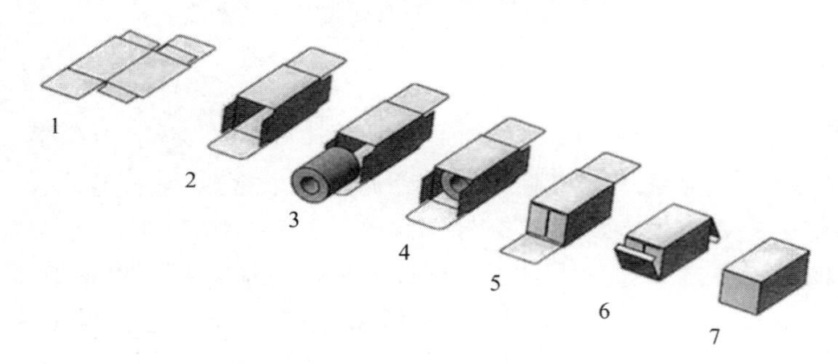

图 3-16 折叠盒—充填—封合工艺过程图

1—吸盒（打印） 2—开盒 3、4—充填

5—折侧舌 6—折大舌 7—输出成品

折叠盒初始是堆码好的未展开平板状态，吸盒机构从贮盒器中将纸盒吸取下来，通过传送装置输送至下一工位并完成开盒，推料机构将内装物填充至打开的纸盒中，封盒机构对充填后的纸盒进行封盒，随后输出包装成品。下面重点介绍折叠盒—充填—封合工艺中重要的几个工序。

（一）吸盒

吸盒是指吸盒机构通过吸盘将从装有折叠盒的贮盒器中吸取靠近下一工位的最外侧折叠盒，在输送的过程中，折叠盒被预撑开，吸盒机构放盒过程中，折叠盒被完全打开，最后折叠盒被吸盒机构放置在传送链的卡槽中，完成取盒和放盒的工艺。

根据运动方式的不同，吸盒机构主要分为间歇式连杆吸盒机构和连续旋转式连杆吸盒结构。

1. 间歇式连杆吸盒机构

图 3-17 为间歇式连杆吸盒机构结构简图，间歇式连杆吸盒机构的结构相对简单，吸盘 3 与摆杆 6 固定连接，吸盘在摆杆带动下逆时针运动至贮盒器 1 与折叠盒接触，吸盘通过负压吸力吸取折叠盒，再顺时针运动将其送入传送带 5 完成取盒。贮盒器设有位置补偿装置确保下一折叠盒能及时到达预定位置。在吸盒和放盒之间的空间放置一个挡板，或直接通过贮盒器的阻挡作用对取出的折叠盒进行预开盒。在折叠盒进入传送带时，折叠盒在吸盘和传送带挡板 4 的作用力下被完全打开，打开瞬间，吸盘停止工作与折叠盒分离，传送带向前输送，折叠盒被两侧的挡板挤压，始终保持开盒状态，完成放盒。放盒完成后，摆杆继续顺时针运动一段距离，当折叠被传送带输送至下一工位时，摆杆回摆至吸盒工位，依次循环。

2. 连续旋转式连杆吸盒机构

连续旋转式吸盒机构采用行星轮系机构，安装多个吸盘组同时工作，极大的提高了吸盒的效率。图 3-18 所示为连续旋转式连杆吸盒机构结构简图，连续旋转式连杆吸盒机构的工艺原理与间歇式连杆吸盒机构类似，区别在于吸盘的运动方式，连续式机构的吸盘在行星轮系的带动下连续旋转。

连续旋转式吸盒机构的结构更加紧凑，吸盘更多，效率更高，并且通过行星轮系结构设计，运行更加平稳，但成本较高。所以，小型中低速纸盒包装机一般选用间歇式连杆吸盒机构，大型中高速纸盒包装机一般选用连续旋转式吸盒机构。

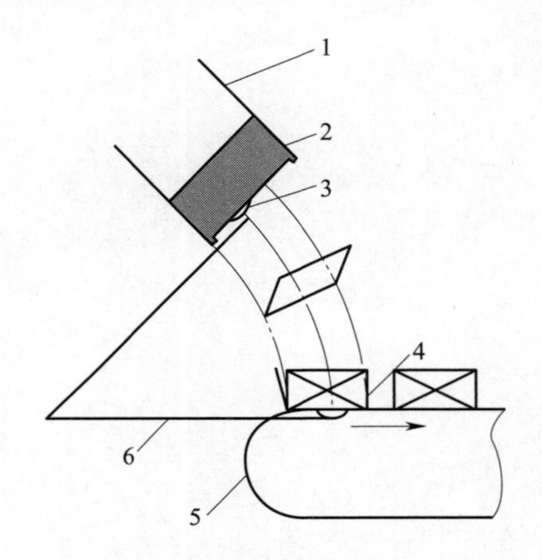

图 3-17　间歇式连杆吸盒机构结构简图
1—贮盒器　2—折叠盒　3—吸盘
4—传送带挡板　5—传送带　6—摆杆

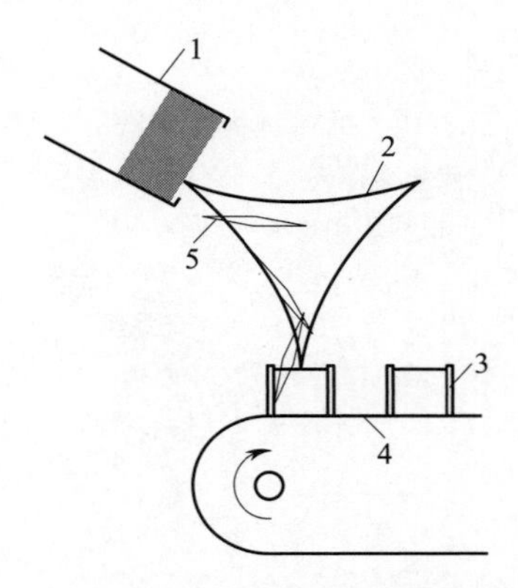

图 3-18　连续旋转式连杆吸盒机构结构简图
1—贮盒器　2—运动轨迹
3—传送带挡板　4—传送带　5—折叠盒

（二）充填

根据内装物的不同，选用不同的充填装置，这里介绍适用于块状物料的推料机构。图 3-19 为推料机构结构图，曲柄 11 在动力的带动下，连续旋转，通过连杆 8 将动力传递给摆杆 7，摆杆来回摆动，将动力传递给推杆 12，推杆通过连接块 13、滑块连接板 3，使滑块 14 在直线导轨 2 上来回滑动，推料板 4 通过纵向支撑板 5 和推料横向支撑板 6 与滑块连接板连接。即曲柄作为动力原件，通过中间的传递组件，最后使推杆在水平方向做往复的直线运动，将物料推入纸盒，完成物料充填。推料板上设计槽孔，可前后调节，适合多种盒形。

（三）封盒

封盒是折叠盒—充填—封合工艺的最后一道工序，可以通过人工封盒或使用封盒机构封盒，此外封盒方式多种多样，如自封盒、胶粘封盒等。这里介绍一种自封盒封盒机构，由预开侧舌机构、折侧舌机构、折大舌机构和推大舌机构组成。如图 3-20 所示，折大舌、推大舌机构 3 在动力作用下做周转运动，运动过程中，折大舌、推大舌机构通过摇杆 8、连杆 7、摇杆 6 将动力传给折侧舌机构 2，再通过连杆 5 和摇杆 4 传给预开侧舌机构 1，一个周期完成一次封盒。

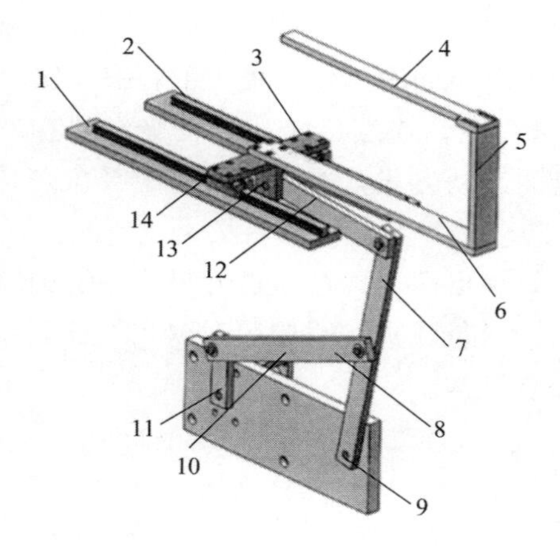

图 3-19　推料机构结构图

1—导轨支撑板　2—直线导轨
3—滑块连接板　4—推料板
5—推料纵向支撑板　6—推料横向支撑板
7—摆杆　8—连杆　9—支撑座
10—电机固定板　11—曲柄
12—推杆　13—连接块　14—滑块

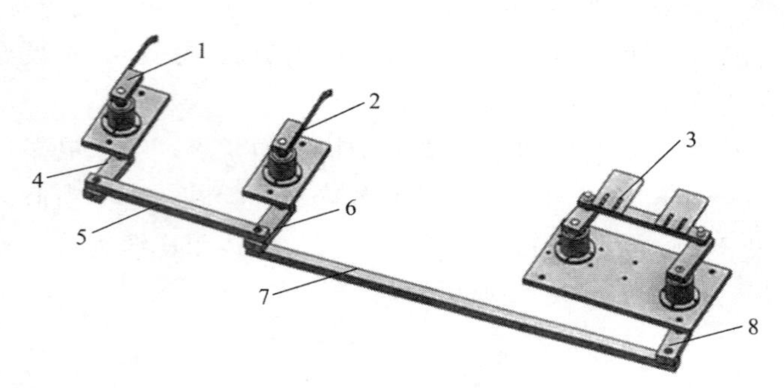

图 3-20　封盒机构结构图

1—预开侧舌机构　2—折侧舌机构
3—折大舌、推大舌机构
4、6、8—摇杆　5、7—连杆

二、折叠盒—充填—封合机的主要类型

根据装盒方式不同，折叠盒—充填—封合机一般分为充填式装盒机械与裹包式装盒机械。

不同类型的折叠盒—充填—封合机适用于不同形态的内装物。充填式装盒机械将折合好的盒片开盒后即可填充物料，通过增加衬袋可以包装液体产品等多种物料。裹包式装盒机械则适用于形状规则或排列规则的物料，如粉笔等。包装物品的形态、排列方式的不同决定了折叠盒—充填—封合机的结构配置不同。

（一）充填式装盒机械

充填式装盒机械可分为开盒—充填—封合机和盒成型—充填—封合机两类。

1. 开盒—充填—封合机

根据折叠盒开盒后在工位上放置的形式不同，开盒—充填—封合机可分为卧式开盒—充填—封合机和立式开盒—充填—封合机。

（1）卧式开盒—充填—封合机　卧式开盒—充填—封合机由于充填时纸盒处横卧状态，通常采用推入式充填方法，适用于块状件、经过次包装的单或组合件。卧式开盒—充填—封合机是一种广泛使用的典型多功能包装机。

（2）立式开盒—充填—封合机　立式开盒—充填—封合机由于充填时纸盒处竖立状态，通常采用落料式充填方法。如图 3-21 所示为开盒—自落充填—封合机的工艺路线图，取盒后封盒底，利用物料自身重量进行自落式充填，充填完成后封盒盖。本设备适用于不易碎的散粒物料或经过内包装的组合件，通过容积式或称重式计量装置进行定量充填。对于一些自重较重或就需要防盗启的物料，为保证折叠盒牢固安全，通常使用热熔胶粘搭封合。

2. 盒成型—充填—封合机

盒成型—充填—封合机根据盒成型方法的不同，主要可分为开盒—衬袋成型—充填—封合机、盒成型—夹放充填—封合机、盒袋成型—充填—封合机、袋盒成型—充填—封合机四种。

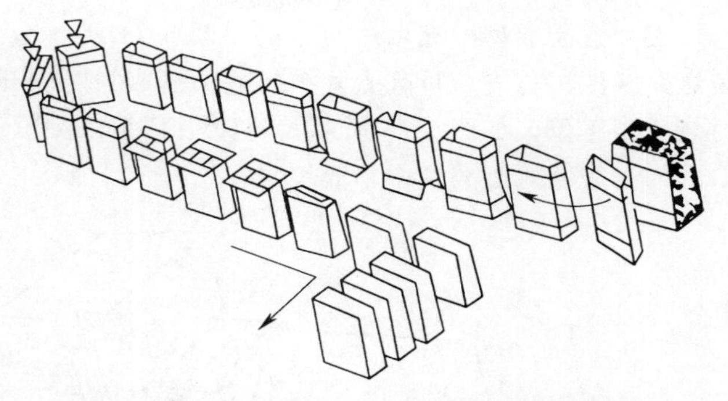

图 3-21　开盒—自落充填—封合机多工艺路线图

(1) 开盒—衬袋成型—充填—封合机　如图 3-22 所示，首先通过取盒吸盘将折叠盒片取出后进行开盒，放置在传送带的工位上，将现场成型的内衬袋装入并充填物料。

开盒—衬袋成型—充填—封合机的优势在于衬袋现场成型，便于装盒充填、节省成本，使装盒工艺更加机动灵活，可以根据包装要求的变化适当组配不同材质的盒袋材料。但需要配备一套衬袋现场成型装置，占用空间较大。

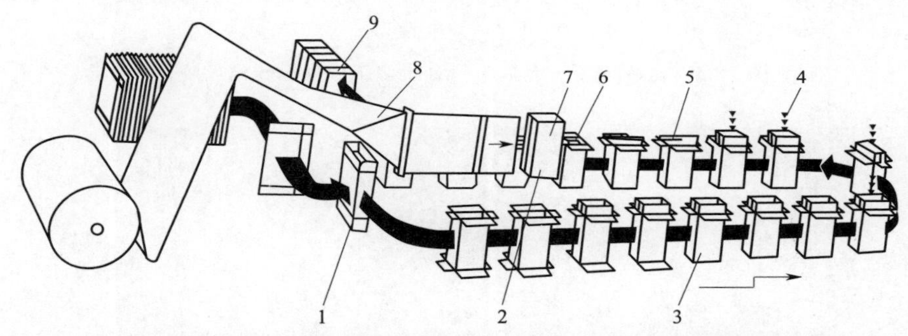

图 3-22　开盒—衬袋成型—充填—封合机多工位间歇传送路线图

1—折叠盒片撑开　2—成型纸袋进盒　3—纸盒封底　4—物料填充
5—衬袋封口　6—纸盒封口　7—衬袋封底　8—衬袋成型　9—包装件输出

(2) 盒成型—夹放充填—封合机　图 3-23 为盒成型—夹放充填—封合机多工位间歇传送路线，本设备的纸盒成型是借模芯向下推动已模切压痕好的盒片使之通过型模而折角粘搭起来的，有的也采用锁口将盒体的两个侧面加以固定。然后将带翻转盖的空盒推送到充填工位，分步夹持放入按规定数量叠放装在一起的竖立小袋及隔板。此外，对于一些质地松软的块状或不规则形状物品（如糕点等），可以使用柔性机械手或人工方式进行拾放。

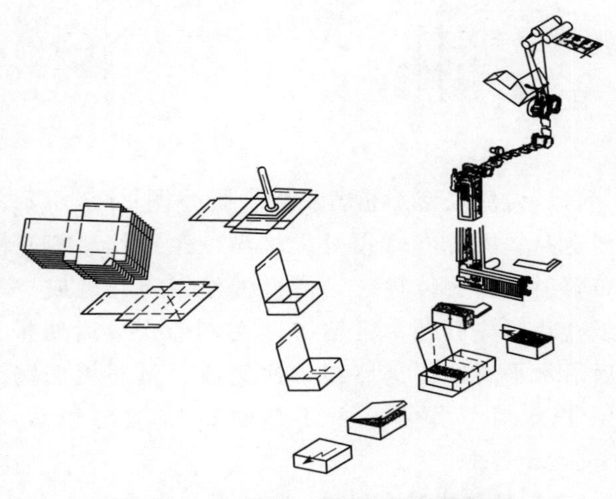

图 3-23　盒成型—夹放充填—封合机
多工位间歇传送路线图

（3）盒袋成型—充填—封合机　图 3-24 所示为盒袋成型—充填—封合机多工位间歇传送路线图。首先，折叠盒片被折叠粘搭成为两端开口的长方体盒型，之后转为立式移至衬袋成型工位。如图 3-25 所示，将使用翻领成型器制成的中间纵缝、两侧窝边、底面封口的内衬袋装入折叠盒中，充填封盒。

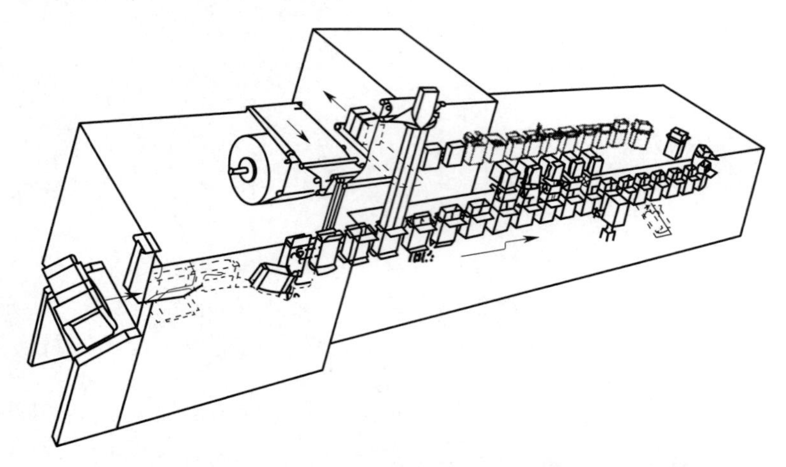

图 3-24　盒袋成型—充填—封合机多工位间歇传送路线图

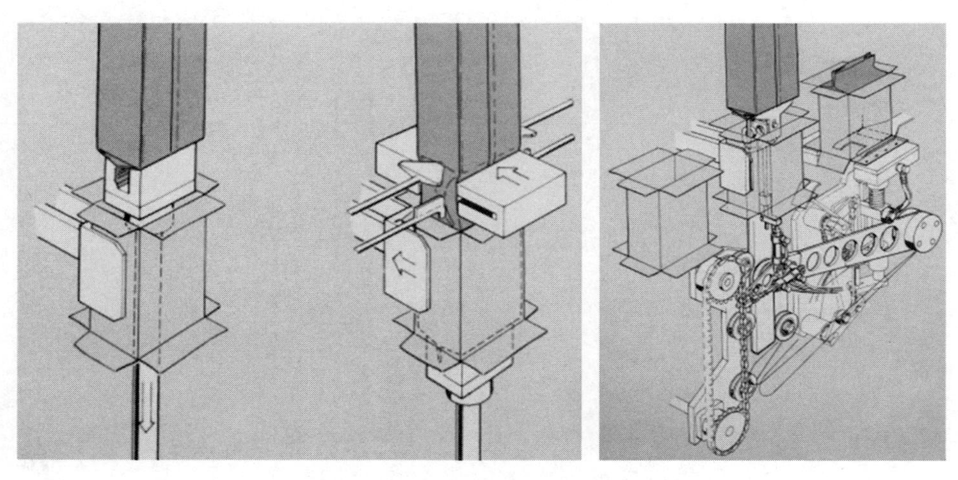

图 3-25　内衬袋装盒示意图

（4）袋盒成型—充填—封合机　图 3-26 所示为袋盒成型—充填—封合机多工位间歇传送路线图。卷筒式衬袋材料一经定长切割，便以单张供送到成型转台。该台面上匀布辐射状长方体模芯，借机械作用将它折成一端封口的软袋。接着，用模切压痕好的纸盒片紧裹其外，再粘搭盒底，待完成后便推出转台，改为开口朝上的竖立状态。然后沿水平直线传送路线依次完成计量充填振实、物重选别剔除、热封衬袋上口、粘搭压平盒盖等作业。由于该机的成型与包装工序较分散，生产能力得以提高到 130pcs/min。

（二）裹包式装盒机械

裹包式装盒机械可分为半成型盒折叠裹包机和纸盒片折叠式裹包机两类。

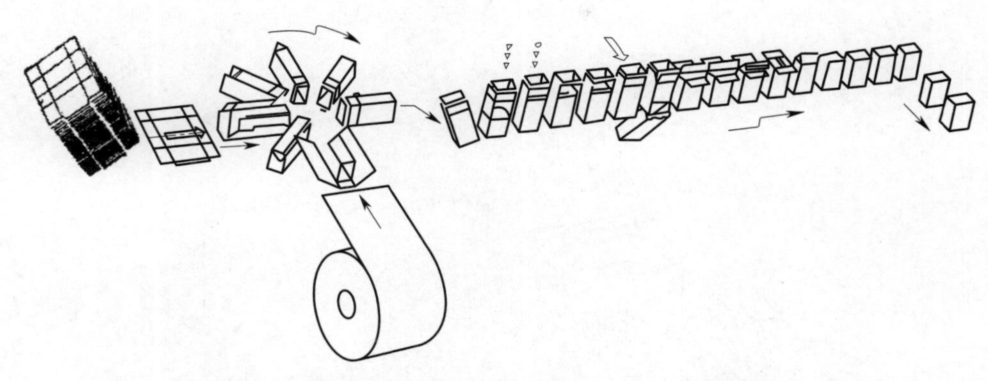

图 3-26　袋盒成型—充填—封合机多工位间歇传送路线图

1. 半成型盒折叠裹包机

(1) 连续裹包式　图 3-27 为半成型盒折叠式裹包机多工位连续传送路线图，适于物料组合件的大型纸盒包装。工作时先将模切压痕好的纸盒片折成开口朝上的长槽形插入链座，待内装物借水平横向往复运动的推杆转移到纸盒底面上之后，再开始各边盖的折叠、粘搭等裹包过程。采用此裹包式装盒方法有助于把松散的成组物件包裹紧实，以防止移动和破损。而且，沿水平方向连续作业可增加包封的可靠性，大幅度提高生产能力。

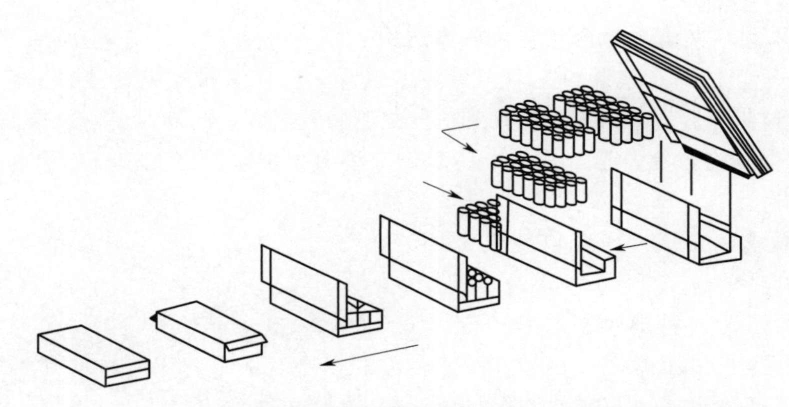

图 3-27　半成型盒折叠式裹包机多工位间歇传送路线图

(2) 间歇裹包式　图 3-28 为半成型盒折叠式裹包机多工位间歇传送路线图。借助上下往复运动的模芯和开槽转盘先将模切压痕好的纸盒片形成开口朝外的半成型盒，以便在转位停歇时从水平方向推入成叠的小袋或多层排列的小块状物，然后在余下的转位过程，完成其他边部的折叠、涂胶和紧封。

2. 纸盒片折叠式裹包机

图 3-29 为纸盒片折叠式裹包机多工位间歇传送路线图，适于较规则形体（如长方体、棱柱体）且有足够耐压强度的物件进行多层集合包装。先将内装物按规定数额和排列方式集积在模切纸盒片上，然后通过由上向下的推压作用使之通过型模，即可一次完成除翻转

盖、侧边舌以外盒体部分的折叠、涂胶和封合。接着沿水平折线段完成上盖的粘搭封口，经稳压定型再输出成品。

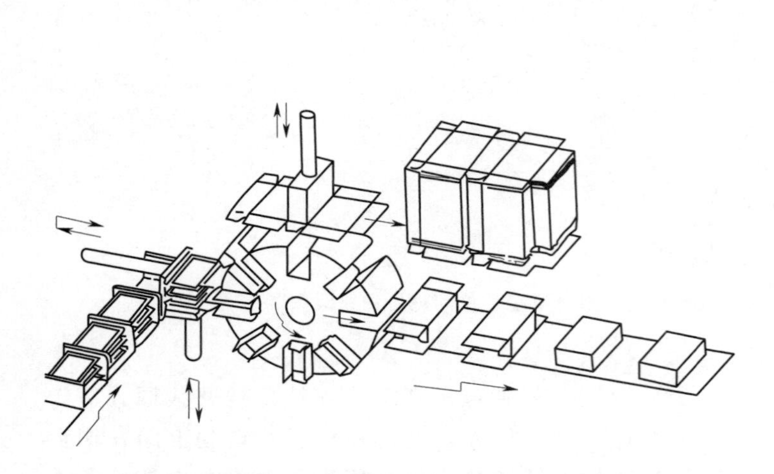

图 3-28 半成型盒折叠式裹包机多工位间歇传送路线图

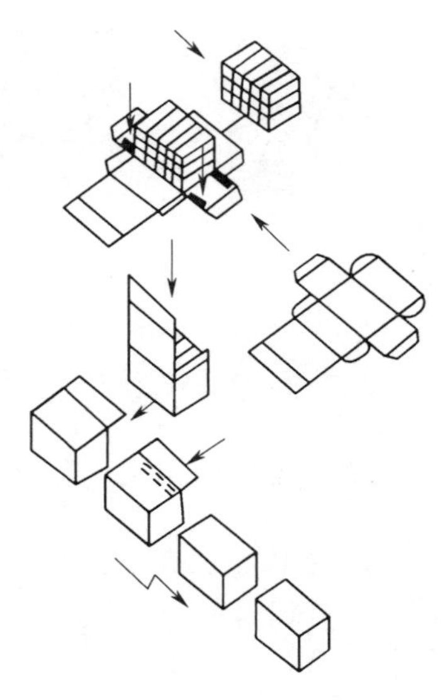

图 3-29 纸盒片折叠式裹包机多工位间歇传送路线图

三、折叠盒—充填—封合包装机结构

（一）折叠盒—充填—封合包装机总体结构

折叠盒—充填—封合包装机主要由盒成型装置、包装盒输送装置、被包装物的定量装盒装置、折封口折合装置、机架、传动和电气控制装置组成，此外，还可以根据生产需要组合印码装置、金属检测装置等。图 3-30 所示为一种典型折叠盒—充填—封合包装机结构示意图。

（二）折叠盒—充填—封合包装机工作原理

图 3-31 所示为一种典型折叠盒—充填—封合包装机工作示意图。由供盒成型装置将以折叠盒片从贮盒器中吸出，再撑展成立体状态的盒筒，并送入纸盒托槽内，此时的包装盒顶口及底口都是开口状态。之后，由折封盒底装置折合封底折舌和插接底封盖，形成封闭的盒底，被包装物品通过定量装填装置装填到盒中。然后，包装盒由折封盒盖装置折合封口折舌和插接封口盖，实现包装封口。某些情况下，封口接合部位要粘贴封口签，完成装盒包装，最后从自动

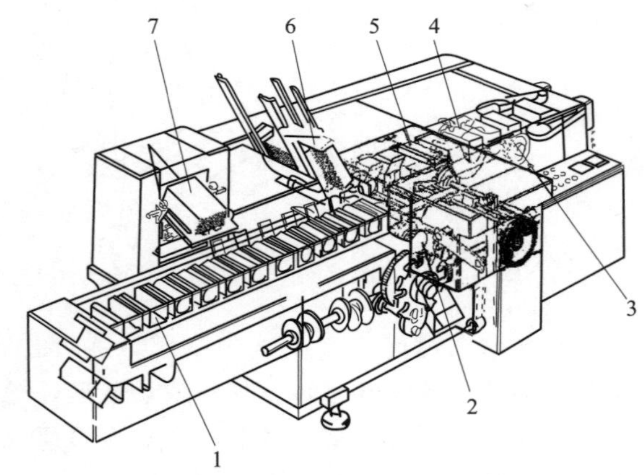

图 3-30 一种典型折叠盒—充填—封合包装机结构示意图

1—内装物传送链 2—推料杆传动链 3—折叠盒传动链 4—成品输送带及空盒剔除装置 5—折舌封口装置 6—折叠盒撑开供送装置 7—产品说明单折叠供送装置

装盒机中输出成品。

（三）折叠盒—充填—封合包装机的主要工作装置

1. 供盒成型装置

供盒成型装置如图 3-32 所示，它能够将叠合盒片从盒库中吸出，撑展成立体盒筒，并送到自动装盒机中传送包装盒的链条输送机纸盒托槽内。叠合盒片直立置放于盒片贮箱 2 中，盒片贮箱 2 的前方设有弹性挡爪 5 挡住盒片叠，后部有推进盒片叠的推块 3。摆杆 1 前端装有真空吸嘴，通过它可以完成盒片送进，摆杆 1 作返复运动，将叠合盒片自盒片贮箱吸取出，经过成型通道时，撑展成方柱形盒筒体，最后送到纸盒托槽内定位。由于需要连续工作，真空吸嘴断开真空，链条输送机载着盒筒向前行进一个工作节距的位移，摆杆 1 回摆使真空吸嘴贴合到纸盒片贮箱前方，与盒片叠表面接触，当接通真空时将该盒片吸住。就此又重复将合片传送到链条输送机上的另一纸盒托槽内，如此循环重复，不断进行供盒成形工作。

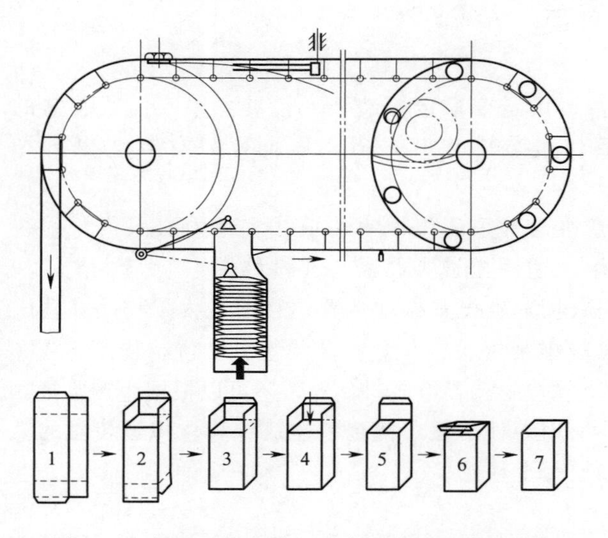

图 3-31　折叠盒—充填—封合包装机工作示意图

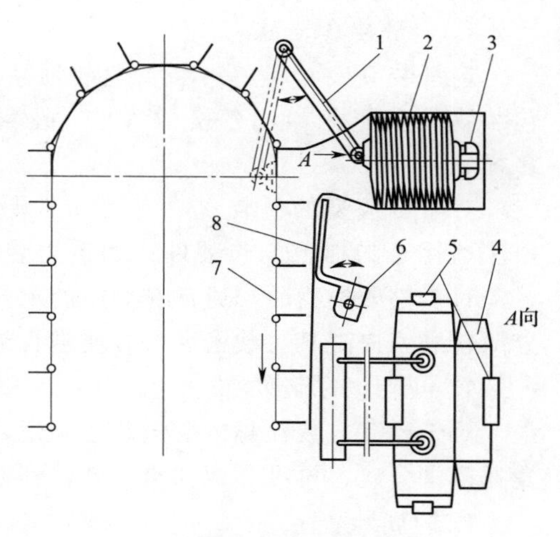

图 3-32　供盒成型装置

1—摆杆　2—盒片贮箱　3—推块　4—纸盒
5—挡爪　6—摆杆　7—纸盒托槽　8—导板

2. 盒底与盒口折封装置

折封盒装置如图 3-33 所示。图中所示为采用回转折舌板与固定折舌板的组合结构，一般设在折封工位区段上。包装盒在装盒机中的运行方向是自左向右行进，那么折封盒底时其右侧用固定折舌板 2 折倒，左侧折舌则用摆动折舌板 1 折倒，并保持到折倒的右折舌被固定折舌板接续压住为止。封合插接盖系用固定式折合导杆 3 与插封舌板 4 组合完成，固定式折舌导杆将封盖折倒压，盖住两侧舌，最后由插封舌板引导，将封口插舌插入盒腔而完成折封工作。对于直接装载松散细粉粒的物品，需在折封前加密封用薄膜层后再进行折封。

这种类型的装置，其主要功能是折合盒底或盒封口组合中的两侧折舌和封盖，封闭盒筒底口或上口，以便能承装被包装物品而不泄漏和完成封口。

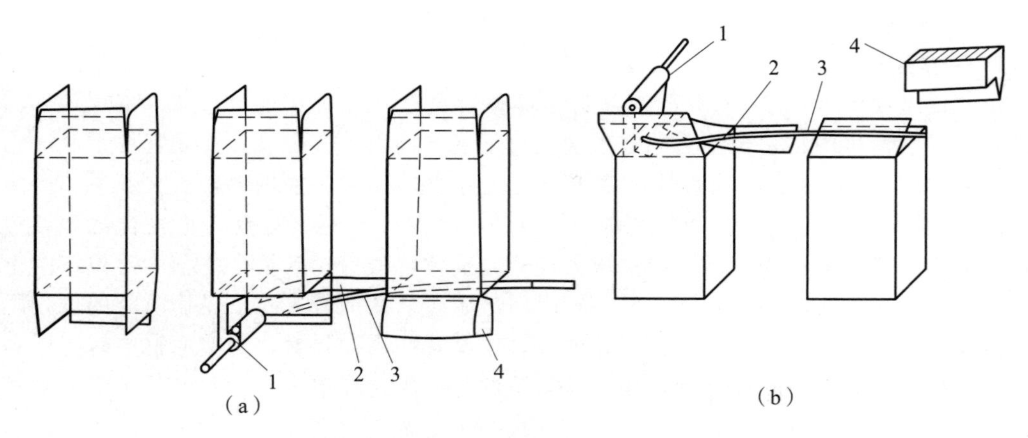

图 3-33 折封盒装置

1—摆动折舌板 2—固定折舌板 3—折合导杆 4—插封舌板

3. 定量装盒装置

定量装盒装置可将待装盒包装物品，按设定要求定量装填入包装盒中。由于装盒的包装物品多种多样，有松散类物品、经初包装的包装件等，因而，装盒方法也多种多样。

对于已成型的包装盒，立式自动装盒机通常采用机械手装填法和重力法。机械手装填法适用于易抓取的包装件；而重力装填法适用松散类物品、小件物品。

对于松散类物品，通常在盒底的承托（板）上设置振动装置，目的是为了物品在盒中分散较好，提高其装载密度，方便进行封口作业。

4. 包装盒的排卸

对于已完成装盒封口的包装盒来说，采用导板滑道，使包装盒从包装盒传送装置的纸盒托槽中分离，再沿导板和滑道转移到输送带上输出。

5. 附属装置

最常见的检控装置是光电检测装置，通过判断有无包装盒及时送达装盒工位，控制是否进行物品装盒，有包装盒送达就排料装盒，否则不进行装盒工作。用印码装置打印包装日期等有关代码，计数装量记录包装生产的数量。也有加设重量选别装置的，它能将包装不合格品剔除。

通过这些附属装置，可完善自动装盒机的功能，节约物资，降低包装成本。

（四）典型折叠盒—充填—封合包装机实例简介

1. 连续式开盒—推入充填—封合机

图 3-34 为连续式开盒—推入充填—封合机的外形简图。如今，这类机型已被广泛使用，德国、美国、瑞典、意大利、日本等国在技术上大都比较先进。

该机采用全封闭式框架结构，外廓尺寸约为 3.8m×1.3m×1.5m，工作台面高度为（850±65）mm，总重达 1100kg。

它适用于开口的长方体盒型，垂直于传送方向的盒体尺寸最大，可包装限定尺寸范围内的多种固态物品。为适应内装物的形状、尺寸、数量的变化，通常取其最大尺寸为

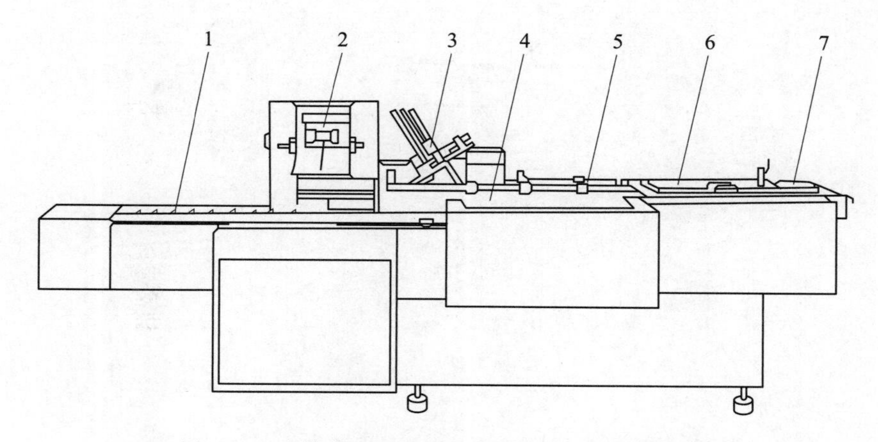

图 3-34　连续式开盒—推入充填—封口机外形简图

1—内装物传送链带　2—产品说明单折叠供送装置　3—纸盒片撑开供送装置　4—推料杆传动链带
5—纸盒传送链带　6—纸盒折舌封口装置　7—成品输送带及空盒剔除喷嘴

230mm×80mm×70mm，最小尺寸为 70mm×20mm×15mm。当更换产品时，需调整纸盒片撑开供送、内装物与纸盒传送、折舌封口、成品输出等相关机构。

内装物（可包含产品说明书）、推料杆和纸盒三条传送链带并列配置，以同步速度绕长圆形轨道连续循环运行。内装物和纸盒均从同一端供送到各自链带上，推料杆将内装物平稳地推进盒内，并依次完成折边舌、折盖舌、封盒盖、剔空盒等工序。最后，将包装成品输出。该机生产能力较高，一般可达 100～200pcs/min。

如今，这类机型还设有计算机控制及检测系统，可自动完成无料（包括说明书）不送盒，无盒（包括吸盒、开盒动作失效）不送料，而且连续三次断盒即自动停止工作。此外，还能够自动进行分类统计，通过屏幕数字化显示生产效率、设备故障和不合格品；通过计算机控制系统更改主参数即可调整设备以适用于不同规格的纸盒。

2. 适用于香烟的折叠盒—充填—封合包装机

适用于香烟包装的折叠盒—充填—封合包装机，又称香烟盒包装机，其具体设备结构如图 3-35 所示。

该设备具体的包装过程如图 3-36 所示，烟包被转角输入装置分离成前后双轨后，由输入带 1 按图示箭头方向向前推进，在前方被顶升器 2 顶升，推进器 3 将烟包向包装成型轮 4 推入。在机器左上方的透明纸卷筒储存装置 12 内可前后依次安放最多 6 个卷筒，如最前方的卷筒被透明纸卷筒摆臂 11 取走，则后面的卷筒向前输送。在前面的两个透明纸卷筒架 10 上的透明纸卷筒，如果一个运行的卷筒即将用完，透明纸自动拼接器连接另一卷筒上拉出的透明纸，使另一卷筒运行，即将用完的卷筒由人工拿下，带有透明纸卷筒的摆臂 11 向空的卷筒架摆动，对准卷筒架 10 中心后由人工将透明纸卷筒推入到卷筒架 10 上。从卷筒上释放出来的透明纸经透明纸松紧装置 14、透明纸自动纠偏装置 15 后，被分离装置 16 切成双路向下输送。此时从安装在两个拉线卷筒架 17 上的卷筒释放出来的拉线与已经切成双路的透明纸分别粘合在一起，经过透明纸裁切装置 20 切 U 型撕口，并被裁切成定长且输送到位，烟包碰到透明纸后，使透明纸呈“[”形包裹在烟包外围，实现烟

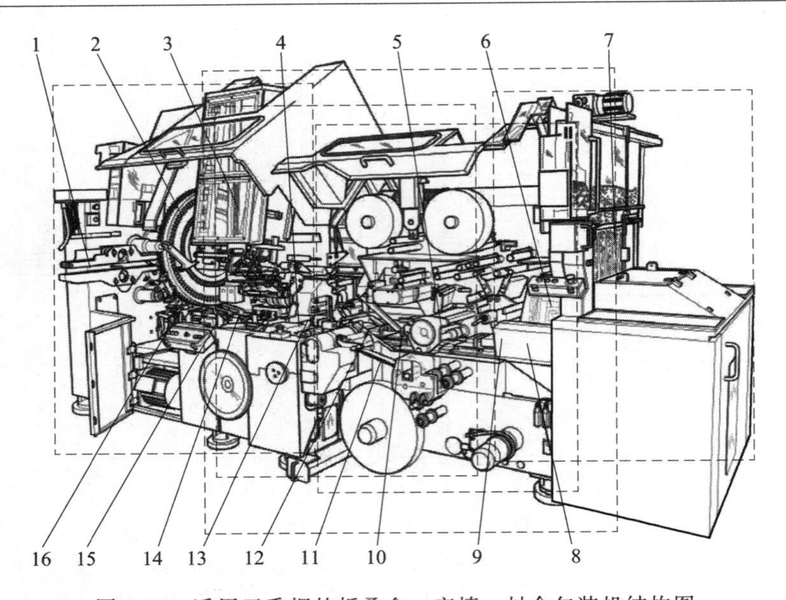

图 3-35 适用于香烟的折叠盒—充填—封合包装机结构图

1—输出通道 2—第一干燥轮 3—商标纸库 4—商标纸折叠转塔模盒 5—内衬纸裁切装置 6—烟支转塔 7—烟库 8—烟组轨道 9—理齐装置 10—固定折叠器 11—内框纸装置 12—往复模盒 13—商标纸折叠转塔 14—烟包轨道 15—上胶装置 16—烟包传递轮

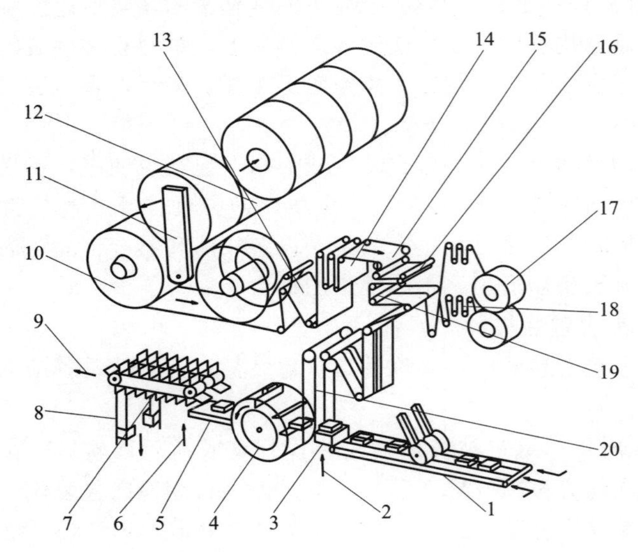

图 3-36 香烟包装机工作示意图

1—输入带 2—顶升器 3—推进器 4—包装成型轮 5—折叠成型通道 6—叠包顶升器 7—输出加热器 8—剔除器 9—盒外透明纸上下平面加热整形装置 10—透明纸卷筒架 11—透明纸卷筒摆臂 12—透明纸卷筒储存器 13—透明纸自动拼接器 14—透明纸松紧装置 15—透明纸自动纠偏装置 16—透明纸分离装置 17—拉线卷筒架 18—拉线松紧装置 19—透明纸手动纠偏装置 20—透明纸裁切装置

包两端面前角折叠，接着被推入到成型包装成型轮 4 内。首先完成侧面下长边透明纸的折叠，成型包装成型轮按图示箭头逆时针方向旋转过程中完成侧面上长边透明纸折叠和二次侧面长边热封。当烟包旋转 180°翻身之后，烟包被推入折叠成型通道 5，实现烟包两端面后角的折叠和两端面下短边的折叠，下短边经预热封后烟包被叠包顶升器 6 向上顶升，在顶升中完成两端面上短边的折叠，上方的输出加热装置 7 上的输出皮带将叠包通道最上方的两个烟包向前输送，在输送过程中对烟包两端面进行热封。在输出皮带的末端，剔除器 8 将不合格烟包进行剔除，合格烟包继续向盒外透明纸上下平面加热整形装置 9 前进，在盒外透明纸上下平面加热整形装置 9 进行盒外透明纸上下平面的加热整形，完成此工序后送入外透明纸包装机。

第三节　热成型—充填—封合工艺与设备

热成型包装又称卡片包装。热成型包装是指利用热塑性塑料片材作为底膜制造包装容器，在充填物料后再以薄膜或片材将二者封合来密封容器的一种包装形式。热成型包装应用厚度为0.15～0.5mm的热塑性塑料薄膜，使用加热装置对其热成型区域加热至熔融软化状态，通过模具制出与模具形状、尺寸“相同”的包装容器，将内装物充入成型容器后，再覆盖面膜，在包装要求的条件下实施热封口，最后进行冲切得到包装成品。

热塑性塑料片材加热熔融脱模后形成的盘盒、泡罩等包装容器均为透明的，具有可清晰观察商品外观的特点，并且作为衬底的卡片或面膜上可以印刷商品相关信息，便于销售陈列和消费者使用。此外，这种包装方式适用于易碎、形状复杂的商品，能在运输和销售过程中提供一定的保护。

常见的热成型包装的形式有托盘包装、泡罩包装、贴体包装等。目前塑料热成型包装应用范围广泛，主要用于食品、医药、机械零件、日用品、玩具、电器及电子元器件的包装。

一、热成型—充填—封合工艺过程

热成型—填充—封合包装工艺路线为：加热成型→冷却→充填→覆盖面膜→热封口→冲切→成品。

如图3-37所示，其工艺过程为：塑料片卷1由步进装置带动，经过加热装置2进行加热至熔融软化，之后经过成型装置3，通过真空吸塑、冲头冲延或压缩空气吹压等方法使软化后的塑料薄片成型，通过机器冷却或自然冷却后，由计量充填装置4将产品进行计量充填，对于不能自动填充的产品，则使用人工充填，之后步进装置带动封口膜片卷5覆盖在充填好产品的成型容器上，在热熔接封口装置6处进行热封，再运输到冲切装置7处，将联接在一起的产品裁切成单个产品，包装成品10由运输机9进行输送，若有裁切剩下的废料，则由废料卷取装置8进行处理。

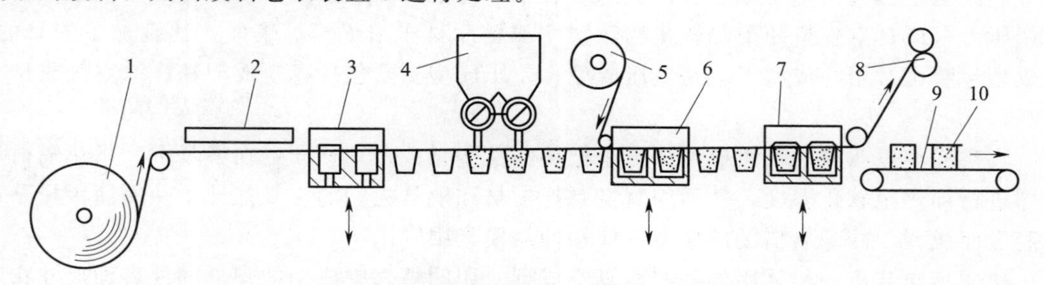

图3-37　热成型—填充—封合工艺流程图

1—塑料片卷　2—加热装置　3—成型装置　4—计量充填装置　5—封口膜片卷
6—热熔接封口装置　7—冲切装置　8—废料卷取装置　9—输送机　10—包装成品

（一）加热工艺

片材的加热工艺决定了成型工艺是否能够达到包装要求。目前在热成型包装机上常用的加热工艺为间接加热和直接加热。

1. 间接加热

间接加热是加热部件与片材之间有一定的距离，通过热辐射完成加热（图 3-38）。通常采用红外线辐射加热。由于石英加热器能够快速地开关，用这种加热器下面可以选择布置简单的屏蔽物或用片材加热型板。热辐射可以对片材内外同时进行加热。该方法温度控制容易，升温速度较快，并且安全性较高。

2. 直接加热

直接加热是指片材与加热部件直接接触从而完成加热过程。通常使用加热板或加热辊对片材直接进行加热（图 3-39)。为了提高片材受热均匀性，优化加热效果以及提高加热的效率，通常采用上下两块加热板对片材进行加热。直接加热的优点是其有一定的密封性，热量损失较少，效率较高，并且加热板的温度基本等于片材的温度，从而精确控制成型材料的温度。

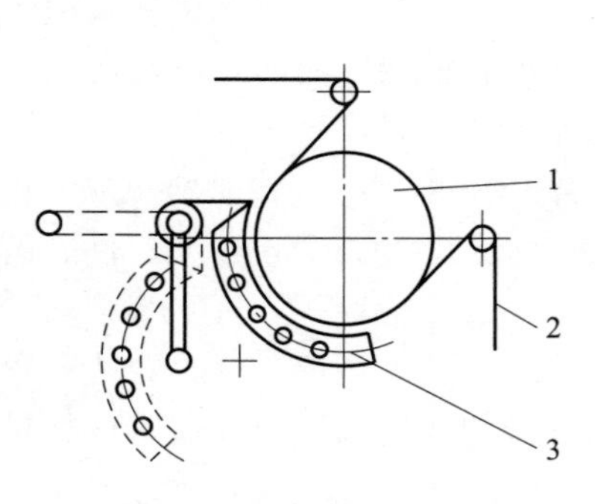

图 3-38　间接加热装置

1—导辊　2—片材　3—热辐射加热器

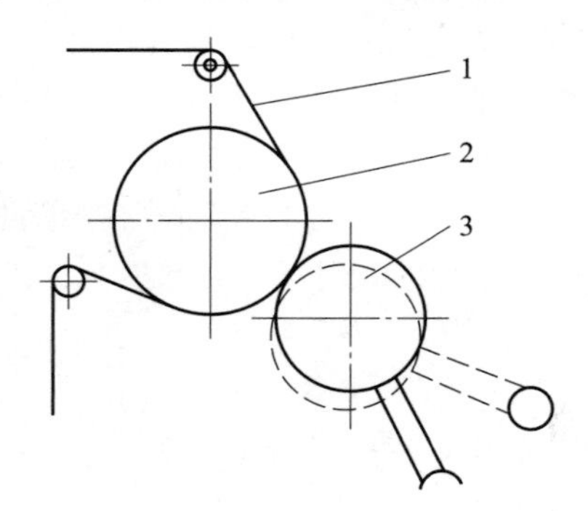

图 3-39　直接加热装置

1—片材　2—导辊　3—加热辊

由于红外线辐射加热效率较高，常用于热成型装置。加热工艺除了加热部件以外，还需要温度控制系统，一般使用红外传感器来检测片材的表面温度，并反馈温度信息，再调节加热功率，从而实现温度的控制。

（二）成型工艺

热成型主要包括差压成型、机械加压成型、柱塞助压成型。所有这些成型技术都需要采用压力（或真空）迫使受热软化的热塑性塑料片材作用于模具表面，达到加工的目的。热成型包装机常用的成型工艺是差压成型，差压成型主要包括真空成型和压缩空气成型。

1. 真空成型

真空成型也叫空气吸力成型法，是把热塑性塑料板、片材固定在模具上，用热辐射加热器进行加热至软化温度，然后用真空泵把板材和模具之间的空气抽掉，从而使板材贴在模腔上而成型，冷却后借助压缩空气使塑件从模具中脱出。

热成型包装机一般采用的是凹模真空成型。用凹模真空成型的塑件的外表面尺寸精度较高，脱模较为容易。如果塑件深度较大，易在其底部转角处出现厚度明显变薄现象。此外，可以采用多槽模成型以提高效率。

2. 压缩空气成型

压缩空气成型也叫空气加压成型法，是通过压缩空气的压力，将加热软化的塑料板压入型腔成型的方法。其成型过程是：将预热好的塑料片材固定并密封在模腔上方，由模具上方通入压缩空气，使软化的塑料片材紧紧地贴在型腔上，冷却后，上板上升，借助模腔中压缩空气的吹入使成型好的塑件脱模。

真空成型最大压差一般为0.07～0.09MPa，只适用于较薄塑料片材的成型。与真空成型相比，压缩空气成型一般采用的成型压力在0.35MPa以下，适用于较厚的成型材料，并且可以使用较低的成型温度，成型效率相对较高，但其所需要的成型模具强度要求较高。

3. 机械加压成型

机械加压成型是塑料片材加热到所要求的温度后，输送到阳模和阴模间，上下模在机械力作用下将片材冲压成型，冷却定型后开模取出。成型过程中，模腔内的空气由模上气孔排出。机械加压成型具有容器尺寸准确稳定，可成型复杂的结构，表面字迹、花纹清晰等特点，但模具加工要求较高。

4. 柱塞助压成型

柱塞助压成型是差压成型和机械加压成型相结合的一种成型方法，塑料片材加热后压在阴模口上，在模底气孔口封闭的情况下，柱塞将片材压入模内，封闭在模腔内的空气反压令片材紧包冲模而不与成型模接触。冲模下降的速度越快，成型质量越好。与差压成型相比，柱塞助压成型的包装容器的壁厚更加均匀。

（三）冷却工艺

片材在成型之后需要快速地冷却，以确保容器品质和工艺的效率。相对于金属，塑料的传热性较差，冷却水效果不佳，所以采用冷热交替的方式以保持模具的温度，即用红外线辐射来加热模具，风扇冷却模具，间断交替工作以维持温度。

（四）封合工艺

热封装置有辊式和板式两种。辊式一般为连续传送，即利用热封滚筒的转动将盖材进行加热并封合；板式一般为间歇传送，即利用热封平板对盖材进行加热并封合。热封温度一般为100～300℃，过高易使已成型的容器变形皱折，过低则热封不牢固。为了提高封口质量和美化外观，在热封器上刻有线状或点状花纹。

图3-40为辊封装置工作原理图，其工艺过程为：气缸驱动承托模沿导杆上升，当上升到最高点的时候与室座扣合成密封室，在压封室座中的气缸推动热封板下降，完成热封合动作，使覆盖膜和容器热压融合在一起。

对于部分工艺要求，需要在封合的时候对容器进行抽真空以及充气的工序。抽真空，可以通过设置上下气阀使压封室座和承托模同时进行抽真空，以防止压力差而影响封合的质量。充气，则是在抽真空后，转换气阀，向容器中充入保护性气体，以延长产品的保质时间。为了完成抽真空和充气，覆盖膜其实是要比成型膜窄的，就是为了在覆盖膜上留下空隙作为气孔。当完成排气和充气后，再将热封板下压完成热封。

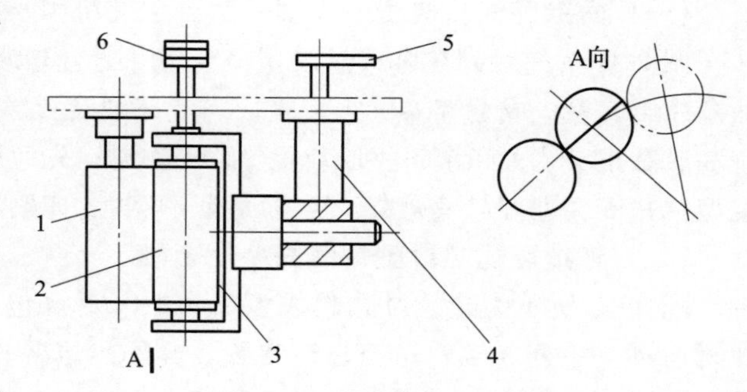

图3-40 辊封装置工作原理图

1—拉膜辊 2—封合辊 3—支架
4—支撑轴 5—摆杆 6—旋转导电系统

（五）分切工艺

分切工艺是将片材在加热成型、充填封合后形成的连体包装，裁切成一个个的单体包装。分切机构主要分为横切机构、切角机构、纵切机构等，需要根据工艺要求选配相应的分切机构。

1. 横切

横切是按照与运输方向垂直的方向将多排连接在一起的包装进行分切。其工艺过程为：气缸运动带动底刀上升，直至压到贴合包装的边缘，然后停顿；上部气阀打开，充入压缩气体推动切刀向下运动，迅速地切断薄膜；然后气阀换向，由充气转换为排气，切刀则由两端的复位弹簧回复到原位；气缸下降带动底刀复位，分切过程完成。

一般横切刀比底膜稍微窄一些，长度不能超过两侧的链夹之间的距离。因此，每次横切之后，相连的包装之间横向并没有完全的分离，由两端未裁切的部分相互连接在一起。调整轮旋转，通过横向转轴带动冲切座两侧齿轮转动，并且沿着固定在机架两侧的齿轮进行滚动，使整个横切机构沿机器进行纵向移动，从而达到调整切断位置的目的。

2. 切角

切角的作用是冲切圆角、修整盒体的边缘，使包装的展示性更好，同时圆角相较于尖角安全性更佳。

3. 纵切

纵切一般是分切流程中的最后一道工序，是将连体包装完全分离为单体包装。圆盘刀是通过在刀轴上滑动来调整位置的，调整到相应的位置后，需要使用紧定螺钉进行固定。为完成纵切工艺，纵切的圆盘刀的数量需要比一排成型的盒数多一个。横切后带有横切缝的包装体，经过纵向切断即可分开。

二、热成型—充填—封合机的主要类型

热成型包装工艺的各个步骤可以使用专门的机械设备完成，但为了提升生产效率和产品质量，通过一台联动机械完成热成型包装的各个工艺步骤是现代化热成型包装机械的主要类型和发展发向。热成型—充填—封合机可以在同一台设备上完成包装容器热成型、定量充填、封口裁切等一体化操作。此外，一些热成型—充填—封合机还可以实现抽真空、充气，甚至无菌包装。

根据其功能、结构形式、运动形式的不同，将常用热成型包装机械分为以下几种：间歇卧式热成型—充填—封合包装机、连续卧式热成型—充填—封合包装机、立式热成型—充填—封合包装机、热成型—真空—充气包装机。

（一）间歇卧式热成型—充填—封合包装机

图 3-41 为一种间歇卧式热成型—充填—封合包装机。其工作装置包括：包装容器的加热及冲压装置、成型容器供给装置、定量充填装置、面膜覆盖装置、封口装置、冲切装置、包装成品排出装置和余料收取装置等。工作时，先通过成型装置将热塑性塑料薄膜加热冲压定型，并依次进行定量充填、覆盖面膜、热封、印刷和冲切等工序，最后输出成品。

（二）连续卧式热成型—填充—封合机

图 3-42 所示为连续卧式热成型—充填—封合包装机的组成结构以及工作原理。塑料片材通过一系列导辊输送至加热装置 3 经加热熔融软化，再被真空成型器 2 的真空吸力吸入凹模成型为泡状，经冷却定型后脱模；送至充填工位，充填装置 4 将物料自动定量充填到片材的泡罩中，随后由热封辊 6 进行覆盖面膜及封口，最后由冲裁装置 8 进行分切得到包装成品；废料由废料卷辊 9 卷取回收。这种包装机又称泡罩包装机。

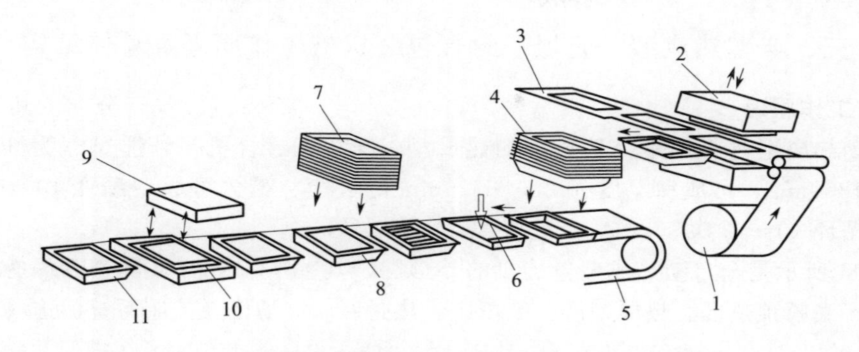

图 3-41　间歇卧式热成型—充填—封合包装机工作原理图

1—薄膜卷筒　2—成型装置　3—余料　4—集积容器　5—容器传送带　6—定量装料
7—送盖　8—合盖　9—加热装置　10—热封盖　11—包装成品

这种类型的封口机特点是：生产效率高，成型快，气泡尺寸小，但成型均匀性差，仅适用于单一品种的小尺寸固状物料的大批量生产，如药片、胶囊等。

（三）立式热成型—充填—封合机

立式热成型—充填—封合机的工作过程呈竖直直线式，工作原理与卧式相似。立式热成型—充填—封合机采用加热成型滚筒，薄膜成型后进行充填，并使用热封滚筒将覆膜与其封合，垂直向下进行印刷及分切，得到包装成品。

立式热成型—充填—封合机（图 3-43）使成型滚筒与热封滚筒紧密结合，具有结构紧凑、占地小、成本低的特点。同时这种包装机的生产效率较低，泡罩成型不均匀，所以在使用上具有一定的局限性，只适用于单一品种的小尺寸固状物料的小批量生产，现主要用于药品包装。

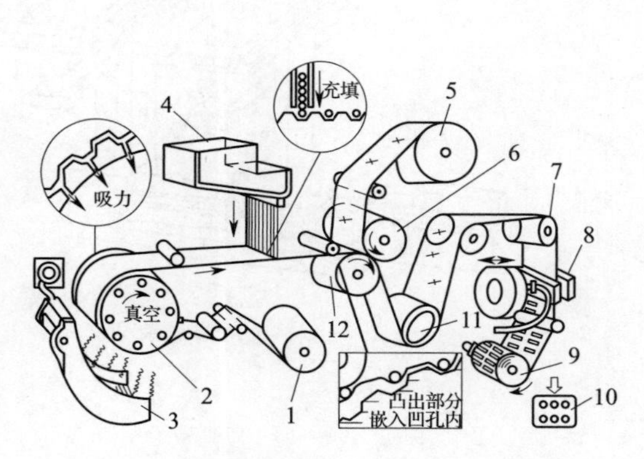

图 3-42　连续卧式热成型—填充—封合机工作原理图

1—薄膜卷辊　2—真空成型器　3—加热装置
4—充填装置　5—面膜膜卷　6—热封辊
7—导辊　8—冲裁装置　9—废料卷辊
10—包装成品　11—张紧辊　12—热封主动辊

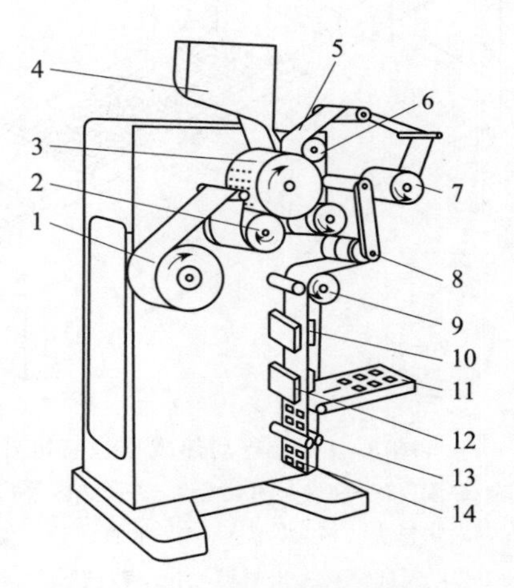

图 3-43　立式滚筒式热成型—充填—封合机结构图

1—底膜　2—加热滚筒　3—成型滚筒
4—充填装置　5—覆膜　6—热封滚筒
7—膜架　8—调节轮　9—传送带
10—打印装置　11—输出装置　12—冲裁装置
13—剪断装置　14—废料收集装置

三、典型热成型—充填—封合包装机械工作原理及总体结构

（一）工作原理

全自动热成型包装机是一种典型的热成型—充填—封合机，外形尺寸为 3400mm×800mm×1800mm，可成型宽度为 220～320mm 的底膜，最大可成型深度 100mm，每分钟可工作循环 10～12 次。

图 3-44 所示是全自动热成型包装机的外形图，其基本机型由薄膜输送系统、上下膜导引装置、底膜预热区、热成型区、装填区、热封区、分切区及控制系统、边料回收装置等组成。

底膜卷材辊缠绕的底膜经底膜引导装置牵引进入预热区进行热成型前的预热准备，预热完成后由机身两侧输送链夹夹持牵引进入热成型装置，包装容器成型后根据所包装产品特性进行充填，同时包装盖膜经上膜引导装置牵引输送覆盖在装有产品的底膜上，一同进入热封区进行封合，热封后经分切制得所需包装产品。

全自动热成型包装机采用模块式结构设计，可根据实际生产需要对各工艺装置进行增减，生产特定的包装产品，各部分装置的工作原理分述如下。

1. 薄膜输送系统

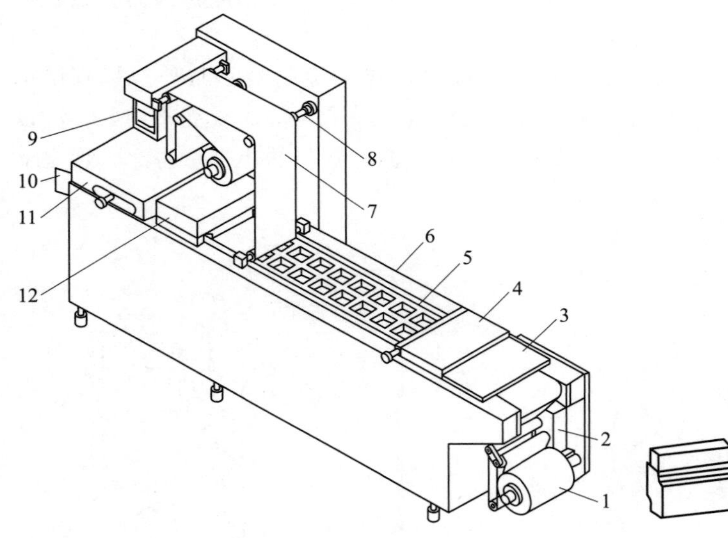

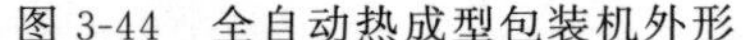
图 3-44 全自动热成型包装机外形

1—底膜 2—底膜导引装置 3—预热区 4—热成型区
5—输送链夹 6—装填区 7—上膜 8—上膜导引装置
9—控制屏 10—出料槽 11—裁切区 12—热封区

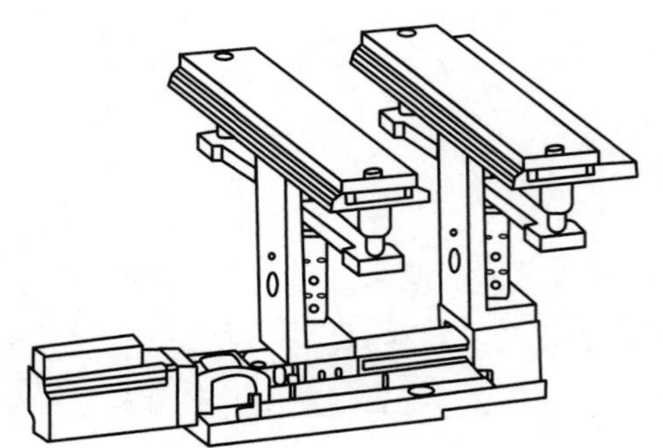

图 3-45 夹持输送装置

由于热成型—充填—封合包装机械是多功能包装机，各个包装工序分别在不同的工位上进行，因此在整体生产线上需要设置薄膜牵引输送机构，其作用是输送薄膜使其通过实现各功能的包装工位，完成整个包装流程。

该包装机械工作时，制得包装容器的底膜从热成型区域至封切区，均受到包装机传送区域两侧的输送链夹夹持进行机械牵引传送。当底膜经导向辊输进包装机时，由导边器探

测膜片边缘的位置，通过各自的液压调幅系统调节链盘向内或向外横向移动，确保片边进入夹口，再由闭夹器闭夹完成夹膜动作。

根据输送位置的准确度、加速度曲线和包装材料的适应性、是否连续运动等因素进行传动机械的选择，大多机械由齿轮、链轮等传动机构联合控制，利用双速电机或步进电机驱动传送链条。前者以较高的速度进给，在每个步进停止前自动切换为低速运行，使其能准确地停止在每个步进的终止位置；后者使每个步进开始时均匀加速，结束前均匀降低速度，采用微机控制无级调速，在突然启动或立即停止时满足平稳传送的需求。

2. 上下膜导引装置

包装容器的底膜和上膜分别装在各自的卷材辊上，底膜经底膜引导装置牵引，送入预热、热成型装置，同时包装容器所需要的上膜经上膜引导装置牵引输送。在这一过程中，大多数包装机械配有光电装置，以定位产品印刷光标，使上膜图案准确定位在成型容器上方，提升输送位置的准确度。此外，可在热封区之前装配打印装置，通过电控完成上卷膜同步日期及批号的打印。

3. 底膜预热区及热成型区

为了提升批量生产的效率，底膜在热成型之前需要进行预热，从而具有一定温度，在热成型过程中可快速达到成型温度、缩短成型时间，实现快速成型，提升产品质量。可根据薄膜的材质、厚度、硬度等特性的不同，选择不同的成型温度和成型方式。热成型方式主要包括差压成型、机械加压成型、柱塞助压成型。

4. 装填区

底膜经热成型后制得包装容器，经输送系统输送至充填区，根据物料的物理状态选择相应的充填装置或进行人工填充。

由于热成型—充填—封合机常用于药片泡罩包装，主要使用转盘计量充填方式，图 3-46 为转盘计数机构示意图，它适用于药片、钢珠等规则颗粒状物料。转盘计数机构的转盘上的扇形区内均布一定数量的小孔，形成若干组均分的间隔孔区，根据充填物料的数量，改变每一扇形区的孔数，以确保充填的准确性。

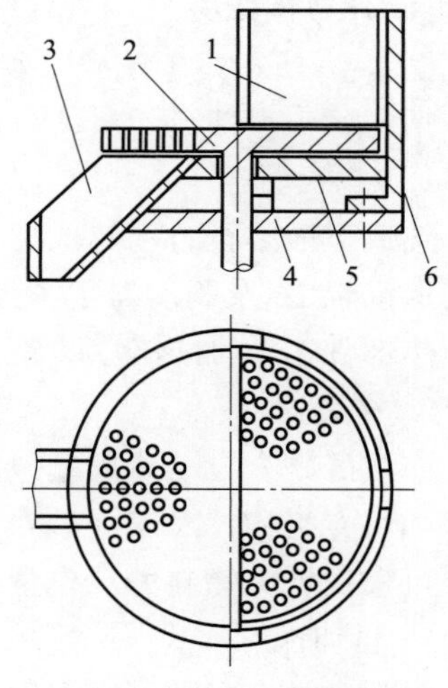

图 3-46　转盘计数机构示意图

1—料斗　2—定量盘　3—卸料槽　4—底盘　5—卸料盘　6—支架

5. 热封合区

热封合装置是将上膜与已填入被包装物的底膜通过热封进行粘合。已经充填物料的托盘底膜进入热封合区的同时，通过上膜引导装置在其上方覆盖上膜，上膜如有印刷要求，可通过电控及光控元件进行定位，确保上膜覆盖位置的准确性。热封区内装配有由气缸驱动的热封模板，热封模板内带管状加热器，为了提高封合强度和外观质量，通常在热封模板上设计网纹。在机构的作用下将上膜与托盘底膜压紧叠合，通过热封模板对上膜与托盘底膜进行热融封合。为了适应不同材质、厚度的热塑性薄膜，可通过电控设定热封的时间和温度。热封合装置按照热封模板形态可分为辊封和板封。此外，可根据产品需要在热封合区安装真空和充气装置以实现真空或充气包装。

6. 分切区

热封结束后，相互连接、排列整齐的包装需要使用分切装置通过横切、纵切等工艺将其分切成单个的包装产品。根据包装片材的厚度材料、包装容器的形状以及分切要求，选择不同的分切装置。

图 3-47 为一新型分切机构结构图，其基本原理为气缸带动裁切刀具上下运动，从而对连接包装进行分切。相比于传统的凸轮分切机构，该装置具有剪切力大、切边平整等优势。

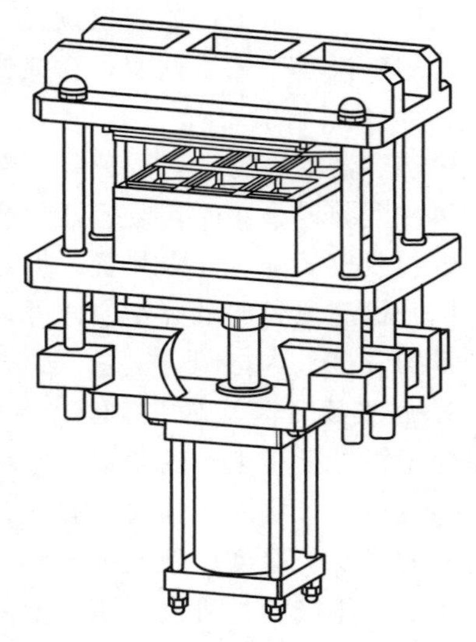

图 3-47　新型分切机构结构图

7. 边料回收装置

边料回收装置是把上下膜边料进行收集，以供重新加工利用或回收。根据薄膜的材质、厚度、硬度以及分切方法选择真空吸出、破碎收集或缠线绕卷等方式。

8. 控制系统

包装控制系统由气动系统、运动控制系统和软件系统所组成。气动系统提供牵引、成型、热封、分切等装置工作需要的气压，并通过电磁阀输送物料，使物料准确、完全的进入包装托盘。运动控制系统确保精准控制包装机械各装置之间的运动、定位、衔接，有利于提高包装机械的工作的效率、精度和流畅性。软件系统可采用可编程控制器（PLC）或微处理器（MC），根据具体包装要求，设定特定的生产参数，如热压温度、热压时间、压缩空气压力、真空度、印刷内容等，进行模块化设计，从而增加包装机的适用性，满足市场需求。

（二）总体结构

图 3-48 所示是上述全自动热成型包装机结构总图。包装机整体分为热成型区、充填区、切封区三大部分，机体材质为型钢。

1. 热成型区

热成型区是全自动热成型包装机的第一部分，该区包括浮辊机构 14、底膜导入辊 15、底膜退纸辊 16 及制动器 17 等组成的导辊机构。热成型系统是热成型区的主要工作部分，由预热部件 13、加热部件 11 及成型部件 12 组成。

2. 充填区

充填区是全自动热成型包装机的第二部分，此部分可根据填充物料的物理性质，选择不同的填充机构，对于一些形状不规则、不适用填充机构的物料，可选择人工填充。此外，可根据填充物料的工作量以及填充方式的不同，更改填充区的长度。

3. 封切区

封切区是全自动热成型包装机的第三部分。这一部分装置由封合机构、裁切机构以及相应的导辊等组成。此外，包装机的气动系统、电控系统及驱动装置均安装在这一部分，所以封切区也是该机器的主体部分。

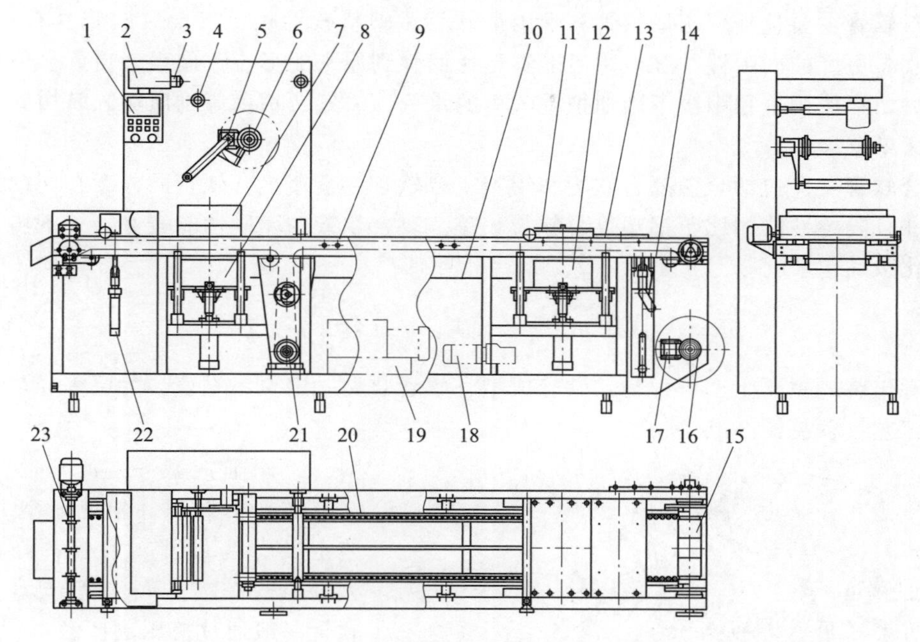

图 3-48 全自动热成型包装机结构总图

1—控制屏 2—制动架 3—上膜制动装置 4—导辊 5—摇辊机构 6—上退纸辊 7—封合室座 8—托模装置 9—输送链 10—托板 11—加热部件 12—成型部件 13—预热部件 14—浮辊机构 15—底膜导入辊 16—下退纸辊 17—底膜制动器 18—真空泵 19—循环水泵 20—链夹 21—驱动装置 22—横切机构 23—纵切机构

全自动热成型包装机通过输送链 9 将机器的三大部分进行连接，每一部分的装置可根据具体包装要求进行增减更换，生产适应性更强，并便于安装拆卸。

第四节 软管成型—充填—封合工艺与设备

软管包装是一种用软塑料、金属材料或复合材料制成的圆柱形容器，它头部通过挤压形成肩身和管嘴，尾部采用折合压封或焊封，当压管壁时，内装物由管嘴挤出。软管包装主要用于不同黏度的膏状或乳剂状物品。软管具有防水、防潮、防尘、防污染、防紫外线、可印刷和可进行高温杀菌的特点，因此，对内装物保护性能极佳。除此之外，软管包装充填产品后质量轻，易携带，使用方便，在包装日用品和化妆品类产品（例如牙膏、鞋油、油彩、胶黏剂、膏霜类化妆品等）、包装医药品（例如眼药类药膏、皮肤外用药膏、烧伤外用药膏等）、包装食品类产品（果酱、调味品、蛋糕、糖霜、半流体稠类食品等）领域有着广泛的应用。

常见的软管包装根据材料不同，可分为金属软管、塑料软管、复合软管三类。

金属软管是最早出现的软管包装，因铅、锡材料具有毒性大、成本高的缺点，铅锡软管已被市场淘汰。现在主要的金属软管是铝制软管，但其密封性差，无法隔绝内容物与空气的接触，且铝化学性质活泼，易与内容物发生化学反应，所以一般通过薄顶封膜和尾处的密封涂层解决此问题。铝制软管一般用于包装药膏、油彩、鞋油等。

塑料软管主要包括聚乙烯软管和聚丙烯软管。塑料软管相比于金属软管具有环保性、方便回收、更好的回弹性，在使用后能够迅速回弹到原来的形态，展示性更好。但由于回弹力过大，在使用过程中会不断地把空气中的水分、氧气、细菌等物质吸入管内，对内容物造成污染。

复合软管主要包括全塑复合软管和铝塑复合软管。全塑复合软管同样存在回弹力强的问题，并且隔绝性能相比于铝塑复合软管较差。复合软管的印刷性能较好，外观美观，主要用于化妆品包装。

一、软管成型—充填—封合工艺过程

软管包装的主要生产流程为：软管成型、软管装夹、定位、充填、封尾等环节。软管包装的工艺过程见图 3-49 所示。

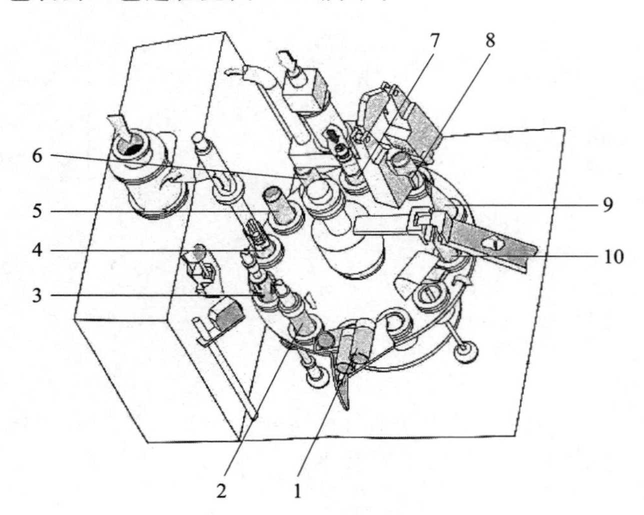

图 3-49　软管包装工艺过程

1—软管装夹　2—定位　3—色标定位　4—充填　5—空工位
6、7、8—软管封尾　9—贴标、打印　10—输出

1. 软管成型

通常情况下，铝制软管成型工艺主要分为炒片、冲管、修饰、退火、内壁图喷、底涂等步骤。塑料软管一般通过挤压成型。

2. 软管装夹

软管装夹分手工装夹和自动装夹两种。软管成型—充填—封合包装机一般采用自动装夹，将成排水平放置的软管利用重力作用通过滑道逐个装入装夹器中。此外，还可以利用全自动给料系统来完成装夹动作。

3. 定位

为了确保包装软管的外观品质，防止印刷图案和封尾的偏移，需要对软管进行定位。一般使用光电定位装置识别软管尾部印刷的定位标记使包装软管自动排列成行，此外，也可以通过人工定位成行。

4. 充填

软管包装的内容物一般为粘稠状物料，通过容积式活塞定量泵进行定量填充。容积式活塞定量泵通过调节活塞在泵体内的行程，以精准确定物料填充量。此外，可采用充填嘴下降或软管上升的方式避免管内空气混入，确保填充精度，防止空气对物料品质产生影响。通常为避免工位缺失空管，软管灌装机上应有无管不充填装置。

5. 封尾

金属软管一般采用折叠封尾，塑料软管和复合软管一般采用热封封尾。

折叠封尾是使用一对夹扁装置将充填好的金属软管圆形尾部挤扁压平，再将扁平部分卷边折叠，折叠形式有单折边、双折边、鞍形折叠、双折边折叠等类型，如图 3-50 所示。

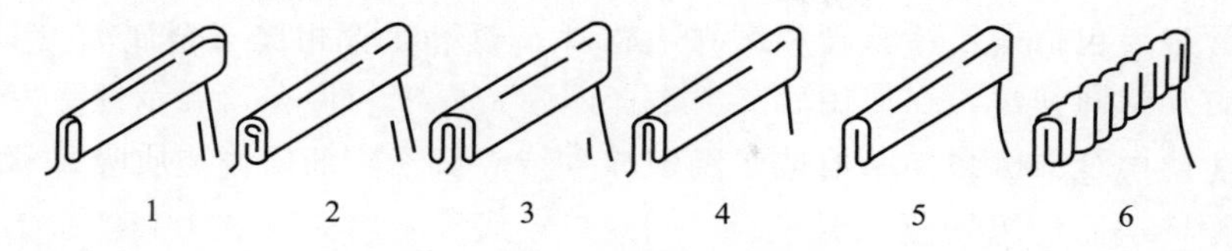

图 3-50　软管的封尾形式

1—单折边　2—双折边　3—鞍形折叠　4—双折边折叠　5—平式管底　6—波纹壁底

热封封尾有热辐射热封法、加热板热封法、高频热封法、超声热封法和内热风封尾法等。其中，最常用的封尾方法是热辐射和加热板封合。高频热封法封口牢固，生产效率高；超声波热封法可避免易产生拉丝现象的物料污染软管热封口的问题。目前，最先进的是内热风封尾法，它是将一根圆形风管伸入管尾，向管尾内壁吹入热空气，将内层 PE 熔化后退出，管尾经加压封合，封口平整美观。塑料软管和复合软管的封尾形式有平式管底、波纹管底等，如图 3-51 所示。

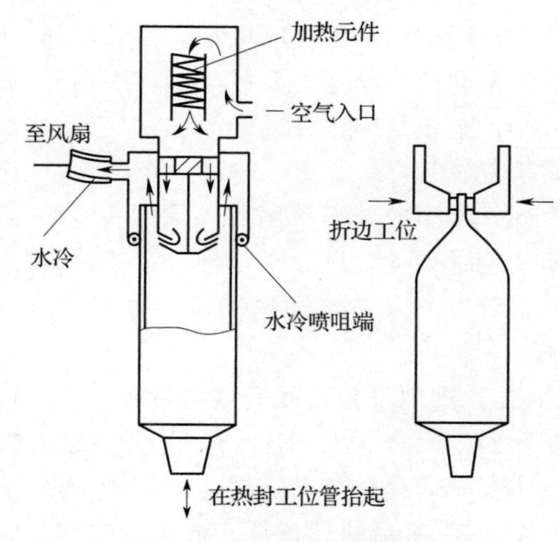

图 3-51　内热风封口装置图

二、软管成型—充填—封合包装机结构

（一）金属软管成型设备

软管的成型根据软管材质不同，应选择相应的成型设备。

铝管的生产工艺比较复杂，主要工艺流程如下：炒片→冲管→修饰→退火→内喷涂→底涂→印刷→上盖→涂尾胶→检验→包装。

（1）炒片　炒片，又称上料。将铝片置入炒片机中进行低速搅拌，搅拌均匀后经输送机构输出，用于冷挤机挤压胚管。冲片工艺需要加入润滑剂，一般选用硬酯酸锌粉，达到增加铝片的形变流动能力、减少挤压成型所需的形变力、减轻模具磨损的目的。

（2）挤压成型　卧式冷挤机是将铝圆片挤压成包装所需的胚管或其他形状的筒状物的专用机器。该设备通过振动料斗和凸轮机械装置将铝圆片整理有序的送入冲压模腔，通过冲头和模孔之间的间隙控制管材的厚度，冲头往复运动挤压铝片，从而制成坯管并自动脱料。

（3）修饰　修饰工艺一般通过铝管修饰机完成。铝管修饰机是将胚管进行修饰成形的设备，该机主要工序包括切管头、压管嘴螺纹、切除管尾多余部分、管肩抛光等。

（4）退火　由于冲压机冲出的铝管因金属分子结构改变而产生了应力，从而失去柔韧性，所以，要通过退火恢复铝管的柔韧性。同时，退火可以将铝管表面多余的润滑剂挥发干净，保证铝管内涂层和底涂层的附着力。铝管进入退火炉，在退火炉内经过 3～5min 的 390～450℃高温退火后，被送至冷却区。

（5）内喷涂　由于铝的化学性质活泼，为了避免内装物与铝发生反应，必须铝管内壁喷涂一层化学性质稳定的保护膜，一般选用环氧树脂作为涂层材料。这一工艺通过内壁喷涂机完成。坯管进入喷涂工位，喷枪将压力雾化的涂料均匀喷涂于铝管内壁，完成2～3次喷涂。

（6）底涂　底色印刷机用于对铝管圆周面进行底色滚涂的印刷。底涂是将铝管外表面均匀涂敷底膜，从而使铝管获得更好的印刷效果。底涂材料一般选用聚酯。铝管经过内喷涂工序后被固定在底涂芯轴，在压力作用下压到涂满底涂漆的胶辊上进行底涂，烘干后进入下一工序。

（7）印刷　铝管印刷机是在铝管表面进行图案印刷的套色印刷机。目前，最多可以进行九种不同色彩图案的套色印刷。印刷完成后需进行烘干以保证图案质量。

（8）上盖　印刷好的铝管进入拧帽机，通过气缸按一定频率打上保洁头，上盖机械手将帽盖旋至管嘴。

（9）涂尾胶　铝管尾胶机是铝管喷涂尾胶的专用机器。铝管通过输送链到达具有吸附作用的输送带上，尾胶喷枪伸入铝管尾部将涂胶喷涂到铝管尾部的内壁上。

铝管生产所需的机械设备可组成铝管自动生产线，达到自动化、标准化、高效率生产。

（二）塑料及复合软管成型设备

塑料及复合软管相比于金属软管的生产工艺较简单，主要工艺流程如下：配料→抽管→注头→印刷→打孔→烫印→印刷→贴标→封口。

图3-52所示的设备是一种典型的软管制管机，由一台制管机和若干台注肩机配合相应的模具组成。该设备适用于生产塑料及复合软管，主要包括自动放卷机构、对接平台、贮存器、自动切边机构、自动成型装置、高频焊接机构、全塑复合材料焊接机构、垂直、水平索引机构、自动送管机构、自动控制跟踪旋切装置及人机界面控制系统。该设备制管直径为12.7～50mm，制管长度大于40mm，制管速度大于8m/min。

（三）软管自动灌装封口机

成型后的软管一般使用软管自动灌装封口机完成充填和封合工序。软管自动灌装封口机的生产效率主要取决于灌装头的数量，机器灌装头越多，生产速度就越高。此外，产品的特性、软管的容积对灌装速度也有影响，产品黏度越高，软管容积越大，灌装速度就越低。

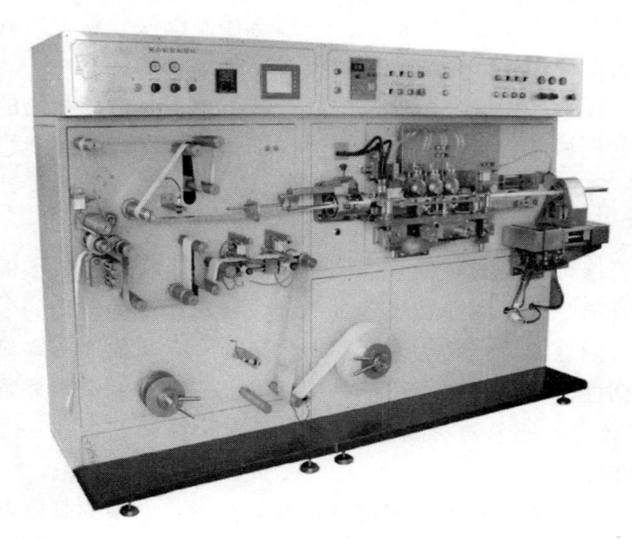

图3-52　软管制管机

软管自动灌装封口机由灌装装置和封尾装置两大部分组成。软管包装主要用于不同黏度的膏状或乳剂状物品，所以灌装装置一般选用容积式柱塞泵充填机。容积式柱塞泵充填机结构简单，可通过调节活塞行程来调节灌装量的大小，计量准确，操作方便，适用于黏稠物料的灌装。封尾装置的选择主要取决于软管包装材质，例如，铝塑复合软管厚度较大而且含有较厚的传热性好的铝箔，所以其封尾较困难，一般选用超声波热封和高频电磁感应热封。

一般来说，软管自动灌装封口机都是在一个圆盘上完成所有操作的，但有的设备是在一条封闭的输送链上完成，如图 3-53 所示。输送链形式的设备解决了现有的软管自动灌装封口机生产效率低、工艺适用性差、卫生性不高、安全性不佳和维护困难等缺点。

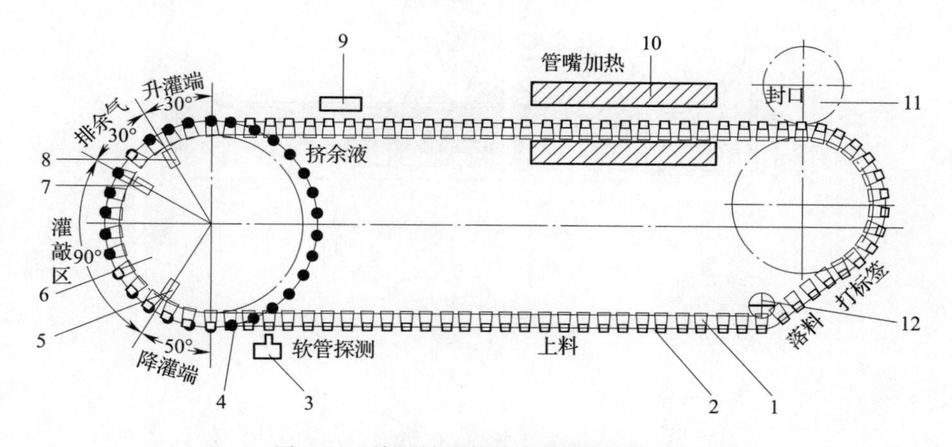

图 3-53　输送链式软管自动灌装封口机

1—软管　2—带管托的传输链　3—探测仪　4—灌嘴　5—电磁阀　6—链轮　7—振动电机　8—机械挡块　9—挤余液装置　10—管嘴加热装置　11—封口轮　12—转接轮

下面介绍一种典型的软管自动灌装封口机结构：图 3-54 所示的软管自动灌装封口机可用于塑管、铝塑复合管充填封尾，适用于医药、食品、化妆品、日用化工用品等产品包装。该设备通过机械式传动，机器运行稳定精确、生产速度高，可轻松更换不同尺寸软管。此外，机器设计采用 GMP 标准，卫生安全。

软管自动灌装封口机的工艺流程如下：

(1) 软管输送方式　将空软管朝指定方向放入储存槽，储存槽倾斜角度、大小可以调整，软管自动整列分配，导入软管模座内并使用活动夹具固定。

(2) 软管方向定位　凸轮传动机构将软管向上提升同时旋转，光电调整装置可以识别软管上印有的调整标记。光电装置发射器发出信号，由接收器接收，对软管做出位置调整，从而保证封口位置统一，防止管口变形，影响封口效果。

(3) 软管清洁设备　在进行填充工艺前，先将吹气管深入软管内吹气，同时从管尾开口处向外吸出，彻底完成清洁软管内部杂质。

(4) 上升式定量填充　充填时将软管上升到顶点，充填过程中软管同时下降，从而减少气泡产生。通过真空管确保充填喷嘴中的内容物绝对不滴漏。电气回路设计采用 PLC 安全装置。

(5) 封尾及打印号码　热空气熔接可成型多种样式，可根据包装要求选择单面或双面打印号码。

(6) 切尾　软管成型后，利用切刀修整软管尾管。

(7) 软管排出　顶出杆将软管模座内的软管顶起排出，最后经滑槽滑至传送带，通过计数器统计产品生产数量。

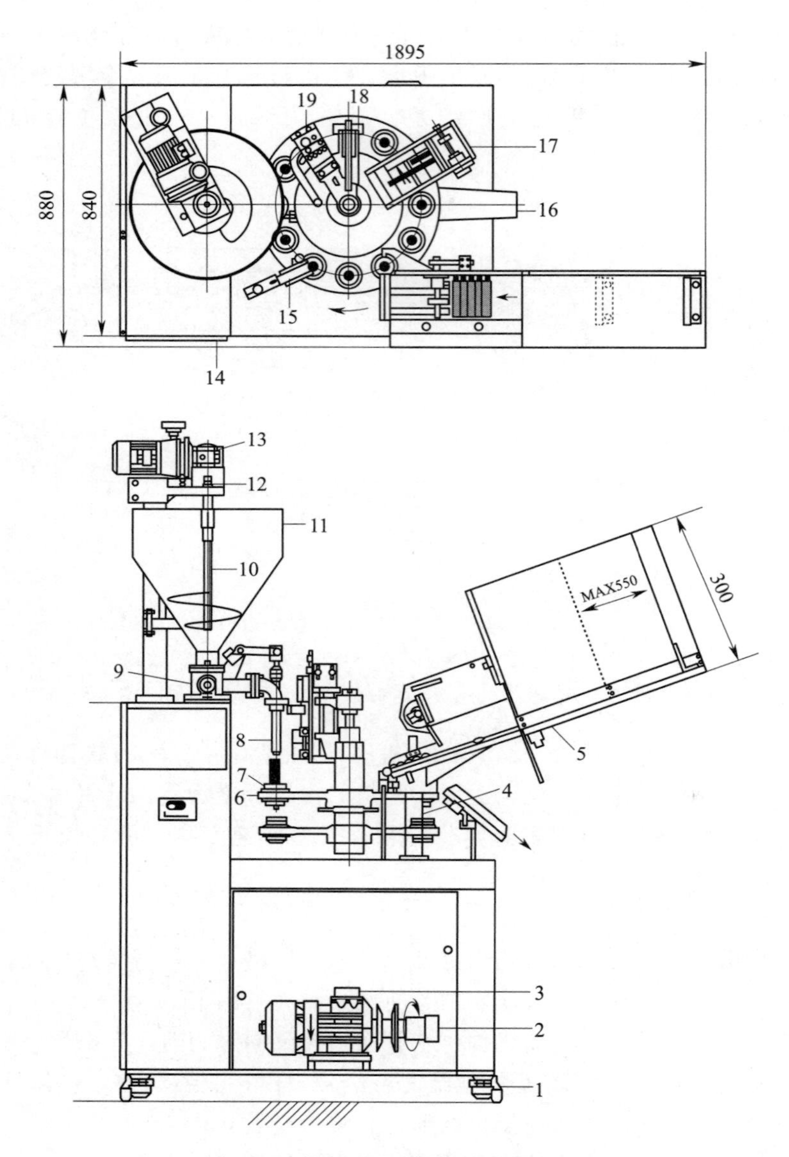

图 3-54　软管自动灌装封口机结构图

1—水平调整活动传输　2—变速机　3—主机马达　4—分配器高度调整螺杆
5—软管分配器及储存槽　6—转盘　7—软管模座　8—喷嘴　9—三通阀　10—搅拌器
11—50L 储料桶　12—液体光电开关　13—变速器、涡轮减速机　14—电气控制箱
15—软管定位装置　16—软管排出斜管　17—软管切尾装置　18—封尾装置　19—热气熔接装置

第五节　拉伸包装工艺与设备

拉伸包装是在收缩包装的基础上发展而来的，其是用可拉伸的塑料薄膜，依靠机械装置在常温下将薄膜拉伸缠绕于产品或包装件进行拉伸紧裹的一种包装方法。常见的拉伸薄

膜材质为LDPE（低密度聚乙烯）、LLDPE（线性低密度聚乙烯）、PVC（聚氯乙烯）、PB（聚丁烯）与EVA（乙烯-醋酸乙烯酯）等。与收缩包装相比，拉伸包装不需要进行加热收缩，其能源消耗仅为收缩包装的1/20，并且适用于果蔬、肉类等生鲜食品及冷冻产品的包装。但收缩包装防潮性较差，并且具有自黏性，不利于堆放。

一、拉伸包装工艺过程

拉伸包装工艺比较简单，即在常温下将拉伸薄膜通过机械张力作用，对产品进行缠绕，利用薄膜自身的弹性和自黏性将产品裹紧，根据包装要求选择是否在拉伸后进行热封合。拉伸包装根据产品包装的用途可分为销售包装和运输包装两种，所使用的包装工艺也有所不同。

（一）销售包装用途

销售包装的包装方法可分为人工操作、半自动操作、全自动操作三种。

1. 人工操作

人工拉伸包装适用于质地柔软、易碎以及零散的产品包装，一般使用托盘盛放产品防止损坏，对于本身具有一定的刚性的产品，可以不使用托盘，包装工艺过程见图3-55。

将拉伸薄膜从薄膜卷筒1中拉出，通过人工将薄膜缠绕拉伸于带托盘的物料，使薄膜裹紧后使用电热丝2将薄膜切断，之后通过热封板6进行封合，完成人工拉伸包装过程。

2. 半自动操作

半自动操作的拉伸包装工艺是指将部分包装工序通过专用设备完成，主要用于带托盘的产品包装，可以节省人力，提高生产效率，但生产成本也会增高。半自动操作的生产速度一般为15～20件/min，成本提高的同时，生产速度提升较小，所以在实际应用中很少采用半自动操作。

3. 全自动操作

根据包装工艺的不同，全自动拉伸包装机可分为上推式和直线式两种。

（1）上推式全自动拉伸包装机　上推式全自动拉伸包装机主要适用于具有一定刚性、高度较高产品的销售包装，图3-56为上推式拉伸包装工艺过程。

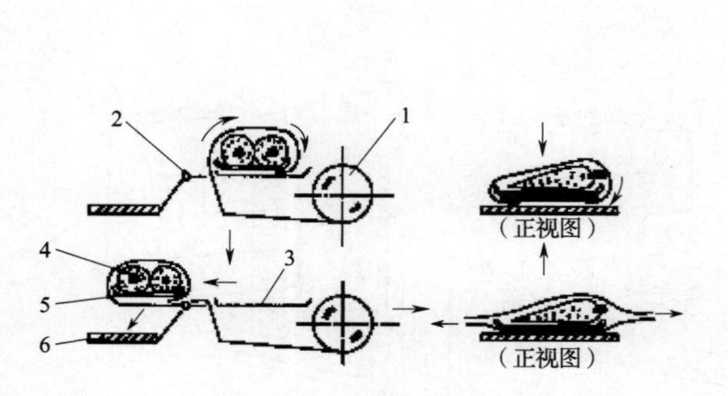

图3-55　拉伸包装人工操作过程

1—薄膜卷筒　2—电热丝　3—工作台

4—被包装物　5—托盘　6—热封板

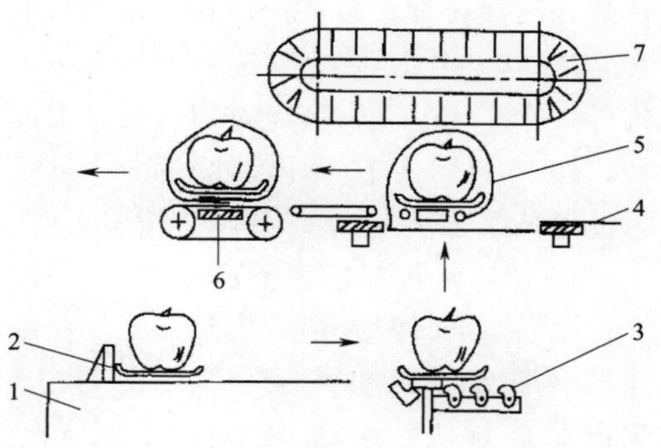

图3-56　上推式拉伸包装工艺过程

1—供给输送台　2—供给装置

3—上推装置　4—薄膜夹子　5—拉伸薄膜

6—热封板　7—输送装置

物料置于托盘上，通过供给输送台 1 将其输送至上推装置 3 上，同时，薄膜夹子 4 将拉伸薄膜夹紧，上推装置向上移动，使物料将薄膜上推，薄膜拉伸并裹紧物料及托盘，之后通过输送带将裹包的物料送入热封板 6 上进行热封，最后通过输送装置 7 将成品输出。

（2）连续直线式全自动拉伸包装机　直线式全自动拉伸包装是物料沿直线移动完成拉伸薄膜裹包的一种包装方法，因为拉伸薄膜对物料侧面有作用力，所以不适用于高度较高的物料包装。连续直线式全自动拉伸包装主要有以下两种工艺过程。

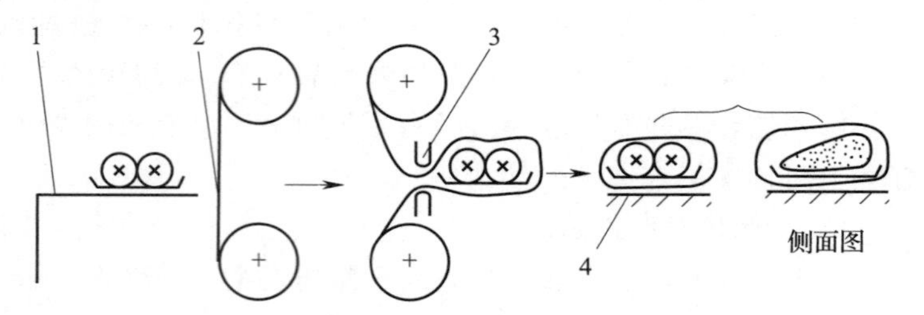

图 3-57　拉伸包装连续直线式工艺过程（一）

1—供给输送台　2—卷筒薄膜　3—封切刀　4—热封板

如图 3-57 所示，卷筒薄膜 2 在一对卷筒的作用下张紧，带托盘的物料通过供给输送台 1 进行输送通过卷筒，在这一过程中，薄膜被拉伸紧裹于物料表面，然后封切刀将薄膜切断后，热封板 4 进行热封，输出包装成品。

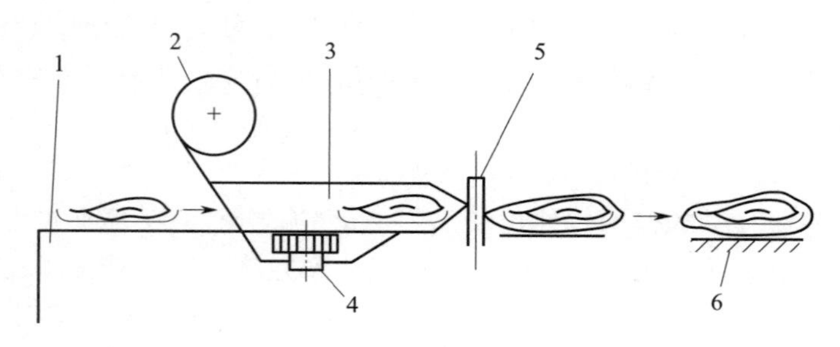

图 3-58　拉伸包装连续直线式工艺过程（二）

1—供给输送台　2—卷筒薄膜　3—制袋器

4—热封辊　5—封切刀　6—热封板

如图 3-58 所示，带托盘的物料通过供给输送台 1 进行输送进入制袋器 3，物料卷筒薄膜拉伸紧裹，通过热封辊 4 将薄膜封合，封切刀 5 将薄膜切断，热封板 6 进行热封，输出包装成品。

（二）运输包装用途

相比于传统的瓦楞纸板和木箱运输包装，拉伸包装具有重量轻、阻隔性好、成本低等优势，因此拉伸包装广泛应用于运输行业。这种包装方式既可用于托盘，也可用于无托盘集合包装。根据物料运送方式的不同，该工艺可分为回转式拉伸包装工艺和移动式拉伸包装工艺。

1. 回转式拉伸包装工艺

回转式拉伸包装工艺选用的薄膜分为整幅薄膜和窄幅薄膜两种。整幅薄膜是指与包装物高度一样或略宽的薄膜，适用于形状方正的物品，使用整幅薄膜的优点是

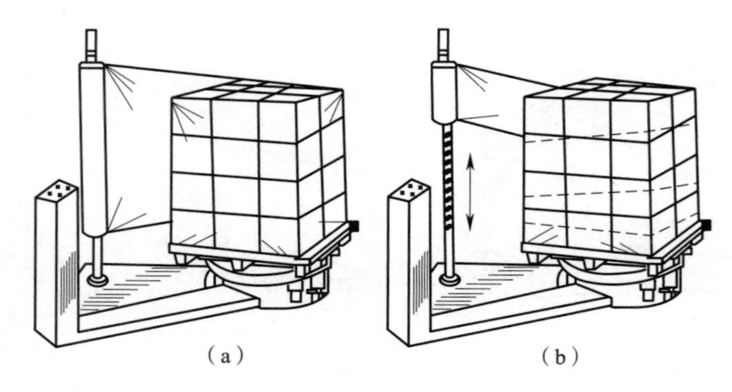

图 3-59　回转式拉伸包装工艺

（a）整幅薄膜拉伸包装　（b）窄幅薄膜拉伸包装

生产效率高、成本低，但也具有需储存多种幅宽的薄膜以适应不同的包装物的缺点。窄幅薄膜宽度一般为50～70cm，自上而下对包装物进行缠绕至裹包完成，两圈之间约有1/3的部分重叠。窄幅薄膜适用于包装堆码较高或高度不一致的物品，以及形状不规则或较轻的物品，对于不同规格的产品，仅需一种规格的薄膜即可完成包装，适用性相比于整幅薄膜更高，但包装效率较低。

回转式拉伸包装工艺过程为：将包装物放置于包装机的回转平台上，通过人工或专用装置将薄膜一端依靠自黏性粘在包装物上，然后回转平台带动包装物进行旋转，使用制动器或一对差速导辊控制薄膜导出速度，使薄膜拉伸缠绕包紧内装物，此外，使用窄幅薄膜需要薄膜卷筒自上而下移动完成裹包，裹包完成后，通过人工或装用设备切断薄膜，将薄膜末端粘在包装物上，最后输出成品。

其中，薄膜拉伸的方式有两种，一是使用制动器，二是使用一对回转速度不一的导辊，如图3-60所示。制动器是通过向薄膜卷筒1提供与包装物转向相反的制动力，使薄膜拉伸。一对回转速度不一的导辊是通过输入辊2和输出辊3的差速转动，使薄膜拉伸。

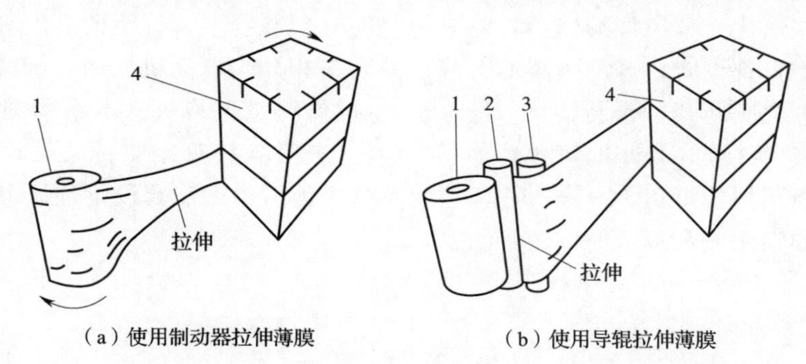

（a）使用制动器拉伸薄膜　（b）使用导辊拉伸薄膜

图3-60　塑料薄膜拉伸的方法

1—薄膜卷筒　2—输入辊　3—输出辊　4—包装物

2. 移动式拉伸包装工艺

移动式拉伸包装工艺过程如图3-61所示，先通过人工或专用设备将两卷薄膜的端部热封连接，将包装物放置于传送带上，由送进器或传送带将其向前输送，薄膜卷筒1装有制动器，将薄膜拉伸裹包在内装物上，当包装物到达预定位置时，封合器2将薄膜进行收拢切断，并通过人工或专用设备将薄膜两端粘在包装物上，最后输出成品。

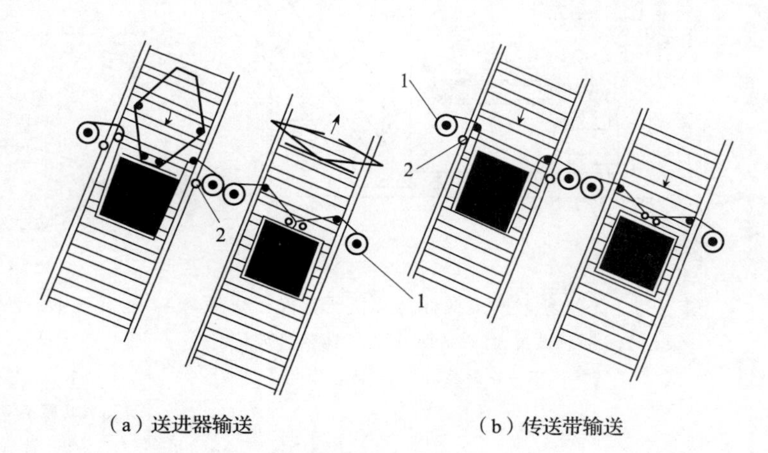

（a）送进器输送　（b）传送带输送

图3-61　移动式拉伸包装工艺过程

1—卷筒薄膜　2—封合器

回转式和移动式拉伸包装机都分为自动与半自动两类，区别在于是否有专用装置黏贴和切断薄膜。

二、拉伸包装机结构

拉伸包装机主要分为用于销售包装的上推式拉伸包装机和连续直线式拉伸包装机，以及用于运输包装的拉伸缠绕包装机。根据是否可以通过机械设备自动完成贴膜、切膜分为全自动式和半自动式。下面介绍两种典型的拉伸包装机。

（一）无托盘上推式拉伸包装机

图 3-62 为无托盘上推式拉伸包装机结构。预先将将被包装物放入容器，之后薄膜覆盖在放入被包装物的容器上，薄膜卷筒 3 通过制动器张紧，拉伸装置 1 上移将薄膜拉伸，通过封切刀 2 将拉伸后的薄膜折好封合，最后输出成品。

（二）拉伸缠绕包装机

拉伸缠绕包装机主要有立柱装置、开门膜架装置、转盘装置、自动断膜装置、控制系统等部分组成。工作原理是转盘带动其上的被包装物转动，开门膜架利用耐磨胶辊之间的差速比充分拉伸缠绕膜，将其缠绕在被包装物上，缠绕的高度和层数都可以在可控制面板中自行设定，开门膜架的升降由一台三相异步电动机拖动。缠绕结束后，自动断膜装置将缠绕膜断开，包装结束。图 3-63 为拉伸缠绕包装机基本结构图，该设备可自动上膜、断膜、抚膜，每小时可包装 30～50 托。升降立柱采用双链条结构，升降速度变频可调，薄膜预拉伸可达 300％，PLC 控制系统可根据生产需要设定顶层/底层缠绕圈数、上下次数、加强圈数和越顶时间等参数。

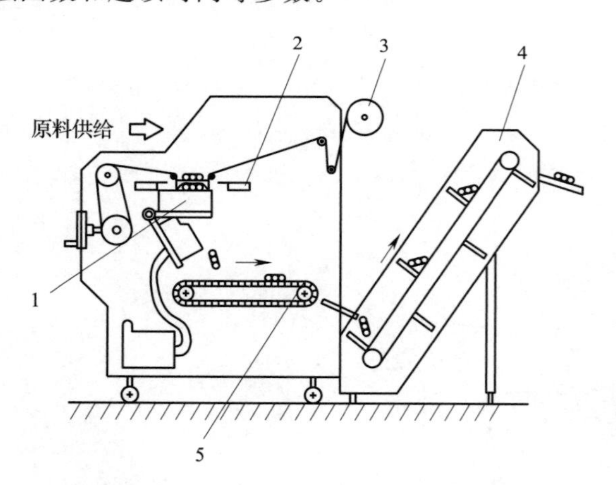

图 3-62　无托盘上推式拉伸包装机结构及工作原理

1—拉伸装置　2—封切刀　3—薄膜卷筒

4—成品输出装置　5—传送带

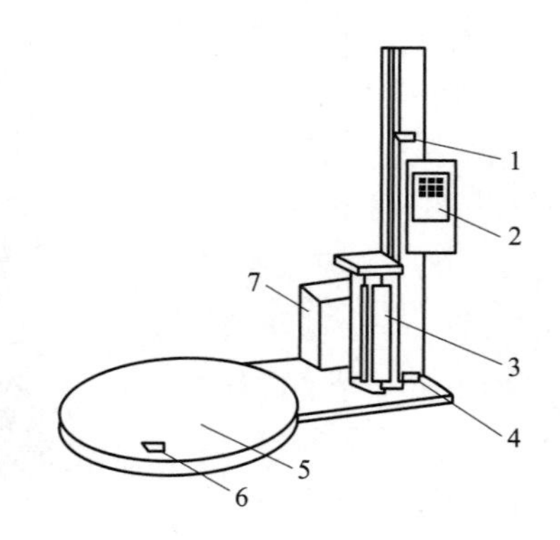

图 3-63　拉伸缠绕包装机基本结构图

1—顶部行程开关　2—控制面板

3—薄膜架　4—底部行程开关　5—转盘

6—转盘固定停止位置行程开关

7—转盘、薄膜架电动机

思考题与习题

1. 预制袋的热封方式有哪几种？应如何选择？
2. 简述回转式预制袋—充填—封合机与直移式预制袋—充填—封合机的区别。

3. 针对药片这一产品，设计一组预制袋—充填—封合机。各部分选用什么装置？为什么？

4. 有哪些方法与装置可以吸取折叠盒并使其张开成型？

5. 如何保证产品与说明书同时装入盒中？

6. 简述卧式开盒—充填—封合机的工作原理和主要机构。

7. 请简述胶囊包装工艺过程。

8. 请针对熟食食品，设计一组热成型—充填—封合机。各部分选用什么装置？为什么？

9. 请针对洗面奶这一产品，设计一组软管成型—充填—封合机。软管应选用什么材质？各部分选用什么装置？为什么？

10. 请针对桶装方便面这一产品，选用合适的热收缩设备。各部分选用什么装置？为什么？

第四章　后道包装工艺与设备

为适应贮运、销售等需要，通常产品在完成成型、充填、裹包、封合等主要包装工序或内包装后，还需完成外包装、二次包装、单元集装等后道包装工序。特别是面向现代集装、智能物流、电商等，后道包装工艺的效率直接影响生产与销售效益。

本章围绕后道包装的主要工序，介绍瓦楞纸箱装箱工艺、集装工艺、托盘为基础的单元货载及今后发展；论述多种工艺过程、集装单元形式与结构、堆码方式和固定方法，以及典型设备、集装器具的结构；最后通过汽车零部件实际案例，分析汽车 CKD 出口零部件的产品纸箱包装工艺。

第一节　装箱工艺及设备

瓦楞纸箱的装箱是将已包装好的产品装入纸箱中。依据产品对象和装箱过程，装箱工艺可分为装入式、套入式和裹包式装箱工艺。其中装入式装箱又可以划分为跌入式、吊入式、夹送式和卧式装箱。套入式装箱可以分为单体套入和集合套入装箱。

一、装入式装箱工艺及设备

(一) 跌入式装箱工艺及设备

跌入式装箱是指装箱时纸箱开口朝上，物品借助装箱机构和自身重力从开口处装入箱内的工艺。装箱时一般采用一行、一列或一层同时装入的方法，分多次完成一箱的装入。对下落的产品进行缓冲保护是跌入式装箱关键的一个问题。

跌入式装箱工艺更多地应用在小容量产品的包装中，且装箱过程中使用的跌入式装箱机往往具有装箱速度快、结构简单、耐用度强和成本低的特性。袋装产品多采用跌入式装箱。瓶装产品也可以采用此工艺，往往需要设计专用的滑动轨道使产品沿轨道滑落至箱内。

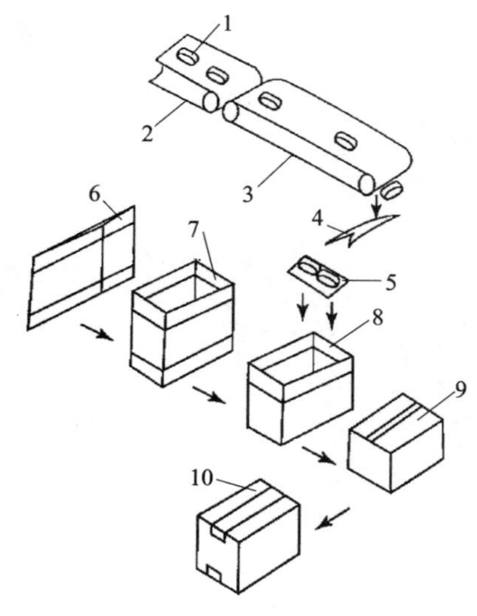

图 4-1　袋装产品跌入式装箱示意图

1—袋装产品　2、3—输送带　4—活门　5—装箱板　6—箱坯　7—箱筒　8—纸箱　9—上盖折片　10—封口作业

1. 跌入式装箱工艺流程

跌入式装箱的工艺过程是跌入式装箱机接通电源后，产品输送线及纸箱运输线得电运行，其中纸箱由箱坯开箱成型，经封底后沿纸箱运输线向前输送。接着装箱机分别将产品与纸箱输送到指定位置，产品下落完成装箱后封闭纸箱盖。图 4-1 和图 4-2 分别为袋装和瓶装产品的跌入式装箱工艺过程示意图。

如图 4-1 所示，袋装产品 1 经由输送带 2 和 3，通过活门 4 到达装箱板 5 处待装；同时，箱坯 6 经开箱成箱筒 7 以后，底面经过折片封底后成为纸箱 8。当装箱板下翻时，产品自由落入到纸箱内。在这个过程中，为了完成规定数量的充填，可以借助产品线上感应器通过接收信号进行计数，计数达到指定数量后，利用移箱机构使产品按一定顺序排列堆积，通过定位机构对待装箱的产品进行定位；定位后机构将产品推到翻板，随即推动产品的机构复位。同时，为了满足缓冲保护产品的要求，还可以设置下方缓冲机构将空箱顶起，翻板下翻，引导产品向下落入纸箱中；产品装箱后，翻板复位，在经过上盖折片 9 和封口作业 10 后，将装有产品的纸箱运出，如此循环。

如图 4-2 所示，瓶装产品经由输送带到达挡瓶器待装；同时，箱坯经开箱成箱、底面经过折片封底后成为纸箱，由输送带输送至待装位的升降台上。当升降台升起时，产品由夹具引导落入到纸箱内。产品装箱后，升降台复位。经过上盖折片和封口作业后，将装有产品的纸箱运出，如此循环。

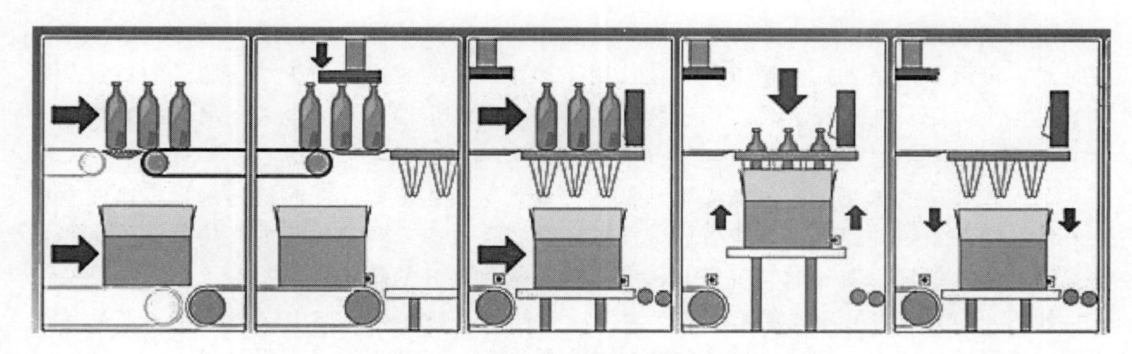

图 4-2　瓶装产品跌入式装箱示意图

2. 跌入式装箱设备

跌入式装箱机又称下落式装箱机，是一种将产品按一定的排列方式平衡地装入纸箱的全自动包装技术设备。将整列的产品有效移载到纸箱的上方，根据装箱要求，自动整列通过定位装置保证被包装产品落入纸箱。通过柔性跌落装置将产品垂直落入包装箱内来实现装箱目的。

跌入式装箱机的特点是占地面积小，制造成本低，所以其应用范围非常广泛，不但适合于百利包、酱类产品、调味料（糖、盐等）产品、速冻食品、熟食等各类软袋包装品，也可用于异形瓶口容器、大容积容器的装箱，如洗衣液、油桶等产品。

如图 4-3 所示为一种典型瓶子跌入式装箱机。设备由上层进料输送部分、产品分道整列部分、下层纸箱输送部分、顶升机构、落差机构、气动部分及电控部分、出口产品箱输送部分组成。

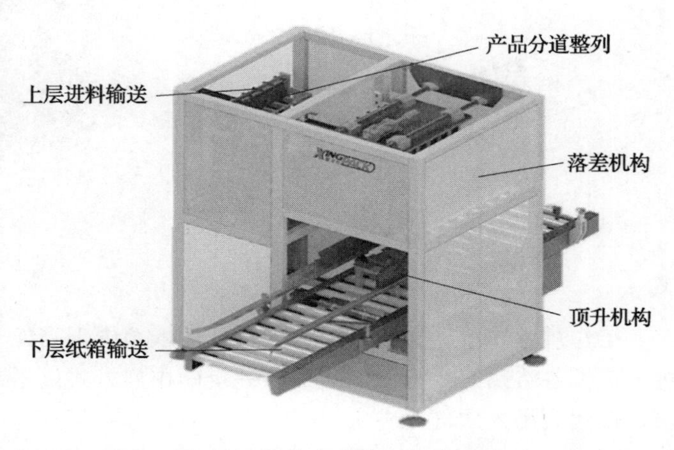

图 4-3　瓶装产品跌入式装箱机

工作过程：该装箱机工作时，

装满物料的瓶从瓶输送带上输送过来，经过分道整列到达装箱位置。同时空纸箱从下层纸箱输送机输送过来，靠纸箱定位机构定位在装箱位置。顶升机构使纸箱上升，落差机构打开，瓶靠重力直接落入纸箱中，完成装箱任务。继而几个机构复位到原位，等待纸箱和瓶输送到指定位置后，释放下一组瓶到达装箱位置即可进行下一装箱任务。

工作原理：根据产品包装要求，对产品进料进行准确整列分组，同时下层预制成型的纸箱同步输送到产品预置装箱位置，再由顶升机构将纸箱顶起后，分组好的产品随即落进纸箱，顶升机构自动下降到与出口输送线水平位置，纸箱由输送部分输出；各个部分的联动由总电箱集中控制，确保产品准确、有效地装进纸箱。

（二）吊入式装箱工艺及设备

吊入式装箱是指用吊入式装箱设备将产品按照一定的排列方式以吊装的形式，装入有隔板的包装纸箱内。

吊入式装箱多用于瓶、罐等容器类产品装箱。当产品不适于通过跌入等方式装入箱内的时候，可以采用吊入式装箱工艺，往往用于多瓶产品的装入。由于细颈瓶子的特点是瓶口的直径小，瓶身的直径大，多用于装液体，直立时稳定性好，适合采用吊入式装箱。

1. 吊入式装箱工艺流程

吊入式装箱的工艺过程是抓头梁从抓瓶位置到达放瓶位置。同时箱传送带输送两空箱进入传送链条系统并达到指定位置后，瓶导向装置下放落入空箱隔板内。接着抓头由终止位置回到初始位置，瓶导向装置升起，装箱传动链将装好的箱子排出。

如图 4-4 所示为吊入式装箱工艺示意图。空箱传送链在导向架中输送纸箱，产品传送链通过抓攫器的抓取、提升和送入将产品装入箱内，最后实现输送至封箱机。

2. 吊入式装箱设备

吊入式装箱设备如图 4-5 所示，该系列设备主要包含五个功能模组，分别是产品输送模组、理料模组、开箱模组、装箱模组和封箱模组。

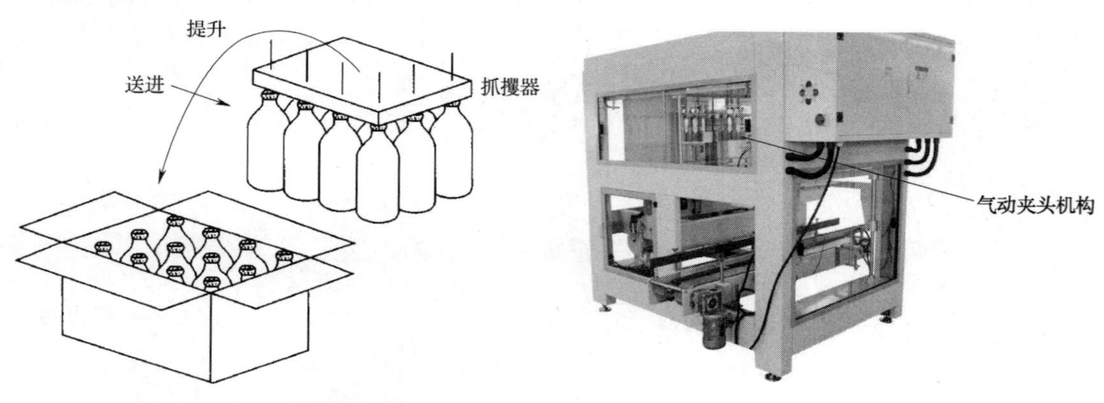

图 4-4　吊入式装箱示意图

图 4-5　PM-GT-P 双抓头抓取式装箱机

工作过程：机器夹住产品放入打开的纸箱中，当抓头抬起后，将纸箱排出，送至封箱机。该设备将贴好商标的酒瓶按照一定的排列方式以吊装的形式，装入有隔板的包装纸箱内，形式为吊入式气动夹头。

工作原理：装箱机工作时，带有隔板的空箱由传送带输送到瓶子导向架的下方位置，待装箱的瓶子由输送带输送；当瓶子到达待装箱工位时，把挡光板推开，使光电装置发出信号，夹头机构下降，气动夹头把瓶颈套住，并借助于压缩空气把瓶颈夹紧；平移至装箱工位之后，气动夹头松开，使瓶子落入带有隔板的箱内；接着主电动机反转，机构位置复原，进入下一个装瓶卸瓶工作循环；已装瓶的箱子由传送装置送到下一工序。

其中，夹瓶头机构包括机械式、真空式、电磁式和压力气动式。传动装置包括机械式、气动式、液压或综合式。柔性夹持装置如气动夹头能够贴合夹持各种形状和材质的物体，从药丸、硬币到灯泡、砖头，以及具有复杂廓形的各种金属零件，且无需额外编程。又如，机器人装箱的利乐包牛奶装箱机器可以接受工作人员的命令，也可以按照计算机预编程序运行，还可以基于人工智能技术来制定行动程序原理。所有步骤的完成都具有持久性、高效性、准确性。牛奶装箱机器人具有卓效减轻人类的劳动负担、节约人工、安全性高、提高效率、稳定产量、降低成本等优点。

四种装箱机器人结构如表 4-1 所示。

表 4-1　　四种机器人的结构表

名称	SCARA 机器人	多自由度关节机器人	DELTA 机器人	直角坐标机器人
示意图				

（三）夹送式装箱工艺及设备

夹送式装箱工艺适用于具有平行六面体形状物品的装箱。装箱时，利用装箱机上的一对机械碾子作相反方向转动，把物品夹持送入箱内。

1. 夹送式装箱工艺流程

夹送式装箱的工艺过程是夹送装箱机运行，装箱时待装产品由传送带输入，隔挡器阻挡产品，通过推料板把待装产品推向装箱工位处，装箱机上两个夹送辊为转动方向相反的一对夹送辊，将待装物品夹持送入输送带上的纸箱内，完成一组物品的装箱工作。

其控制装置一方面使汽缸活塞杆伸出，阻挡后续产品通过，另一方面使汽缸活塞杆上的滚子沿回程槽运动；在汽缸活塞杆缩回的过程中，推料板把一组待装箱的物品推向装箱工位处，即两个夹送辊之间的支撑平面上。

2. 夹送式装箱设备

图 4-6 为夹送式装箱设备示意图。机械式夹送装箱机包括传送带、隔挡器、光电计数装置、推料板、第一夹送辊和第二夹送辊，传送带上侧设置有产品，产品左侧设置有隔挡器，隔挡器左侧设置有光电计数装置，光电计数装置左侧设置有推料板，推料板左侧设置有输送带，输送带与输送辊连接，输送带上侧设置有纸箱，纸箱上侧设置有第一夹送辊，第一夹送辊下侧设置有第二夹送辊，当产品通过所规定的数量时，光电计数装置就会发出信号，隔挡器就会阻挡产品通过，设备之间结合严谨合理，操作起来较人性化，并且使用方便，生产效率高，无需人工操作，实现了自动化装箱。

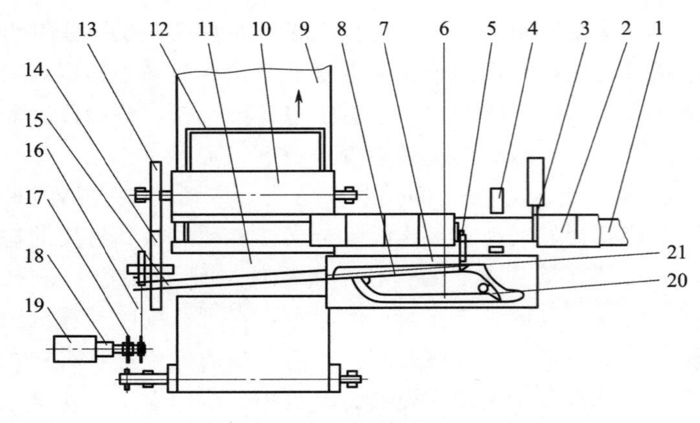

图 4-6　夹送式装箱设备示意图

1—传送带　2—物品　3—气缸活塞杆　4—光电计数装置　5—推料板　6—凸轮轨道　7—凸轮板　8—活塞杆　9—输送带　10、11—辊子　12—箱子　13、14—齿轮传动　15—气缸　16、17—链传动　18—电磁离合器　19—电动机　20—单向止推爪　21—滚子

(四) 卧式装箱工艺及设备

卧式装箱工艺是指将产品按照一定排列方式沿水平方向推入纸箱中，并把箱的开口部分闭合或封牢。

包装机在包装的过程中需要将物料放置在包装箱内，完成装箱的过程，现有技术中一般采用立式包装和卧式包装两种方式。立式装箱是将包装箱水平放置，包装箱开口朝上，物料由上至下被放置在包装箱内；卧式包装是将包装箱放倒，包装箱的开口水平设置，然后将物料从包装箱一侧推进到包装箱中，在推料之前先要经过收集物料、误差堆料的过程，然后再进行装箱；卧式装箱机的开箱和装箱可以在一个机器上完成。

1. 卧式装箱工艺流程

卧式装箱的工艺流程在卧式装箱机运行，一侧进行物料整理，另一侧进行包装箱的开箱封底过程，包装箱的开口对应物料整理的一侧，物料整理好之后通过推包机构将整理好的物料推入到包装箱内，完成物料的进箱，然后包装箱继续向前移动，完成开后的封折，最终形成包装箱成品。

图 4-7 为卧式装箱工艺示意图，其中箱坯成型后保持卧倒姿态，装箱时待装产品整理好装入纸箱的同时另一侧完成封箱。最后输出纸箱，完成一组产品的装箱工作。相比而言，立式装箱机在工作时，需要先将包装箱打开，封折包装箱底部，然后通过包装箱输送线，将封折好底部的包装箱输送至设定位置进行包装，其开箱和装箱是在两个完全不同的机器上完成的，会造成装箱成本较高，设备占地面积较大，装箱效率较低等问题。

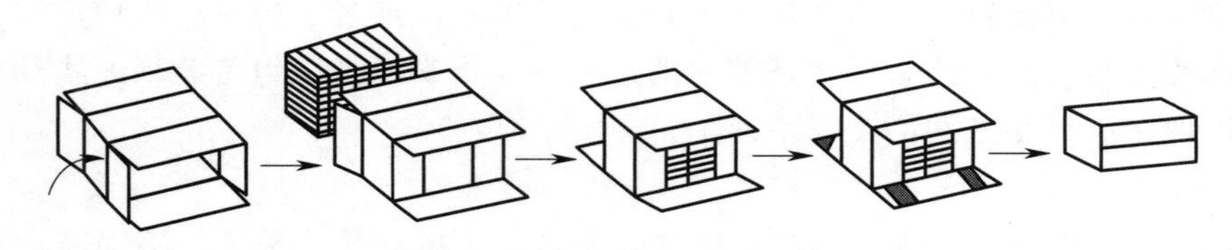

图 4-7　卧式装箱工艺示意图

2. 卧式装箱设备

图 4-8 为一种卧式全自动装箱机，包括拉箱机构、推箱机构、翻转机构、机架、电箱、推瓶机构、推瓶进箱机构、触摸屏和升降机构。

工作过程：翻转机构水平前移至边线处，拉箱机构将纸箱拉至翻转机构上，翻转机构水平回移，然后翻转至导向盒处，等待瓶送入纸箱中；瓶从分装机中出来，进入推瓶机构，再一层层的推入推瓶进箱机构中，再由推瓶进箱机构推入纸箱中，瓶进箱后，翻转机构水平外移，然后翻转，再经推箱机构推到生产线上。

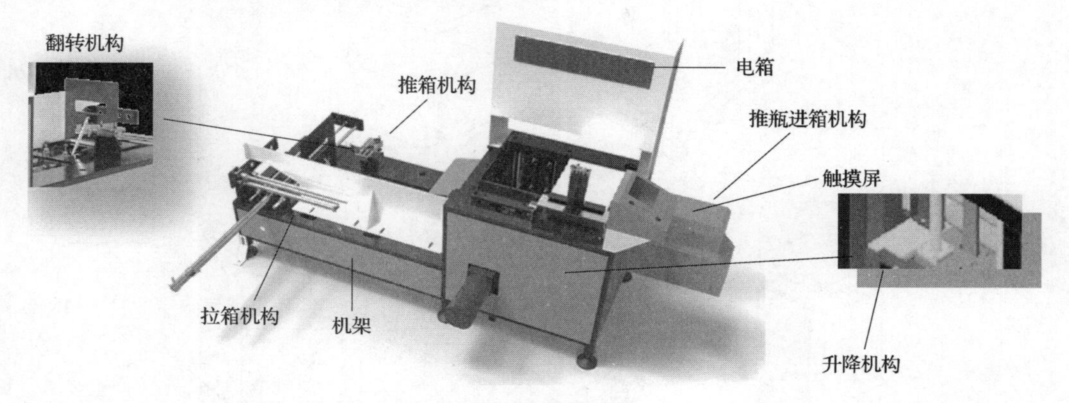

图 4-8 卧式装箱机

二、套入式装箱工艺及设备

(一) 单体套入式装箱工艺及设备

单体套入式装箱的特点是装箱时包装纸箱一般采用两件式，一件高于被包装产品，撑开后将上底封住，下底没有摇翼和盖片；另一件是盘式的盖，长宽尺寸略小于高的那一件，可以插入其中形成一个倒置的箱盖。电冰箱、洗衣机等体积较大，不适宜搬运、翻倒的产品，采用套入式装箱最为适合。

1. 单体套入式装箱工艺流程

单体套入式装箱工艺流程是先将盘式底盖开口向上置于装箱台板上，接着放入缓冲垫，如有必要可放置木质托盘，并在放入产品后从上部套入高的包装箱件，进行密合直至盘式盖插入其中，最后用带捆扎后送出（图 4-9）。

当箱型是套合箱时，如图 4-10 所示，装箱时与套入式装箱的工艺是相似的。

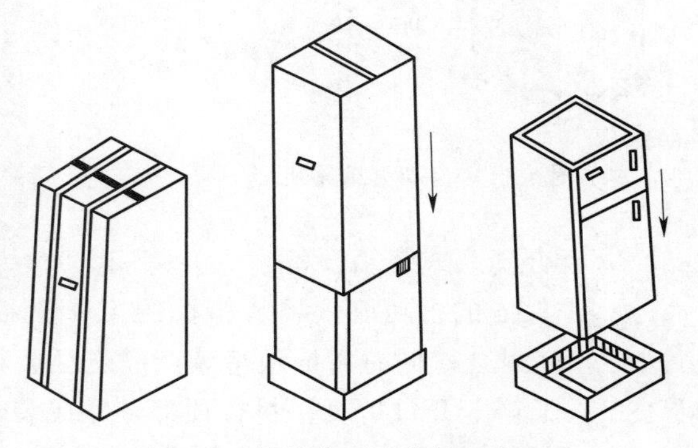

图 4-9 单体套入式装箱示意图

2. 单体套入式装箱设备

将直立贮存架上的箱坯取出后撑开成筒状，当成组的产品送至装箱位置时，将箱筒自上而下套在产品上，然后封底及封箱。其中自动套入的辅助设备自动套纸箱机如图 4-11 所示，适用于大型纸箱套箱，可实现机器人自动开箱，纸箱来料为堆叠平铺放置。

对于普通大小纸箱一般通过开箱机开箱然后再装箱即可，如图 4-12 为立式纸箱开箱自动成型封底机。

(二) 集合套入式装箱工艺及设备

1. 集合套入式装箱工艺流程

集合体套入装箱是指把经过排列堆积后的盒装、袋装、瓶罐类集合体套上纸箱而完成装箱的方法。图 4-13 为集合套入式装箱示意图，这种装箱方式也可看作是该箱的底面充填过程。

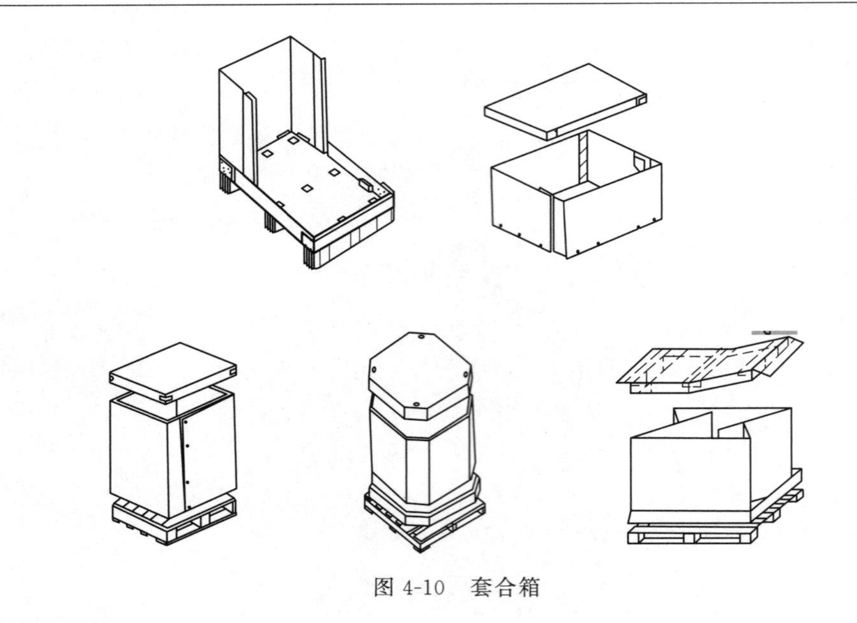

图 4-10　套合箱

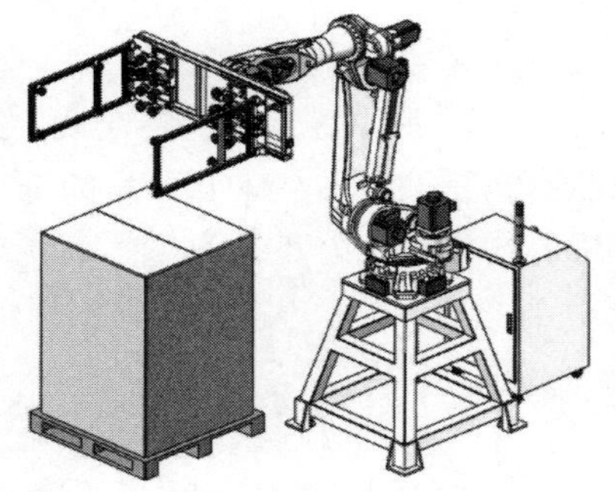

图 4-11　自动套纸箱机

图 4-12　立式开箱纸箱自动成型封底机

2. 集合套入式装箱设备

如图 4-14 的多功能软袋装箱机的工作流程是将储存架上的箱坯取出后撑开成筒状，并进行箱底封合，同时将成组待装产品送至装箱位置，将箱筒自上部套入集合体，然后翻转 180°，纸箱上开口折页，封合顶部，完成装箱工序。

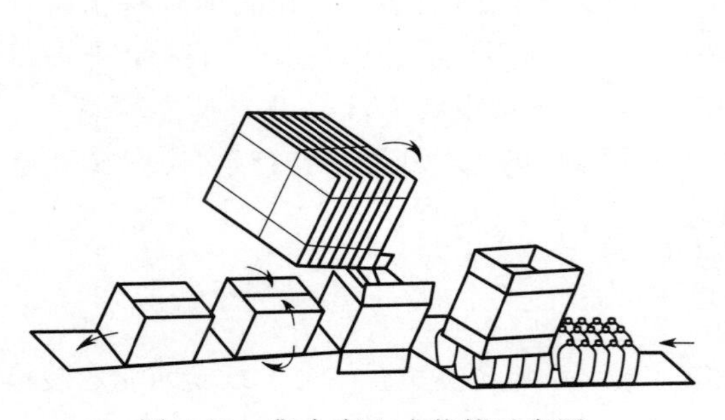

图 4-13　集合套入式装箱示意图

图 4-14　多功能软袋装箱机

三、裹包式装箱工艺及设备

裹包式装箱与普通装箱相比有许多优点，首先是物品能被紧紧地包在箱内，因而在运输过程中基本上可避免物品间相互冲撞、变形或摩擦现象。此外采用裹包式装箱可节省瓦楞纸板和封合胶的数量，而且生产率也高，适用于方形容器、纸盒装产品等如牛奶乳品、果汁饮料的纸箱包装。

（一）裹包式装箱工艺流程

裹包式装箱机工艺流程是装箱时，先把堆积在纸板仓上压好痕和切好角（很多装箱机具有压痕和切角功能）的单张纸板取出，并预折成直角形，然后将堆码好的物料用推料板推到纸板的某一位置，接着按纸板上的压痕进行制箱裹包，再经涂胶和封箱后送出。

如图 4-15 所示，将单张瓦楞纸取出后预折成直角形，同时产品进行排列堆积，通过推料板将其推到该纸板的某一位置，接着按照纸板的压线进行制箱裹包，最后在上胶和封箱后将箱送出。

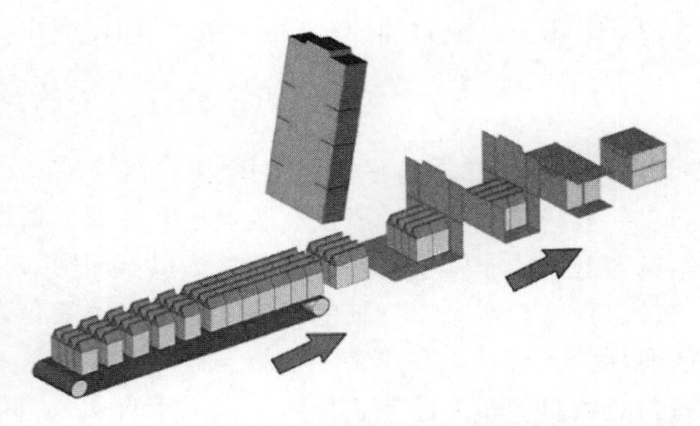

图 4-15　裹包式装箱工艺示意图

（二）裹包式装箱设备

裹包式装箱机是用有压痕的纸板将被包装物料四周裹包起来，并能够涂胶封合的机器。

工作原理如图 4-16 所示，在箱片库 14 中堆积有许多纸箱片 17，真空吸头 16 吸出最下层箱片并释放在链式输送带上。电机 26 经传动系统将运动传给主动链轮 19，以带动链式输送带工作，安装在输送带上的推爪 18 将纸箱片 15 向右间歇推送。当纸箱片在压痕工位停歇时，由压痕刀具 27 对纸箱片进行压痕。装箱物品 32 由输送带 28 输送到裹包工位，并由推料板 31 将其推送到在裹包工位停歇的纸箱片上进行裹包。

当电机 10 转动时，通过锥齿轮将运动分成两部

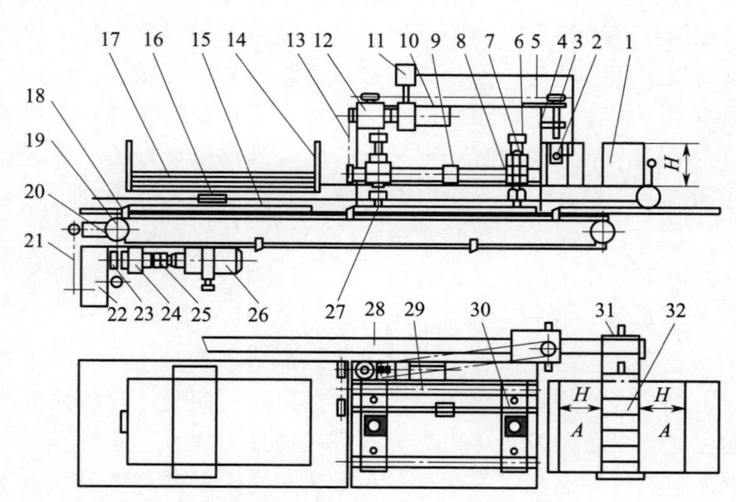

图 4-16　裹包式装箱机结构示意图

1—物品　2—光电管　3—螺杆　4—导向杆　5、13、21、23—链传动
6—气缸　7—导杆　8—刀具夹头　9—螺杆轴　10、26—电机
11—控制器　12、20—圆锥齿轮　14—箱片库　15、17—纸箱片
16—真空吸头　18—推爪　19—主动链轮　22—减速器　24—电磁离合器
25—联轴器　27—压痕刀具　28—输送带　29—导向杆
30—横梁　31—推料板　32—装箱物品

分：一部分通过链传动 13 带动螺杆轴 9 转动。螺杆轴 9 左右两端分别有左、右旋螺纹，当螺杆轴 9 正反转时，则左右横梁 30 靠近或分开，当气缸 6 中的活塞向下运动时，推动压痕刀具 27 在纸箱片上压出折痕；另一部分带动光电管 2 作上下运动，以自动检测装箱物品的高度 H，当光电管移动到装箱物品上顶面的高度时，将会发出控制信号，使电机 10 停转，从而达到根据装箱物品的高度 H，自动调节折痕线 A 的位置的目的。

该种裹包式装箱机可适用于多种产品的包装，如：PET 瓶、PC 瓶、易拉罐、玻璃瓶等，其采用全开放式的控制模式，全自动化操作，用热熔胶进行封箱。

四、装箱工艺的现状与发展

（一）装箱工艺与设备的选择

一般情况下，生产厂设有装箱车间，而瓦楞纸箱多由专业的制箱厂供应。生产厂对装箱设备的选购非常重要，应充分考虑以下问题。

（1）体积小、重量轻的产品：如盒、小袋包装品、水果等，在产量不大、劳动力充沛的条件下，可考虑采用手工装箱。对于批量大、自重大或易碎的产品，如瓶装液体产品、软包装饮料、蛋产品等，可考虑选用半自动装箱设备。

（2）生产批量大、要求生产效率高的单一品种产品：如啤酒和汽水等产品，应考虑选用全自动装箱机械。全自动装箱机械机构复杂，一般还要与产品排列、排行、堆叠装置配合使用，生产速度和效率都很高。但它要求机器本身动作协调、配套装置齐全、运转平稳、控制系统灵敏可靠，对操作和维修人员技术水平的要求也较高。

（二）装箱工艺的发展

现在很多的自动化装箱机都是应用模块化设计，将功能单元分别设计，这样不仅结构条理清晰，而且也有利于后期的检修维护。按照模块化设计的要求，这些自动化装箱机都具有以下几个功能单元：成箱装置、整列装置、展开装置、充填装置和封箱装置，这些功能单元分别各自完成相应的功能动作，并且安装在同一个固定机架上。同时这些自动化装箱机的操作都是通过触摸屏来进行的，操作简单方便，易于管理，极大地减轻了操作者的劳动强度，提升了产品生产制造的自动化水平。

我国的装箱类设备起步较晚，经历了从完全依靠国外进口到仿制进口设备的设计，而后改进国外设备的设计，再到自主设计制造完整的装箱设备的全过程。

1. 模块化设计

就我国包装机械行业目前的发展形势来看，用户多样化与制造商低成本要求已成为主导，且二者的矛盾日趋严重。为了解决这一问题，模块化设计的概念也越来越引起设计者的注意。设备的模块化设计方法既在设计上满足了低成本、高效率、高柔性的要求，又在产品包装方面满足了多品种、小批量、高速度的要求。

模块化设计的内涵是指设计者在对设备整体功能分析的基础上，进行模块的划分与设计，再通过选择所需要的不同功能模块进行重新组合来构成不同规格和不同性能的系列产品。

模块化设计是未来包装机械设计的方向。模块化设计就是在一定范围内，在对不同功能或相同功能下的不同性能、不同规格的产品进行功能分析的基础上，划分并设计出一系列功能模块，通过模块的选择和组合可以构成不同的产品，换用一个或几个单元，即可应对包装产品的变化，满足不同产品装箱的需求。另外在设计中还要体现零件的可拆卸性。

良好的可拆卸性可以使装箱机便于维护，所用易损件要便于回收和可再生利用，从而达到方便用户、节省成本和保护环境的目的。

模块划分是否合理对模块化设计的成功与否起着决定性作用，划分时既要考虑模块调用和管理的方便性，又要考虑模块在以后产品开发中的延展性与灵活性。因此，模块划分时应注意以下几点：

① 模块功能应相对独立，以便于日后的试验、调试与开发工作。

② 模块结构必须完整，以保证模块间接口与分离的便利。

③ 要具有互换性，模块尺寸参数与结构应尽量标准化。

2. 人机工程设计

为提高装箱机的实用性能，减少操作过程中安全事故的发生，需要根据人机工程研制开发出更加符合人类操作习性的产品，避免在操作过程中出现失误和安全隐患。

这些都要通过机电一体化控制，利用计算机实现自动操作、自动数据收集、自动检验以及自动诊断来实现。采用机电一体化操作和先进的计算机编程技术，可使装箱机械完全脱离人工操作。

3. 寿命设计

均衡寿命设计是近年来提出的科学、环保设计理念。它要求在设计中尽量使每个零部件具有相同或相似的使用寿命。就装箱机而言，某种重要组成模块应具有较长的寿命，而易于损坏的模块要易于更换，对于一些关键部件以及涉及到安全性的模块在设计时应考虑设计成可维修、便于检测的结构。

4. 智能化、多功能

智能化、多功能是现代化全自动装箱机的特点。智能化全自动装箱机采用高速分配装置，适用于各种容器，如塑料扁瓶、圆瓶、不规则形瓶，各种大小玻璃圆瓶、椭圆形瓶，方形罐及纸罐等，同时也要适用于带隔板的包装箱。一般都是由瓶夹（内置橡胶，以防损伤瓶体）夹住瓶体（每组数量为一箱或者两箱），放入打开的纸箱或者塑料箱中，当抓头抬起时，将纸箱推出，送至封箱机。装箱机还应设有缺瓶报警停机、无瓶不装箱等安全装置。整体上要体现如下的特点：根据装箱要求，能自动实现产品整理排列，设计简洁，结构紧凑，可适用于多种产品装箱，适合与包装流水线配套使用，移动方便，电脑程控，操作简单，动作稳定。瓶类、盒类、袋类、桶类等各种包装形式经过调整可以通用。

第二节 集装工艺及设备

集装工艺指将许多小件的有包装或无包装货物通过集装器具集合成一个可起吊和叉举的大型货物，以便使用机械进行装卸和搬运作业。集装器具按照形态可以大致划分为捆扎集装、集装架、集装袋、集装网和集装箱五大类。集合包装的目的是节省人力，降低货物的运输包装费用。

一、捆扎工艺及设备

捆扎通常是指直接将单个或数个包装物用绳、钢带、塑料带等捆紧扎牢，以便于运输、保管和装卸的一种包装作业，是包装的最后一道工序。目前，国外常用的捆扎材料有钢、聚酯（PETP）、聚丙烯（PP）和尼龙（PA）四种，国内最常用的还是聚丙烯带和钢带，聚丙烯带成本低，来源广，捆扎美观牢固，逐渐成为国内一种主要的捆扎材料。

（一）捆扎带

捆扎带的主要性能包括：

（1）强度　捆扎带的强度以断裂强度（N）和抗拉强度（MPa）来衡量，根据包装件的载荷和强度可作适当的选择。

（2）工作范围　工作范围指的是捆扎带所承受拉力的最大值和最小值，一般捆扎带在工作范围内所能承受的拉力为断裂强度的40%～60%。

（3）持续拉伸应力　捆扎带受拉力后在带内将产生拉伸应力，并要在一定时间内保持该应力不变，保持性最好的是钢带，其次是聚酯和尼龙带。

（4）延伸率与回复率　延伸率是指捆扎带承受拉力后伸长的程度，用百分比来度量；回复率是指拉力去掉后，捆扎带缩回的延伸量，单位为mm。对三种塑料捆扎带来说，尼龙带回复率最高，其次是聚丙烯带和聚酯带。

以最直接影响捆扎带包装性能的捆扎材料特性为标准，四种捆扎带质量比较如表4-2所示。

表4-2　常用捆扎带质量比较表

捆扎带材料	断裂强度（0.5×0.02in或13×0.5mm）	张力的工作范围	持续张力	伸长回复率	耐热性	耐湿性	处理的难易程度
聚丙烯	中等	最小	中等	中等	中等	高	优
聚酯	中等	中等	良好	中等	中等	高	优
尼龙	中等	中等	良好	高	良好	低	优
钢	最高	最大	最高	忽略	优秀	高	中等

（二）捆扎带的应用

（1）钢捆扎带　钢带多用于要求高强度、高持续拉伸应力的包装件捆扎，如捆扎重型包装件或将包装件固定在火车车厢或拖车上。它能牢固捆扎刚体型和压缩型的包装件，并能抵抗日光、高温和酷冷的环境，但容易生锈。

（2）尼龙捆扎带　尼龙捆扎带用于捆扎重型物品和收缩型包装件，它具有较高的持续性拉伸应力和延伸率与回复率，但在塑料捆扎带中价格较贵。

（3）聚丙烯捆扎带　用于较轻型包装件捆扎和纸箱封口。其持续拉伸应力稍差，而延伸率与回复率较高，成本较低。

（4）聚酯捆扎带　用于要求在装卸、运输和储存中保持捆扎拉力的刚体型包装件的捆扎。

（三）捆扎工艺流程

捆扎工艺流程是不论手动和机动捆扎，在捆扎前均要将捆扎带缠绕在包装物的高度方向，缠绕1～3道十字或井字形，接着通过扎紧或热黏合的方式连接捆扎带的两端。最后将捆好的包装物输出。对塑料捆扎带两端一般通过热黏合的方式连接。

自动捆扎由送带、收紧、切烫、粘接四个工艺组成，捆扎工艺过程如图 4-17 所示。

（1）送带［图 4-17（a）］　当捆扎带 2 的自由端碰到微动开关 1 时送带停止。

（2）收紧［图 4-17（b）］　当第一压头 5 压住带的自由端时，送带轮 6 反转，收紧捆扎带。

（3）切烫［图 4-17（c）］　第二压头 3 上升压住捆扎带收紧端，且加热板 8 进到捆扎带间加热捆扎带。

（4）粘接［图 4-17（d）］　加热达到要求后加热板 8 退出，同时封接压头 4 上升，切断捆扎带并对捆扎带进行加压熔接，冷却后得到牢固的接头。

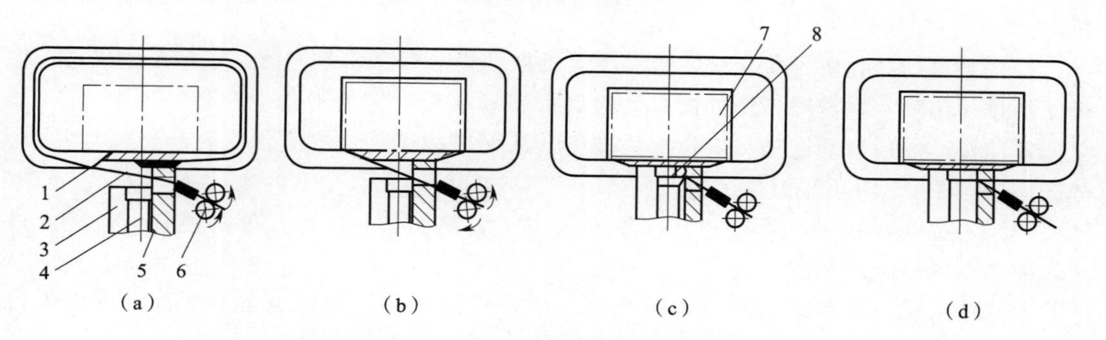

图 4-17　捆扎机工艺过程示意图

1—微动开关　2—捆扎带　3—第二压头　4—封接压头
5—第一压头　6—送带轮　7—包装箱　8—加热板

（四）捆扎机械

捆扎机是使用捆扎带捆扎产品或包装件，然后收紧并将捆扎带两端通过热效应熔融连接的机器，图 4-18 给出了几种常见的捆扎机械。

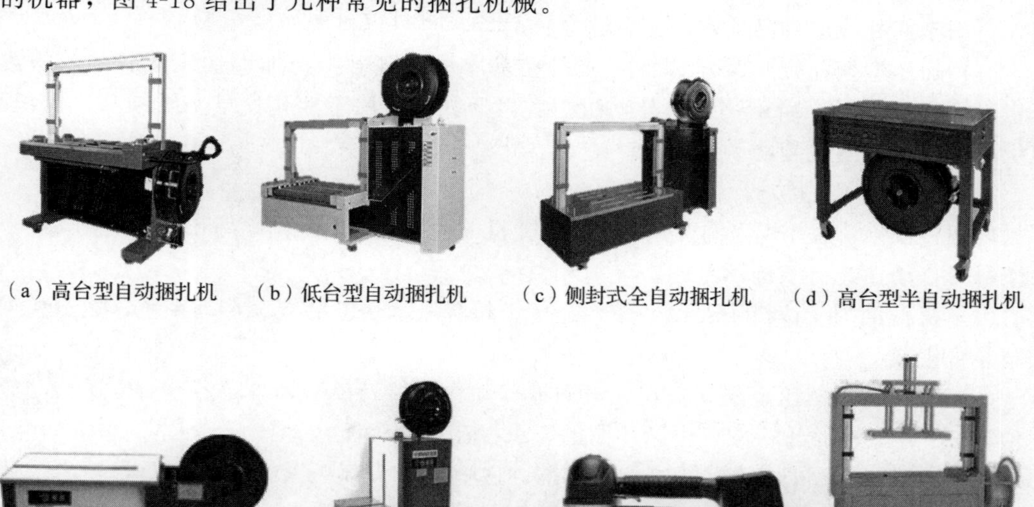

图 4-18　几种捆扎机械

1. 捆扎机的分类

捆扎机的分类方法较多，按自动化程度可以分为全自动捆扎机、半自动捆扎机和手提式捆扎器；按捆扎带材料可以分为绳捆扎机、钢带捆扎机、塑料带捆扎机；按结构特征可以分为立式捆扎机、卧式捆扎机、台式捆扎机。

(1) 全自动捆扎机　全自动捆扎机又叫全自动打包机，它是所有捆扎设备中自动化程度最高、工作效率较高的一种设备，如图 4-18 (a) ～图 4-18 (c) 所示。捆扎中的送带、收紧、切烫、粘接流程均自动完成，打包带用尽时需要手动更换，将打包带带头插入带口后，捆扎带自动充满带仓。全自动捆扎机可以适应各种环境，性能非常稳定，使用寿命长，且维修方便，工作效率非常高，也节约了人力成本，但就机器本身来说，造价比较昂贵。

(2) 半自动捆扎机　将包装物放在半自动捆扎机上，靠紧阻挡器，用手抓住带头，将带子绕过捆包物，顺着插带槽处插入，机器即自动捆包，完成退带、拉紧、切带、烫带、复原等动作，然后自动送出一定长度的带子，从而完成了一次捆扎的全过程，循环往复，如图 4-18 (d) ～图 4-18 (f) 所示。

(3) 手提式捆扎机　手提式捆扎机有人力、气动、电动三种，价格便宜，适合产量小，需移动的场合，如图 4-18 (g) 所示。

(4) 高台式、低台式、侧封式捆扎机　捆扎机按照外形结构也可分为高台式、低台式、侧封式捆扎机。

高台式捆扎机如图 4-18 (a)、图 4-18 (d) 所示，高台式捆扎机更适合小型物品、轻型物品的捆扎。低台式捆扎机如图 4-18 (b)、图 4-18 (e) 所示，工作台面较低，适用于捆扎大包、重包，如洗衣机、家具、棉纺制品、建材等。侧封式捆扎机如图 4-18 (c)、图 4-18 (f) 所示，捆扎接头为侧封式，适用捆扎大包、重包，侧封式捆扎接头可以防灰尘、防粉末，因此适用于粉尘较多的包装物。如果设备采用耐腐蚀材料，并进行防锈处理，适用于捆扎冷冻食品、水产品、腌制食品等，也可以供船舶使用。

(5) 加压型捆扎机　加压型捆扎机是在基本型的基础上，加设加压装置（气压或液压），如图 4-18 (h) 所示，对包装物压缩后再捆扎，适用于捆扎皮革、纸制品、针织品、纺织品等有弹性的包装物。

2. 自动捆扎机的结构

以塑料带自动捆扎机为例，介绍自动捆扎机的机械结构、工作原理和运作方式，图 4-19 为塑料带自动捆扎机结构示意图。

(1) 机械结构　该机主要由送带、退带、接头联接切断装置、传动系统、轨道机架及控制装置组成。

(2) 工作原理　压下起动按钮，电磁铁 5 动作，接通离合器 4，将运动传递给凸轮分配轴箱 2，分配轴的凸轮按工作循环图的要求控制各工作机构动作。

(3) 工作过程　首先第一压头 11 动作，将塑料带头部压紧，接着由凸轮控制一微动开关接通收带压轮电磁铁 16，使压轮把塑料带紧压在持续转动的收带轮 14 上，将导轨 8 内的塑料带拉下，捆到包装件上，再由凸轮推动二次收带摆杆 15 向右摆动，完成最终的捆紧功能。收回的塑料带均退入贮带箱 21 内的上腔中。这时第二压头 7 动作，压住塑料带的另一端的同时，舌板 18 退出，电热板 19 插入两带之间，随后第三压头 6 上升，剪刀

10 将塑料带剪断。

第三压头 6 继续上升时，两层塑料带被压与电热板 19 接触，保证接触面能部分熔融。然后压头 6 微降，待电热板 19 退出后，再次上升，把两层已局部熔化的塑料带压紧，使之粘合。经适当冷却后，第三压头 6 复位，面板 17 退出，处于张紧状态的塑料带紧束在包装件上，完成捆扎动作。此时，凸轮控制微动开关 9 发出送料信号，电磁铁 12 动作，使压轮把塑料带压在送带轮 13 上开始送带，当塑料带头部碰到微动开关 9 时，送带压轮电磁铁 12 断电，送带结束。

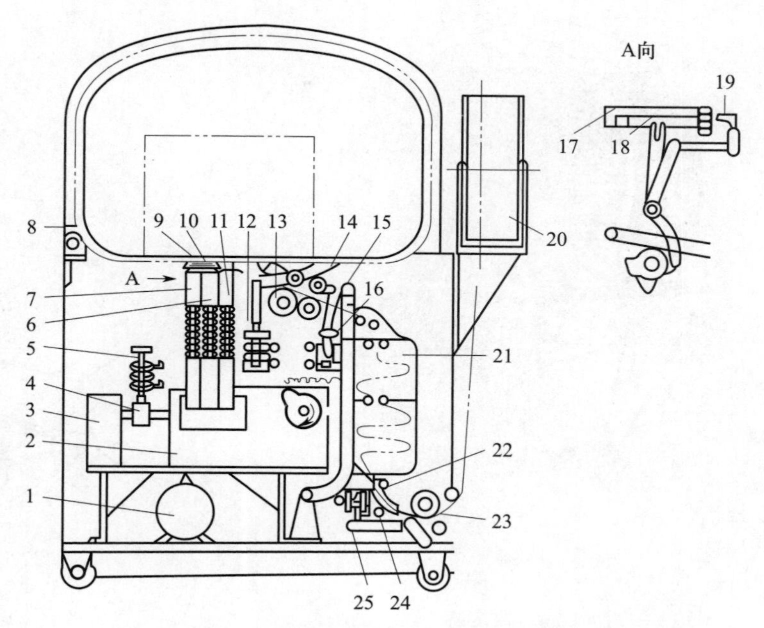

图 4-19　塑料带自动捆扎机结构示意图

1—电动机　2—凸轮分配轴箱　3—减速器　4—离合器　5—电磁铁　6—第三压头　7—第二压头　8—导轨　9—微动开关　10—剪刀　11—第一压头　12—送带压轮电磁铁　13—送带轮　14—收带轮　15—二次收带摆杆　16—收带压轮电磁铁　17—面板　18—舌板　19—电热板　20—带盘　21—贮带箱　22—跑道　23—预送轮　24—微动开关　25—预送压轮电磁铁

当带箱内的塑料带减少使塑料带处于张紧状态之后，跑道 22 将摆动，使微动开关 24 动作，电磁铁 25 使压轮把塑料带压在预送轮 23 上，带箱内塑料带得以补充。

3. 捆结机

捆结机是一种绳索捆扎机，它是用绳缠绕包装物，并自行捆紧、打结的机器，绳子常用材料有聚乙烯、聚丙烯、棉、麻四种。聚乙烯的应用最广，基本上取代了棉、麻等材料。捆结机一般用于捆绑轻量的物品。捆结机的外形如图 4-20 所示。

捆结机最核心的为打结机构，主要构件有压绳器、插入器、抬绳器、抬绳凸块、绳嘴、脱圈器、割刀等，打结机构部件图如图 4-21 所示。

压绳器 10 用来压住绳子的始端；插入器 13 用来将绳子送到绳嘴 2、3 附近位置，抬绳凸块 6 用来将压住后的绳子抬到绳嘴打结位置；绳嘴 2、3 相互配合用来完成打结时的主要工艺操作，即将绳子在绳嘴上缠绕成绳圈；脱圈器 4 用来脱下绳圈，使其成结；割刀 1 用来切断打结完成后的绳子。各主要构件间作有节奏的互相配合运动，完成整个打结过程。

图 4-22 为打结工艺过程示意图，打结过程如下：塑料绳通过送绳臂转动实现在物品表面的绕圈，如图 4-22（a）所示，可绕包装件 1～3 圈，插入器 1 将塑料绳 7 的尾端向右侧推移，如图 4-22（b）所示，从而收紧缠绕在物品上的塑料绳。结绳嘴 3 的上、下喙向前伸入插入器 1 的槽中，插入器 1 左移结绳嘴 3 即钩住塑料绳 7。如图 4-22（c）所示，抬

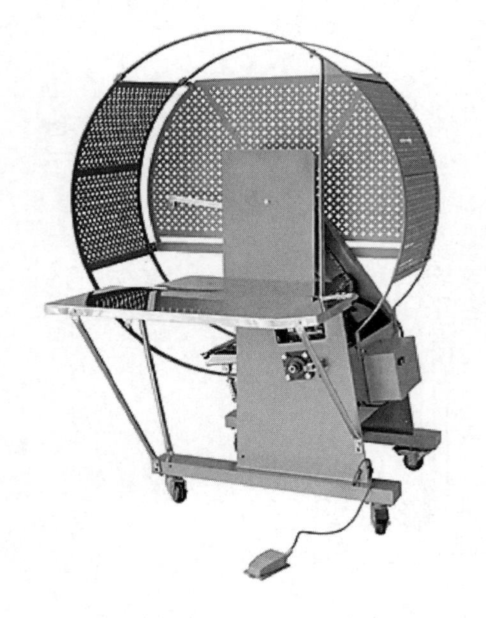

图 4-20　捆结机

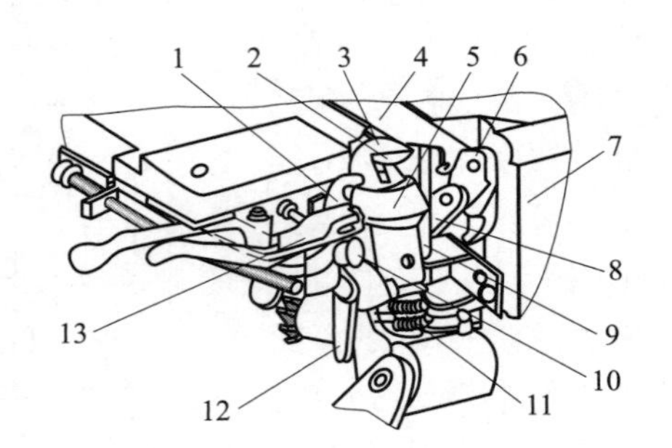

图 4-21　打结机构部件图

1—割刀　2—下绳嘴　3—上绳嘴　4—脱圈器　5—上下嘴闭合凸轮　6—抬绳凸块　7—主体　8—连杆　9—推杆　10—压绳器　11—锥齿轮　12—刀架摆杆　13—插入器

绳器 6 将绳子的起始端上提直到与塑料绳尾端接近，进一步收紧塑料绳即可将物品捆紧。随后，结绳嘴 3 绕其垂直轴旋转 180°。如图 4-22（d）所示使塑料绳绕在结绳嘴上。在开嘴凸轮作用下，结绳嘴下喙逐渐张开，当结绳嘴回转 360°时结绳嘴的上下喙恰好咬住塑料绳的端部。接着，如图 4-22（e）所示脱圈器 4 下降到结绳嘴上下喙的左右两侧挡住绳圈，结绳嘴的上下喙咬住塑料绳头后撤，促使绳圈从结绳嘴喙上脱出并收紧绳头。最后，如图 4-22（f）所示，割刀 2 向下摆动，将塑料绳割断后复位，从而完成打结的全过程。

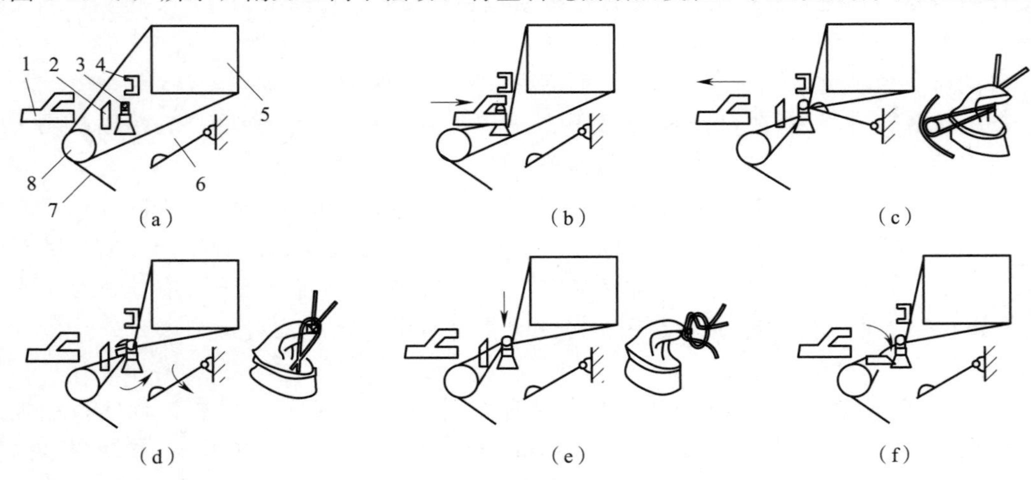

图 4-22　打结工艺过程示意图

1—插入器　2—割刀　3—结绳嘴　4—脱圈器　5—物品　6—抬绳器　7—塑料绳　8—压绳器

二、集装箱及相关机械设备

集装箱是一种综合性的大型周转货箱，也是集装包装产品的大型包装容器之一。集装箱运输具有其他运输方式不可比拟的优越性，已成为全球范围内货物运输的发展方向。

国际标准化组织 ISO/TC 104 集装箱技术委员会对集装箱定义为：能长期重复使用，具有足够的强度；途中转运，不移动容器内货物，可直接换装；可进行快速装卸，并可从一种运输工具直接方便地换装到另一种运输工具上；便于货物的装满和卸空；具有 $1m^2$ 以上容积的运输容器。

（一）集装箱类别

集装箱分类方法很多，按材质分为铝制集装箱、钢制集装箱和玻璃钢制集装箱；按结构分为柱式集装箱、折叠式集装箱、薄壳式集装箱和框架集装箱；按用途分为通用集装箱和专用集装箱。通用集装箱是使用最广泛的集装箱，标准化程度很高，一般用于运输不需要温度调节的成件工业产品或包装件，专用集装箱是针对具体包装件或货物有特殊要求的集装箱，如散装集装箱、开顶集装箱、侧壁全开式集装箱、冷藏集装箱、保温集装箱、通风集装箱、罐式集装箱和围栏式集装箱。

散装集装箱如图 4-23 所示，用于运输散装的粉状和粒状货物，顶端的进货口设有密封性能良好的防水盖，卸货口在箱尾，内壁用木板作为内衬，箱底铺设玻璃底板以提高滑动性和便于清洗。

开顶集装箱如图 4-24 所示，结构特点为顶盖可拆卸，用于运输玻璃和机械设备等体积大或重量大的货物。保温集装箱的箱壁用导热率低的发泡聚苯乙烯作内衬保温层，在端壁或者端门上设有若干个通风口，并在通风口上装有可开闭的百叶窗，使箱内温度基本保持不变，用于运输对温度变化敏感和不允许升温的货物。

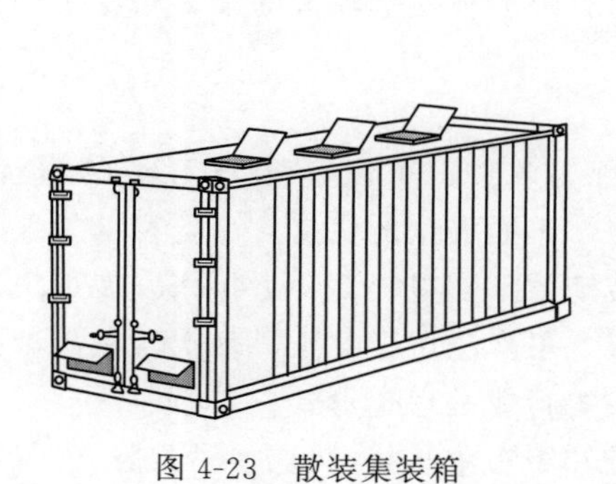

图 4-23　散装集装箱

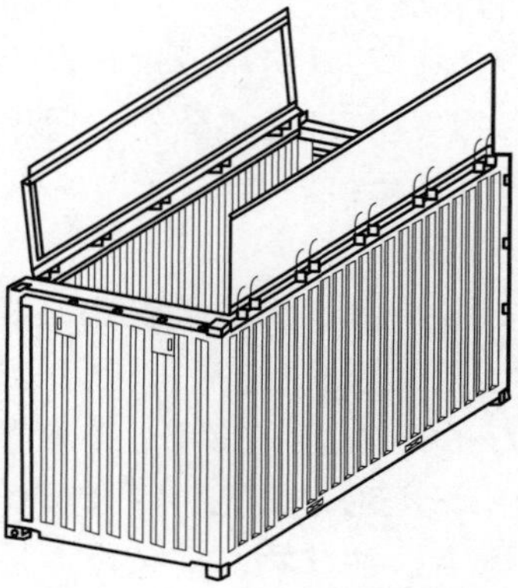

图 4-24　开顶集装箱

通风集装箱如图 4-25 所示，在侧壁和端壁上有 4～6 个通风口，用于运输原皮货、新鲜食品以及易腐食品等需通风的货物。

侧壁全开式集装箱如图 4-26 所示，其端门、右侧壁全开，适宜用叉车快速装卸作业。板架集装箱为活动箱顶，活动侧壁，适宜于运输不怕暴露的货物。

罐式集装箱如图 4-27 所示，适用于运输液体食品和液态或气态化工产品。

图 4-25 通风集装箱

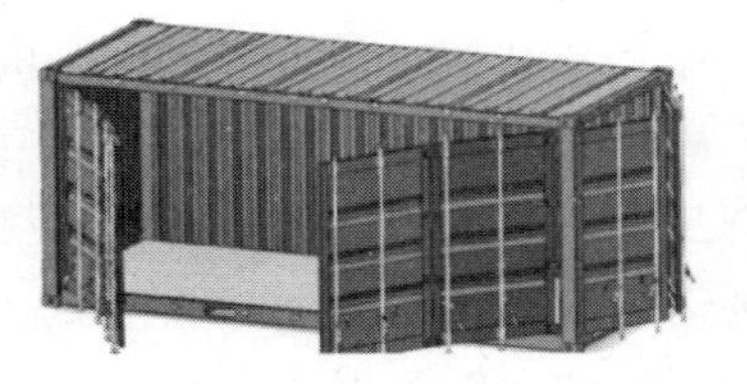

图 4-26 侧壁全开式集装箱

(二) 集装箱运输及装卸

图 4-27 罐式集装箱

集装箱的水平运输机械主要为集装箱牵引车，它主要用于港口码头、铁路货场与集装箱堆场之间的运输。集装箱牵引车具有牵引装置、行驶装置，但自身不能载运货物，其内燃机和底盘的布置与普通牵引车大体相同，只是集装箱牵引车前后车轮均装有行走制动器，是专门用于拖带集装箱挂车或半挂车（两者组合成车组）长距离运输集装箱的专用机械。

集装箱的装卸机械主要有门式起重机、集装箱正面吊运机、岸边吊桥、叉车。门式起重机分为轮胎式龙门起重机和轨道式龙门起重机。轮胎式集装箱龙门起重机是大型专业化集装箱堆场的专用机械，装卸标准集装箱，它不仅适用于集装箱码头的堆场，同样也适用于集装箱专用堆场。龙门架支承在弹性橡胶轮胎上，在码头堆场上既可以直线行走又可转弯行走，可以从一个堆场转移到另一个堆场进行装卸作业，小车在门架上移动和升降，实现装卸作业。轨道式集装箱龙门起重机是通过行走轮在轨道上的移动，配有可伸缩吊具，在集装箱堆场的规定范围内起吊、堆放集装箱，适用于堆场面积有限和吞吐量较大的集装箱专用码头。

(三) 其他集装器具

1. 集装袋

集装袋是一种大型的柔性集装器具，也被称为吨袋，可以集装 1t 以上的粉状货物，广泛应用于储运粉粒状产品，具有防尘、耐辐射、牢固安全的优点，而且在结构上具有足够的强度。由于集装袋装卸、搬运都很方便，装卸效率明显提高，近年来发展很快。集装袋一般多用聚丙烯、填充料等聚酯纤维纺织而成。可广泛用于化工、水泥、粮矿产品等各类粉状、粒状、块状物品的包装，是仓储、运输等行业的理想形式。

常用集装袋有橡胶帆布袋、聚氯乙烯帆布袋和织布集装袋。帆布是用锦纶、维纶或涤纶等强力合成纤维织成基布，其上涂以橡胶或聚氯乙烯而制成，故阻隔性优良，耐酸、耐碱、防水、防潮，能经受恶劣气候环境的考验。橡胶帆布袋耐热、耐寒性良好，既可储运120℃高温的货物，也能在－30℃的低温气候条件下使用，其使用寿命长达 8 年。聚氯乙烯帆布袋重量轻、易制作、价格低，但耐候性差，在 70～80℃时变软，－10℃以下急剧硬化，使用寿命为 3～5 年。织布集装袋多用丙纶或维纶、锦纶、涤纶等织成，成本比塑料帆布袋大约低一半，特别适合于出口包装的一次性使用袋。这种集装袋耐候性较好，但阻气性稍差，使用寿命可达 3 年以上。

集装袋在分类上可以按照结构形式分为圆筒形集装袋、方形集装袋等。圆筒形集装袋如图 4-28 所示，它上有进料口，下有出料口，采用系紧带密封，装料和卸料都很容易，而且设有吊索，装料后可以吊钩起吊，操作方便。这种集装袋密封性好，强度较高，破包率几乎为零，成本低，可以长期周转使用。空集装袋重量轻、体积小，回收时占用的空间很小。方形集装袋的袋体是长方形，其余部分与圆筒形集装袋基本相同，相同容量的方形集装袋比圆筒形集装袋在高度上可降低大概 20%，提高了堆码稳定性，但制袋所用材料并没有节省。方形集装袋可以重复使用，但更多的是一次性使用。

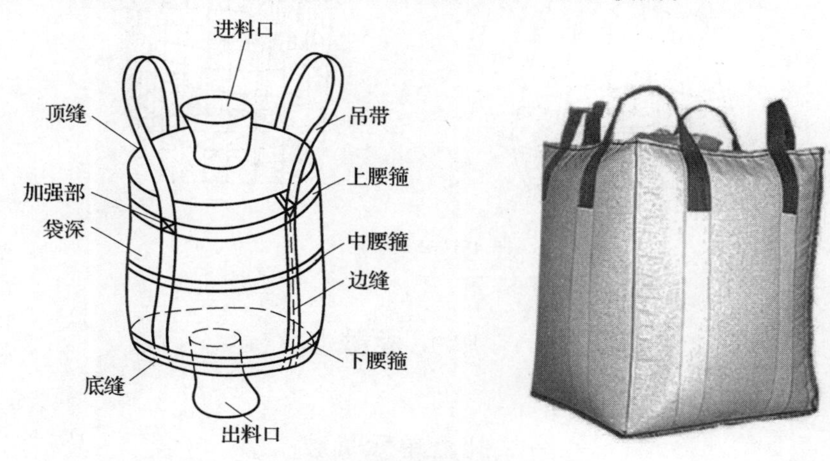

图 4-28　集装袋各部分结构示意图

2. 集装架

集装架是一种框架式集装器具，强度较高，特别适合于结构复杂、批量大的重型产品包装。在实际的货物流通过程中，有些产品批量很大，但形状很复杂，不能采用托盘包装。对于这类产品，通常采用钢材、木材或其他材料制作框架结构，其作用是固定和保护物品，并为产品集装后的起吊、叉举、堆码提供必要的辅助装置。集装架可以长期周转复用，与木箱包装相比可节省较多的包装费用，而且可以提高装载量、降低运输费用。图 4-29 是内齿轮集装架，两个集装架采用简单重叠式堆码；图 4-30 是柴油机集装架，每个集装架内装 4 台柴油机。

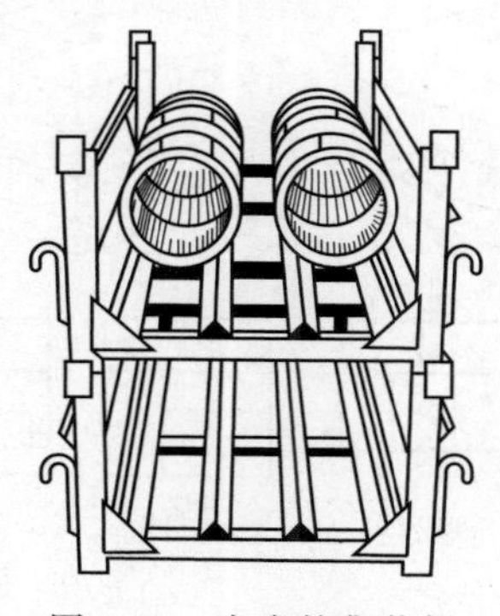

图 4-29　内齿轮集装架

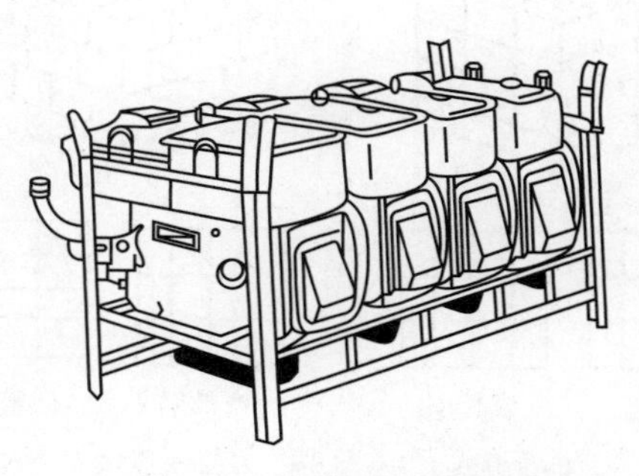

图 4-30　柴油机集装架

3. 集装网

集装网也是一种柔性集装器具，可以集装 1～5t 的小型袋装产品，如粮食、土特产、瓜果、蔬菜等。集装网重量轻，成本低，运输和回收时占据的空间小，使用很方便。常用的集装网有盘式集装网、箱式集装网，如图 4-31 所示。盘式集装网由合成纤维绳编织而成，强度较高，耐腐蚀性好，但耐热性、耐光性稍差。箱式集装网的网体用柔性较好的钢丝绳加强，钢丝绳的四个端头设有钢质吊环，强度高、刚性大、稳定性好。

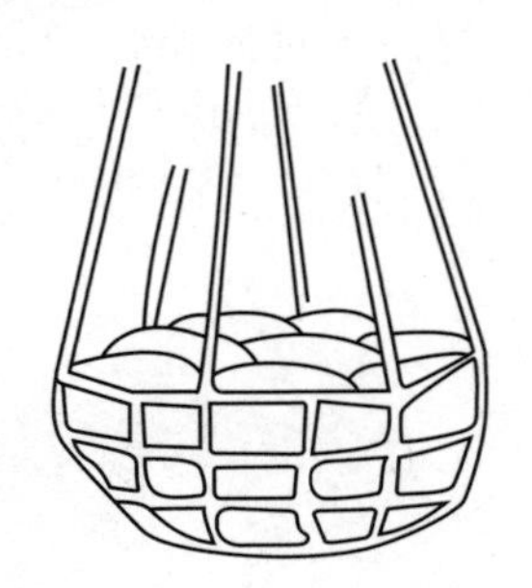
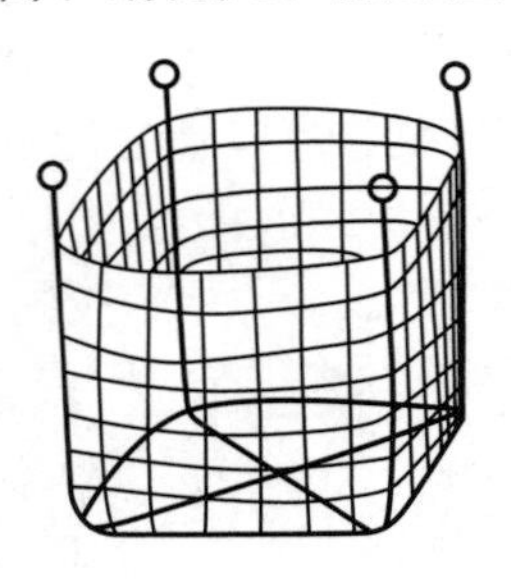

图 4-31　集装网

第三节　单元货载与贮运

一、托盘单元货载

单元货载是单元货物与托盘组成的整体，将包装件组合码放在托盘上，加上适当的固定，以便于机械装卸和运输。托盘属于集合包装范畴，是集合包装过程中最基础的载具，是用于集装、堆码、运输货载的基本单元，适合现代机械化物流操作以及仓储管理，可以大幅提高货物的运输效率，降低运输成本。按照生产托盘所用材料来分，有木质托盘、塑料托盘、金属托盘、木塑托盘、纸托盘等。

（一）托盘堆码方式

托盘堆码方式有四种，即简单重叠式、正反交错式、纵横交错式和旋转交错式，如图 4-32 所示。

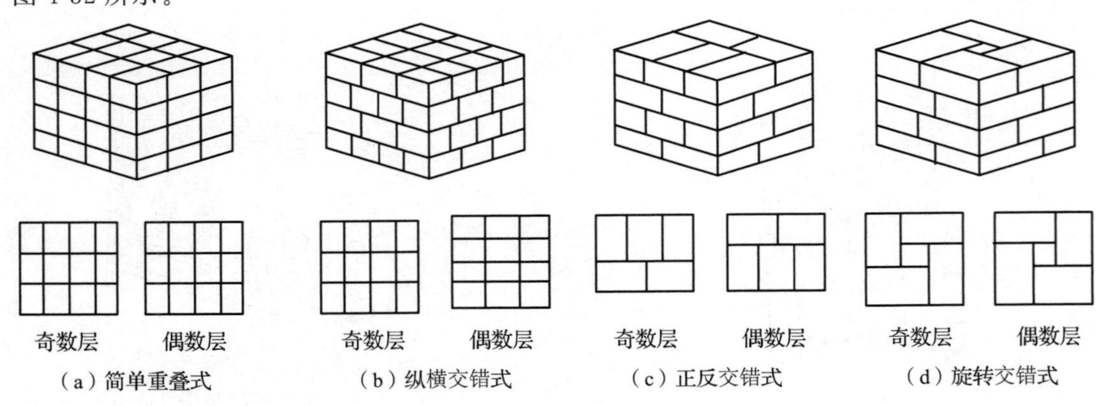

图 4-32　托盘堆码方式

简单重叠式，即各层码放方式相同，上下对应，简单快捷，操作速度快，但要求底层货物的耐压强度高，同时稳定性不高，各层之间缺少相互作用，只有垂直方向的重力作用容易坍塌。所以在实际操作之中，一般会选择底部有足够的稳定性同时加上各种紧固方式，以保证码垛整体有足够的稳定性。

纵横交错式，即相邻两层货物的摆放旋转 90°，一层横向放置，另一层纵向放置，保持奇偶数层的码垛方向不一致，层与层之间存在一定的咬合效果，多用于正方形托盘，适合自动码垛车操作。

正反交错式，即同一层中，不同列的货物呈 90°垂直码放，相邻两层的货物码放形式是另一层旋转 180°的形式。类似于房屋建筑的砌砖方式，这种码放方式不同层之间的咬合程度高，相邻层之间不重缝，稳定性很高，但因为包装体之间不是垂直相互承受载荷，从而产生上部与下部受力不均匀的现象，货物容易被压坏，需要货物有足够的承压强度。

旋转交错式，即在每层堆码之时，相邻的两个包装体互为 90°，而两层之间的码放又相差 180°，使得两层之间相互咬合交叉，稳定性很好，但是码放难度较大，机械装填效率低，同时中央部位易形成空穴，降低了托盘的表面利用率。

（二）托盘紧固方式

货物码放在托盘上以后，往往会采用各种紧固方式加以固定，在运输的过程中，保持整个托盘单元的稳定。一般有捆扎、粘合、网罩紧固、外加紧固件、收缩薄膜紧固和拉伸薄膜紧固等方法。

捆扎是在托盘货物的周围用打包带或者绳索进行紧固；粘合是指在货箱之间涂胶使得上下货箱黏合；网罩紧固多用于航空运输，将托盘与网罩结合起来，将网罩下端的金属扣与托盘周围的金属扣相扣，以固定货物；外加紧固件一般是指加框架或者金属卡具，框架是指将板式的木板、胶合板或者瓦楞纸板加在托盘的四面和顶部，金属卡具是指在周转箱之间通过铆钉固定；热收缩薄膜是指将热收缩塑料套在码放好的货物之上，再进行热收缩，使货物与托盘紧固成一体；拉伸包装是用拉伸薄膜将货物与托盘一起缠绕裹包形成集装件，一般只进行四面封，顶部不封口。

（三）托盘塑膜拉伸包装工艺及设备

1. 托盘塑膜拉伸包装工艺

根据薄膜幅面不同，拉伸包装工艺方法有两种：

（1）整幅薄膜包装法　用于与托盘货物高度一样或更宽一些的整幅薄膜包装。这种方法适合包装形状方正的货物，优点是效率高而且经济。缺点是要使用多种幅宽的薄膜。

（2）窄幅薄膜缠绕式包装法　薄膜幅宽一般为 50～70cm，包装时薄膜自上而下以螺旋线形式缠绕货物，直至裹包完成，两圈之间约有 1/3 部分重叠。这种方法适合用于包装堆积较高或高度不一致，以及形状不规则或较轻的货物。对于不同大小的产品而言，只需要一种规格的拉伸膜。

2. 托盘塑膜拉伸包装设备——托盘缠绕裹包机

托盘缠绕裹包机是将大量的散件货物或单件货物与可参与仓储物流的托盘包装成为一个整体的包装机械产品，基本原理为将可拉伸的缠绕薄膜用缠绕力乘以缠绕层数，可得到一个总紧固力，这种对不同产品的适当的紧固力将保证托盘包装在运输中的稳定性，同时薄膜及其他防护材料可起到防水、防潮、防尘等防护作用。

(1) 分类　根据机型结构可分为转盘型和旋臂型。

① 转盘型　转盘式机型有三部分构成，即立柱、转盘和薄膜卷辊滑架，薄膜卷辊滑架固定在立柱一侧。包装时，物货放置在转盘上，由转盘旋转，薄膜卷辊滑架沿垂直方向上升和下降，使薄膜以螺旋状方式对货物进行四面体缠绕裹包。转盘式机型包装方式比较适用于普通货物的包装。

② 旋臂型　旋臂式机型有三部分构成，即立柱支架，旋转臂和薄膜卷辊滑架，薄膜卷辊滑架固定在旋臂上，包装时，货物放置在地上或传送带上，处于静止状态，由旋转臂旋转，薄膜卷辊滑架沿垂直方向上升和下降，使薄膜以螺旋状方式对货物进行裹包，旋臂式机型包装方式速度高，适用于包装过重及过高的不稳定货物，以及配套高速生产线。

(2) 特点　缠绕包装机械生产结构稳固。缠绕包装可以有效的保护产品在仓储以及运输环节避免损坏，拉伸缠绕的包装方式较其他包装方式相比有效的节约了成本，减少了货物输出时间。缠绕包装可有效地提高物流和仓储效率，托盘可被快速方便装卸，有效降低劳动成本。

(四) 托盘薄膜套包工艺及设备

1. 托盘薄膜套包工艺

把收缩薄膜套包在承载物品的托盘上有两种方式：① 罩套方式把封口的薄膜由上而下套入或水平套入，前者称为楔形袋纵向套包，后者称为平底袋横向套包，前者外观良好，后者扎紧度高。② 包卷方式托盘上部不用薄膜封住，只包卷四周。

在套包货物时，罩套的尺寸要比货物周长大 200mm 左右。另外，为了能使薄膜紧紧地包住托盘底部，要超过托盘下端 160～200mm。托盘底部四角必须要裹紧，这是固定货物不可缺少的条件。

2. 托盘薄膜套包设备

薄膜套包一般都使用大型的框架式设备，图 4-33 所示为托盘套膜包装机原理图。

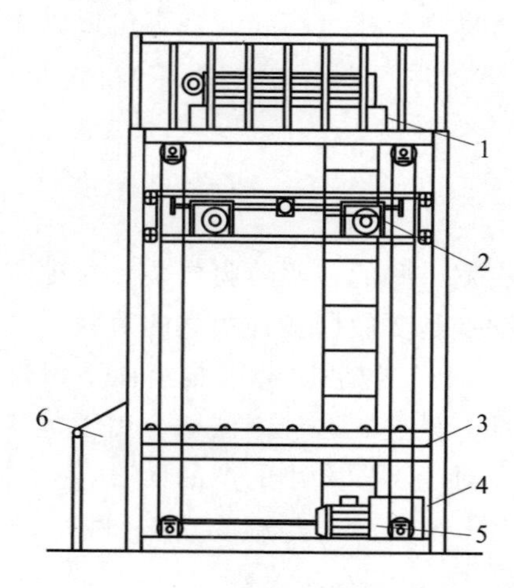

图 4-33　托盘套膜包装机原理图

1—送封切膜机构　2—开拉膜机构

3—套膜升降机构　4—货物传送机构

5—电气控制机构　6—机膜架机构

托盘套膜包装机，包括机膜架机构、送封切膜机构、开拉膜机构、套膜升降机构、货物传送机构和电气控制机构，机膜架机构安装在与上下传送线连接处，送封切膜机构安装在机膜架机构的上方，开拉膜机构安装在送封切膜机构的下方，套膜升降机构安装在机膜架机构两侧的平面上，货物传送机构安装在机膜架机构的下端，电气控制机构与机膜架机构连接。该包装机采用卷筒状具有加热收缩性质的薄膜，例如 PE 薄膜，放在机膜架上，被包装物体从前端工位经光电检测停止在套膜工位，送封切膜机构通过放膜辊筒，压紧辊筒，自动将薄膜传至开拉膜工位，开拉膜机构上的吸膜口在前后运动气缸的驱动下前行将膜撑开，撑膜杆转动进入膜口，前后运动气缸后行将膜拉紧，夹板将膜夹紧，出风口向膜内吹风将膜鼓起，送封切膜机构通过切膜刀，热封刀将膜封口切断，套膜升降机构开始下行，将套膜沿被包装物体自上而下运动，行至下死点后，夹板松开夹膜，撑膜杆回转脱离膜口，完成一个被包装物的套膜工序。

二、贮　　运

（一）托盘码垛设备

1. 托盘码垛车

托盘码垛车是完成货物码放在托盘之上的专用机械，可按照要求的编组方式和层数，完成对料袋、胶块、箱体等各种产品的码垛。根据 JB/T 3341《托盘码垛车》，码垛车的基本参数通过自动控制的机械和各种传感器相互配合，编组站上推板装置按照码垛方式将产品堆码成整齐的一层，再进行码垛。通过电机及光电、接近传感器控制的输送板提升或下降作业高度；输送板运动至垛板上方，挡箱装置与输送板配合运动，将整层的产品整齐码放至托盘上，随后输送板返回，通过预设层数，重复进行码垛运动。

但随着更加高效能的仓库物流发展以及物联网技术的革新，现在的后端仓库对码垛车械进行了更新换代，将伺服技术和 PLC 可编程逻辑控制技术应用于机械手，同时结合视觉识别技术，开发出专用的码垛机器人，具有高功效、低能耗、调控便捷的优越性能，不再局限于复杂的机械实现方式。同时后续的捆扎工艺现今也越来越趋向于以自动缠绕包装机为基础，采用拉伸薄膜缠绕的方式固定托盘，既实现了后端工艺的自动化，又使托盘码垛包装的整体更为安全可靠。

2. 托盘拆垛机

拆垛机是将码放好的物料自动拆卸的机器，主要由许多辊子组成，辊子可以前后上下移动，最前面的辊子为起箱辊，与箱子最先接触，并将上层箱子抬起，然后辊子后退、下降，送走一层再一层，直至卸完为止。多用于卸瓶机上，用于卸装饮料、啤酒等。

3. 托盘机器人

托盘机器人是托盘堆码机和托盘拆垛机的功能集合，既可以在托盘上堆码，也可以将堆码在托盘上的货物拆卸下来。机器人依靠手部抓取货物，由安装在支柱上部的升降机构提升起来，随后支柱下部的转盘转动，将货物送到指定位置。主要包括手部、手腕、手臂、立柱、机座、升降机构、旋转机构、行走机构、驱动系统和控制系统。其中手部结构可以通过真空吸盘或者钳爪固定并提取货物。

4. 堆码优化

在堆码过程中，决定堆码数量的最直接因素就是托盘的质量，多年来，我国托盘尤其是木质托盘的设计理论方法还不够完善，质量方面还有所欠缺，尤其是基础设计参数。有限元法是一种采用电子计算机求解结构静态、动态力学特性等问题的数值解法。ANSYS 软件是融合结构、流体、电场、磁场和声场分析于一体的大型通用有限元分析软件。通过该软件可以对托盘的材料和结构进行有限元分析，优化设计，可靠性设计等。

（二）货物码垛设备

在传统码垛车械的基础上，经过物联网以及视觉捕捉系统的发展，出现了自动化码垛作业智能化设备，也称码垛机器人。该设备突破了传统码垛车械的局限性，更加具有灵活性，满足码垛作业时复杂的排布与动作，对减轻劳动强度、减少辅助设备资源、提高码垛效率、加快物流速度有着重要意义。

（1）码垛机器人的分类　码垛机器人通常按照结构分为：龙门式码垛机器人、悬臂式码垛机器人以及关节式码垛机器人，如图 4-34 所示。

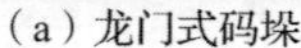
（a）龙门式码垛

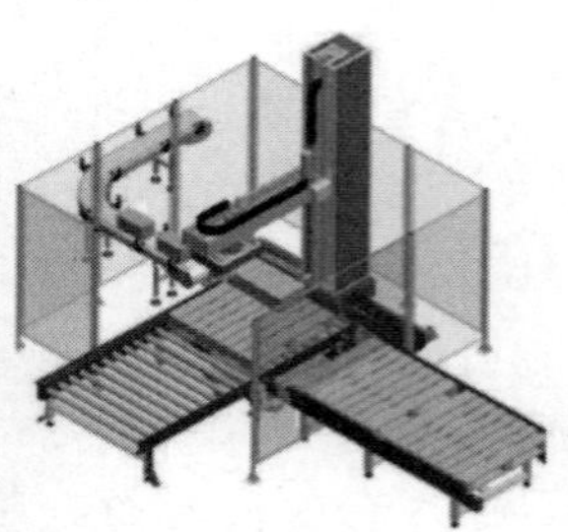
（b）悬臂式码垛

（c）关节式码垛

图 4-34　码垛机器人

龙门式码垛机器人是应用于大型生产线上，国内先进的码垛设备。坐标系由 X 轴、Y 轴、Z 轴组成，定位准确，承载能力大，稳定性优良。

悬臂式码垛机器人的驱动系统与龙门码垛机器人类似，都是采用 X、Y、Z 三个自由度方向运动，控制定位，但悬臂式码垛机器人的承载能力较小，适用于小型生产线。

关节式码垛机器人是最常见的码垛机器人，通常为四轴关节，也有五轴、六轴的设备，具有很高的灵活性，基本上能实现任何方向的移动和作业。

（2）码垛机器人的系统组成　常见的码垛机器人主要由操作机、控制系统、气体发生器、液压系统组成。控制柜通过控制气体发生器和真空发生器的进给，控制码垛机器人手爪实时的动作状态以及力的大小，手爪驱动多为气动，更加稳定，负载轻，易于实现。

（3）码垛机器人的末端执行机构　码垛机器人的末端执行机构是实现各种动作的关键，常见形式有吸附式、夹板式、抓取式、组合式。

① 吸附式。主要为真空吸附，常用于小型产品，比如医药、食品等。

② 夹板式。分为单板式和双板式。主要应用于整箱或者整盒的码垛，承载能力比吸附式的大。

③ 抓取式。抓取式比较灵活，适用于不同形状的袋装物料码垛。

④ 组合式。组合式手爪式通过组合以获得各单组手爪优势的手爪，灵活性很大，弥补了吸附式、夹板式、抓取式的不足。

（4）辅助设备

① 金属检测机。金属检测机用于检测在包装过程中混入的金属异物。

② 倒袋机。倒袋机是将输送线上输送过来的袋装码垛物通过特定的机构进行输送、倒袋等操作，以便码垛物按照流程进入后续工序。

③ 整形机。主要针对袋装码垛物的外形整形，经整形机整形后的袋装码垛物内的积聚物会均匀分散，使外形整齐，进入后续工序。

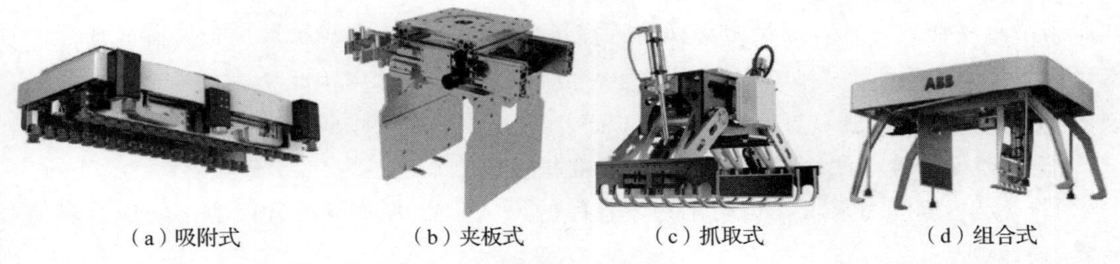

（a）吸附式　（b）夹板式　（c）抓取式　（d）组合式

图 4-35　末端执行器

④ 传送带。传送带是自动化码垛生产线上必不可少的一个环节，针对不同的场地条件可选择不同的形式。

（5）布局

① 一进一出。常用于场地相对较小，码垛生产速度较快的情况下，一般机器人位于托盘一侧，有机械手臂对输送线上的产品进行搬运。

② 一进两出。一条生产线输送产品，机器人左右两侧各放一个托盘，一侧装满输出，另一侧空托盘等待装盘，码垛效率比一进一出明显提高。

③ 两进两出。两进两出是两条输送线输入，都位于机器人一侧，两条码垛线输出，位于机器人两侧，码垛机器人自动定位抓取码垛物进行码垛。

④ 四进四出。四进四出系统一般配有自动更换托盘功能，主要应用于多生产线的中低等产量的码垛。

（三）自动导引搬运车（AGV）

采用 AGV 构成的自动化输送系统（AGVS）可将托盘进行自动化、智能化、柔性化的输送。AGV 模式是高柔性的托盘自动化输送系统。堆垛机器人与出入库口的输送站台相连接，AGVS 则与输送站台相连接。AGV 可以在计算机系统的自动调度下，自动从输送台上接收托盘以及货物，具有完善的智能化能源供给系统以及各种安全保障系统，仓储中小车占比空间很小，极大节省了仓储空间，并且通过计算机识别以及数据处理，存取托盘不会出错，物流效率大大提高。其作业流程为：① 成品放置托盘之上，并打上条形码；② 系统上传托盘的信息；③ 根据托盘信息，计算机指导 AGV 小车到达位置；④ AGV 小车驶向存货区，放置托盘，并上传存货的时间与位置；⑤ 收到订货单，由 AGV 小车前往存货区取托盘，并发送空位信息。

1. 分类

（1）列车型　由牵引车和拖车组成，犹如列车般，可进行拖挂组合，适用远距离小件产品运输。

（2）平板型　为方便人工装卸，多用于小件物品搬运，常用于物流供应链端。

（3）带移载装置　避免人工搬运物品，此类 AGV 小车常装有输送带或辊子输送机等装置，可实现无人自动化搬运。

（4）货叉型　类似于叉车起重机，具有大型货物比如托盘的自动装卸能力，常用于仓储系统。

（5）升降台型　可自动调节高度，一般用于装配行业，比如汽车主机厂等，改善工人操作环境。

2. 特点

对于具体的自动化仓库系统的托盘自动化输送系统的实施，需要根据实际具体问题具体分析。AGV 小车是近年发展的新产物，成本较高，尤其国内物流技术标准很不统一，因此在进行生产线系统设计时，要注意以下因素：

① 需要设计专门的输送带，托盘的标准化很重要，这是现代物流必要的技术基础。

② 满足运输能力需求，自动化立体仓库的出入库能力要与托盘自动化输送系统的运输能力相匹配。

第四节　典型产品应用与分析

一、汽车出口零部件纸箱包装工艺

（一）包装标准箱的确定

按照一般思维，在物流运输包装过程中，产品的尺寸对箱型尺寸的确定起着决定性的作用，但对于出口包装来说，集装箱以及托盘的尺寸也对箱型尺寸有着重要影响。在一般的出口包装公司中，内部会有对应出口国家的系列箱型，称之为包装基本模数。在包装设计之前，要根据集装箱的装箱率还有托盘的承重，选择合适的箱型。随后根据托盘的标准尺寸以及集装箱内部的层数，用分割的方法确定每个包装箱型尺寸是否合适。

（二）分析汽车零部件的特性

针对所要包装的对象进行特性分析是进行包装设计之前的首要环节，包括材料的结构特性、固有属性、外形尺寸、应力分析、市场特性以及客户的特殊要求等，只有在全面掌握零件的各方面特性的基础之上才能进行合理的包装设计，从而更好的保护产品，降低损耗率。

（三）掌握产品物流运输的环境特性

了解汽车零部件产品的物流运输环境是整个物流运输包装设计的重要环节。汽车零部件的出口包装，高温、高湿、高盐分是其最显著的环境特点，具体还要根据出口地的气候、地理以及运输条件来确定。只有在了解了产品特性以及运输环境以后，才能确定包装要求，进行合理的缓冲包装设计。

（四）运输包装件的设计

根据前期了解到的产品的基本特性以及运输条件，确定包装要求、包装材料、包装形式以及包装方法，进行缓冲包装设计。

（五）运输包装件的测试

运输包装件的测试，是包装设计完成后的重要环节，所设计的包装能否满足客户要求，能否达到所需要的防护标准都必须以测试为准，主要分为两种，一种为现场模拟测试，采用外部设备，模拟运输过程中可能发生的冲击振动等，成本较低，耗时较短；另一种为实地模拟测试，将产品按照发货要求装箱，进行实际路线测试，所需时间长成本高，一般出口件的实际测试不采用。

（六）包装件的评价与优化

可对经过测试的包装件进行优化，在分析产品特性、了解产品运输环境，结合测试数据以及相应软件分析数据的基础上，进行结构的优化设计，同时还要考虑成本的优化、人工的优化等。

二、汽车出口零部件纸箱包装设计原则

（一）保护原则

在汽车零部件出口包装中，变形、刮伤以及锈蚀是零件的主要破坏形式，主要原因包括冲击振动、摩擦和高温高湿环境。因此在包装设计的时候，保护性原则是首要的，重点在于固定产品零件以及营造良好的储存环境，使之不受外界干扰。

（二）降成本原则

在商品交易过程中，包装成本占了很大一部分，主要包括零件的单个包装成本和人工成本；降低零件的单个包装成本，需要提高包装箱的装箱率，如何在确定的箱型尺寸中，装尽可能多的零件，是降低单个零件包装成本的关键。人工成本需要我们在设计之时，充分考虑工人装箱时的便利性，要求尽可能使用简单的内衬结构，内衬最好一纸成型，方便装配。

（三）包装标准化原则

随着经济全球化的发展，各国贸易往来日渐增加，我国对于出口件的包装标准尺寸也日渐完善。所以在设计之前一定要查阅相应的国家标准和出口标准，方便以后物流及运输的相关尺寸配合，尤其是汽车零部件的种类繁杂，尺寸不一，更要在包装设计过程中，针对不同尺寸、不同形状的产品建立起一套可行的系统化、标准化的尺寸，有利于后期大批量生产以及包装容器的回收利用。

（四）集装化原则

汽车零部件出口通常走海运，采取集装箱远洋运输的方式，而且零件形状不一，不可能各自打包进行运输，而是采用集合包装的方法，包装在一个统一的标准化纸箱中，再放入集装箱中进行统一发货运输，这样不仅方便储存也提高了运输的效率。

（五）绿色包装原则

设计时，在满足基本防护要求的基础之上，采用绿色材料，尽量实现循环利用，比如托盘的租赁循环使用。同时还要注重使用后的绿色环保，尽量不要采用粘贴固定，不利于垃圾分类，增加后期包装处理成本。

三、汽车出口零部件标准选择

（一）托盘尺寸

汽车的零部件种类繁多，一辆车的零件多达一到两万个，且品种形状材质各不一样，因此要对汽车零部件分类且各自标准化。在标准化过程中，首先要做到的就是尺寸标准化，即通过对运输包装的尺寸以及货物流通中相关周转的所有空间尺寸进行标准规格化，从而提高物流运输效率，这不仅仅是汽车零部件包装的发展方向，也是整个包装行业的大趋势。其中，托盘作为一种最小的集装包装单元，首先应该标准化。托盘与储存的货架、搬运的产品、集装箱、运输车辆、卸货平台等有直接的关系，所以托盘的尺寸标准可以作为一种贸易保护壁垒，一般不会轻易变动。

根据 GB/T 2934《联运通用平托盘主要尺寸及公差》，我国平托盘的平面尺寸主要有1200mm×1000mm 和 1100mm×1100mm 两种，根据托盘搬运车用托盘叉孔高度，可将托盘分为高、低托盘及一般托盘三种，大于 100mm 为高托盘，95～100mm 为一般托盘，89～95mm 为低托盘。

BS ISO 6780 国际标准规定了六种标准托盘尺寸，分别为 1200mm × 800mm，1200mm × 1000mm，1219mm × 1016mm，1067mm × 1067mm，1100mm × 1100mm，1140mm×1140mm，托盘搬运车用托盘叉孔高度与我国标准一致，其中 1200mm × 800mm 为欧洲托盘标准，1100mm × 1100mm 为日本与韩国的托盘标准，1219mm × 1016mm 为美国托盘标准，出口至大洋洲的货物一般要选择 1140mm × 1140mm 或 1067mm×1067mm 两种方形托盘。

确定好托盘的尺寸以后要采用一定的整数分割或者组合分割的方法确定运输包装的尺寸。整数分割是指长宽分别除以一个整数，以确定长宽分别堆码几个产品，对于长宽比适当的产品，可以充分利用空间。组合分割是指利用产品的长宽组合来满足集装单元的尺寸，满足以下关系：

$$\begin{cases} x\times n=M \\ y\times m=M \\ x+y=N \\ n,m\ \text{为正整数} \end{cases} \tag{4-1}$$

或

$$\begin{cases} x\times n=N \\ y\times m=N \\ x+y=M \\ n,m\ \text{为正整数} \end{cases} \tag{4-2}$$

式中　n，m 为纵向或横向能够容纳运输包装尺寸的长或宽的个数，为正整数；

x，y为大于 200 的正整数。

当 $N\neq M$ 的时候，产品排列示意如图 4-36 所示，根据产品的长宽及载货基本单元的尺寸平均分割。

当 $N=M$ 时，产品排列示意如图 4-37 所示，为特殊分割，可以采用旋转交错的方式，对产品进行排布，以满足载货单元长宽 1∶1 的特殊情况。

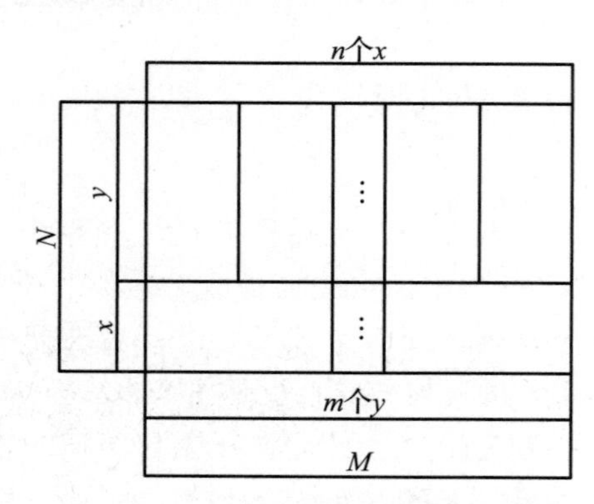

图 4-36　$N\neq M$ 时产品排布示意图

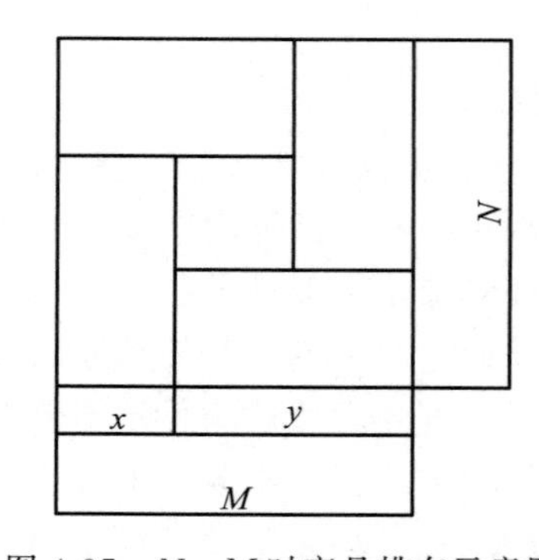

图 4-37　$N=M$ 时产品排布示意图

（二）提高集装箱的容积利用率

汽车零部件作为汽车工业产品，出口件一般都采用集装箱海运，因此一个集装箱的容积利用率对汽车零部件的运输成本有很大关联，表4-3是我国通用的集装箱尺寸。

表4-3　　通用集装箱尺寸表

名称	尺寸 / 品名	20	40	40HQ
		单位 m	单位 m	单位 m
外部尺寸	长度	6.058	12.192	12.192
	宽度	2.438	2.438	2.438
	高度	2.591	2.591	2.896
箱内	长度	5.899	12.032	12.032
	宽度	2.352	2.352	2.352
	高度	2.393	2.393	2.698
	宽度	2.34	2.34	2.34
开门尺寸	高度	2.28	2.28	2.585
最大载量		21780kg	28700kg	26580kg
Ford最大载重		小于17000kg	小于20000kg	小于20000kg

四、汽车出口零部件包装实例

（一）电泳件包装

1. 零件特性

电泳件指的是表面要求特别高，不允许在运输过程中有任何剐蹭的零件。在此以底盘加强件为例，三维建模如图4-38所示，整体尺寸为1222mm×248mm×50mm，质量为2.486kg，表面不允许有刮伤，上方有诸多小的元件凸起，不能受碰撞。同时零件长度较长，厚度较薄，最薄的地方仅1.5mm，在运输过程中极易弯曲。

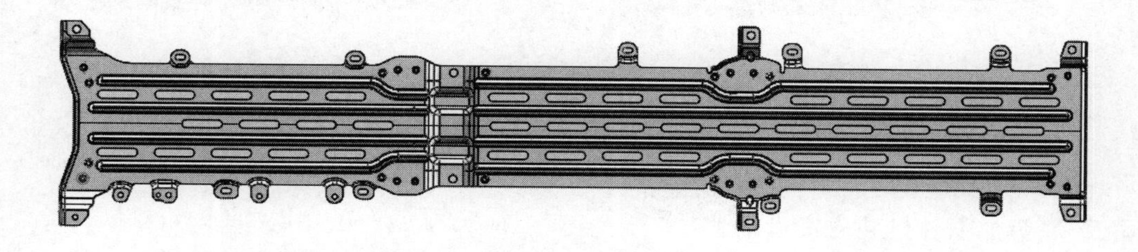

图4-38　底盘加强件

2. 常见的损坏形式

底盘加强件是车身底部重要的钣金件，主要的损坏形式为变形和刮伤，由于其为片材且长度较长，尤其容易变形，而且为表面易损伤的金属制品，在流通过程中，也有可能因环境温度和湿度的原因，产生锈蚀，增加损耗率。

3. 箱型确定

根据零件的尺寸，选择该尺寸箱型，箱型内尺寸为1463mm×774mm×390mm，托盘为定制托盘，尺寸为1490mm×800mm×132mm。为节省箱子在集装箱中的空间，可以采用箱型和托盘相互配合，节省高度上的空间，结构如图4-39所示，纸箱下部共有四个支撑脚，与托盘四角相互配合，同时四个直角上部位箱内弯折，通过木条固定，加强支撑。如此，纸箱同托盘可以很好固定，外部可以减少缠绕包装等二次包装，完成包装以后的总体尺寸为1490mm×800mm×544mm。

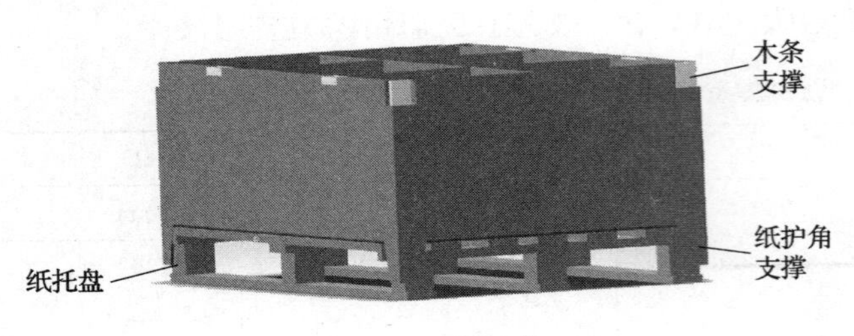

图4-39　纸托盘

4. 受力分析

利用ANSYS Workbench对底盘加强件进行静力学分析，在零件上表面施加100Pa的压力，结果如图4-40所示，图4-40（a）为总变形位移图，图4-40（b）为等效应变图，图4-40（c）为等效应力图。通过静力分析图可以发现，底盘加强件在运输过程中，上表面受力时，零件四边最为脆弱，尤其是零件两端的小支架，在包装设计时，要特别注意保护。

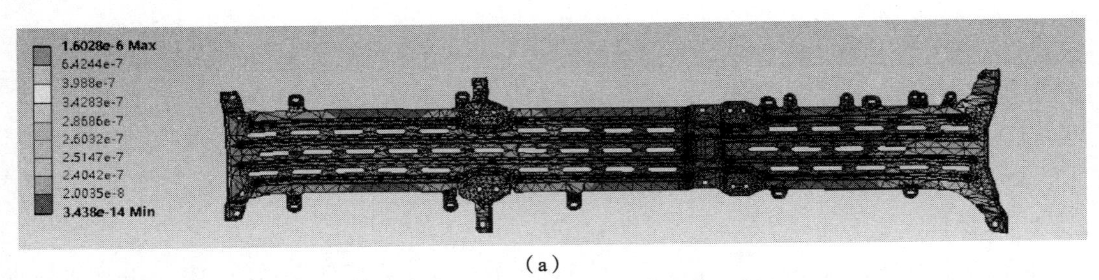

（a）

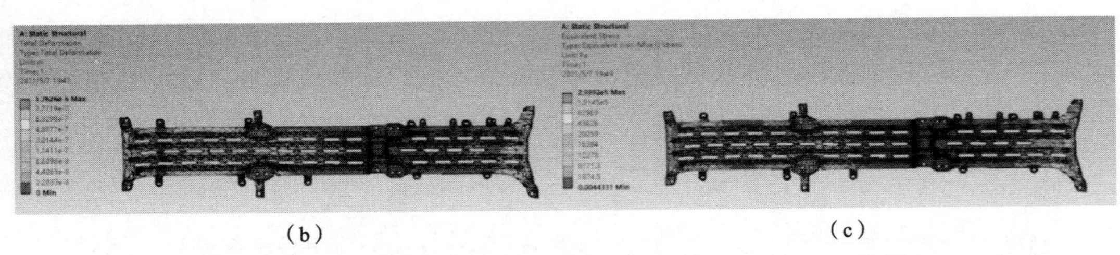

（b）　（c）

图4-40　底盘加强件有限元分析

（a）总位移图　（b）等效应变图　（c）等效应力图

5. 底盘加强件包装方案设计

为最大化利用箱子的空间，本设计方案采用单元集合包装的方法，即在箱子内部用小的包装单元包装零件，分为5件装和11件装，然后将小的包装单元码放在箱子中，分为两层。总体结构如图4-41所示，第一层为三箱5件装，第二层为三箱11件装，一箱共装48件产品。5件装结构如图4-42所示，11件装结构如图4-43所示，根据在箱中放置位置来看，5件装为平躺放置，前后端以及中间用EPS塑料衬垫固定，外面通过两个盒套，左右固定，由于盒套在三个自由度方向都有固定，因此EPS衬垫与盒套不需要任何粘贴。11件组装为竖直放置，同样前后端及中间用EPS塑料固定，上下用盒套固定，原理同5件装。

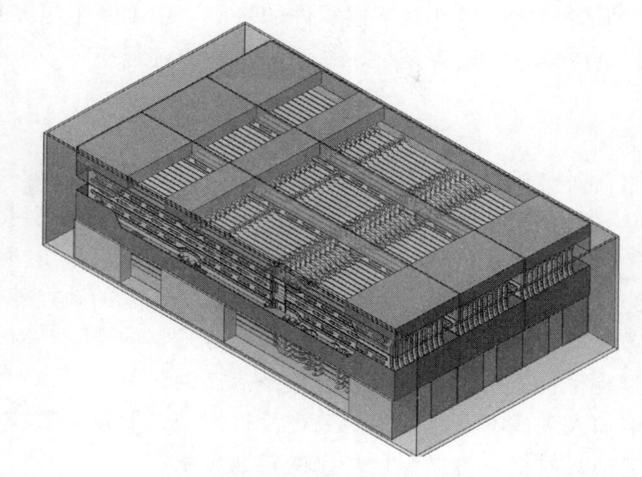

图 4-41　包装总体结构图

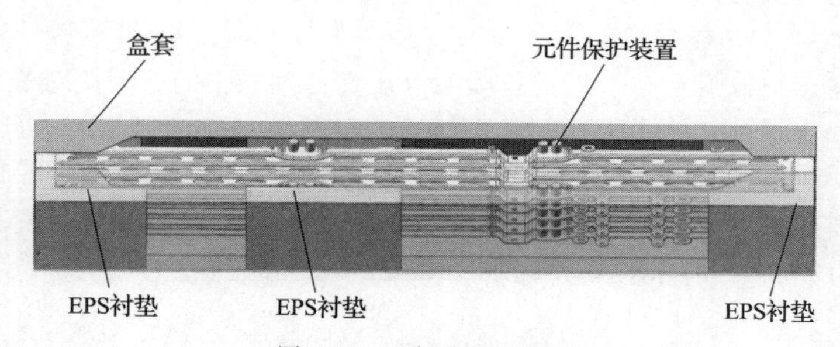

图 4-42　5 件装结构图

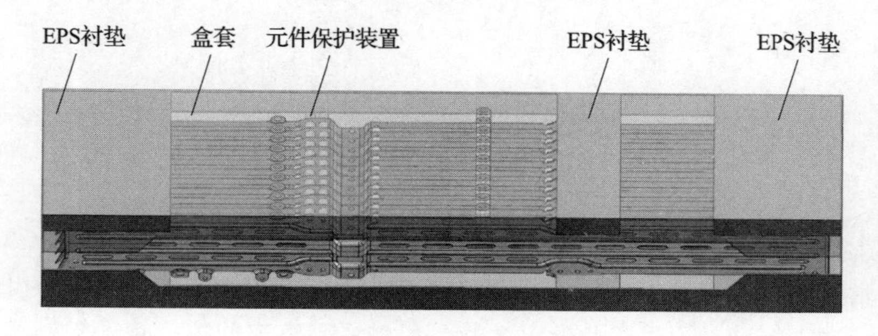

图 4-43　11 件结构图

6. 数量及质量校核

在质量校核过程中，包装箱整体尺寸为 1490mm×800mm×544mm，选择 40ft 集装箱，可以装 96 箱（宽度方向上集装箱尺寸不够装三排，在实际装箱过程中，往往采用同其他箱型混装的方式，最大化利用集装箱的空间，此处为校核，给予误差余量，所以默认为可以装三排），每箱 48 件零件，根据零件质量加上托盘纸箱质量，每箱质量为 140kg，一个集装箱货物总质量为 13440kg，远小于 40ft 集装箱的载重限量 20000kg，符合载重要求。

7. 包装方案评价

该包装方案最大化利用了箱子的空间，在有限的空间内装尽可能多的产品，同时小单元包装避免了零件过多而产生碰撞摩擦，符合表面易损件的包装需求。该件为很薄的平板件，小单元包装避免了箱子上层零件对下层零件的挤压，增加了下层零件的抗压强度。但对于实际生产来说，该包装方案较为复杂，在产品装箱的过程中，人工操作步骤过多，增加了人工成本。

8. 电泳件包装总结

电泳件表面不能有划伤，根据作用原理，就需要零件之间、零件与衬件之间不能有摩擦，所以零件的固定不能利用摩擦因数较大的刀卡固定结构，一般采用塑料衬件等表面摩擦因数小的材料与零件直接接触，凡是与零件表面接触的，都是采用塑料衬垫，外围用纸结构固定塑料衬垫的方法，如此避免零件被划伤。但与之而来的缺点就是包装材料的复杂化，不利于包装的后处理，尤其是出口到欧美、日本等国家的产品，对于包装的后处理非常重视，如果出现包装材料复杂，甚至有大量粘贴痕迹的包装，进口商需要额外付出昂贵的人工处理费用，增加人工成本。所以在包装设计过程中，要避免塑料衬垫的粘贴，通过增加自由度约束固定塑料衬垫，遵循绿色环保的包装原则。

（二）白板件包装方案设计

1. 零件特性

白板件是在出口以后在整机厂进行喷漆等表面处理操作的，因此对表面要求不高，在运输过程中，固定零件并防止零件变形是保护产品首要考虑的因素。在此以固定板为例，三维如图 4-44 所示，该方向为竖直放置，零件在三维空间中存在异形结构，零件中间部位存在向前的直角板件凸起，厚度仅有 1mm，在运输过程中，极易弯折。零件整体尺寸为 1450mm×242mm×97mm，质量为 2.79kg。

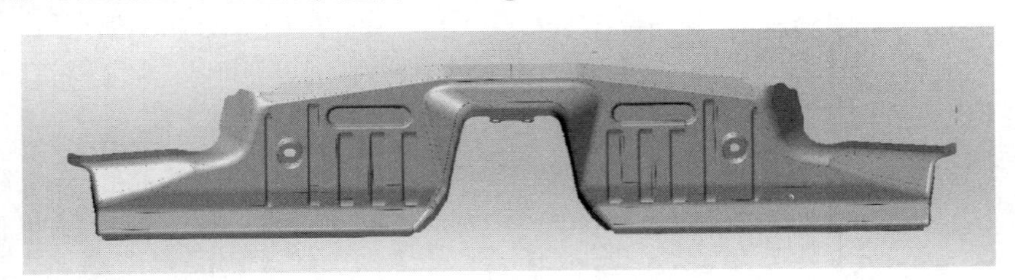

图 4-44　中控固定板三维图

2. 常见损坏形式

白板件常见的损坏形式主要是由冲击振动引起的变形弯曲等不可逆形变损坏，在远洋运输过程中，冲击振动是不可避免的，尤其是船舶受到海浪的拍打时，所以零件的固定以及缓冲包装尤其重要，是此类产品包装中保护性能的第一要素。

3. 箱型确定

根据零件的尺寸，选定箱型尺寸，箱型内尺寸为 1463mm×774mm×390mm，托盘为定制托盘，尺寸为 1490mm×800mm×132mm。采用箱与托盘装配的方式，完成包装后的整体尺寸为 1490mm×800mm×544mm。

4. 零件受力分析

利用 ANSYS Workbench 对中控固定板进行静力学分析，在零件上表面和下表面施加 100Pa 的压力，结果如图 4-45 所示，图 4-45（a）为总变形位移图，图 4-45（b）为等效应变图，图 4-45（c）为等效应力图。通过静力分析图可以发现，中控固定板在运输过程中，由于零件过长，整体极易变形，而且零件四周的便框很容易弯曲，所以在进行包装设计时，要固定零件，尤其是零件两端，防止整体变形，同时要注意防护零件四周的边框，防止弯折变形。

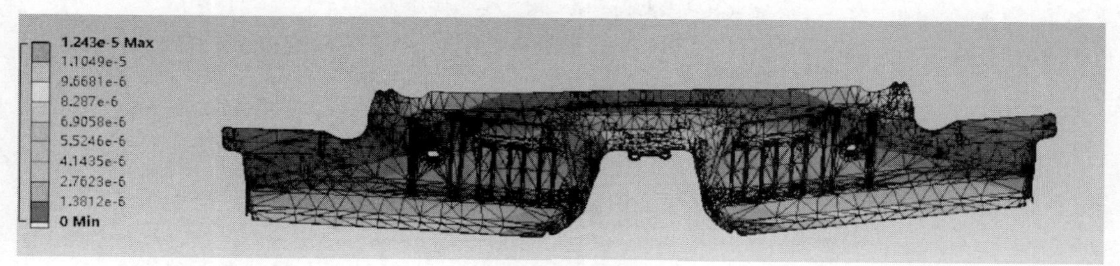

（a）总体位移图

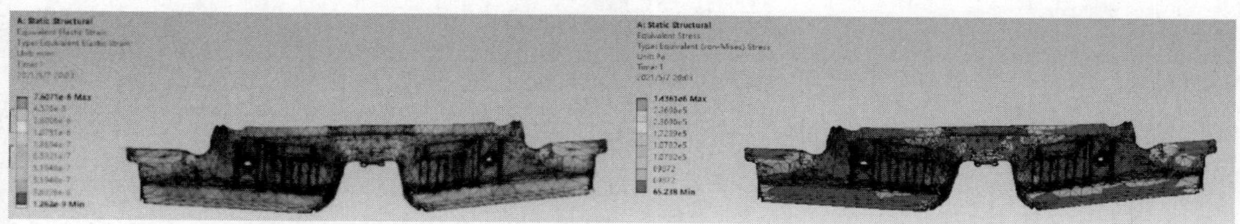

（b）等效应变图　　（c）等效应力图

图 4-45　中控固定板有限元分析图

5. 包装方案设计

为避免零件之间的相互碰撞，本设计主要从固定零件角度考虑，并尽可能减少内衬件的使用，所以零件的固定主要采用纸板刀卡的形式。包装方案设计如图 4-46 所示，零件竖直放置，前后叠放。刀卡结构如图 4-47 所示，中间的中空位置用纸板结构支撑，支撑板与横向摆放的四个竖直纸板利用刀卡结构固定。内衬结构如图 4-48 所示，零件与零件之间用塑料衬垫隔开并提供竖直方向上的支撑作用。

图 4-46　整体包装方案设计图

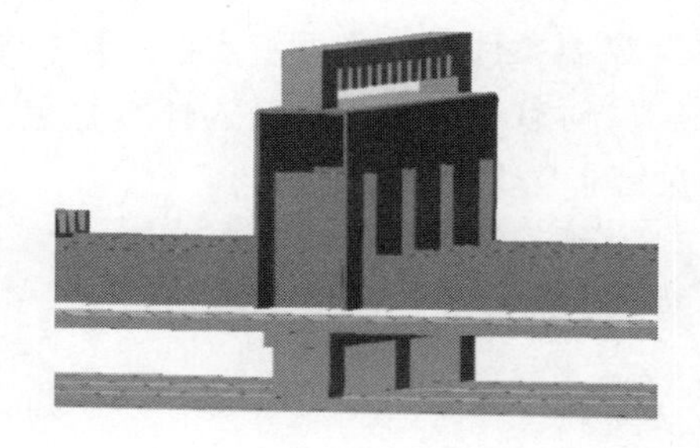

图 4-47　纸刀卡结构示意图

6. 包装方案评价

从零件固定角度看，该设计方案对零件的三个自由度方向都加以固定，尤其是中间的刀卡支撑结构，既实现了固定，又节省了内衬材料。同时让零件前后重叠放置，利用了零件在中间部位的空缺，节省了装箱空间，提高了箱子的收容数。在装箱方面，先装配底部纸刀卡以及两个塑料衬件，然后由工人根据塑料衬件的缺口，逐一放置零件，简单快捷。装箱重量校核中，包装箱整体尺寸为 1490mm×800mm×544mm，选择 40 英尺集装箱，

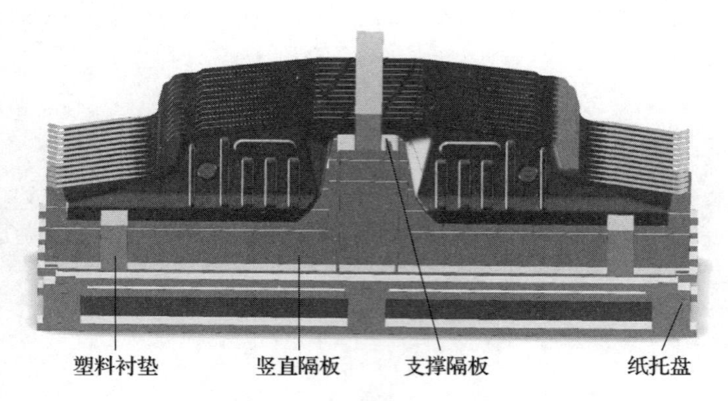

图 4-48　内衬结构示意图

可以装 96 箱，每箱装 12 个零件，根据两件质量以及托盘纸箱质量，每箱质量为 50kg，每个集装箱货物总质量为 4800kg，远小于 40ft 集装箱的载重限量 20000kg，符合载重要求。

7. 白板件包装总结

零件表面的要求不高，所以在包装设计过程中，如何固定约束零件，防止其弯曲变形，是此类零件包装设计的首要原则。在此，本设计主要采用刀卡结构固定，但是平面刀卡对纸板强度要求很高，所以设计了三角形稳定结构刀卡，通过在一块纸板上切割缺口，随后折叠成型，通过侧边卡扣固定成三棱柱，这种刀卡结构稳定，易于加工成型，而且在装箱过程中，易于工人装零件。

思考题与习题

1. 说明各种装入式装箱工艺设计的原理、特点、局限性、使用对象与场合。

2. 分析提高捆扎速度与效率的方法与技术途径。

3. 说明柔性集装袋的特点与应用；与刚性、半刚性集装器具比较，其优劣性如何？

4. 针对软管牙膏的多件连体纸盒包装—多件纸箱包装，试设计其包装工艺，并对其中的关键工序分析论证。

5. 某纸箱装产品，采用托盘单元集装、集装箱运输，为提高集装箱装载率，试说明其包装工艺的设计与评价过程。

第五章　防 潮 包 装

在包装产品储藏和运输过程中，外界环境中的水分会通过包装材料渗透到包装内部进而被产品吸收，这些水分将会给产品带来危害，比如金属锈蚀、食品发霉、药品变质、化工原料受潮结团等。

防潮包装是指按照货架期的要求，采用具有一定隔绝水蒸气能力的包装材料对产品进行包装封合，避免或减缓外界水蒸气对产品的影响，同时使包装内的相对湿度满足产品的要求，使产品质量在货架期内保持理想状态。防潮包装是根据流通环境的条件和产品特性，选择合适的防潮包装材料和合适的防潮包装技术，防止或者减少水蒸气透过材料进入包装内部，进而达到防潮的目的。需要进行防潮包装的产品一般为吸湿后品质会下降的产品、脱湿后产品品质会下降的产品、在潮湿环境中会与水发生化学反应的产品。因此，防潮包装设计需要根据流通环境的湿度条件以及产品自身的特性，选择合适的包装材料和合理的防潮包装结构，或采取附加物来达到防潮包装的目的。

本章主要介绍产品吸湿特性主要参数、产品吸湿性能测定与模型表征、防潮包装等级及防潮包装材料选择、高分子材料水蒸气渗透理论；推导建立防潮包装用干燥剂及用量估算、防潮包装货架期计算；论述防潮包装加速试验，最后解析典型产品防潮包装工艺设计与评价。

第一节　产品吸湿特性及其模型表征

包装产品在储存和流通过程中容易受到环境中水分的影响，水分会影响产品的化学、物理、微生物稳定性和感官特性，为此，产品的水分吸附特性一直受到众多学者的关注。产品的含水率、水分活度、等温吸湿曲线等在产品加工、储存、包装等各个环节都非常重要，通过研究产品吸湿特性可以更好地了解产品的物理性质、确定合适的储藏条件、计算产品包装货架期、选择合适的包装材料等。

一、含 水 率

含水率是指产品脱水后的质量占产品总质量的百分比。产品含水率有两种表示方式，分别为干基含水率和湿基含水率。干基含水率是指失去的水分重量占产品干重的比例，湿基含水率是指失去的水分重量占产品总重量的比例。

$$M_{db}=\frac{W_i-W_f}{W_f}\times 100\% \tag{5-1}$$

$$M_{wb}=\frac{W_i-W_f}{W_i}\times 100\% \tag{5-2}$$

式中　M_{db}——干基含水率，%；

M_{wb}——湿基含水率，%；

W_i——产品初始重量，g；

W_f——产品烘干后重量，g。

二、水 分 活 度

（一）水分活度概念

水分活度（Water activity，a_w）是热力学概念，描述的是产品中的水分所处的一种能量状态，它与产品体系的吉布斯自由能有较强的相关性。水分活度是表示水分逃逸趋势（逸度）的指标，表示产品中的水与其他物质结合的紧密程度，也即水分参与物理、化学和微生物反应的可能性。水分活度在微生物生长、产品物性、产品加工、产品贮存、化学反应、脂质氧化、酶活性、非酶褐变等研究与应用上扮演着重要的角色。

相比含水率而言，水分活度对产品及其物理、化学及生物特性有着更为密切的关系。水分活度是对产品质量和安全性最为相关的一个特性指标。纯水被认为是参考或标准状态，在标准状态下可以测量出水的能量状态。水分活度可以定义为产品中水的逸度 f 和同样温度的标准状态下纯水的逸度 f_0 之比，即：

$$a_w = f/f_0 \tag{5-3}$$

式中 a_w——水分活度；

f——产品中水的逸度；

f_0——同温度标准状态下纯水的逸度。

在低压或室温时，f/f_0 和 p/p_0（相同温度下产品上方水蒸气产生的分压强 p 与饱和水蒸气压强 p_0）之差非常小（< 1%），所以，水分逃逸的趋势通常可以近似地用水的蒸汽压来表示。当蒸汽和温度达到平衡时，样品的水分活度等于在一个密闭的容器内围绕在样品周围的空气的相对湿度。水分活度值范围界于 0～1.0 之间，全干产品的水分活度是 0，纯水的水分活度是 1.0。

$$a_w \approx p/p_0 = \text{相对湿度}(\%) \tag{5-4}$$

式中 p——空气中水蒸气产生的分压强，kPa；

p_0——同温度饱和水蒸气压强，kPa。

（二）水分活度的测试方法

产品水分活度的测定国家标准 GB5009.238 规定了康卫氏皿扩散法和水分活度仪扩散法测定产品的水分活度。

（1）康卫氏皿扩散法　在密封、恒温的康卫氏皿中，试样中的自由水与水分活度较高和较低的标准饱和溶液相互扩散，达到平衡后，根据试样质量的变化量，求得样品的水分活度。

（2）水分活度仪扩散法　在密闭、恒温的水分活度仪测量舱内，试样中的水分扩散平衡。此时水分活度仪测量舱内的传感器或数字化探头显示出的响应值（相对湿度对应的数值）即为样品的水分活度。

（三）水分活度的应用

水分活度是决定产品货架期的重要参数，对产品的色香味、组织结构以及产品的稳定性都有重要影响。在含有水分的食品中，由于水分活度值不同，其储存期的稳定性也不同，利用水分活度原理提高产品质量，延长产品保藏期，在工业生产中已得到越来越广泛的重视。

（1）根据等温吸湿曲线估计水分含量　水分活度可以确定某一温度下特定产品的水分含量。等温吸湿曲线对各种产品加工和储存稳定性的预测起到重要作用。

（2）预测水分迁移　水分活度可以判断产品组分之间或者产品和环境之间的水分迁移方向。如果两种组分的水分活度不相等，两种组分之间将会发生水分迁移，比如干性产品组分的水分活度为0.25，湿组分的水分活度是0.6，当两种组分放置在一起时，经过一段时间将达到平衡，两者的水分活度达到相等。保证组分间水分活度相等是开发多组分产品的关键，比如夹心饼干。

（3）确定产品的稳定性和货架期　各类微生物生长都需要一定的水分活度，换句话说，只有食物的水分活度大于某一临界值时，特定的微生物才能生长。当水分活度低于0.65时，绝大多数微生物无法生长。产品体系中大多数的酶类物质在水分活度小于0.85时，活性大幅度降低，如淀粉酶、酚氧化酶和多酚氧化酶等。

三、等温吸湿曲线

产品的等温吸湿曲线描述的是在恒定温度和压力条件下，产品的水分活度和平衡含水率之间的热力学关系。等温吸湿曲线是研究产品与水分关系的一个重要工具，它能为产品的加工和处理过程提供有用的信息，如产品干燥、预测产品质量和货架期、选择合理包装及计算产品储存中的水分变化等。由于水分和产品成分的作用机理复杂，每种产品在化学组成、物理化学性质、物理结构等方面的差异，导致每种产品等温吸湿曲线都不尽相同。

（一）等温吸湿模型

等温吸湿模型一般可分为三种类型：动力学模型（BET模型、GAB模型），半经验模型（Peleg模型、Halsey模型）和经验模型（Oswin模型），各个模型都有其适用的对象和水分活度范围。

食品、农产品的防潮保质是工程应用的主要领域之一，为此针对不同特性产品，研究建立了相应的等温吸湿模型。美国农业生物工程师学会（ASAE）D245.6总结了有关农产品及其副产物的吸湿解吸平衡模型及其参数。

1. Modified-Henderson（MHE）模型

Thompson对Henderson原始模型进行修正，得到修正模型

$$RH=1-\exp[-a(T+b)M^{c}] \tag{5-5}$$

$$M=\left[\frac{\ln(1-RH)}{-a(T+b)}\right]^{\frac{1}{c}} \tag{5-6}$$

2. Modified Chung-Pfost（MCP）模型

Chung以Polanyi吸附理论为基础，经过测定试验研究，得出经验模型

$$RH=\exp\left[-\frac{a}{T+b}\exp(-c\cdot M)\right] \tag{5-7}$$

$$M=a-c\ln[-(T+b)\ln(RH)] \tag{5-8}$$

3. Modified Oswin（MOS）模型

Oswin经过对农作物平衡含水率的研究所提出，后来经过学者研究发现模型中的常数与温度呈线性关系，从而对Oswin模型进行了修正，得到模型

$$RH=\frac{1}{1+[(a+b\cdot T)/M]^{c}} \tag{5-9}$$

$$M=(a+b\cdot T)\left[\frac{1-RH}{RH}\right]^{-\frac{1}{c}} \tag{5-10}$$

4. Modified Halsey（MHA）模型

Halsey 通过对多层分子凝缩作用的理论研究，于 1978 年通过多次试验研究修正后，得出以下的数学模型

$$RH=\exp[-\exp(a+b\cdot T)M^{-c}] \tag{5-11}$$

$$M=\exp(a+bT)[-\ln(RH)]^{-\frac{1}{c}} \tag{5-12}$$

式中 M——物料平衡含水率,%；

T——环境温度，K；

RH——相对湿度,%；

a、b、c——与物料性质相关的常数。

（二）等温吸湿曲线的测定方法

等温吸湿曲线测试要求样品在某个特定温度下，在相应的相对湿度条件下达到吸湿平衡，测试其平衡水分含量，并以相对湿度为横坐标，以平衡含水率为纵坐标，即可得到水分等温吸湿曲线。

1. 饱和盐溶液法

饱和盐溶液测试产品等温吸湿曲线作为标准方法一直被国内外研究者所采用。恒定温度下，饱和盐溶液所形成的相对湿度是确定的。产品放在密封容器内（通常是干燥器）饱和盐溶液所形成的特定相对湿度环境里，然后把干燥器放在恒温箱里使样品在饱和盐溶液所形成的相对湿度下逐渐平衡，样品每隔一定时间进行称重，直到产品重量达到恒重，即认为样品达到吸湿平衡。采用饱和盐溶液测试产品等温吸湿曲线方法的优点是可以确保特定温度下准确的相对湿度值，较长的平衡时间可以确保样品达到真正的平衡，试验初始成本较低，一次可以测试多个样品。

2. 动态水分吸附法

动态水分吸附法 DVS（Dynamic Vapor Sorption）不需要采用饱和盐溶液来达到预定的相对湿度，而是采用干燥氮气和饱和水蒸气的混合气体，其比例是由气流控制器精确控制的。由于内部腔室较小、气流在样品周围连续流动，所以很快能达到吸湿平衡，大大缩短了等温吸湿曲线的测试时间，同时还可避免样品在高湿度下可能会出现的发霉问题。对产品研究非常重要的是，采用 DVS 法还可以得到样品的水分吸附动力学数据，也即是样品在某个湿度条件下随时间吸附水分的速度变化。采用 DVS 设备进行试验时，把样品放置在相对湿度不断递升的内部腔室里，连续监测样品的质量变化。样品在每一个相对湿度下都必须达到吸湿平衡然后进入下一个湿度环境。通过记录下来的每一个相对湿度条件下的平衡含水量生成等温吸湿曲线，DVS 设备结构如图 5-1 所示。

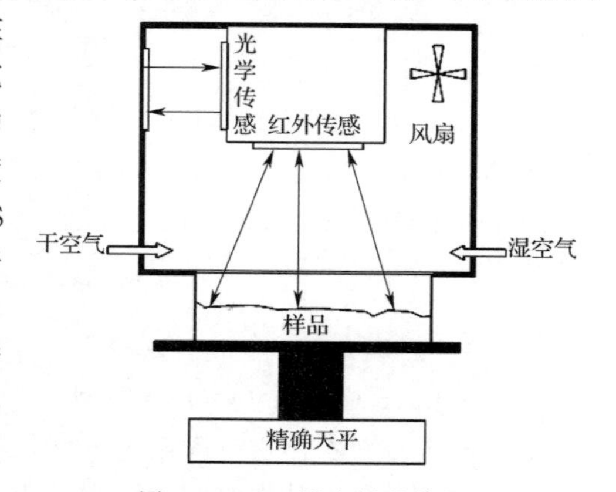

图 5-1　DVS 设备结构简图

第二节 防潮包装基础

一、包装物品的吸湿环境

潮湿是引发物品变质的重要因素之一，它能降低物品的性能，甚至使其失去使用价值。防潮包装主要隔绝大气中的水蒸气对包装物品的作用，防止含有水分的产品脱湿变质，防止食品、药品、化妆品等受潮变质，防止金属及其制品锈蚀等。防潮包装要求在包装时将封入容器内的水分予以排除，并限制因包装材料的透湿性而渗入包装容器内的水蒸气，使被包装物品处于临界相对湿度以下。因此，必须注意物品的吸湿环境及特性。

各种物品吸湿特性不同，对水分的敏感程度也不一样，包装物品在流通过程中，所接触到的空气相对湿度经常变化，因此，对防潮包装的防潮性能要求也不相同。正确选择防潮包装工艺及其材料，必须根据包装物品的吸湿特性和所处的外界环境条件来决定。

1. 绝对湿度

单位体积空气中所含水蒸气的质量，叫作空气的“绝对湿度”。它是表示大气干湿程度的一种物理量，通常以 $1m^3$ 空气内所含有的水蒸气的克数来表示。水蒸气的压强是随着水蒸气密度的增加而增加的，所以，空气里的绝对湿度的大小也可以通过水蒸气的压强来表示。

2. 相对湿度

空气中实际所含水蒸气密度和同温度下饱和水蒸气密度的百分比值，叫做空气的“相对湿度”。空气的干湿程度和空气中所含有的水汽量接近饱和的程度有关，而和空气中含有水汽的绝对量却无直接关系。相对湿度也可以用空气中水蒸气压强（p_1 表示）和同温度下饱和水蒸气压强（p_2 表示）的百分比来表示，即 RH（%）$=p_1/p_2\times100\%$。例如，空气中含有水蒸气的压强为 1606.24Pa（12.79mmHg），在 35℃时，饱和水蒸气压为 5938.52Pa（44.55mmHg），空气的相对湿度为 27%。而在 15℃时，饱和水蒸气压是 1606.24Pa（12.79mmHg），则空气的相对湿度是 100%。

绝对湿度与相对湿度这两个物理量之间并无函数关系。例如，温度越高，水蒸发得越快，于是空气里的水蒸气也就相应地增多。相对湿度、绝对湿度和温度关系可以从表 5-1 中查出。

表 5-1 相对湿度、绝对湿度和温度关系表

温度/℃	相对湿度/%									
	10	20	30	40	50	60	70	80	90	100
	绝对湿度/g/m^3									
5	0.68	1.36	2.04	2.72	3.4	4.07	4.75	5.43	6.11	6.79
10	0.94	1.88	2.82	3.76	4.7	5.63	6.57	7.51	8.45	9.39
15	1.28	2.56	3.84	5.13	6.41	7.69	8.97	10.25	11.53	12.82

续表

温度/℃	相对湿度/%									
	10	20	30	40	50	60	70	80	90	100
	绝对湿度/g/m³									
20	1.73	3.45	5.18	6.91	8.64	10.36	12.09	13.82	15.54	17.27
25	2.3	4.6	6.9	9.2	11.5	13.8	16.1	18.4	20.71	23.01
30	3.03	6.06	9.09	12.12	15.15	18.18	21.21	24.24	27.28	30.31
35	3.95	7.9	11.85	15.8	19.75	23.7	27.66	31.61	35.56	39.51
40	5.1	10.2	15.3	20.4	25.5	30.6	35.7	40.8	45.9	51.0
45	6.52	13.04	19.56	26.08	32.61	39.13	45.65	52.17	58.69	65.21
50	8.27	16.53	24.8	33.06	41.33	49.59	57.86	66.12	74.39	82.65

二、防潮包装等级

根据防潮包装国家标准 GB/T5048，防潮包装等级一般分为 1 级包装、2 级包装、3 级包装，根据产品的性质、流通环境条件、防潮期限等因素进行综合考虑来确定防潮包装等级，如表 5-2 所示。

表 5-2　　防潮包装等级

等级	条件		
	防潮期限	温湿度	产品性质
1 级包装	2 年	温度大于 30℃，相对湿度大于 90%	对湿度敏感，易生锈，易长霉或变质的产品，以及贵重、精密的产品
2 级包装	1 年	温度在 20～30℃，相对湿度在 70%～90%	对湿度轻度敏感的产品，较贵重、较精密的产品
3 级包装	0.5 年	温度小于 20℃，相对湿度小于 70%	湿度不敏感的产品

注：当防潮包装等级的确定因素不能同时满足表的要求时，应按照三个条件的最严酷条件确定防潮包装等级。亦可按照产品性质、防潮期限、温湿度条件的顺序综合考虑，确定防潮包装等级。

对于特殊要求的防潮包装，主要是防潮要求更高的包装，宜采用更加严格的防潮措施。

三、防潮包装材料选择

凡具有阻隔水蒸气功能的材料均可作为防潮包装材料，比如透湿率为零或接近零的金属或玻璃包装容器，应将产品放入密封性容器后迅速密封，同时包装容器内也可加干燥剂，亦可采用抽真空、充惰性气体等方式，这样可以起到非常好的防潮效果。

而现代包装领域使用许多塑料包装材料，需要采用单层软包装薄膜、复合薄膜或多层薄膜材料等进行密封包装。大多数塑料薄膜，都有一定的水蒸气透过率，根据防潮包装的实际需要添加干燥剂来实现防潮效果。此外，还可以采用塑料和铝箔的复合材料，利用铝箔高阻隔性的优点起到防潮作用。常用的防潮包装材料分为以下几类：

（1）金属或玻璃包装容器　金属或玻璃包装材料本身的透湿率接近于零，防潮的薄弱环节是封口及接缝卷边处。为确保玻璃瓶盖的密封，可在盖外再封一层纤维素薄膜、涂蜡或用热收缩薄膜密封。

（2）单层塑料薄膜　PVDC、PP、HDPE有非常好的水蒸气阻隔性；其次是MDPE、LDPE、LLDPE、PET、离子型聚合物；PVC和EVA也有一定的水蒸气阻隔性；尼龙、聚苯乙烯、丙烯腈共聚物、聚乙烯醇等材料的水蒸气阻隔性稍差一些。

（3）复合薄膜　在选择复合材料时，应根据产品对阻隔性的要求选用内封层、阻气层、阻湿层、结构层等。复合材料中一般选择将高阻隔性材料作为中间层，比如选择铝箔、EVOH、PVDC等材料，确保复合材料具有优异的阻隔性能。为确保复合材料的密封可靠，应选择热封性能良好的内层，例如，PE、离子型聚合物、PP、EVA等。

相对金属、玻璃和铝箔等高阻隔性防潮材料，水蒸气对塑料薄膜材料有一定的渗透性，其渗透过程和薄膜材料以及环境条件等一系列因素有关。主要分以下几个方面：

（1）由于水分子是极性分子，所以水蒸气对极性材料和非极性材料的渗透率是不一样的。同等条件下，水分子对极性材料的渗透率是大于非极性材料的。例如，水分子对极性薄膜PVC材料的渗透率大于非极性材料PE的渗透率。

（2）薄膜材料的透湿性与其结晶度有关，结晶度越高，薄膜高分子链的排列越致密，水分子的渗透就越困难。例如，水分子对PVC（非结晶极性分子）的渗透率高于对聚酯（极性结晶分子）的渗透率。

（3）薄膜材料的透湿性与材料分子排列形式有关，材料在加工成型过程中进行定向拉伸会改变其透湿性。比如，双向拉伸聚丙烯（BOPP）的水蒸气阻隔性就远好于无定形聚丙烯（CPP）薄膜。

（4）薄膜材料的透湿性与材料密度、厚度、环境温湿度、材料表面损伤等因素有关。

四、包装材料水蒸气透过率测试

应根据防潮包装的等级按表5-3选用相应阻隔性能的防潮包装材料或包装容器。材料的水蒸气透过率试验方法按GB/T1037或GB/T26253的规定执行，硬包装容器的透湿率试验方法按GB/T6981的规定执行，软包装的透湿率试验方法按GB/T6982的规定执行。

表5-3　防潮包装等级对材料透湿性的要求

防潮包装等级	薄膜/g/(m²·d)	容器/g/(m²·30d)
1级包装	<1	<20
2级包装	<5	<150
3级包装	<15	<450

在温度为(40±1)℃，相对湿度为80%～92%的条件下测量。

包装材料水蒸气透过率的测试方法有杯式法、电解传感器法、湿度传感器法、红外传感器法等。红外传感器法是以水分子定量吸收红外光为原理，通过测试红外光经过含有水分子的载气前后的衰减程度计算试样的水蒸气透过率。当样品置于测试腔时，样品将测试腔分隔为两腔。样品一边为低湿腔，另一边为高湿腔，高湿腔里面充满水蒸气且温度已知。由于存在一定的湿度差，水蒸气从高湿腔通过样品渗透到低湿腔，由载气携带水蒸气传送到红外检测器产生一定的电信号，当试验达到稳定状态后，通过输出的电信号计算出样品水蒸气透过率。红外传感器法测试薄膜透湿率的原理如图 5-2 所示。

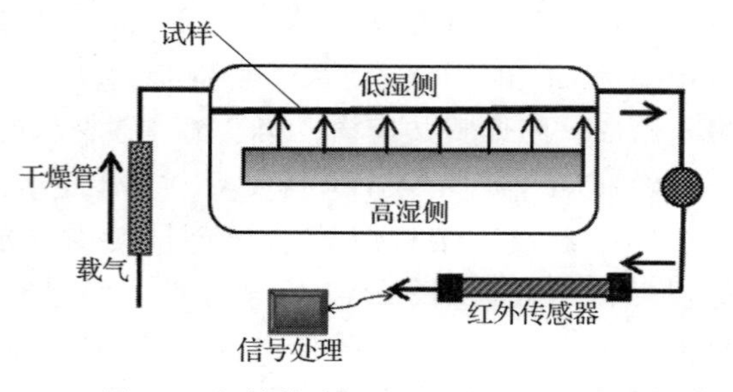

图 5-2　红外传感器法透湿仪测试原理

应优先从表 5-4 中选择测试条件，也可根据实际需要变动测试条件。

表 5-4　国家标准规定的水蒸气透过率测试条件

测试编号	温度/℃	相对湿度/%
1	25±0.5	90±2
2	38±0.5	90±2
3	40±0.5	90±2
4	23±0.5	85±2
5	25±0.5	75±2

五、防潮包装用干燥剂及用量估算

干燥剂是指能除去潮湿物质中部分水分的物质。干燥剂可用于防止仪器仪表、电器设备、药品、食品、纺织品及其他各种包装物品在储存和运输环境中受到水分的影响。

（一）干燥剂种类

常用的干燥剂有吸附型和解潮型两大类。吸附型干燥剂主要有：蒙脱石、活性矿物质、硅胶、分子筛、氯化钙等；解潮型的干燥剂主要是生石灰等。

1. 蒙脱石

蒙脱石，又名微晶高岭石，是膨润土矿的目的矿物。世界各地的蒙脱石由于成因类型、成矿环境、产地的不同，颜色有白色、浅灰、粉红、浅绿色等不同颜色，主要为不规则状态，经过加工可以形成球型。由于本身的晶体结构和分子组成，无毒无害，可自然降解，具有很强的吸附力及阳离子交换性能，被广泛应用于干燥吸附剂。

蒙脱石颗粒细小，约 0.2～1μm，具有胶体分散特性，在电子显微镜下可见到片状的晶体，失水后的蒙脱石对水分子具有极强的吸附力。

2. 分子筛

分子筛是一种结晶型的铝硅酸盐化合物，其晶体结构中有规整而均匀的孔道，孔径为分子大小的数量级，它只允许直径比孔径小的分子进入，因此能将混合物中的分子按大小加以筛分，故称分子筛。在超低湿度条件下，仍然能够大量地吸收环境中的水蒸气，有效地控制环境湿度。吸湿速度极快，在极短的时间内吸收大量水蒸气。

3. 硅胶

硅胶的主要成分为无定型二氧化硅，透明或乳白色不规则粒状或球型固体，具有开放的多孔结构，吸附性强，能吸附多种物质，是一种高性能的活性吸附剂。无毒无味，化学性质稳定，除强碱、氢氟酸外不与任何物质发生反应，是 FDA（美国食品药品管理局）认可的可与食品、药品直接接触的干燥剂吸附材料，安全可靠。硅胶在各种条件下均有很强的吸附能力。

硅胶在不同相对湿度下的吸湿能力如图 5-3 所示。

4. 氯化钙

在 25℃，90％相对湿度条件下，氯化钙吸湿能力高达 280％，吸附剂在充分吸湿后变成凝胶状，不反渗。氯化钙是化学干燥剂，因为氯化钙干燥剂会和水生成水合氯化钙，结合力非常强。氯化钙结合了水之后可以在真空干燥箱中加热抽真空除湿回收。

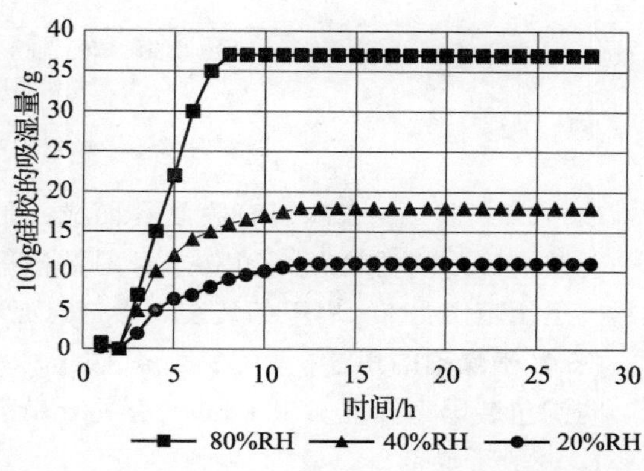

图 5-3　硅胶在 20％、40％和 80％RH 下的吸湿能力

5. 活性矿物干燥剂

活性矿物干燥剂又称为凹凸棒干燥剂，是以天然凹凸棒石黏土为主要原料，直接取自大自然，经过造粒、烘干等物理方法而制成的纯天然矿物干燥剂，具有蜂窝状的无数孔隙，其表面积相当大。活性矿物干燥剂的吸湿率变化范围在 23.38％～27.43％之间，且质量比较稳定，使用后可作为一般废弃物抛弃，并迅速完全降解于自然。

6. 生石灰干燥剂

生石灰干燥剂的主要成分为氧化钙（CaO），其吸水能力是通过化学反应来实现的，因此吸水具有不可逆性。不管外界环境湿度高低，干燥剂都能保持大于自重 35％的吸湿能力，更适合于低温度保存，具有极好的干燥吸湿效果。

常用干燥剂的吸湿性能与相对湿度的关系如图 5-4 所示。

(二) 干燥剂包装材料

干燥剂包装材料必须要有良好的透气性能、强度以及优异的热封性。可根据应用行业和克重不同，选择不同的包装材料，目前广泛应用的干燥剂包装材料主要有 TYVEK、普通无纺布、水刺无纺布、透气棉纸、OPP 膜等。

(1) 特卫强 TYVEK　杜邦公司一系列片材产品的商标，特卫强是用高密度聚乙烯纤维制成。适用范围：袋装干燥剂。

(2) 普通无纺布　由定向的或随机的塑料纤维而构成，是一种广泛应用的包装材料。适用范围：5～200g 的袋装干燥剂。

(3) 水刺无纺布　是将高压微细水流喷射到一层或多层纤维网上，使纤维相互缠结在一起，从而使纤维网得以加固而具备一定强力。适用范围：100g 以上的袋装干燥剂。

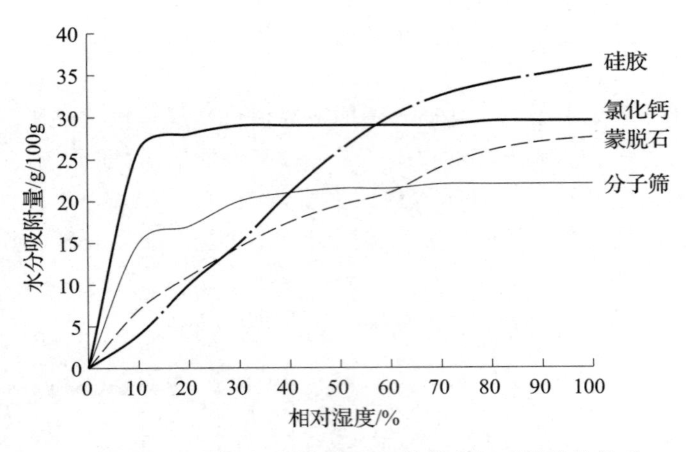

图 5-4 25℃时常用干燥剂的吸湿性能与相对湿度的关系

(4) OPP 膜 由 PP、PE 膜复合而成，是一种透明的包装材料，能很方便地观察干燥剂包装内吸附剂的状态。OPP 本身不具备透气性，需要打孔后才可以用作干燥剂包装材料。适用范围：20g 以下的袋装干燥剂，温度不高的环境。

(三) 干燥剂的用量

防潮包装国家标准 GB/T 5048 有关干燥剂用量的计算，基本方法如下。

1. 一般干燥剂

一般干燥剂的简单计算选择用量按式 (5-13) 计算：

$$W=\frac{1}{2K_a}\times V \tag{5-13}$$

式中 W——干燥剂用量，g；

K_a——干燥剂的吸湿率关系系数 [$K_a=K_1/K_2$。K_1 为细空硅胶在温度 25℃，相对湿度 60%时的吸湿率，为 30%；K_2 为其他干燥剂（如分子筛、氧化铝、活性黏土等）在同样温、湿度条件时的吸湿率。采用细孔硅胶时，$K_a=1$]；

V——包装容器的内部容积，dm^3（取量值）。

2. 硅胶干燥剂

硅胶干燥剂的计算选择用量：

细孔硅胶用量按式 (5-14a)、式 (5-14b)、式 (5-14c)、式 (5-14d) 计算：

使用机械方法密封的金属容器

$$W=20+V+0.5G \tag{5-14a}$$

使用铝塑复合材料包装袋

$$W=100A\cdot Y+0.5G \tag{5-14b}$$

使用聚乙烯等塑料薄膜包装袋

$$W=100A\cdot Q_{40}\cdot Y+0.5G \tag{5-14c}$$

使用密封胶带封口罐和塑料罐

$$W=300A\cdot Q_{40}\cdot Y+0.5G \tag{5-14d}$$

式中 G——包装内含湿性材料质量（包装纸、衬垫、缓冲材料等），g；

A——包装材料的总面积，m^2（取量值）；

Y——预定的贮存时间（取下次更换干燥剂的时间），a；

Q_{40}——温度为40℃、相对湿度为90%的条件下包装薄膜材料（密封胶带封口罐、塑料罐）的水蒸气透过量，g/（$m^2 \cdot d$）；

3. 矿物干燥剂

蒙脱石干燥剂的选择用量按式（5-15a）、式（5-15b）计算：

密封刚性金属包装容器

$$U=K' \cdot V_1+X_1 \cdot W_L+X_2 \cdot W_L+X_3 \cdot W_L+X_4 \cdot W_L \tag{5-15a}$$

除密封刚性金属包装容器以外的包装容器

$$U=F \cdot A+X_1 \cdot W_L+X_2 \cdot W_L+X_3 \cdot W_L+X_4 \cdot W_L \tag{5-15b}$$

式中　U——干燥剂用量的单位数，一个单位的干燥剂在25℃的平衡气温条件下，至少能吸附3g（相对湿度20%）或6g（相对湿度40%）质量的水蒸气；

K'——系数，包装容器内部容积以立方米给出时，取42.7；

V_1——包装容器内部容积，m^3（取量值）；

F——系数，防潮罩套内表面积以平方米为单位给出时，取17.2；

A——包装箱内表面积，m^2（取量值）；

X_1——系数，垫料为纤维材料（包括木材）以及在下列归类中没有列出的其他材料时，取17.64；

X_2——系数，垫料为粘接纤维板时，取7.92；

X_3——系数，垫料为玻璃纤维时，取4.41；

X_4——系数，垫料为泡沫塑料或橡胶时，取1.11；

W_L——垫料的质量，kg（取量值）。

(四) 干燥剂的选择

为了选择与包装产品最相适应的干燥剂，需要了解产品本身的特性以及产品包装的规格尺寸，以便确定合适的干燥剂类型。同时要了解各种干燥剂的性能，使用的环境条件等。这里，主要介绍选择干燥剂需要考虑的三个重要参数，即相对湿度、吸湿能力和吸湿速率。

(1) 相对湿度　通过对产品应该保持的最高和最低相对湿度水平的了解，可以更加合理地选择干燥剂。通常，制造商在产品稳定性试验中会确定产品在货架期内不应超过的最高相对湿度水平。

(2) 吸湿能力　干燥剂的吸湿能力指的是特定条件下，一定量的干燥剂可吸附的最大的水分量。包装内干燥剂吸收的水分通常来自三个方面，包括包装内顶空间隙内的水分，储存过程中产品解湿到包装内被干燥剂吸收的水分，以及货架期内由外界环境侵入到包装内的水分。所选择的干燥剂要确保在货架期内具有吸附这三方面水分的能力。

(3) 吸湿速率　吸湿速率指的是干燥剂吸湿的快慢。即在相对湿度一定的条件下，干燥剂达到吸湿饱和状态所需要的时间越短，说明干燥剂的吸湿速率越快。

第三节　防潮包装设计与货架期预测

一、塑料膜包装内外水蒸气渗透理论

塑料膜是最为常用的包装材料之一，是一种多分散性的大分子聚集物，具有多相聚集结构，存在大量无定形区域，因此，阻隔性、渗透性是塑料包装膜防潮包装的主要性能指标，也是选用包装材料、确定储存期限、采取防范措施的主要依据。

（一）单层膜包装水蒸气内外渗透理论

从分子热力学观点来看，任何小分子气体对薄膜材料的渗透都是单分子的扩散过程。一般气体都有从高浓度区向低浓度区扩散的性质。气体分子在高压一侧压力下首先溶于薄膜表面，然后在薄膜中由高浓度层向低浓度层扩散，最后从低压一侧的表面逸出。高分子包装材料的阻隔性很大程度上取决于渗透率，即单位面积上，单位时间内水蒸气的渗透量。

根据菲克第一定律、亨利定律，稳态条件下，单位时间、单位面积的气体渗透量为

$$\begin{cases} J=P\cdot\dfrac{(p_1-p_2)}{L} \\ P=D\cdot S \end{cases} \tag{5-16}$$

式中　J——扩散通量，$g/(m^2\cdot d)$；

p_1、p_2——包装薄膜两边渗透水蒸气的分压强，kPa；

P——水蒸气透过包装薄膜的渗透系数，$g\cdot\mu m/(m^2\cdot d\cdot kPa)$；

D——水蒸气在包装薄膜中的扩散系数，m^2/d；

S——水蒸气在包装薄膜中的溶解度系数，$g/(m^3\cdot kPa)$；

L——包装薄膜厚度，μm。

包装薄膜水蒸气渗透量 q 与 J 之间的关系为：

$$J=\frac{q}{A\cdot t} \tag{5-17}$$

式中　q——水蒸气渗透量，g；

A——包装材料总面积，m^2；

t——时间，d。

综合式（5-16）和式（5-17），则水蒸气渗透系数可以表示为

$$P_{wv}=\frac{q\cdot L}{A\cdot(p_1-p_2)\cdot t} \tag{5-18}$$

如果在温度40℃条件下测得的薄膜透湿率为 Q_{40}，在任意温度 θ℃条件下测得的薄膜的透湿率为 Q_θ，则它们之间的关系可写为

$$\frac{Q_\theta}{Q_{40}}=\frac{P_{wv\cdot\theta}\cdot p_\theta\cdot\Delta h\%}{P_{wv\cdot 40}\cdot p_{40}\cdot(90-0)\%} \tag{5-19}$$

令

$$\frac{P_{wv\cdot\theta}\cdot p_\theta\cdot}{P_{wv\cdot 40}\cdot p_{40}\cdot(90-0)}=K \tag{5-20}$$

则

$$\frac{Q_\theta}{Q_{40}}=K\cdot\Delta h$$

式中　Q_{40}、Q_{θ}——薄膜在温度 40℃和 θ℃时的透湿率，g/(m^2·d)；
$P_{wv \cdot 40}$、$P_{wv \cdot \theta}$——薄膜在温度 40℃和 θ℃时的透湿系数，g·μm/(m^2·d·kPa)；
p_{40}、p_{θ}——在温度 40℃和 θ℃时的饱和水蒸气压强，kPa；
K——系数，如表 5-6 所示。

表 5-5　　不同温度下饱和水蒸气压强

温度/℃	压强/Pa	温度/℃	压强/Pa	温度/℃	压强/Pa
0	610.8	16	1817.0	32	4753.6
1	656.6	17	1936.4	33	5029
2	705.4	18	2062.8	34	5318.2
3	757.5	19	2196.0	35	5521.7
4	812.9	20	2336.3	36	5940.1
5	871.8	21	2485.5	37	6274
6	934.5	22	2644.4	38	6524
7	1001.2	23	2807.0	39	6990.7
8	1072.1	24	2982.4	40	7381.1
9	1147.3	25	3166.9	41	7784
10	1227.1	26	3360.0	42	8205.4
11	1311.8	27	3563.9	43	8646.3
12	1401.5	28	3773.5	44	9107.5
13	1496.7	29	4004.3	45	9589.8
14	1597.4	30	4241.7	46	10094
15	1704.1	31	4491.3	47	10620

表 5-6　　几种塑料薄膜在不同温度下的 K 系数值/$\times 10^{-2}$

薄膜品种 \ 温度/℃	40	35	30	25	20	15	10	5	0
聚苯乙烯	1.11	0.85	0.64	0.48	0.35	0.257	0.184	0.131	0.092
软聚氯乙烯	1.11	0.73	0.49	0.31	0.20	0.126	0.078	0.046	0.028
硬聚氯乙烯	1.11	0.80	0.58	0.41	0.29	0.199	0.136	0.090	0.061
聚酯	1.11	0.73	0.48	0.31	0.20	0.129	0.081	0.048	0.029
低密度聚乙烯	1.11	0.70	0.45	0.28	0.18	0.105	0.063	0.036	0.021
高密度聚乙烯	1.11	0.69	0.44	0.27	0.17	0.100	0.059	0.033	0.019
聚丙烯	1.11	0.69	0.43	0.25	0.16	0.092	0.053	0.029	0.017
聚偏二氯乙烯	1.11	0.65	0.39	0.22	0.13	0.074	0.040	0.021	0.011

表 5-7　　常用包装薄膜在不同测试条件下的透湿率与透湿系数

薄膜品种	厚度/μm	40℃，(90－0)%RH		25℃，(90－0)%RH		5℃，(90－0)%RH	
		Q_{40}	$P_{wv\cdot40}$	Q_{25}	$P_{wv\cdot25}$	Q_{5}	$P_{wv\cdot5}$
PS	30	129	583	55.2	580	15.6	596
软 PVC	30	100	452	28.0	295	4.5	171.9
硬 PVC	30	30	135	11.0	116	2.3	87.9
PET	30	17	77	4.8	50	0.77	29.4
LDPE	30	16	73	4.0	42	0.5	19
HDPE	30	9.0	41	2.2	23	0.26	10.4
CPP	30	10.0	45	2.3	24	0.24	9.5
OPP	30	7.5	34	1.6	16	0.17	6.9
PVDC	30	2.5	11	0.5	5	—	—

注：Q_θ 的单位为 g/（m^2 · d），$P_{wv\cdot\theta}$的单位为 g · μm/（m^2 · d · kPa）。

（二）多层膜包装水蒸气内外渗透理论

在实际的产品包装中，为了延长产品储存期，通常需要使用多层复合材料。复合材料的渗透性计算可以通过分析各组成结构的传递行为得到。

透过单层材料的稳态气体扩散速率与扩散驱动力（浓度梯度）成正比，与材料厚度成反比。对于一个由几层材料复合而成的多层结构，在稳态透过的条件下，通过每层材料的扩散速率相等，而使气体扩散的总驱动力为每层的扩散驱动力之和：

$$J_1=J_2=J_3=\cdots\cdots=J_N=J \tag{5-21}$$

$$\Delta p_1+\Delta p_2+\Delta p_3+\cdots\cdots\Delta p_N=\Delta p \tag{5-22}$$

式中　J_1、J_2、J_3……——透过每层材料的气体扩散速率，g/（m^2 · d）；

Δp——透过复合材料的气体扩散总驱动力，kPa；

Δp_1、Δp_2、Δp_3……——透过每层的气体扩散驱动力，kPa。

经过推导，不难得出

$$\frac{L}{P}=\frac{L_1}{P_1}+\frac{L_2}{P_2}+\frac{L_3}{P_3}+\cdots\cdots+\frac{L_N}{P_N} \tag{5-23}$$

式中　L_1、L_2、L_3……——透过每层材料的厚度，μm；

P_1、P_2、P_3……——每层材料的渗透系数，g · μm/（m^2 · d · kPa）。

由式（5-23）求出复合材料的总渗透系数

$$P=\frac{L}{\sum_{i=1}^{N}\frac{L_i}{P_i}} \tag{5-24}$$

二、相对湿度对包装膜透湿率的影响

水蒸气在聚合物表面的溶解度系数以及在聚合物中的扩散系数都受到水蒸气与聚合物间相互作用的影响。如果水蒸气与聚合物相互作用强烈，由于溶解和吸附的原因，薄膜溶胀，增大了其中的自由体积，因此聚合物结构由于与水蒸气的相互作用而影响渗透过程。一般，水蒸气对薄膜的吸附和溶胀作用将明显增加所有气体对薄膜的透过性，透过率与可引起薄膜溶胀的水蒸气浓度有关。

一般情况下，分子极性小的、或分子中含有极性基团少的材料，其亲水倾向小，吸湿性能也比较低；含有极性基团如—COO—、—CO—NH—和—OH 多的高分子材料吸水性也强。根据高聚物中各种基团的有效偶极距 μ，可以把高聚物按极性的大小分成以下四类：

① 非极性聚合物（$\mu=0$）　聚乙烯、聚丙烯、聚丁二烯、聚四氟乙烯等。

② 弱极性聚合物（$\mu\leqslant 0.5$）　聚苯乙烯、天然橡胶等。

③ 极性聚合物（$\mu>0.5$）　聚氯乙烯、尼龙、有机玻璃等。

④ 强极性聚合物（$\mu>0.7$）　聚乙烯醇、聚酯、聚丙烯腈、酚醛树脂、氨基塑料等。

比如，在一定范围内，BOPP 薄膜透湿率与相对湿度成正比。PE 薄膜也有类似的结果。与 BOPP 薄膜不同，BOPVA 薄膜的透湿率和相对湿度的关系遵循指数增长曲线，如图 5-5 所示。透湿率随相对湿度的增加而增加，因为 BOPVA 链段的羟基与水之间形成氢键。薄膜中的水起到增塑剂的作用，使薄膜膨胀。相比于干燥状态的薄膜，水蒸气在膨胀的膜中更容易扩散。BOPVA 薄膜的溶胀速率随相对湿度的增加而加快。因此，当相对湿度＞70％时，BOPVA 薄膜的透湿率迅速增加。

这种渗透量与分压差（对于透湿性测试来讲即是相对湿度差）不成线性关系的现象就是水蒸气与常见无机气体在渗透通过聚合物的过程中最显著的区别。

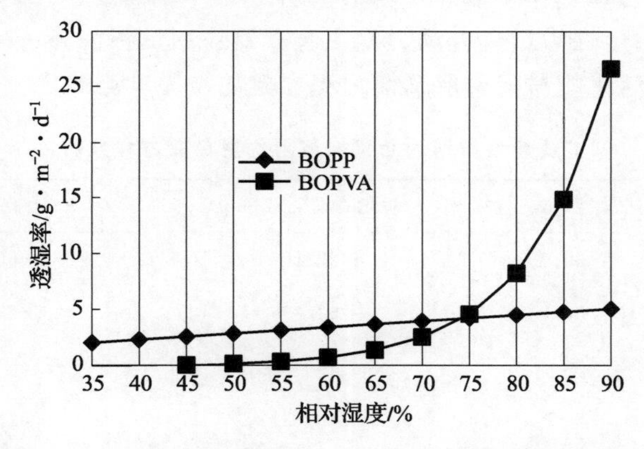

图 5-5　23℃下不同相对湿度 BOPP 和 BOPVA 的透湿率对比

三、温度对包装膜透湿率的影响

大量研究表明，温度对高分子膜透湿率的影响可基于阿伦尼乌斯方程表征，即

$$P_{wv}=P_0\cdot\exp\left(-\frac{E}{R\cdot T}\right) \tag{5-25}$$

式中　P_0——常数，在阿伦尼乌斯方程中称为指前因子，g·μm/（m^2·d·kPa）；

E——活化能，是单位 mol 气体中参与渗透过程的活化分子发生反应所需的能量，J/mol；

R——气体常数，其值为8.314J/(mol·K)；

T——热力学温度，K。

进一步讨论透湿系数随温度变化的关系，对阿伦尼乌斯方程求对数，得到

$$\ln P_{wv} = -\frac{E}{R \cdot T} + \ln P_0 \tag{5-26}$$

以 $\ln P_{wv}$ 对 $1/T$ 作图，可以得到一条直线，其斜率即为 $-E/R$，截距为 $\ln P_0$。通过斜率可以求得活化能 E，然后代入公式5-26即可求得任意温度的透湿系数。

渗透过程有关的动力学问题，可以得到如下结论：

① 根据菲克定律与亨利定律所揭示的规律，可以认为渗透系数是渗透反应速度与参与渗透反应过程的诸动力学因素（温度、湿度、压力、浓度、材料等）之间的一个比例常数。在一定温度下，渗透系数是一个恒值。

② 阿伦尼乌斯方程提出反应速度系数与温度之间存在着指数关系。实践证明，指数关系不仅可准确地描述温度对渗透系数的显著影响，而且与物理化学中一系列重要理论，如热力学理论、现代速率理论等相一致。

③ 阿伦尼乌斯活化能 E 为正值，它是活化分子发生渗透反应所需的能量。活化能越高，渗透系数越小，渗透反应速度就越慢。因此，选择塑料薄膜包装时，应该以活化能较高、渗透系数较小的材料为好。

④ 阿伦尼乌斯活化能 E 值的大小，反映了渗透系数随温度的变化程度。活化能较大，温度对渗透系数的影响较显著。

⑤ 阿伦尼乌斯指前因子 P_0 与活化分子发生渗透反应的速度有关。从上面对渗透系数的讨论来看，E 和 P_0 在渗透反应动力学中起重要作用，称为渗透反应的动力学参数。

主要包装材料的活化能与阿伦尼乌斯方程参数如表5-8所示。

表5-8　主要包装材料的活化能与阿伦尼乌斯方程参数

包装材料	厚度/μm	活化能 E/(kJ/mol)	$-E/R/10^3$K	$\ln P_0$
PVC	30	22.165	−2.665	14.629
PET	30	22.436	−2.698	12.964
LDPE	30	28.721	−3.455	15.330
HDPE	30	30.038	−3.613	15.258
CPP	30	32.664	−3.929	16.360
PVDC	30	40.946	−4.925	18.133

四、防潮包装货架期计算

防潮包装设计时，可以根据渗透系数选择包装材料，保证包装件在预定的储存期限内的透湿量不会超过允许值。根据被包装产品的特性、防潮要求、储存期限可以计算渗透系数来选择包装材料，也可以根据包装材料及渗透系数来计算储存期。

根据式（5-18），可以改为计算防潮包装货架期计算公式

$$t_\theta=\frac{q_{wv\cdot\theta}\cdot L}{P_{wv\cdot\theta}\cdot(p_{\theta_1}-p_{\theta_2})\cdot A} \tag{5-27}$$

$$t_\theta=\frac{q_{wv\cdot\theta}}{Q_{40}\cdot(h_1-h_2)\cdot A\cdot K} \tag{5-28}$$

例 1：某种湿敏性产品，干燥时重 200g，装入厚度为 0.03mm 的高密度聚乙烯（HDPE）塑料袋中，包装面积为 800cm²；该产品干燥时含水量为 3%，允许最大含水量为 6%；如果储存在平均温度为 22℃和相对湿度为 70%的环境中，问储存期是多少天？

解：

（1）按照透湿系数计算

① 该产品容许水蒸气渗透量为：$q_{wv}=200\times(6\%-3\%)=6g$。

② 求包装材料两侧的水蒸气分压差：

A. 求包装外部水蒸气分压

储存环境温度为 22℃。从表 5-5 中查得饱和蒸气压强为 2.644kPa；

相对湿度 70%时，水蒸气分压为 0.70×2.644=1.851kPa。

B. 求包装内部水蒸气分压

平衡含水量 6%时的相对湿度为 67%，3%时为 20%。包装内部平均相对湿度为：(67+20)%/2=43.5%。

包装内部水蒸气分压为：0.435×2.644=1.150kPa。

C. 包装材料两侧水蒸气分压差。

$p_1-p_2=1.851-1.150=0.701\text{kPa}$。

③ 由表 5-7 查出，0.03mm 厚度的 HDPE，在 40℃和（90－0）%RH 的环境条件下，其渗透系数

$$P_{wv\cdot40}=41\text{g}\cdot\mu\text{m}/(\text{m}^2\cdot\text{d}\cdot\text{kPa})$$

④ 求 $P_{wv\cdot22}$，根据公式

$$P_{wv\cdot22}=\frac{P_{wv\cdot40}\cdot p_{40}\cdot 90\cdot K}{p_{22}}$$

查表 5-5，得 $p_{40}=7.381\text{kPa}$。

查表 5-6，插值得 $K=0.210\times10^{-2}$。

$$P_{wv\cdot22}=\frac{P_{wv\cdot40}\cdot p_{40}\cdot 90\cdot K}{p_{22}}=\frac{[41\text{g}\cdot\mu\text{m}/(\text{m}^2\cdot\text{d}\cdot\text{kPa})]\times7.381\text{kPa}\times90\times0.21\times10^{-2}}{2.644\text{kPa}}$$
$$=21.63\text{g}\cdot\mu\text{m}/(\text{m}^2\cdot\text{d}\cdot\text{kPa})$$

⑤ 求得储存期 t 为：

$$t=\frac{q_{22}\cdot L}{P_{wv\cdot22}\cdot(p_1-p_2)\cdot A}$$
$$=\frac{\text{m}^2\cdot\text{d}\cdot\text{kPa}}{21.63\text{g}\cdot\mu\text{m}}\cdot\frac{6\text{g}\cdot30\mu\text{m}}{0.701\text{kPa}\cdot0.08\text{m}^2}$$
$$=148\text{d}$$

（2）按照透湿率计算

根据式（5-28），从 5-7 中查表得到 30μm 厚度的 HDPE 在 40℃和（90－0）%相对湿度条件下，其透湿率 Q_{40} 为 9g/(m²·d)，将相关数据带入到公式（5-28）中，求得储存期为：

$$t_{22}=\frac{q_{wv\cdot 22}}{Q_{40}\cdot(h_1-h_2)\cdot A\cdot K}=\frac{6g}{9[g\cdot \mu m/(m^2\cdot d\cdot kPa)]\cdot(70-43.5)\cdot 0.08m^2\cdot 0.21\times10^{-2}}$$
$$=149d$$

例 2：某种湿敏性产品，干燥时重 100g，装入厚度为 0.03mm 的塑料袋中，包装面积为 700cm²，该产品允许干燥含水量为 30%～80%，对应的相对湿度为 50%～85%。现在该产品的干燥含水量为 50%，相对湿度为 70%，如果储存在平均温度 24℃，相对湿度 40%的环境中 18 个月，请选择适宜的包装材料。

解：

① 首先求得包装外部水蒸气的分压力 p_1。

从表 5-5 可得 24℃的饱和水蒸气压力 $p_\theta=2.982$kPa，那么在相对湿度为 40%的条件下 $p_1=p_\theta\times40\%=1.193$KPa。

② 求包装内部的分压力 p_2。

包装内部从相对湿度 70%变化到 50%，平均湿度为 60%，包装内部在 24℃时的平均分压力为 $p_2=p_\theta\times60\%=1.789$kPa。

③ 包装内外压差为 $p_2-p_1=0.596$kPa。

④ 求得最大允许排水量 q_{wv}。

100g 的产品从含水量 50%变为最小含水量 30%，包装中的最大允许排水量

$$q_{wv}=100\times(0.5-0.3)=20g。$$

⑤ 求得 24℃时的透湿系数，根据式（5-23），可得：

$$P_{wv}=\frac{q\cdot L}{A\cdot(p_1-p_2)\cdot t}=\frac{20g\cdot 30\mu m}{0.07m^2\cdot(1.789-1.193)kPa\cdot 18\cdot 30d}$$

求得 $P_{wv\cdot 24}=26.63g\cdot\mu m/(m^2\cdot d\cdot kPa)$。

⑥ 求得在 40℃，相对湿度差为（0～90）%的 $P_{wv\cdot 40}$。

根据 K 值的定义，可求：

$$P_{wv\cdot 40}\cdot K=P_{wv\cdot\theta}\cdot p_\theta/(p_{40}\cdot 90)=0.12g\cdot\mu m/(m^2\cdot d\cdot kPa)。$$

我们可以通过查表 5-8 得到不同材料在 24℃的 K 值，然后根据不同的 K 值，通过计算 $P_{wv\cdot 40}$，选取透湿系数相近的包装材料。

例如对于高密度聚乙烯，通过插值得到 24℃的 $K=0.25\times10^{-2}$，计算得到：

$P_{wv\cdot 40}=48g\cdot\mu m/(m^2\cdot d\cdot kPa)$，大于表 5-9 中查到的高密度聚乙烯的透湿系数，可以选用。

在例如对于未拉伸聚丙烯，通过插值得到 24℃的 $K=0.232\times10^{-2}$，于是：

$P_{wv\cdot 40}=52g\cdot\mu m/(m^2\cdot d\cdot kPa)$，大于表 5-7 中查到的未拉伸聚丙烯的透湿系数，可以选用。

第四节　防潮包装货架期加速试验

一、货架期加速试验方法

货架期加速试验（ASLT Accelerated Shelf Life Testing）的基本假设是，化学动力学原理可用于量化外部因素对劣变反应速率的影响，如温度、湿度、气体气氛和光照。通过

将产品置于一个或多个外在因素高于正常水平的受控环境中，产品劣变变质速率将会加速，导致产品失效比正常时间更短。由于外部因素对劣变的影响可以量化，因此可以计算加速的幅度，并以此计算正常条件下产品的“真实”货架期。因此，如果将储存温度从20°C提高到40°C，正常情况需要一年时间完成的货架期测试则可以在1～2个月内完成。

产品制造商不能等这么长时间才知道新产品/工艺/包装是否能提供足够的货架期。有必要采用某种方法来加快确定产品货架期所需的时间，因此开发了货架期加速试验。长期以来，在药品货架期和药效密切相关的制药工业中，这种方法一直被使用。然而，ASLT在食品工业中的应用并不像药品行业那么广泛，部分原因是缺乏关于外在因素对加速劣变影响的基本数据，部分原因是对所需方法的不了解，还有部分原因是对使用货架期加速试验效果的怀疑。

大多数产品的劣变过程都遵循零级或一级反应规律。对于给定的劣变程度和反应级数，速率常数与达到一定程度质量损失的时间成反比。因此，通过计算任何两个温度相隔10℃，都可以找到反应的Q_{10}，用公式表示：

$$Q_{10}=\frac{\theta_{\mathrm{T}}}{\theta_{\mathrm{T}+10}} \tag{5-29}$$

式中　θ_{T}——T℃的货架期；

$\theta_{\mathrm{T}+10}$——（T＋10）℃的货架期。

二、货架期加速试验程序

货架期加速试验操作方法可以在明显短于实际货架期的时间内获得的数据来评估产品的稳定性。开展货架期加速试验可采用以下程序：

① 确定产品的微生物安全性和质量指标。

② 选择关键的变质反应，哪些会引致产品品质衰退，并决定必须在产品试验过程中进行的测试（感官上或仪器上的）。

③ 选择包装材料，对所选择的包装材料进行测试。

④ 选择合适的储存温度（最少2个温度）。

⑤ 确定产品在每个试验温度下的试验周期。如果不知道Q_{10}值，则必须使用至少三个试验温度进行全面的ASLT。

⑥ 确定测试频率。在低于最高温度的任何温度下，测试之间的时间间隔不应超过：

$$f_2=f_1 Q_{10}^{\Delta T/10} \tag{5-30}$$

式中　f_1——最高试验温度T_1时，每次测试之间的时间间隔；

f_2——较低试验温度T_2时，每次测试之间的时间间隔；

ΔT——（T_1-T_2），℃。

⑦ 计算每个试验条件下必须储存的样品数量，包括作为对照的样品。

⑧ 开始货架期加速试验，绘制数据，以便在必要时适当增加或减少采样频率。

⑨ 根据每个试验储存条件计算反应速率常数，并绘制相应的货架期曲线，然后预测在正常储存条件下的货架期。

第五节　典型产品防潮包装工艺设计与评价

一、饼干防潮包装工艺设计

（一）饼干防潮包装货架期测试流程

饼干在运输和储存的过程中极易发生因环境湿度所产生的受潮变软现象而导致感官指标的下降。本例以酥性饼干为研究对象，研究环境温度、相对湿度对其平衡含水率的影响。借助已有等温度吸湿模型，比较可用于描述酥性饼干产品的等温吸湿模型。在此基础上，推导用于这类饼干产品防潮包装货架期的预测模型。

（1）了解被包装产品的特性　确定被包装饼干产品的种类，充分了解和研究产品的自身特性，包括其主要成分、质地等，因为饼干的吸湿特性与其结构质地有很大的关系，并测出单包饼干的质量以及产品的初始含水率。

（2）研究饼干的储存及运输时的环境条件　环境温度及相对湿度条件对饼干产品的防潮包装有很大的影响。所以充分了解包装后的饼干产品的储运环境是十分必要的，也可以为试验及货架期的预测提供依据。

（3）选择包装材料　根据包装饼干产品的特性及要求，参考环境条件，选择适合该产品的包装材料。通常饼干产品的包装材料为多层的软塑复合材料，测得包装材料的厚度，包装袋总面积及材料的透湿系数。

（4）确定饼干的吸湿特性模型及参数　试验得到25℃吸湿等温线及公式中的参数。实际中，确定了储存温度后，可在温度下设定不同的湿度条件，试验得到饼干在温度下的吸湿等温曲线，再代入等温吸湿模型拟合得到参数值。

（5）估算预测包装货架期　将上述得到的各个相关条件代入公式，便可计算出该防潮包装货架期的预测值。

（二）饼干防潮包装货架期估算

1. 饼干初始含水率的测试

研究湿度敏感型饼干货架期第一步是确定产品的初始含水率。采用铝皿作为烘干容器，称量一定重量的饼干，记录每个铝皿中饼干的初始重量 W_i，饼干在98～100℃烘箱里烘干直至恒重，称的干燥重量 W_f，计算饼干的干基含水率。

2. 饼干等温吸湿模型的建立

考虑到本例中包装饼干的储存条件为室温25℃，为此首先测定该温度下的产品等温吸湿曲线，结果如图5-6所示。

基于酥性饼干的等温吸湿曲线，应用相关等温吸湿模型进行拟合。经拟合发现Modified Oswin（MOS）模型最适合表征该产品等温吸湿性能，即：

$$RH=\frac{1}{1+[(a+b\cdot T)/M]^{c}} \tag{5-31}$$

并进一步获得其中的模型参数为：

$$a=782.9, b=-2.608, c=2.1887$$

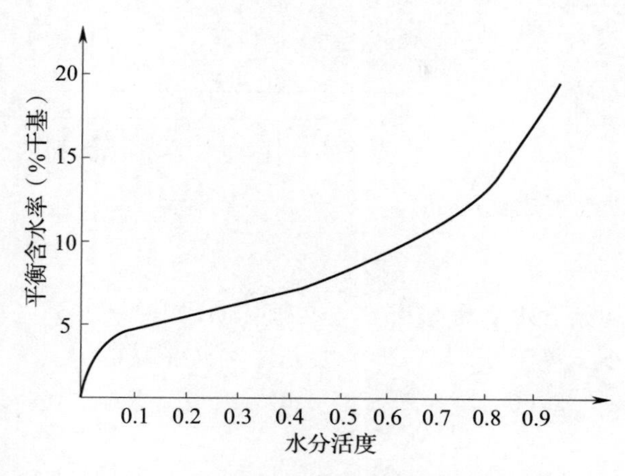

图 5-6　25℃时酥性饼干的等温吸湿曲线

3. 酥性饼干防潮包装货架期估算

临界含水率对于饼干等对水分敏感的产品来说是一个非常重要的参数，不同的产品有不同的临界含水率。饼干主要成分是淀粉，脆性是被认为是最重要的质量参数，受水分的影响比较明显。

对式（5-27）求导得到水蒸气的渗透量随时间的变化率为

$$\frac{\mathrm{d}q_{\mathrm{WV}}}{\mathrm{d}t}=\frac{P\cdot p_{\theta}\cdot A}{L}\cdot(RH_1-RH_2) \tag{5-32}$$

将产品等温吸湿模型代入式（5-32），同时考虑物料的含水率 $M=\frac{q_{\mathrm{WV}}}{W}$，进一步得到

$$\frac{\mathrm{d}q_{\mathrm{WV}}}{\mathrm{d}t}=\frac{P\cdot p_{\theta}\cdot A}{L}\cdot\left(RH_1-\frac{1}{1+[(a+b\cdot T)W/q_{\mathrm{WV}}]^c}\right) \tag{5-33}$$

整理得

$$\frac{\mathrm{d}q_{\mathrm{WV}}}{\left(RH_1-\frac{1}{1+[(a+b\cdot T)W/q_{\mathrm{WV}}]^c}\right)}=\frac{P\cdot p_{\theta}\cdot A}{L}\cdot\mathrm{d}t \tag{5-34}$$

两边积分可得

$$\int_{q_1}^{q_2}\frac{\mathrm{d}q_{\mathrm{WV}}}{\left(RH_1-\frac{1}{1+[(a+b\cdot T)W/q_{\mathrm{WV}}]^c}\right)}=\frac{P\cdot p_{\theta}\cdot A}{L}\cdot t \tag{5-35}$$

式中　q_1——初始透湿量，g；

q_2——临界透湿量，g。

为此，饼干防潮包装货架期估算模型为

$$t_{\mathrm{sh}}=\frac{L}{P\cdot p_{\theta}\cdot A}\cdot\int_{q_1}^{q_2}\frac{\mathrm{d}q_{\mathrm{WV}}}{\left(RH_1-\frac{1}{1+[(a+b\cdot T)W/q_{\mathrm{WV}}]^c}\right)} \tag{5-36}$$

储存条件为室温下 25℃，相对湿度 65%。使用的包装材料为 BOPP/VMCPP（透湿系数为 4.4g・μm/（m^2・d・kPa)，薄膜厚度 45μm，测得包装总面积为 390cm^2，由表 5-7 查

得 25℃时饱和水蒸气压强为 3.167kPa。

令：

$$f(q_{WV})=\int_{0}^{2.55\%W}\frac{dq_{WV}}{RH_1-\dfrac{1}{1+\left[(a+b\cdot T)/\left(\dfrac{q_{WV}}{W}\right)\right]^{c}}} \tag{5-37}$$

则式（5-36）可以改写成：

$$t_{sh}=\frac{d}{P\cdot p_{\theta}\cdot A}\cdot f(q_{WV}) \tag{5-38}$$

实验测得饼干的初始含水率为 3.95%，在国标 GB7100－2003《饼干卫生标准》中规定饼干的水分含量要小于等于 6.5%，即最大允许含水率为 6.5%。

将 $a=782.9$，$b=-2.608$，$c=2.1887$，$W=100g$，$RH_1=65\%$，$T=298K$ 代入式（5-37）计算得：

$$f(q_{wv})=\int_{0}^{2.55}\frac{q^{2.1887}+571.6^{2.1887}}{0.65\times 571.6^{2.1887}-0.35\times q^{2.1887}}dq$$

将 $f(q_{WV})=3.9231g$，$d=45\mu m$，$A=390cm^2$，$p_{25}=3.167kPa$，$P=4.4g\cdot\mu m/(m^2\cdot d\cdot kPa)$ 代入式（5-38）计算可得 100g 香浓奶酥饼干包装货架期为：

$$t_{sh}=\frac{m^2\cdot d\cdot kPa\times 45\mu m\times 3.9231g}{4.4\times 390\times 10^{-4}m^2\times 3.167kPa}\approx 325(天)$$

二、药品防潮包装工艺设计

（一）药品包装常用材料

药品包装市场使用的包装材料主要包括玻璃瓶、塑料瓶、塑料袋、泡罩包装等。泡罩包装由于采用单剂量独立包装、保护性好、方便储存携带等优点成为目前药品包装的主要形式。药品对水蒸气、氧气、光都非常敏感，易因吸湿而失效。为保持产品的药效，泡罩包装必须具有非常好的阻隔性能。泡罩包装常用的材料是聚氯乙烯（PVC）、聚酯（PET）、聚丙烯（PP）、环烯烃共聚物（COC）、聚偏二氯乙烯（PVDC）、聚三氟氯乙烯（PCTFE）。为了满足高性能需求，多层聚合物薄膜结构变得越来越流行。

95%以上泡罩包装封口材料采用铝箔材料（药用铝箔国标中要求针孔直径不能有大于 0.3mm 的，直径在 0.1～0.3mm 的每平方米不能多于 1 个）。目前铝箔结构多由保护层、印刷层、铝箔基材、黏合层组成。保护层的主要作用是防止铝箔表面氧化变质，保护油墨层不脱落，防止铝箔在机械收卷时油墨与内侧黏合剂接触而污染药品。黏合层的主要作用是满足泡罩包装的密封性能，要求均匀涂布在铝箔上。在国家标准 YBB00152002《药品包装用铝箔》中对药用铝箔质量、保护层、黏合层的性能均有理化指标要求，从而保护泡罩包装铝箔具有较好的阻隔性、卫生安全性、热封性和良好的物理机械性能。

（二）药品包装的稳定性测试

在筛选药物制剂的处方与工艺的设计过程中，首先应查阅原料药稳定性的有关资料，了解温度、湿度、光线对原料药稳定性的影响，根据药物的性质针对性地进行必要的影响因素试验。

每种药物及其包装都需进行稳定性研究以确保药品可以达到其标示的货架期要求。药品的稳定性是指原料药及其制剂保持其物理、化学、生物学和微生物学性质的能力。稳定性试验的目的是考察原料药、中间产品或制剂的性质在温度、湿度、光线等条件的影响下随时间变化的规律，为药品的生产、包装、贮存提供科学依据，以保障临床用药的安全有效。并且通过持续稳定性考察可以在有效期内监控药品质量，并确定药品可以或预期可以在标示的贮存条件下，符合质量标准的各项要求。

（1）高温试验　样品开口置适宜和洁净容器，60℃温度下放置10天，于第5、10天取样，按稳定性重点考察项目进行检测，同时准确称量试验后样品的重量，以考察样品风化失重的情况。若样品有明显变化（如含量下降5%）则在40℃条件下同法进行试验。若60℃无明显变化，不再进行40℃试验。

（2）高湿度试验　样品开口置恒湿密闭容器中在25℃分别于相对湿度75±5%及90±5%条件下放置10天，按稳定性重点考察项目要求检测，同时准确称量试验前后样品的重量，以考察样品的吸湿潮解性能。

（3）强光照射试验　样品开口放置在光橱或其他适宜的光照仪器内，于照度为（4500±500）lx的条件下放置10天（总照度量为120lx・h），按稳定性重点考察项目进行检测，特别要注意样品的外观变化，有条件时还应采用紫外光照射。

（4）加速试验　原料药物与药物制剂均需进行此项试验，样品要求三批，按市售包装，在温度40±2℃，相对湿度75%±5%的条件下放置六个月。所用设备应能控制温度±2℃，相对湿度±5%并能对真实温度与湿度进行监测。在试验期间每一个月取样一次，按稳定性重点考查项目检测。在上述条件下，如六个月内样品经检测不符合制订的质量标准，则应在中间条件，即在温度30±2℃，相对湿度60%±5%的情况下进行加速试验，时间仍为六个月。对温度特别敏感的药物制剂，预计只能在冰箱（4～8℃）内保存使用，此类药物制剂的加速试验，可在温度25±2℃，相对湿度60%±5%的条件下进行，时间为六个月。

（三）泡罩包装整体防潮性能测试

美国材料与试验协会（ASTM）标准ASTMD7709-12增重测试方法来测试泡罩包装整体水蒸气透过率。泡罩包装最重要的一个测试是填充干燥剂后的增重测试。这个测试是针对多单元胶囊和片剂泡罩透湿性的测试方法。对填充干燥剂的泡罩包装进行增重测试，泡罩包装的水蒸气渗透性研究可以在不填充药物的情况下进行。

基本步骤如下：样本量必须符合统计学原理。通常，需要准备6～10个填充好干燥剂的泡罩药板。ASTM已经建立了稳定性研究的四个条件：40℃/75% RH；30℃/65% RH；30℃/75% RH和25℃/60%RH。增重结果报告为增重，单位为g/包装，并标注在图上。如果增重结果是线性的，下一步可以使用这些数据来计算每个囊腔每天的水分渗透速率。然后，将这些增重的结果与在设计阶段使用防潮预测方法确定的理论结果进行对比。

防潮材料的选用主要由环境条件、包装等级、材料透湿率和经济性等几方面因素综合考虑，设计合理的包装造型结构。试验表明，包装结构对物品的吸湿情况影响甚大，包装容器底面积越大，包装及内装物的吸湿性也越大，越接近底部，含水量越大，因此，在设计防潮包装造型结构时，应尽量缩小底面积。可以添加合适的防潮衬垫，或者用防潮材料进行密封包装，或者加干燥剂。在密封包装内加入适量的干燥剂，使其内部残留的潮气及通过防潮阻隔层透入的潮气均为干燥剂吸收，从而使内装物免受潮气的影响。

思考题与习题

1. 解释塑料薄膜的透湿机理，分析影响塑料薄膜透湿性能的影响因素有哪些？

2. 某种湿敏性产品，干燥时重量200g，装入厚度为30μm的聚偏二氯乙烯包装袋中，包装面积为1200cm^2。产品干燥时含水率为3%，允许最大的含水率为7%。如果储存在平均温度22°C，相对湿度为70%的环境中，计算其储存期限为多久。

3. 试为某固体粉状颗粒（咖啡、感冒冲剂）防潮包装选择合适的防潮包装材料和包装工艺。① 说明产品的包装要求，选用合适包装材料及其结构，说明其合理性；② 说明采用的防潮包装工艺；③ 通过所选择的材料进行货架期理论计算，并通过试验方法验证理论货架期的有效性。

4. 某汽车零部件公司生产的汽车零件放置于1个立方的包装内，包装表面积为6m^2；采用水汽透过率0.9g/(m^2·d)（23℃，85%，0.1mm厚）的LDPE阻隔袋密封包装；该产品需要在相对湿度50%以下的环境中安全保存；仓储时间为25天，运输时间为15天，所以在经过共40天以后才能被使用；产品包装时的环境温度为25℃，环境湿度为80%相对湿度；在该密闭包装中还有3千克的含水率30‰的木材作为缓冲辅料。计算所需干燥剂的用量。

5. 已知某种塑料薄膜在24℃下的水蒸气渗透系数为40g·μm/（m^2·d·kPa），活化能为28kJ/mol，求该薄膜在8℃条件下的水蒸气渗透系数。

第六章　金属防锈包装

金属生锈属于产品被腐蚀的一种，是金属在自然环境作用下发生的最普遍的一种自然现象，它是自然环境诸多因素在金属表面的化学、电化学等作用的结果。造成金属被腐蚀的因素较多，以大气腐蚀最为普遍，其造成的损失约占金属腐蚀损失总量的50%以上。除此之外，还有人为因素，如原材料质量参差不齐或选用不当，防锈方法与工序不健全或配套性差，加工及储运过程的管理不善等。因此，需根据金属的腐蚀原理与产品的储运环境，进行有效的防护隔离。

防锈包装就是通过包装防止或减缓金属制品化学锈蚀和电化学锈蚀的发生，特别是阻止电化学锈蚀的发生，属于“暂时性防锈”。

本章介绍金属锈蚀原理、防锈包装等级分类、常用的金属防锈包装技法、防锈防腐蚀加速试验等，论述防锈包装方法选择、实施形式、包装前处理与实施要点等。

第一节　概　　述

金属与周围介质（气体或液体），特别是与大气接触时，由于发生化学作用或电化学作用而引起的材料性能的退化与破坏称为金属腐蚀。金属腐蚀的现象十分普遍，为有效开展金属防锈防腐蚀工程，需首先弄清楚金属锈蚀的基本原理、影响金属锈蚀的主要因素等。

一、金属锈蚀原理

自然界中绝大多数的金属都不是以纯金属单体形式存在，而是以金属及其化合物共同存在于自然界的。例如：铁大多数是以氧化物、碳酸盐或者是硫化物的形式存在；铜在自然界中就是以孔雀石铜矿的碳酸盐形式存在。从化学角度说明，金属化合物状态较纯质更为稳定；从热力学角度分析，则说明金属化合物是处于低能位状态，而单体金属则是处于高能位状态，其高能位不稳定的性质导致自发的逐步向稳定的低能位运动，宏观表现金属单质容易发生变化，形成金属化合物。因此，绝大多数的金属，腐蚀是自身变化的趋势。

根据金属腐蚀的过程的不同特点，可将其主要划分为化学腐蚀、电化学腐蚀和金属腐蚀三大类。

（一）化学腐蚀

金属表面直接与介质中的某些化学性组分发生氧化还原反应而引起的腐蚀称为化学腐蚀。其特点是腐蚀介质为非电解质溶液或干燥气体，腐蚀过程中无电流产生。

在化学腐蚀过程中，具有一定能量的反应粒子与金属接触时在金属表面发生直接的电子授受或电子共有的化学反应，如果所生成的腐蚀产物在金属表面不是以完全覆盖的膜层形式存在，而其他介质则可继续与金属表面接触，这种氧化膜对金属没有保护作用；若形成的氧化物薄膜致密而连续，并能覆盖金属全部表面，把金属与介质隔开，则可保护金属不再遭受进一步的腐蚀，具有一定的表面保护能力，即金属的钝化作用。与此同时，有些金属在含硫化物的干燥空气中，形成氧化膜致使表面变暗，这种现象称为失泽。

影响金属化学腐蚀因素较多，其中温度对化学腐蚀的速率影响较大。在常温状态下化学腐蚀缓慢，且在形成“钝化膜”后腐蚀就基本停滞不前。而在高温时，通过获得更多的能量，反应粒子透过膜层速度大大加速，金属腐蚀速度将加快，通常也称为热氧化（即高温腐蚀）。

（二）电化学腐蚀

当金属与酸、碱、盐等电解质溶液或者潮湿空气接触时，由于电化学作用、腐蚀电池的形成，而引起的腐蚀称为电化学锈蚀。金属发生电化学锈蚀应同时具备三个条件，即金属上各部分（或不同金属间）存在着电极电位差；具有电极电位差的各部分相连；具有电极电位差的各部分要处于相连通的电解质溶液中。

金属的电化学锈蚀的机理与原电池原理相同，是以不同的金属（或导电非金属）为两极形成腐蚀电池的结果。例如钢铁，它在常温的干燥空气中抗化学锈蚀的能力很强。但铁的电极电位较低，又含有一定量的杂质（石墨、Fe_3C 以及其他金属等），在潮湿的大气中其表面吸附一层水膜，这些杂质的电极电位比较高而且导电。因此，与铁形成很多微观腐蚀电池，极易发生电化学锈蚀。这些微观腐蚀电池不但数目很多，而且两极距离很近，导致锈蚀速度很快。

电化学腐蚀在腐蚀过程中有电流产生，其原理类似于基础化学中原电池原理。例如，把锌片和铜片放入盛有稀 H_2SO_4 溶液的同一容器中，并用导线通过电流表将两者相连，就会有电流（i）通过，即为最简单的 Cu-Zn 原电池（图 6-1）。

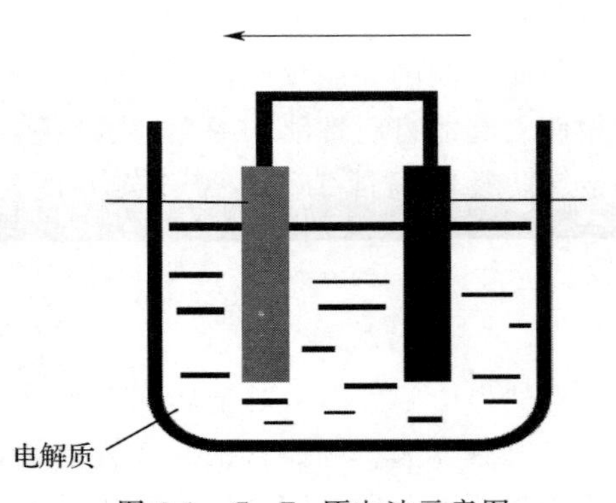

图 6-1 Cu-Zn 原电池示意图

由于锌的电极电位较铜的电极电位低，电流从铜板流向锌板。而电子（e^-）流动方向与电流方向相反，电子是从锌极流向铜极。在腐蚀电池中，凡是失去电子进行氧化反应的电极叫阳极，而得到电子进行还原反应的电极叫阴极。因此，低电位极为阳极，高电位极为阴极。电极反应为：

阳极：

$$Zn \longrightarrow Zn^{2+} + 2e^-$$

阴极：

$$2H^+ + 2e^- \longrightarrow H_2$$

电池总反应：

$$Zn + 2H^+ \longrightarrow Zn^{2+} + H_2$$

由此可见，在上述反应中，锌不断溶解而遭到破坏（即被腐蚀）。金属发生电化学腐蚀的实质就是原电池作用。

（三）微生物腐蚀

微生物腐蚀是一种由微生物的生命活动而引起的材料腐蚀。需要说明的是，微生物腐蚀并非是微生物自身对金属侵蚀，而是微生物生命活动的结果间接地对金属电化学过程产生影响。通常主要有三种情况：

（1）代谢产物的影响　例如碳氢化合物无论在厌氧菌还是好氧菌的作用下，都会产生酸或酸性物质，降低水体的pH，促进金属的腐蚀。

（2）浓差腐蚀电池形成　在有机物含量高且活性细菌多的区域，因消耗氧气致使溶解氧浓度显著下降，此时的缺氧区域成了阳极区，而在细菌等生物少、氧气充足的区域则成为阴极区，因而形成了氧浓差电池，也会加速金属腐蚀。

（3）防腐剂作用减弱　在采用有机物进行防腐处理时，若这些有机物被微生物代谢而逐渐消耗，则可能不能达到预期防腐效果。

二、影响金属锈蚀的主要因素

金属产品本身的性质是它锈蚀的内因，环境因素和其他影响因素是金属锈蚀的外因，化学锈蚀和电化学锈蚀以及微生物腐蚀是环境因素对产品特性作用的结果。要防止金属锈蚀的发生，就要全面和深入地了解锈蚀的内因和外因。

（一）金属产品本身的性质

1. 金属的电极电位

金属的电极电位越低，越容易成为电化学锈蚀中的阳极，因而越易在大气中锈蚀。例如，铁和铜的标准电极电位分别为－0.44V和＋0.33V，铁比铜的电位低，因此铁在大气中的锈蚀比铜严重得多。若在某一金属中加入一些其他金属元素，可提高基本金属的电极电位，继而有效提高该金属的防锈能力。例如，在铁中加铬，当铬的重量达到11.7％时，其合金的电极电位可提高到＋0.2V，能有效地抵抗空气、水蒸气及稀硝酸的锈蚀。

2. 金属中的杂质

铸铁和碳钢是机械产品中使用最多的金属材料。铸铁和碳钢都不是纯金属，而是铁碳合金，微观组织是不均匀的。碳钢中含有渗碳体，铸铁中含石墨。在分析金属锈蚀原因时，石墨和渗碳体被视为杂质，它们的电极电位比铁高，又能导电，因而造成铁在大气中的锈蚀。金属中杂质对锈蚀的影响程度不完全相同，有的纯金属在大气和电解质中都比较稳定，但只要有少量的杂质，就可以使金属的锈蚀速度增加几百倍甚至几千倍。

3. 金属的变形与应力

金属在机械加工和热处理过程中，常常造成产品各个部分的变形和应力分布不均匀，这也是造成金属电化学锈蚀的一个因素。例如，铆钉头和钢板弯曲处容易锈蚀，究其原因，是这些部位变形和应力太大。经验证明，内应力大的部位往往是阳极，容易锈蚀。

4. 金属的表面状态

有些金属在大气中形成的表面膜不完整，存在孔隙，孔隙下的金属表面电极电位低，成为电化学锈蚀的阳极，大大加速腐蚀速率。在大多数情况下，粗加工表面容易吸收水分和灰尘，造成氧的差异充气锈蚀，比精加工表面容易锈蚀。

在大气电化学锈蚀中，锈蚀产物组织疏松多孔，如：$Fe(OH)_2$及其脱水产物Fe_2O_3（铁锈）；锈蚀产物有吸湿性，如硫酸铜、硫酸亚铁、金属氯化物。这些锈蚀产物容易使金属的锈蚀更严重。

（二）储存环境因素

1. 空气中大气污染物

大气中除空气与水汽以外，还含有各种各样的污染杂质。气体杂质如二氧化硫、氮氧化物、二氧化碳、氯化氢等，其中二氧化硫是致使金属锈蚀的一种典型污染物。大气中所含的盐雾即氯化钠，是由沿海地区吹来的，离海岸越近腐蚀速度就越大。因氯离子的半径很小，易被金属表面所吸附，破坏金属表面的钝化状态，造成金属的腐蚀。

2. 相对湿度

一般金属及其制品表面易吸收所处环境空气中水分而形成水膜，水膜达到一定厚度，且在适当的相对湿度下，就会开始剧烈地腐蚀，这个相对湿度条件称为金属临界腐蚀湿度，如钢铁临界腐蚀湿度约为70%。空气相对湿度越高，金属表面上的水膜越厚。已有研究表明，金属表面水膜厚度对腐蚀影响显著。

3. 温度

在高温、高湿地区，金属极易生锈，然而当高温但相对湿度不大时，钢铁则不容易生锈。而当相对湿度达到金属临界腐蚀湿度时，温度对锈蚀影响十分显著，此时温度每升高10℃，锈蚀速度则提高约2倍。此外，温度有较大变化时，特别是昼夜温差较大的地区，金属表面会有凝露，也将大大加速锈蚀。

4. 氧气

在中性介质（水）中，金属的电化学锈蚀主要是吸氧锈蚀。若没有氧气，电子就会在阴极集聚，金属在大气中的锈蚀就很难发生。例如，铁钉泡在缺氧的海水中数十年，仍能保持光泽，不会生锈。空气中有大量的氧气，金属表面的水膜又很薄，空气中的氧透过水膜进而扩散到金属表面的阴极区相当容易，氧接收阴极的电子，使金属的电化学锈蚀能顺利进行。

三、防锈包装原理

为隔绝或减少大气中水汽、氧气和其他污染物对金属制品表面的影响，防止发生大气腐蚀，需采用适当包装材料、包装技术方法实施防锈处理。GB/T 11372中将防锈包装定义为，应用和使用适当保护方法，防止包装品锈蚀损坏，包括使用适当的防锈材料，包覆、裹包材料，衬垫材料，内容器，完整统一的标记等。

需要说明的是，基于包装封存方法的防锈包装是暂时性防锈，在包装件内装物品投入使用时，通常要求后期能顺利除去。但防锈包装对产品的保护期可由数月至数年，对金属制品的储运与销售仍有重要意义。

防锈包装原理大致分为物理阻隔和化学作用。物理阻隔是通过包装将某些腐蚀性介质、氧气、水汽等阻隔在包装外，减少与产品接触，阻缓金属腐蚀的进行。化学作用是通过置换取代或通过乳化的形式将金属表面上的水膜去除，或者将某些腐蚀性介质通过中和与加溶作用除去，应用最多的则是通过具有可挥发性的缓蚀剂，在密闭空间内扩散到金属表面而起到缓蚀作用。

四、防锈包装等级与分类

防锈包装根据其效果、机理和种类的不同，将其分为多个等级和多种类别。

防锈包装国家标准GB/T 4879，基于产品的性质、流通环境条件、防锈期限等因素的综合考虑以确定防锈包装等级。防锈包装等级分为1级、2级、3级（表6-1）。对防锈包装有特殊要求时，可按特殊要求进行。同时将防锈技术方法分为7种（表6-2）。

表6-1　防锈包装等级分类

等级	条件		
	防锈期限	温度、相对湿度	产品性质
1级包装	2年	温度大于30℃，相对湿度大于90%	易锈蚀的产品，以及贵重、精密的可能生锈的产品。
2级包装	1年	温度在20～30℃，相对湿度在70%～90%之间	较易锈蚀的产品、以及较贵重、较精密可能生锈的产品。
3级包装	0.5年	温度小于20℃，相对湿度小于70%	不易锈蚀的产品。

注1：当防锈包装等级的确定因素不能同时满足本表的要求时，应按照三个条件的最严酷条件确定防锈包装等级。亦可按照产品性质、防锈期限、温湿度条件的顺序综合考虑，确定防锈包装等级。

注2：对于特殊要求的防锈包装，主要是防潮要求更高的包装，宜采用更加严格的防潮措施。

表6-2　防锈技术方法

代号	名称	方法
F1	防锈油浸涂法	将产品完全浸渍在防锈油中，涂覆防锈油膜。
F2	防锈油脂刷涂法	在产品表面刷涂防锈油脂。
F3	防锈油脂充填法	在产品内腔充填防锈油脂，充填时应注意使内腔表面全部涂覆，且应留有空隙，并不应泄漏。
F4	气相缓蚀剂法	按产品的要求，采用粉剂、片剂或丸剂状气相缓蚀剂，散布或装入干净的布袋或盒中或将含有气相缓蚀剂的油等非水溶液喷洒于包装空间。
F5	气相防锈纸法	对形状比较简单而容易包扎的产品，可用气相防锈纸包封，包封时要求接触或接近金属表面。
F6	气相防锈塑料薄膜法	产品要求包装外观透明时采用气相防锈塑料薄膜袋热压焊封。
F7	防锈液处理法	可以采用浸涂或喷涂然后进行干燥。

与此同时，根据防锈包装的机理及其特点，对常见防锈包装进行分类，见表6-3。

表6-3　防锈包装方法

代号	名称	方法	适用防锈等级
B1	一般包装	制品经清洗、干燥后，直接采用防潮、防水包装材料进行包装。	3级包装
B2	防锈油脂包装		
B2-1	涂敷防锈油脂	按F1或F2的方法直接涂覆膜或防锈油脂。不采用内包装。	3级包装
B2-2	防锈纸包装	按F1或F2的方法涂防锈油脂后，采用耐油性、无腐蚀内包装材料包封。	3级包装
B2-3	塑料薄膜包装	按F1或F2的方法涂覆防锈油脂后，装入塑料薄膜制作的袋中，根据需要用黏胶带密封或热压焊封。	1级包装 2级包装

续表

代号	名称	方法	适用防锈等级
B2-4	铝塑薄膜包装	按F1或F2的方法涂覆防锈油脂后，装入铝塑薄膜制作的袋中，热压焊封。	1级包装 2级包装
B2-5	防锈油脂充填包装	对密闭内腔的防锈，可按F3的方法进行防锈后，密封包装。	1级包装
B3	气相防锈材料包装		
B3-1	气相缓蚀剂包装	按照F4的方法进行防锈后，再密封包装。	1级包装
B3-2	气相防锈纸包装	按照F5的方法进行防锈后，再密封包装。	2级包装
B3-3	气相防锈塑料薄膜包装	按照F6的方法进行防锈时即完成包装。	3级包装
B3-4	气相防锈油包装	制品内腔密封系统刷涂、喷涂或注入气相防锈油。	3级包装
B4	密封容器包装		
B4-1	金属刚性容器密封包装	按F1或F2的方法涂防锈油脂后，用耐油脂包装材料包扎和充填缓冲材料，装入金属刚性容器密封，需要时可作减压处理。	
B4-2	非金属刚性容器密封包装	将防锈后的制品装入采用防潮包装材料制作的非金属刚性容器，用热压焊封或其他方法密封。	1级包装 2级包装
B4-3	刚性容器中防锈油浸泡的包装	制品装入刚性容器(金属或非金属)中，用防锈油完全浸渍，然后进行密封。	
B4-4	干燥剂包装	制品进行防锈后，与干燥剂一并放入铝塑复合材料等密封包装容器中。必要时可抽取密封容器内部分空气。	
B5	可剥性塑料包装		
B5-1	涂覆热浸型可剥性塑料包装	制品长期封存或防止机械碰伤，采用涂覆热浸可剥性塑料包装。需要时，在制品外按其形状包扎无腐蚀的纤维织物(布)或铝箔后，再涂覆热浸型可剥性塑料。	1级包装 2级包装
B5-2	涂覆溶剂型可剥性塑料包装	制品的孔穴处充填无腐蚀性材料后，在室温下一次涂覆或多次涂覆溶剂型可剥性塑料。多次涂覆时，每次涂覆后应待溶剂完全挥发后，再涂覆。	
B6	贴体包装	制品进行防锈后，使用硝基纤维、醋酸纤维、乙基丁基纤维或其他塑料膜片作透明包装，真空成形。	2级包装
B7	充气包装	制品装入密封性良好的金属容器、非金属容器或透湿度小、气密性好、无腐蚀性的包装材料制作的袋中，充干燥空气、氮气或其他惰性气体密封包装。制品可密封内腔，经清洗、干燥后，直接充气密封。	1级包装 2级包装

五、防锈包装前处理

通常防锈包装需要对产品进行必要前处理，准备工序主要包括产品的清洗与干燥。

（一）清洗

清洗是保证防锈质量的基础，在对工件进行防锈处理之前，须将产品清洗干净。只有在干净无污的表面上进行防锈处理，才能达到预期的效果。清洗方法主要包括：溶剂清洗法、清除汗迹法、蒸气脱脂清洗法、碱液清洗法、表面活性剂清洗法、电解清洗法等，相应的工艺特点与要领等可参考相关文献。

（二）干燥

产品在清洗后，特别是用清水漂洗后，须及时通过汽化的方法将其去除，即干燥，除用卤代烃蒸气清洗、热浸洗、热喷洗的工件，清洗后其表面热量使清洗液蒸发而干燥，不需做干燥处理外，其他液体清洗剂清洗的工件，均应进行干燥使其表面无残留液体存在，否则残留的水分会引起生锈。一般根据不同的清洗方法及工艺和工件要求选择不同的干燥方法，主要包括：沥干法、擦干法、压缩空气吹干法、加热干燥法等。

第二节　金属防锈包装技法

在防锈包装中，具有多种的防锈包装工艺与材料，防锈包装的作用机理包含物理阻隔和化学作用，而为达到更长时间的防锈保护期，往往需要综合运用这两种方法。本节将对具体的防锈包装工艺与材料进行详细介绍。

一、防锈油脂包装

防锈油脂是以矿物油为基体，加入油溶性缓蚀剂和辅助添加剂制成的油脂。防锈油脂包装是将防锈油脂涂覆于金属制品表面，将金属表面与引起金属大气锈蚀的各种环境因素隔离，然后用石蜡纸或塑料袋将金属制品封装。此法材料易得、使用方便、价格较低且防锈期可满足一般需要，是应用最早、使用最广泛的防锈方法。常用于钢铁、铜铝、合金镀件以及多种金属组件的防锈，而且产品涂油还能起到一定的防划伤和减震作用。

（一）防锈原理

防锈油脂以矿物油为基体，油溶性缓蚀剂和辅助性添加剂为辅料。矿物油脂虽然对大气中水分和氧有一定隔绝作用，但效果不够理想，需添加缓蚀剂才能达到满意的效果。常用缓蚀剂有石油磺酸盐、硬脂酸铝、环烷酸锌、氧化石油蜡、羊毛脂及其衍生物，以及有色金属防锈常用的苯并三氮唑等。

缓蚀剂的防锈作用机理可简单解释为：① 缓蚀剂在金属表面的化学吸附，降低了金属表面化学活性；② 缓蚀剂降低水滴在油膜上的表面张力，因而降低水滴穿透油膜到达金属表面的能力；③ 缓蚀剂能将金属表面吸附水置换出来。

（二）防锈油脂类型

防锈油脂可分为防锈脂与防锈油两大类。

1. 防锈脂

防锈脂是以矿物脂和机油为基体，用皂类或蜡类稠化，再加入油溶性缓蚀剂和辅助剂配制成的一类防锈油脂，在常温下为脂状。矿物脂一般是采用工业凡士林，其化学组成是石蜡 15％、石油脂 45％、汽缸油 25％、机械油 15％。

防锈脂涂覆形成的涂覆层为蜡状或膏状厚膜，有硬质与软质的区别。硬质脂滴点温度高，要加热成为熔融流体才能涂覆，故称为加热涂覆脂。加热涂覆脂形成的硬膜，机械强度高，对金属的黏附力大，防锈效果好。软质防锈脂可在常温下刷涂，为常温涂覆脂。

2. 溶剂稀释型防锈油

溶剂稀释型防锈油的化学组成包括成膜材料、缓蚀剂和溶剂。溶剂大都选用石油系溶剂，如煤油、汽油。成膜材料为矿物脂或树脂，通常要求其在煤油或汽油中有较大的溶解度，而且对各种金属无腐蚀作用。将缓蚀剂加入成膜材料，经溶剂溶解即为溶剂稀释型防锈油。这类防锈油在常温下涂覆，溶剂挥发后在金属表面形成一层防锈膜。

3. 封存防锈油

封存防锈油可分为浸泡型及涂覆型两种，其中涂覆型油状膜的恢复能力好，辅以良好包装可获得好的防锈效果。

4. 置换型防锈油

人的汗液中含有氯化物、乳酸，这些都是致锈物质。金属制品在制造过程中，很难避免因人手接触而被汗液污染，这种污物不溶于石油溶剂，不能被石油溶剂洗涤而常遗留于金属品表面，在适当条件下就会在制品上出现明显的手印状锈蚀。置换型防锈油的特点是能防止金属表面因人手接触，沾上手汗而引起锈蚀。

5. 防锈润滑两用油脂

防锈润滑两用油脂是具有防锈及润滑双重性能的油料。一般机械设备装配后试车时要使用能满足工作要求的润滑油，试车后此油要排出，加封存油防锈，启封时再换上工作油。此过程较为繁琐，而防锈润滑两用油能满足润滑及防锈的双重要求，可以在试车及封存时防锈。启封后，因与润滑油很好混溶而不必清洗。

（三）防锈包装作业过程

1. 总流程

在实际生产和操作过程中，仅仅通过涂覆防锈油脂，并不能起到预期的防锈效果。为达到所需要求，常需要与包装相结合。图 6-2 为溶剂稀释型防锈油包装的工艺流程。

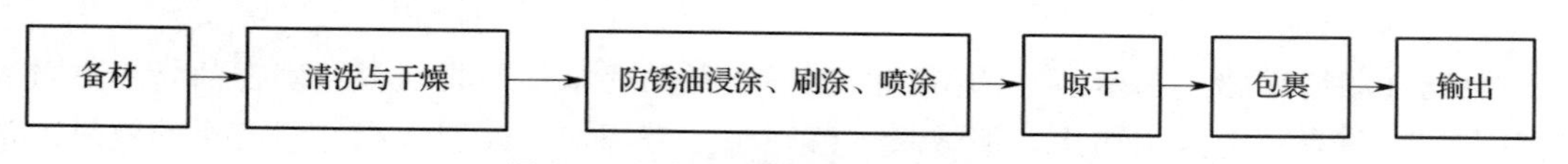

图 6-2　防锈油脂包装的工艺流程图

2. 防锈油脂涂刷

对于防锈脂，除冷涂型脂可在常温条件下涂覆外，其他热涂型脂均需加热熔融后方可涂覆。常温涂覆脂可形成厚膜，防锈效果佳，但机械强度低，不耐高温，只能用于室内储存的产品防锈。

对于防锈油、溶剂稀释型防锈油，涂覆方法有浸涂、刷涂、喷涂等。对于小件产品，一般采用浸涂法；对于大件产品，可以用刷涂或喷涂。

3. 裹包

涂有防锈油的物品表面上，为了保护防锈油膜，同时使油料不污染产品其他部分，需用纸或塑料膜包裹或覆盖。用于裹包的纸材或塑料膜需有耐油性，同时具有一定的防潮性能。

为达到良好的防腐蚀效果，要求产品所在包装环境处于密封状态。裹包后应检查是否存在泄漏，可采用热水法或密封容器法。

二、气相防锈包装

气相防锈包装是采用添加有气相缓蚀剂的包装材料对金属产品进行包封，利用缓蚀剂在常温下能挥发到产品表面，起到防锈作用。

气相缓蚀剂（vapor phase inhibitor）简写为 VPI，亦称挥发性缓蚀剂、气相防锈剂。它是一类能够在金属表面减缓或阻止发生腐蚀反应的有机或无机化合物。气相缓蚀剂的作用原理是利用其较低饱和蒸气压的挥发特性，通过在金属表面形成氧化膜、不溶性沉淀膜或通过化学吸附、物理吸附与金属配位形成缓蚀膜，从而将环境介质与金属表面隔绝，抑制了电化学反应的发生。

气相防锈包装使用很方便，效果好、防锈期长，特别适用于表面不平，结构复杂及忌油产品的防锈，目前已得到广泛应用。

（一）气相缓蚀机理

目前针对气相缓蚀剂缓蚀机理的研究比较多，但由于表面分析技术水平还存在一定的限制，对于缓蚀剂作用机理至今仍有争议，一般认为可分为缓蚀剂成膜机理、缓蚀剂吸附机理以及电化学作用机理。

1. 成膜机理

成膜机理是指气相缓蚀剂分子通过与环境介质中的离子或与金属离子发生化学反应，在金属表面形成一定厚度的缓蚀膜，缓蚀膜的存在减缓或阻止了腐蚀反应的发生。成膜机理又有两种类型：一种类型是具有氧化性的缓蚀剂分子到达金属表面促使形成氧化膜（钝化膜）等，氧化膜的存在可以隔绝环境中的腐蚀介质从而抑制腐蚀反应，这类缓蚀剂主要包括亚硝酸盐等无机化合物；另一种类型主要利用有机化合物类缓蚀剂，这类缓蚀剂分子上的官能团可以与金属离子发生化学反应，进而形成具有不溶特性的沉淀膜来抑制腐蚀反应，如 BTA 可以和 Cu^{+} 发生化学反应形成［Cu(Ⅰ)BTAH］$_n$ 沉淀膜，起到对铜金属的保护作用。

例如，苯甲酸是一种常用的气相缓蚀剂，被应用到黑色金属的防锈包装中，使用气相沉积法对 45 钢试样进行预膜处理，并通过原子力显微镜对金属表面缓蚀膜的形貌特征(图 6-3)。通过未预膜试样和预膜试样形貌图可以看出，在试样经过预膜处理后形貌出现较大的变化，表现为试样表面出现类似环形的纹路，证明苯甲酸分子在试样表面形成缓蚀膜。

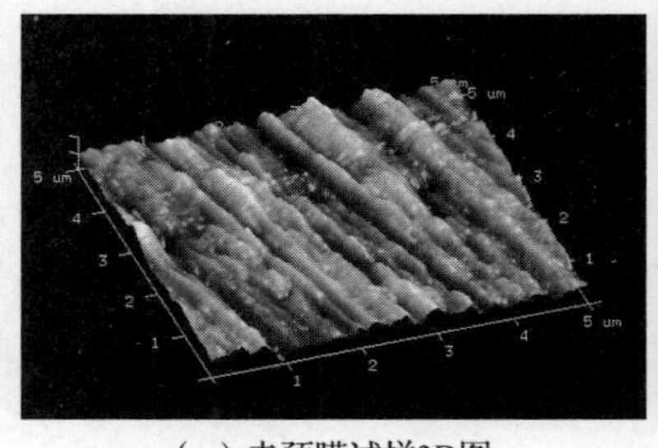

（a）未预膜试样3D图

（b）预膜试样3D图

图 6-3　防锈油脂包装的工艺流程图

2. 吸附机理

缓蚀剂吸附机理主要针对于有机类缓蚀剂，其分子一般是由烷基等非极性基团和以电负性较大的原子（如 O、N、S、P 等）为中心的极性基团结合而成。缓蚀剂分子的极性基团容易吸附在金属的表面，减缓或阻止金属的腐蚀反应；而缓蚀剂分子的非极性基团具有疏水特点，能够在金属表面上形成保护层，阻止环境介质或电荷等的转移，使得腐蚀速率降低。此外，缓蚀剂分子之间也能够通过氢键或共轭效应等连接，这能够促进缓蚀膜的形成，并使得缓蚀膜更加稳固。如芳香类化合物苯环之前的作用力有利于形成缓蚀膜，而脂肪酸类化合物长碳链的疏水性也是其具有缓蚀特性的原因之一。

吸附机理可以分为两种类型：化学吸附和物理吸附。两种类型的划分是由缓蚀剂分子在金属表面吸附的强弱以及吸附力的性质决定的。缓蚀剂分子中含有电负性较大的原子（如O、N、S、P等）的极性基团如果与过渡金属原子的空轨道通过配位方式形成配位键，并且能够在金属表面形成缓蚀膜从而抑制腐蚀反应，这种吸附类型为化学吸附；而物理吸附是指缓蚀剂分子通过范德华力或者静电引力等作用与金属表面结合。

化学吸附和物理吸附具有不同的特点。化学吸附的作用力较大，所形成的吸附层比较稳定，但是化学吸附只能针对特定的金属对象，吸附过程比较缓慢，且受到环境温度的影响较大，在金属表面只能形成单分子的吸附层；而物理吸附过程较迅速，不易受周围环境温度的影响，在金属表面既可以多分子层吸附，又能以单分子层吸附，并且对于金属没有选择性，其缺点是吸附力小，易出现脱附的现象。

3. 电化学作用机理

电化学作用机理是从宏观角度上解释缓蚀机理。一般认为腐蚀过程是金属表面与环境中的腐蚀物质形成“原电池”而发生阴阳电极化学反应。缓蚀剂分子通过挥发到金属表面后形成缓蚀膜，缓蚀膜的存在能抑制阳极金属氧化反应或者阴极还原反应，从而降低腐蚀电流密度，达到减缓金属腐蚀的效果。一般可把电化学作用机理分为阳极抑制、阴极抑制以及混合抑制三种。

阳极抑制机理是缓蚀剂分子促进金属表面形成氧化膜或钝化膜，阳极极化增大，阳极反应速度减小，腐蚀电势正向移动；阴极抑制机理通常是缓蚀剂分子在金属表面发生化学反应形成具有不溶性的沉淀膜，阴极极化增大，阴极反应速度降低，腐蚀电势负向移动；混合抑制机理兼具阳极抑制机理和阴极抑制机理的特性，既减缓或阻止阳极金属的氧化反应，同时又可以增大阴极的极化，减缓阴极还原反应速率。

（二）气相缓蚀剂性能要求

通常气相缓蚀剂材料须具备以下性能：

（1）对金属具有一定的防护性能。不仅要求是对钢铁类金属的防护性能进行评价，而且随着环境污染严重，如CO_2、SO_2、H_2S等酸性气体及盐分、NH_4及其他碱性气体，使非钢铁类金属的锈蚀或变色增多。在使用气相防锈材料对铁金属作防锈时，与之共存的非钢铁类金属可能受到气相缓蚀剂的影响，此时采用的气相缓蚀剂还应满足对多种金属防护的要求。

（2）常温下能挥发，具有适宜的蒸气压和扩散能力。蒸气压过小，包装空间不能在较短时间内达到缓蚀剂有效浓度，则金属制品不能及时得到保护而锈蚀；蒸气压过大，缓蚀剂很快充满包装空间，但可能因密封不严或包装材料透气而较快损耗，又起不到长期防锈效果。因此缓蚀剂蒸气压以适中为好，一般在0.013～0.133Pa范围内较为适宜。

（3）具有较好的相容性和化学稳定性。在包装内环境中，不与其他物质发生反应；在一般光、热作用下也不会分解失效，不会生成有害物质等。

（4）具有一定的溶解性能。在制造或加工过程中也常需使用各种溶剂。因此要求缓蚀剂在水或溶剂中具有一定的溶解度，可制成防锈纸或防锈塑料使用。

（5）环保性。为确保防锈效果，常采取超量使用气相缓蚀剂在防锈性能上存在着过度保护的问题。为此应遵循适用性原则，减少资源消耗和环境污染。与此同时，缓蚀剂品种多以无机亚硝酸盐和有机胺类为主，而这两类缓蚀剂的应用因环保问题已经逐渐被限制，磷酸盐、铬酸盐也存在着不同程度的毒性，着手开发高效低毒的新品种对气相缓蚀剂的发展提出了新的要求。

（三）气相缓蚀剂类型

目前应用的气相缓蚀剂种类较多，根据其化学分子不同可把气相缓蚀剂划分为三种类型：无机化合物类、有机化合物类以及聚合物类缓蚀剂。无机化合物类缓蚀剂包括硝酸盐、亚硝酸盐等无机化合物，这类缓蚀剂多具有氧化性，能促进金属表面形成氧化膜（钝化膜）；有机化合物类缓蚀剂包括羧酸（盐）类、磷酸（盐）类、胺盐、硝基化合物以及苯并三氮唑等杂环化合物，这类缓蚀剂一般通过物理吸附或化学吸附方式与金属配位形成缓蚀膜；聚合物类缓蚀剂包括聚乙烯类等低分子量聚合物。气相缓蚀剂的缓蚀性能与缓蚀剂分子结构、挥发性等相关。

（1）有机胺及其盐类　如乙二醇、环已胺、二环已胺、二异丙胺、苄胺、单乙醇胺、二乙醇胺、三乙醇胺、正丁胺、三丁胺、戊胺、吗啉、十八胺、二乙烯三胺、三乙烯四胺、四乙烯五胺、六次甲基四胺（乌洛托品）。这类化合物非常多，或多或少都有一些气相缓蚀效果，这类产品的缺点是挥发度、气味以及毒性均较大，使其应用受到了极大的限制，适用于钢、铝、铁、铬、镍等金属材料。

（2）亚硝酸盐类　如亚硝酸二环已胺、亚硝酸环已胺、亚硝酸二异丙胺、亚硝酸吗啉、亚硝酸胍等。这类化合物是开发较早的商品化缓蚀剂，其挥发气体在常温下的扩散距离较短（仅约30cm），油溶性较差。同时，亚硝酸盐对一些非铁金属和铁合金还有变色和加速腐蚀作用，故限制了其应用。

（3）铬酸盐类　如铬酸二环已胺、铬酸十八胺、铬酸叔丁酯、铬酸叔戊酯、铬酸环已胺等。铬酸盐由于对黑色金属具有优异的防锈作用，但由于 Cr^{6+} 在人体和动物体内的积蓄作用，对人体产生长远的危害，铬酸盐缓蚀剂的使用已逐渐减少。

（4）杂环化合物　如苯并三氮唑（BTA）、2—甲基咪唑啉、2，4—二乙基咪唑啉、2—异丙基咪唑啉等咪唑啉化合物。其中 BTA 的防锈性能好，对其他金属相容性较好，不会引起其他金属腐蚀。但 BTA 在强加热时会分解成苯胺、硝基苯等有毒化合物，不能与热的金属表面接触。

（5）混合型气相缓蚀剂　混合型气相缓蚀剂是将几种化学物质混合在一起，各组分间具有协调和促进作用，对钢铁的防锈有着更加优异的效果。混合型气相缓蚀剂大都易溶于水，工程适应性好。目前，混合型气相缓蚀剂在各类防锈包装材料中应用广泛。

（6）新型安全型气相缓蚀剂　通过研究气相防锈剂分子结构与防锈能力的关系，对防锈剂进行分子设计和有机合成方法，采用无毒缓蚀剂物质如三唑衍生物、哌嗪类化合物等，以获得满足所需要的吸附性能、缓蚀性能并对人体无害的新型安全型防锈剂。

工程应用的气相缓蚀剂较多（表 6-4）。我国目前使用的气相缓蚀剂及一些缓蚀剂的蒸气压，可参阅有关标准（GB/T 14188 气相防锈包装材料选用通则）。

表 6-4 常用的气相缓蚀剂

氨水	癸酸二环己胺	铬酸十八胺	尿素	铬酸二环己胺	3,5—二硝基苯甲酸六亚甲基亚胺
碳酸铵	辛酸二环己胺	邻硝基二环己胺	乌洛托品	磷酸环己胺	硝基苯并三唑
苯甲酸铵	亚硝酸二环己胺	邻硝基酚四亚乙基五胺	磷酸氢二胺	铬酸叔丁酯	苯并三氮唑

(四) 气相防锈包装实施形式

1. 采用独立包装装置

独立包装主要是指气相缓蚀剂粉末小包装。将气相缓蚀剂粉末装入透气纸袋内，置于金属制品周围，可悬挂于密闭包装空间防锈或局部增强防锈。根据国标 GB/T 14188 要求，气相防锈包装材料的用量取决于密封程度、环境条件和制品材质等因素。采用粉状结晶状气相防锈材料或其他多孔载体吸附的气相防锈材料，在密封包装体积内，VCI 有效含量不少于 $35g/m^3$。

需要说明的是，在密封包装中，其有效作用距离主要取决于气相防锈剂的蒸气压。被防锈的制品表面应该在气相防锈包装材料的 300mm 距离之内，且所用的气相防锈包装应密封。

2. 采用防锈包装材料进行包封

(1) 气相防锈膜

将气相缓蚀剂与塑料原料混合制备气相防锈膜，对金属产品进行包封。

采用涂覆法、吹塑法可加工制成气相防锈包装膜。对气相防锈薄膜的性能要求是在保证基本不影响包装膜机械力学、封合、阻隔等性能的前提下，膜内气相缓蚀剂在常温下具有足够的膜内迁移及包装内的挥发性。用气相防锈塑料薄膜包装金属产品，隔绝了各种大气环境因素对产品的侵蚀，包装袋内充满从膜内迁移挥发出来的气相缓蚀剂气体，防锈效果及防锈期有保障。

气相防锈包装膜包括普通防锈膜、防锈缠绕膜、防锈热收缩膜、防锈防静电膜等，并针对不同金属需使用不同的 VCI 等级。

未应用的气相防锈膜应密封妥善保管，贮存于干燥、清洁的库房里，不能与酸、碱或其他化学物质共贮存，距热源不少于 1m，离地面不少于 0.3m。

(2) 气相防锈纸

将溶解于水或溶剂中的缓蚀剂与相应黏合剂、扩散剂混合，涂布于中性包装纸，干燥后即得气相防锈纸，一般涂布量为 $5\sim10g/m^2$。由于所用气相缓蚀剂的化学成分不同，常用的防锈纸有钢铁用防锈纸、铜金属防锈纸和铜铁共用防锈纸。用防锈纸包装产品后再装入高阻隔包装制品内，可大大提高防锈纸的防锈效果。

使用气相防锈纸及其所制作的袋、封套等，一般情况应将零件包裹。含有 VCI 的一面应面向金属。当直接使用气相防锈纸作包装袋时，应尽量减少袋中残留空气，并将开口处密封。

(3) 其他材料　例如将气相缓蚀剂浸泡制成缓冲材料，主要分为气相防锈珍珠棉和气相防锈气泡垫。它们可作为内部衬垫，兼具缓冲、减震、包裹功能，宜用于电子元器件、仪器仪表的防锈包装及尖锐部位防锈保护。

此外，也可采用防锈片材，将气相缓蚀剂粉末与黏结剂及填充剂一起压制成防锈片。对于不允许与粉末直接接触的精密产品，用防锈片更为合适。

（五）气相防锈包装实施要点

1. 气相缓蚀剂的诱导期及类型

在气相防锈包装应用过程中，要充分关注不同气相缓蚀剂的初始作用效能，否则可能影响防护质量。气相缓蚀剂挥发出的气体扩散到被防护工件的表面，当达到一定浓度时，对金属形成了阻、抑腐蚀的保护，这一时间称为诱导期。根据防锈剂对产品防护作用的诱导期不同进行等级分类见表 6-5。

表 6-5　**气相缓蚀剂类型**

类型	适用范围	诱导期/h
1-L	适用于钢铁及有色金属	＜20
1-H		＜1
2-L	仅适用于钢铁	＜20
2-H		＜1

2. 气相缓蚀剂的选择

气相缓蚀剂的选择不仅要考虑气相缓蚀剂本身的组分、结构、挥发蒸气压等影响缓蚀效果的因素，还需要与被保护产品、环境条件等因素相适应，综合考虑选择最佳的气相防锈方案。

气相缓蚀剂的蒸气压直接决定气相缓蚀剂挥发速度，同时影响防锈的实际效果。气相缓蚀剂的蒸气压越高，即缓蚀剂挥发越快，到达金属表面的缓蚀剂很快达到足够的浓度而使金属得到保护。但过高的蒸气压必然使气相缓蚀剂消耗太快而不能长期保持防锈条件。为保证防锈效果，通常选择不同蒸气压的气相防锈剂进行混合使用，达到更好的防锈效果与更长的防锈时间。

3. 包装材料与制品的选择及性能评估

气相缓蚀剂使用应注意与包装材料相适应，否则将影响缓蚀效果，造成气相缓蚀剂失效。其中气相缓蚀包装材料的透气性、密封性等是应考虑的主要影响因素，特别是对于长防锈期包装产品。

4. 贮存环境条件的影响

（1）温度的影响　在贮存过程中，温度升高，金属的化学腐蚀反应速度加快，产品贮存寿命缩短；同时温度变化将影响气相缓蚀剂的挥发、包装内相对湿度等。根据相关标准要求，气相防锈包装材料及其包装的制品，贮存环境温度应低于 65℃。

（2）相对湿度的影响　对金属产品而言，由于水汽的存在，在产品表面上存在一层极薄的水膜，其厚度随相对湿度的增加而增大，从而对金属产生化学或电化学腐蚀。气相防锈包装制品贮存环境相对湿度应低于 85％。

（3）光照影响　气相防锈包装材料及其包装的制品，应避免阳光照射。不可避免时，应用遮光材料将其遮蔽，否则将会影响缓蚀剂作用。

（4）酸及其蒸汽的影响　采用气相防锈包装制品，包装前不得使用含有盐酸的金属清洗剂及任何含硫化合物溶剂清洗。且不能贮存在含盐酸、氯化氢硫化氢、二氧化硫或其他酸蒸气的工业烟气中。

5. 必要的包装试验验证

通过模拟制品的实际防锈包装要求，在指定环境条件下，进行气相防锈包装材料与制品表面接触和非接触加速腐蚀试验，以检测气相防锈包装材料与制品的适应性。试验结束后取出包装试验体，拆开包装，观察试验件若满足相关标准要求则证明该气相缓蚀剂对该产品具有缓蚀效果且相互适应。

三、可剥性塑料包装

可剥性塑料是以塑料为基体，涂覆于金属表面而形成一种结构紧密的保护膜，防止产品在流通过程中的锈蚀。之所以称为可剥性，是因为这层塑料保护膜在去除时容易剥离下来。具有防锈效果好，启封方便等优点，金属工具、汽车、飞机、造船等工业部门已逐渐普及应用。

可剥性塑料分为热熔型和溶剂型两大类。热熔型是在加热熔融的配料中浸渍产品，取出冷却后在金属表面形成一层塑料保护膜。溶剂型是将配料溶解在溶剂中，在常温下涂覆，待溶剂挥发干燥后在金属表面留下一层塑料保护膜。

（一）热熔型可剥性塑料

热熔型可剥性塑料在常温下是固体，类似橡胶，有弹性和一定的强度。成膜剂一般为纤维素塑料。主体材料有两种类型，一种是乙基纤维素，另一种是醋酸丁酸纤维素。

热熔型可剥性塑料的制作过程为：将油溶性缓蚀剂、基体材料、热稳定剂、树脂与增塑剂、粘接剂等按配方配制好，熔融后涂覆于金属表面，涂覆温度为180～195°C，涂覆材料冷却后成膜。

（二）溶剂型可剥性塑料

溶剂型可剥性塑料多以乙烯类树脂为主体材料，加入增塑剂、稳定剂、颜料和溶剂配制而成。在常温下涂覆，待溶剂干燥后，涂覆材料在金属表面上形成保护膜。涂覆方法有喷涂、刷涂、浸涂和淋涂。

溶剂型可剥性塑料保护膜柔韧，涂覆方便，价格低廉，但保护膜较薄，其防锈能力较热熔型可剥性塑料弱，主要用于大型机械和大型零部件的防锈。

四、环境封存包装

环境封存防锈是将制品装入密封性良好的高阻隔容器中，充干燥空气、氮气或其他惰性气体，使其处于低湿或接近无氧状态，进行密封包装。

当相对湿度低于60%时，各种金属的锈蚀都非常缓慢，与金属共存的塑料、纤维等制品亦不会发霉。当环境中无氧存在时，金属也不会发生锈蚀，一些易老化变质的材料如橡胶、塑料、润滑油脂等，因氧化而致的老化变质过程亦大为延缓。环境封存方法类型主要包括充氮封存、干燥空气封存，脱氧剂封存包装等。

下面以充氮包装工艺为例加以论述。充氮封存包装的工艺流程为：

包装容器部分封口→抽气及充氮→容器封合→成品气密性检查→涂保护层

（1）准备　操作开始前要做好相应准备工作，包括材料、容器的预处理、氮气的干燥处理、充氮装置的调整及其气密性检查等。

（2）包装　物品作好清洁和干燥处理，根据需要使用防锈材料处理后作为内包装装入容器，并实施固定与缓冲包装；最后装入干燥剂后实施封口。

（3）成品气密性检查　包装后需对包装容器进行气密性检查。可通过热水法、密封容器法等方法进行检测。

五、防锈包装方法选择

（一）防锈包装特点比较

根据其防锈包装特点，比较几种防锈包装方法（表6-6）。

表6-6　几种防锈包装方法的比较

特征	水剂防锈	油料防锈	气相防锈	可剥性塑料防锈	干燥空气封存	充氮封存
对机械制件大小的限制	一般不适用于很大工作	不限	不限	一般不适用于很大的制件	不限	不限
对机械制件的结构的限制	不适用于结构很复杂、特别是有深孔制件	硬膜防锈油不适用于结构很复杂的制件	不限	不适用于结构很复杂、特别是有深孔的制件	不限	不限
对机械制件材质的限制	应注意对非铁金属的适应性	应注意对非铁金属及非金属的适应性，不能用于忌油产品	注意对非铁金属及非金属的适应性	应注意对非铁金属的适应性	不限	不限
对机构制件表面预处理的要求	水剂清洗液洗净，表面亲水	清洁干燥	清洁干燥可涂以防锈油	清洁干燥	清洁干燥、施用或不施用防锈材料	清洁干燥、施用或不施用防锈材料
包装件的要求	防锈纸或塑料薄膜包装或采用一定容器做全浸式包装	耐油纸、塑料薄膜包装或采用一定容器做全浸式包装	除直接用气相纸包装，可不加密封包装外，应予一定密封	一般可省去内包装	金属容器或气密性封套	金属容器或气密性封套
施用工艺是否复杂	简单	简单	简单	较复杂	简单	较复杂
需要的特殊装备	可使用清洗、涂覆、包装的联合装置	可使用清洗、涂覆、包装的联合装置	可使用清洗、涂覆、包装的联合装置	可不需要	封焊金属容器或封套的工具	充氮装置及封焊工具
启封是否方便	方便	用厚油时不方便	方便	方便	方便	方便
封存期限	数月至一年	不外加包装1～3年	加密封外包装3～5年或更长	一年以上	根据包装材料而定，可达5～10年	5～10年或更长

（二）包装产品的相关影响

（1）物品的大小、结构、重量、数量等，决定着包装是重型的、中型的或轻型的，或者是否需要做包装。

（2）物品的形状、易碎性、表面精加工程度、耐腐蚀性等，决定着包装内是否需要支撑或固定、是否需要使用防锈剂。

（3）物品的价值和重要性。

（4）物品与包装用材料的相容性。

（三）其他需要考虑的因素

（1）运输过程、储存场地的气候条件，特别关注高湿、极寒或多湿、滨海等苛刻的气候条件。

（2）搬运、储存方面，运输方式、可能装卸的次数、装卸搬运的设施、储存运输期的长短和储存条件等。

（3）包装成本。包装成本包括运输成本、生产制造成本，甚至回收成本等。

第三节　防锈防腐蚀加速试验

为给予被保护产品较好的防护性能，应在产品出厂前，进行一系列的防锈包装评测，选择合适的防锈包装工艺预测防锈有效期。因此，生产厂家需要进行必要的防锈防腐蚀试验，确保防锈包装达到预期的效果。由于时间与资源成本的限制，通常采用高温、强腐蚀环境加速试验，对防锈包装进行定性或定量评判。

防锈包装性能试验项目较多，总体上可分为三类。

（1）Ⅰ类为理化指标　如闪点、针入度、黏度等。

（2）Ⅱ类为防锈性能以外的并与防锈效能有关的试验项目　如流动点、低温附着性、人汗置换性等。

（3）Ⅲ类为防护性能项目　这类项目又可分为模拟环境条件的加速试验、实际条件下的暴露试验。

本章着重介绍Ⅲ类中的防锈油脂包装、气相防锈包装的防锈防腐蚀加速试验方法。

一、防锈油脂包装试验

防锈油脂包装的性能试验包括大气暴露试验、加速锈蚀试验。其中大气暴露试验包含室外暴露试验、百叶箱试验、暴晒棚暴露试验和现场暴露试验等，具有结果可靠，准确度高的特点，但试验时间长，难以直接为生产所用，常常只能用来长期积累数据或者作为科学研究的依据。为了快速预测防锈油脂包装的防锈性能，通常采用模拟环境的加速锈蚀方法，预判其防锈能力，进行防锈包装的设计与选择。下面以湿热试验和盐水腐蚀试验为例进行介绍。

1、湿热试验

湿热试验亦称潮湿试验，是模拟大气的高温高湿条件，使试片在相对湿度接近100％而温度接近50℃的条件下试验，以加速其锈蚀。通常油溶性缓蚀剂是借助其在油中溶解后吸附于金属表面而对金属起保护作用，但在温度较高时会脱附。开始脱附的温度称为迁移温度。试验温度若超过缓蚀剂的迁移温度，必会导致不正确的结论，所以湿热试验温度并非越高越好。

2、盐水腐蚀试验

海水中约含3%的NaCl，对金属有强腐蚀性，使用盐水即氯化钠溶液，模拟海洋环境气氛对金属做加速腐蚀试验。盐水腐蚀试验有浸渍试验与喷雾试验。

（1）盐水浸渍试验　通常是使用3%NaCl水溶液对试片作全浸，在室温下进行试验。对金属试片常用盐水浸渍作定量考察，即浸渍一定时间后，测定单位面积的失重。

（2）盐水喷雾试验　使涂有防锈油脂的金属试片处于有盐水雾粒的箱体中，盐雾因重力沉降到金属片表面上，实施加速腐蚀。国家标准GB/T 10125中对盐雾试验针对实验方法，进行了详细说明。

除此之外，还可采用重叠片试验、人工老化试验、二氧化硫气氛试验、酸中和试验等试验方法，测定油脂防锈效果。

二、气相防锈包装试验

针对气相防锈包装材料进行性能测试，目的是评估气相防锈材料的防锈能力。试验在一个专用的广口玻璃瓶内进行，瓶内有特定的相对湿度及气相防锈材料。金属试样由一头钻有孔的小圆钢制成，广口瓶置恒温槽中，而试样的孔中注有较瓶体温度低的冷水，使试验表面有大量冷凝水。达规定时间后取出试样检查试验面有无锈蚀。相关细节可参考国家标准GB/T 16267包装材料试验方法气相缓蚀能力。

常与消耗后防锈能力试验配合，检验气相防锈材料持续消耗情况下，气相防锈能力是否持续保持。试验方法是使气相防锈材料在高温下放置规定时间后，再进行防锈能力检查。气相防锈纸、气相防锈塑料薄膜的缓蚀性能加速试验具体操作如下：

将气相防锈纸裁成一张200mm×300mm的试样，在干净、光滑的玻璃板上铺一张定性滤纸，将裁好的气相防锈纸平铺在滤纸上，并使涂有气相缓蚀剂的一面朝上，在试样的四角压上重物，使其在消耗时不发生卷曲。

将气相防锈塑料薄膜中含有气相缓蚀剂的一面向内，尽量排出空气后热封成200mm×400mm的密封袋三个，并吊挂。试样放在60℃±2℃的干燥箱内，经120h、72h、48h、24h后取出，自然冷却至室温，再按一定的实验方法规定进行裁样和试验，观察测试结果，所用装置如图6-4所示。

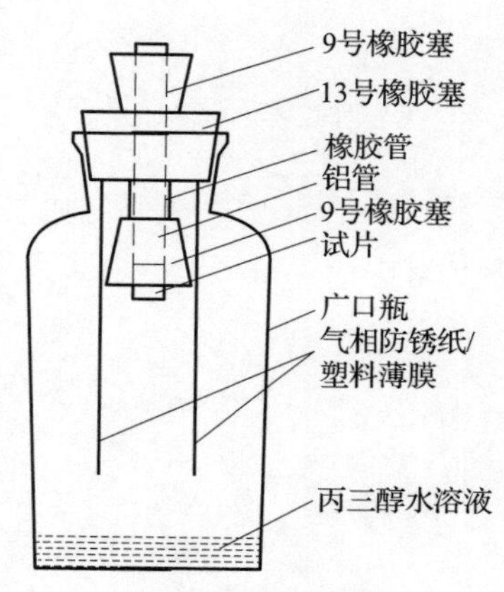

图6-4　气相防锈纸、气相防锈塑料薄膜的气相缓蚀能力试验装置组装示意图

除此之外，还可以通过接触腐蚀试验、高温稳定性试验和动态接触湿热试验等，测定气相防锈材料的防锈能力。

思考题与习题

1. 影响金属腐蚀的内部与外部因素有哪些？
2. 通常依据哪些条件来确定防锈包装方法？

3. 比较 VPI-260、CHC、BTA 三种气相缓释剂的性能特点和应用范围。
4. 比较防锈油脂、气相缓蚀剂、可剥性塑料、封套等防锈包装的原理、特点及应用。
5. 基于包装内外传质理论等分析如何开展包装内 VCI 气压的预测？
6. 简要说明如何选择防锈包装试验方法？

第七章　吸附/释放型活性包装

传统包装通过其自身性能防止或减少外界环境对产品质量的影响，随着包装技术和包装相关法令法规的逐步发展和完善，传统意义上的“被动”包装已不能满足市场与消费者的需求，将传统“被动”包装创新发展为“主动”包装是有效的解决途径。活性包装可以主动改善包装环境，通过调节外界条件和内部气氛来保持被包装产品的最佳品质从而达到延长其货架期或使用寿命。活性包装作为新型包装技术，一直受到包装行业的广泛关注，按照其作用方式可大致分为吸附型活性包装和释放型活性包装。

本章在简要说明活性包装的发展背景、定义、分类及其原理和应用基础上，针对吸附型活性包装工艺，主要介绍吸附型活性包装类型、吸附剂以及作用原理，论述吸附型活性包装工艺要点，包括产品特性的确定、吸附剂与包装形式的选择、包装设计以及吸附作用评估；以薄膜作为重要包装形式，进行较为详细的论述。针对释放型活性包装工艺，介绍释放型活性包装类型、释放剂以及作用原理，论述释放型活性包装工艺基础和要点，包括明确包装的基本要求、活性物质的选择以及控释包装技术等。

第一节　概　　述

一、活性包装定义

欧盟研究项目 ACTIPAK 将活性包装（Active packaging）定义为：通过改变包装内环境条件来延长产品货架期、改善安全性或感官特性，同时保持产品品质不变。欧洲法规将活性包装定义为与产品相互作用的包装系统，并将其分为主动清除系统（吸收器）和主动释放系统（发生器）。

活性包装涉及包装组件与产品或内部气氛之间的相互作用，并满足消费者对高质量、安全产品的需求。活性包装除了对外部环境提供惰性（被动）屏障外，还可以发挥积极主动的包装效果，增强包装的保护性能，通过改变被包装产品的环境条件来提高其质量和货架寿命。对于食品活性包装，可以延长食品的货架期，同时保持其质量，抑制致病微生物和腐败微生物的生长，防止污染物的迁移。随着消费者对产品质量和安全性的日益关注，活性包装正成为一个备受关注的领域并将其应用于商业当中。

二、活性包装类型与特点

活性包装种类多，根据其作用机理，可将活性包装分为释放型活性包装和吸附型活性包装。图 7-1 表示释放和吸附型活性包装以及其主要功能。在释放型

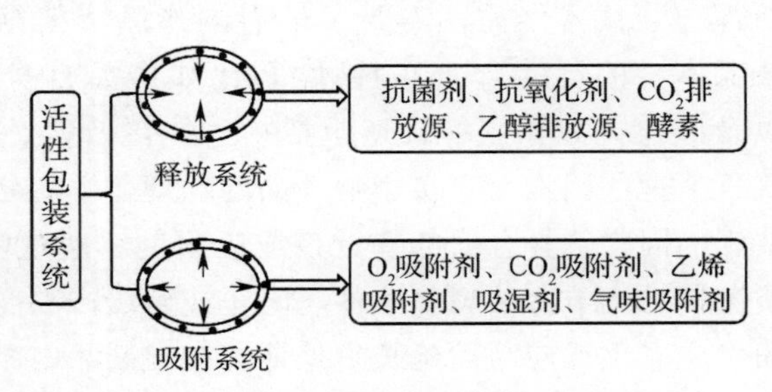

图 7-1　活性包装系统的类型及其子分类

活性包装中，活性化合物可以迁移到产品表面，防止产品变质或出现质量损失。而在吸附型活性包装中，活性化合物从被包装的产品表面或内部气氛中吸收对产品不利的物质。

吸附型活性包装主要通过加入吸附剂除去诸如氧气、二氧化碳、乙烯、多余水分、污染物和其他的特殊组分（表7-1）。释放型活性包装能够适时地在被包装产品、包装的顶隙内添加释放剂从而释放某些组分，如二氧化碳、抗氧化剂和防腐剂（表7-2）。

表7-1　　吸附型活性包装

吸附剂	常用物质	目的
脱氧剂	二价铁化合物、抗坏血酸、金属盐、葡萄糖氧化酶等	减少或者抑制霉菌、酵母菌和需氧菌的生长；减缓食品油脂氧化、减缓金属的氧化锈蚀等
二氧化碳吸收剂	氢氧化钙＋氢氧化钠或氢氧化钾、氧化钙＋硅胶等	除去储藏过程中产生的二氧化碳，以免胀袋
乙烯吸收剂	高锰酸钾、活性炭＋金属催化剂、沸石、黏土等	避免快速成熟和软化
吸湿剂	丙二醇、硅胶、黏土等	控制包装内部水分，保证产品干燥或防止需湿反应的进行
异味吸附剂	天然制剂高分子、天然提取物、活性盐＋柠檬酸等	改善产品风味、去除乙醛、氨类等异味物质，净化空气

表7-2　　释放型活性包装

释放剂	作用原理/机制/反应试剂	目的
二氧化碳释放剂	抗坏血酸、碳酸氢钠＋抗坏血酸盐	抑制需氧反应；保证产品的新鲜度
抗菌防腐释放剂	有机酸（山梨酸等）、乙醇、金属离子（银、铜等）、抗生素等	抑制腐败菌和致病菌的生长，防止产品腐败
抗氧化释放剂	BHA、BHT、生育酚、黄酮类化合物等	抑制氧化反应、保证产品品质
香味释放剂	含天然物提取精油的物质	减少风味损失、掩盖异味、改善风味

三、活性包装基本原理与应用

活性包装的主要目的是保证产品的最佳品质从而延长其货架期或使用寿命，在应用活性包装技术之前，需要了解影响产品货架期和性能品质的各种因素。这些因素包括产品本身的特性（内在特性），比如产品自身组分、酸碱性（pH）、水分活度（A_w）、以及氧化还原作用等；还包括一些外在因素，比如温度、相对湿度（RH）和周围环境气氛。这些因素会直接影响产品的物理化学变化以及微生物的腐败机理，活性包装针对这些影响因素选择合适的释放剂或吸附剂，通过吸收或释放 O_2、CO_2、乙烯等气体或采用抗菌剂来调节包装环境条件，阻止或延缓产品变质。例如在奶粉中添加氧气吸收剂防止奶粉发生氧化反应从而延长货架期，在肉制品中添加抗菌剂抑制霉菌或致病菌的生长以保证产品品质。

通常传统包装只能防止或减缓外界环境对产品的影响，无法延缓或改善内部产品的物理化学变化，而活性包装可以调节外界环境和内部气氛来保持内部产品的最佳品质。但对于传统包装，活性包装的成本无疑会更高，因此活性包装的使用要考虑其应用价值，目前活性包装主要用于食品、中医药材、文物保护、纺织制品、精密仪器、电子器材以及军工器械等方面，其中应用于食品行业的活性包装规模最大。

第二节　吸附型活性包装工艺

吸附型活性包装是通过添加吸附剂吸收各种不利于产品保质的成分，如氧气、二氧化碳、乙烯、多余的水分以及其他有害物质，从而保证产品质量以及延长其货架期。本节主要介绍吸附型活性包装中的氧气清除包装、二氧化碳清除包装及乙烯清除包装，揭示吸附剂的作用原理，并重点介绍了吸附剂与包装膜的结合方式以及吸附型包装设计的工艺要点。

一、氧气清除包装

目前，气调包装和真空包装已经广泛地应用于排除包装顶隙中的氧气，然而这种排除氧气的物理方法不能彻底地清除，会有少量的氧气（0.1%～2%）残留在包装内。此外，对于储存过程中通过包装材料渗透进入的氧气，采用这种技术是无法去除的，虽然氧气含量非常低，但许多的氧化反应和霉菌的增殖仍然会继续进行。而氧气清除包装是在密封的包装容器中，使用能与氧气起化学作用的脱氧剂与之反应，除去包装容器中的氧气，以达到保护内装物的目的。它可以将氧气的浓度降低到0.01%，并且长时间保持这个水平。

在包装中封入脱氧剂，可以在产品生产工艺中不必加入防霉和抗氧化等化学添加剂，从而使产品安全、卫生，有益于人们的身体健康。氧气清除包装多用于食品、医药保健品、烟草、军工产品等领域。

（一）氧气清除剂类型

按反应类型划分，脱氧剂可分为自身反应型脱氧剂和湿度型脱氧剂。自身反应型脱氧剂的化学反应需加入水，这种类型脱氧剂暴露在空气中就立即开始氧化反应，因此须小心贮藏。湿度型脱氧剂只有从产品中吸收一定的水分后才开始发生氧化反应，因而较易保存。

按氧化反应的速度划分，脱氧剂可分为快速、中速、慢速三种类型。快速反应型脱氧剂的脱氧速度平均为0.5～1天，中速反应型脱氧速度为1～4天，慢速反应型脱氧速度为4～6天。吸氧反应的时间取决于产品的水分活度（A_w）和贮藏温度。大部分脱氧剂与产品一起在环境温度下贮藏，但一些脱氧剂可以与产品在冷藏或冷冻温度下贮藏。

按组成成分划分，脱氧剂可分为无机脱氧剂和有机脱氧剂。无机脱氧剂是以无机基质为主体，如还原铁粉和亚硫酸盐系脱氧剂。有机脱氧剂是以有机基质为主体，如酶类、抗坏血酸、油酸等。抗坏血酸脱氧剂是目前使用脱氧剂中安全性较高一种，酶系脱氧剂常用的是葡萄糖氧化酶，是利用葡萄糖氧化成葡萄糖酸时消耗氧来达到脱氧目的的。

（二）常用吸氧剂与作用原理

1. 铁系脱氧剂

以铁或亚铁盐为主剂的脱氧剂，属无机缓效型，应用最广。其脱氧反应较复杂，主要反应为：

$$Fe+2H_2O \longrightarrow Fe(OH)_2+H_2\uparrow \tag{7-1}$$

$$2Fe(OH)_2+\frac{1}{2}O_2+H_2O \rightarrow 2Fe(OH)_3 \longrightarrow Fe_2O_3 \cdot 3H_2O \tag{7-2}$$

$$3Fe+4H_2O \longrightarrow Fe_3O_4+4H_2\uparrow \tag{7-3}$$

反应式（7-1）、式（7-2）是主反应，可脱除包装内的氧。由（7-1）、（7-2）反应式可计算，在标准状态下，1g 铁可与 0.143g 游离氧（100mL 氧气）发生反应，即 1g 铁可脱除 500mL 空气中的氧，但考虑到反应式（7-3）的发生、包装材料的渗透作用等，实际使用的脱氧剂量需加大。

另一方面，纳米铁在湿气和无水环境中也表现出良好的除氧特性。纳米铁可以通过在硼氢化钠的存在下还原铁盐来生产。

$$FeCl_3+3NaBH_4+9H_2O \longrightarrow Fe^{\circ}+3H_3BO_3+3NaCl+10.5H_2 \tag{7-4}$$

与微米级的铁颗粒相比，纳米铁的清除能力更好。将铁纳米颗粒添加至聚合物薄膜中制成吸氧膜是有效的结合方式，但同时会影响包装膜的机械性能、同时还可能存在包装安全风险。

2. 亚硫酸盐系脱氧剂

它是以连二亚硫酸盐为主剂，以 $Ca(OH)_2$ 和活性炭为副剂，在有水的环境中进行反应，属无机速效型。例如连二亚硫酸钠（$Na_2S_2O_4$），主要脱氧反应式为：

$$Na_2S_2O_4+O_2 \xrightarrow{\text{活性炭}} Na_2SO_4+SO_2\uparrow \tag{7-5}$$

$$Ca(OH)_2+SO_2 \longrightarrow CaSO_3+H_2O \tag{7-6}$$

反应式（7-5）是主反应，用 $Ca(OH)_2$ 可除去主反应生成的 SO_2，水是反应（7-5）的催化剂，因此若包装空间相对湿度过低时，脱氧速度将降低。在标准状态下，1g$Na_2S_2O_4$ 最多可与 0.186g 氧（130mL）发生反应，能够除去 650mL 空气中的氧。

3. 酶系吸氧剂

酶系吸氧剂中较为常见的为葡萄糖，该类吸氧剂在其氧化酶的催化作用下，通过 $C_6H_{12}O_6$ 与 O_2 发生吸氧反应来降低包装容器内部的氧气含量，它属于有机中速型脱氧剂。葡萄糖在其氧化酶催化下的脱氧反应为：

$$2C_6H_{12}O_6+O_2 \xrightarrow{\text{氧化酶}} 2C_6H_{12}O_7 \tag{7-7}$$

葡萄糖在其氧化酶的作用下被氧化成葡萄糖酸，葡萄糖酸的形成会降低 pH 值，为此可考虑采用 $CaCO_3$ 以中和所形成的葡萄糖酸，因此 $CaCO_3$ 与氧化酶的结合可起到促进氧气清除的作用，在中和过程中形成的 CO_2 可补偿由于氧气消耗而引起的压力下降的气体。目前，葡萄糖氧化酶已用于保护奶酪和其他冷藏产品。

4. 抗坏血酸脱氧剂

抗坏血酸（维生素 C）为有机中速脱氧剂，其脱氧反应式为：

$$\text{抗坏血酸}+O_2 \xrightarrow{\text{活性炭}} \text{氧化型抗坏血酸}+H_2O \tag{7-8}$$

影响产品包装中抗坏血酸清除能力的一个主要因素是pH。抗坏血酸在不同的pH下，会有不同的形式占据主导地位。在低pH下，完全质子化形式（AH_2）更稳定，对氧的敏感性更低。在较高pH下占据优势的则是抗坏血酸单价阴离子（AH^-）。由于AH^-对氧气敏感性更高，一般抗坏血酸脱氧包装会以较高pH应用于产品，此时氧气清除能力更强。此外，水分活度（A_w）也会影响产品包装中抗坏血酸清除能力。

二、乙烯清除包装

乙烯是一种植物激素，它有助于植物实现从生长到死亡这一自然过程。乙烯的积极作用在于可以促进新鲜水果和蔬菜的呼吸作用，使之成熟、软化；但是富余的乙烯会加快果蔬的成熟而导致品质劣化，缩短产品的储存期。乙烯所发挥的作用通常取决于产品本身特性（成熟度等）以及产品与乙烯的接触程度等。因此控制乙烯浓度是减少产品损失和保持产品质量的关键之一，将乙烯清除剂加入包装中可吸收乙烯。

（一）乙烯清除剂类型

乙烯清除剂主要有两种类型，一种是以高锰酸钾为代表的氧化分解型，另一种是以活性炭为代表的吸附型。

（二）乙烯清除剂与作用原理

1. 高锰酸钾

高锰酸钾对乙烯的氧化作用包括一系列过程：乙烯最初被氧化为乙醛，再被氧化为乙酸，最后被氧化为CO_2和H_2O。其反应为：

$$3CH_2CH_2+2KMnO_4+H_2O \longrightarrow 2MnO_2+3CH_3CHO+2KOH \tag{7-9}$$

$$3CH_3CHO+2KMnO_4+H_2O \longrightarrow 3CH_3COOH+2MnO_2+2KOH \tag{7-10}$$

$$3CH_3COOH+8KMnO_4 \longrightarrow 6CO_2+8MnO_2+8KOH+2H_2O \tag{7-11}$$

综合可得：

$$3CH_2CH_2+12KMnO_4 \longrightarrow 12MnO_2+12KOH+6CO_2 \tag{7-12}$$

高锰酸钾的颜色从紫红色转变为褐色时就失去了清除乙烯的能力。含有高锰酸钾的吸附材料在包装中不能直接与食品接触，一般以小袋形式应用。

2. 活性炭

活性炭主要利用自身多孔性吸收乙烯。活性炭可将乙烯吸附，再通过金属催化剂（如钯）将其分解。

利用含有氯化钯的木炭吸附乙烯，可以避免乙烯的富集，从而有效地降低一些水果的软化速率，减少蔬菜中叶绿素损失。其他的乙烯吸收技术利用的是内部为微孔结构的矿物质，其中最为典型的物质是沸石和黏土，它们可以被添加到PE包装袋薄膜内，吸附类似于乙烯的气体，应用于新鲜产品的包装。

三、二氧化碳清除包装

CO_2能够抑制产品表面细菌生长、降低鲜活果蔬呼吸速率，因此，人为地控制包装空间的CO_2浓度对保护产品是很重要的，控制CO_2的含量也是控制氧气的一种补充。二氧化碳清除包装通常以小袋的形式进入商业化应用，一般具有吸收二氧化碳和氧气的双重功能。

通常采用在高湿条件下，使氧化钙（CaO）与水反应生成氢氧化钙［Ca（OH)$_2$］，再与 CO_2 反应生成为碳酸钙（$CaCO_3$），其反应式为：

$$CaO + H_2O \longrightarrow Ca(OH)_2 \quad (7\text{-}13)$$

$$Ca(OH)_2 + CO_2 \longrightarrow CaCO_3 + H_2O \quad (7\text{-}14)$$

这种二氧化碳吸收材料的缺点是，它从顶隙内吸收二氧化碳的反应是不可逆的，可能发生二氧化碳耗用过多的现象。若实际应用中需要避免这一现象产生，可采用具有可逆特性的物理吸附剂或脱除剂（活性炭和沸石）来取代。

四、吸附性包装膜

吸附型活性包装的形式有小包、表面涂层、活性薄膜等。若从工程化包装需要出发，活性薄膜更为适宜。根据吸附剂和聚合物基质的理化性质，可以应用不同的技术将吸附剂与薄膜结合起来（图 7-2)，这些包括：

① 将吸附剂混合到聚合物基质中（共混）。

② 多层结构的复合（复合）。

③ 薄膜表面的涂覆（涂层）。

④ 吸附剂在薄膜表面的化学固定（表面固定）。

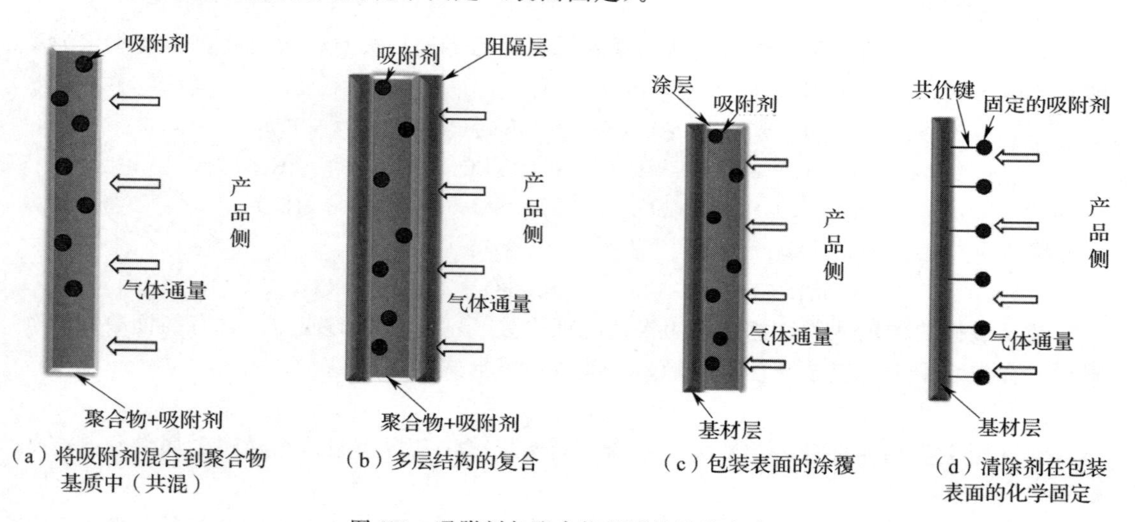

（a）将吸附剂混合到聚合物基质中（共混）　（b）多层结构的复合　（c）包装表面的涂覆　（d）清除剂在包装表面的化学固定

图 7-2　吸附剂与聚合物基质的结合方式

（一）将吸附剂混合到聚合物基质中

将吸附剂掺入聚合物薄膜中最直接的方法之一是将其与聚合物基质混合，再利用流延或挤出成型技术制备聚合物薄膜。

吸附剂与所选基体的相容性及其热稳定性在挤压成型和加工过程中起着至关重要的作用，并且还会进一步影响活性包装的功能特性和清除性能。此外，还要确保吸附剂均匀分散在整个包装中，避免在制造过程中发生严重的质量和活性损失。

（二）多层材料复合

多层包装是指通过层压、共挤、涂层或经过表面处理的包装材料用吹塑而成的多层预成型件，或利用热成型技术将几种不同材料制成层状结构的片材。吸附剂和聚合物基质、黏合剂（层压材料）之间的相容性等是成功制备多层材料的关键之一，它关系到最终产品是否能够分层。

多层复合结构可以实现每一个单层无法实现的不同功能，可同时确保包装的主要功能以及满足客户的需求，延长吸附剂的持续作用时间。但吸附剂整合到聚合物中实现显著的活性保护仍面临技术难题，例如吸附剂过早或过快氧化。

（三）薄膜表面涂覆

涂层通常是由涂层溶液与吸附剂结合通过溶剂蒸发引起沉淀产生的，其中，吸附剂可以通过物理吸附或涂覆在聚合物支撑层上起作用。吸附剂可以与产品直接、或通过挥发将活性物质转移到包装顶空中而发挥作用。涂层加工的优势在于能避免热加工对吸附剂活性、基材功能特性改变等的影响。

涂层薄膜通常应满足三个要求：

① 活性涂层与薄膜基材的粘合性良好，并应能直接与产品接触。

② 可以调节吸附剂吸附速率以产生有效的活性效果。

③ 最终的活性涂层结构应满足产品的功能包装要求。

（四）吸附剂在薄膜表面的化学固定

将吸附剂通过离子或共价键形式固定在薄膜表面。通常需要吸附剂和聚合物都存在官能团，通过与产品直接接触而不是发生转移来发挥其活性。这种吸附剂和聚合物相结合的形式可使吸附剂缓慢释放到系统中，可以通过吸附和包封等不同方法来实现固定。

五、吸附型活性包装要点

吸附型包装的开发设计需要对产品特性进行全面分析，选择合适的吸附剂并确定所吸附气体需要保持的临界浓度，选择合适的包装材料、设计合理的包装结构，从而明确吸附剂的用量，完成包装设计后还需要对包装的吸附效果进行评估。

（一）了解确定产品特性

在设计吸附活性包装时，需要对被包装产品进行评估，确定所需要吸附的气体后才能选择合适的吸附剂；同时需确定所吸附气体在包装中保持的临界浓度。产品的性质、水分活度、对环境的敏感性以及包装货架期也都会影响后续工艺的进行。例如，在氧气清除包装中，产品对氧气的敏感性和所能接受的最低氧气浓度会直接影响所选的脱氧剂类型及用量。

（二）选择适当吸附剂与包装形式

1. 吸附剂的选择

吸附剂类型众多，一种理想的吸附剂应该在常规包装工艺中表现出良好的可加工性、与产品和包装的高度相容性以及足够的稳定性。选择吸附剂应遵循以下原则：

（1）吸附剂与包装材料、产品之间的相容性是吸附剂选择的关键因素之一。通常包装材料与产品是直接接触的，两者的物理性质应相适应，以避免发生有害作用。

（2）吸附剂须对人体无害，不会产生毒性或异味，与产品添加到一起时，要防止被误食、误用。

（3）吸附剂的形状、性质较为稳定，保证在加工后能保持高效的吸附能力和合适的反应速率。如果吸附速率过快，则在包装过程中就会损失一部分活性，并且产品难以达到预期的包装货架期；如果吸附速率过慢，则难以达到预期的保护效果。

（4）吸附剂的成本不能太高，否则无法应用推广，不具有商业应用价值。

2. 与包装结合方式

吸附剂与包装的结合方式需要根据产品特性和选用的吸附剂来确定。常见的包装形式包括以下几种。

（1）袋装吸附剂　袋装吸附剂是指将不同的吸附和催化剂等混合在小袋中，再置入产品包装中。这是目前应用最广的包装形式，但其应用也有局限性，例如存在应用对象、应用场合等限制，同时存在着可能被消费者误食的风险。

（2）吸附材料　为了消除袋装吸附剂应用存在的问题，可将吸附剂添加到包装材料、聚合物薄膜中，实现产品工业化包装。相应的，吸附包装材料应用存在技术上要求，例如，如何避免包装材料在储存时不产生活性作用、活性作用（吸附剂吸附速率）如何有效调控等。

（3）其他吸附装置　主要包括将吸附剂添加到包装中的卡片、标签及封盖等。可结合产品包装形式与结构、产品特性等，采用适当的卡片、标签及封盖实施包装，同时有效降低被误食的可能。

（三）包装设计

1. 包装材料选择

吸附型活性包装材料的选择需要考虑多方面因素，主要从产品特性、与内装物的相容性以及商业化应用价值等方面进行分析。

（1）产品特性　在选择包装材料时首先需要对产品的特性进行分析，产品的物理性能会直接影响包装的结构，而产品的化学性能会对包装材料的选择产生很大的影响。

（2）产品与吸附剂的相容性　通常大部分包装材料都会与产品和吸附剂直接接触，因此要保证包装材料不会与产品和吸附剂发生不良反应。

（3）商业应用价值　要考虑包装成本，评估其是否能够进行大规模生产应用；在设计包装结构时，要对其加工可行性进行分析，同时还需对包装的各方面性能进行测试评估。

2. 吸附作用与吸附剂用量

在确定活性包装吸附及用量时，假定包装内需要吸附的气体完全被吸附剂吸收，因此可根据包装条件和产品包装货架期来估算所需吸附剂用量。

密封金属容器：

$$W=K\frac{C\cdot V}{q} \tag{7-15}$$

塑料包装袋：

$$W=K\frac{C\cdot V+P\cdot S\cdot D}{q} \tag{7-16}$$

式中　W——吸附剂用量；

K——安全系数，一般为 1.25～1.5；

C——包装内需要吸附气体的浓度；

P——包装材料对吸附气体的渗透率；

S——包装的有效面积；

D——产品的货架期；

q——吸附剂的饱和吸收量，即单位质量吸附剂所能吸收的气体体积或质量。

（四）吸附作用的评估

完成吸附包装设计之后，需要对包装的吸附效果进行评估，判断其应用价值。可将产品或者产品模拟物放在所设计的吸附包装中，测量其内部气体组分及浓度；或者将吸附包装与常规的“被动包装”的产品货架期进行对比来评估其吸附作用。

第三节　释放型活性包装工艺

释放型活性包装是将释放剂添加到包装中并适时的释放活性化合物，如抗菌剂、抗氧化剂和防腐剂等，防止或延缓产品发生不良反应从而延长其货架期。本节主要介绍释放型活性包装中的抗菌、抗氧化包装，揭示其抗菌、抗氧化的作用原理，并重点介绍了释放型活性包装基础以及工艺要点。

一、抗 菌 包 装

抗菌包装是将抗菌物质添加到包装中所形成的一种包装系统，一般是在密闭容器内，放入能释放抗菌剂的小包或利用能释放抗菌剂的包装材料来包装产品，以达到抗菌防腐的目的，从而保证产品安全并延长其储存期。目前，抗菌包装在食品、医药行业以及粮食谷物等领域发挥了重要作用。

（一）抗菌剂类型

抗菌剂是指能在一定时间内，使某些微生物的生长或繁殖保持在必要水平以下的化学物质。它可以抑制病原微生物的繁殖和代谢，达到杀死微生物的目的。根据其化学性质、抗菌机理以及来源差异等可将其分为无机抗菌剂、有机抗菌剂以及天然抗菌剂，其中有机抗菌剂又可按分子量分为低分子和高分子抗菌剂。不同类型的抗菌剂、抗菌机理及其优缺点见表7-3。

表7-3　　常见抗菌剂分类

抗菌剂种类	无机抗菌剂	有机抗菌剂		天然抗菌剂
		低分子	高分子	低分子
主要种类	银、铜、锌等金属离子及其氧化物	酚类、醇类、季铵盐类	引入季铵盐等抗菌官能团的高分子	酚类、醇类、季铵盐类
抗菌机理	金属与微生物细胞中的巯基(—SH)等反应，破坏细胞正常代谢	阻碍细胞蛋白质、细胞壁的合成，阻碍微生物细胞能量代谢及发育	联合微生物细胞膜外表的阴离子，破坏细菌细胞膜	阻碍细胞蛋白质、细胞壁的合成，阻碍微生物细胞能量代谢及发育
优点	抗菌范围广、安全性高、抗菌有效期长	抗菌及时性、抗菌广谱性好	不易迁移、安全性高	抗菌及时性、抗菌广谱性好
缺点	成本较高，部分产品易变色	化学稳定性差、毒性大、耐热性不好	抗菌效果弱、合成困难	化学稳定性差、毒性大、耐热性不好

（二）抗菌包装作用原理

1. 栅栏技术

现有防腐方法根据其防腐原理归结为高温处理、低温冷藏或冻结、降低水分活性、酸化、降低氧化还原值以及添加防腐剂等，即可归结为若干因子。我们把存这些起控制作用的因子，称作栅栏因子。栅栏因子共同防腐作用的内在统一，称作栅栏技术。

抗菌包装系统中栅栏技术和常规包装系统相比，除满足水分屏障和氧气屏障功能及物理保护等常规功能外，还增加了阻隔微生物的功能。对于具有水分屏障和氧气屏障功能的常规包装材料无法抑制的微生物，微生物屏障能够起到有效的抑制作用，如图 7-3 所示。

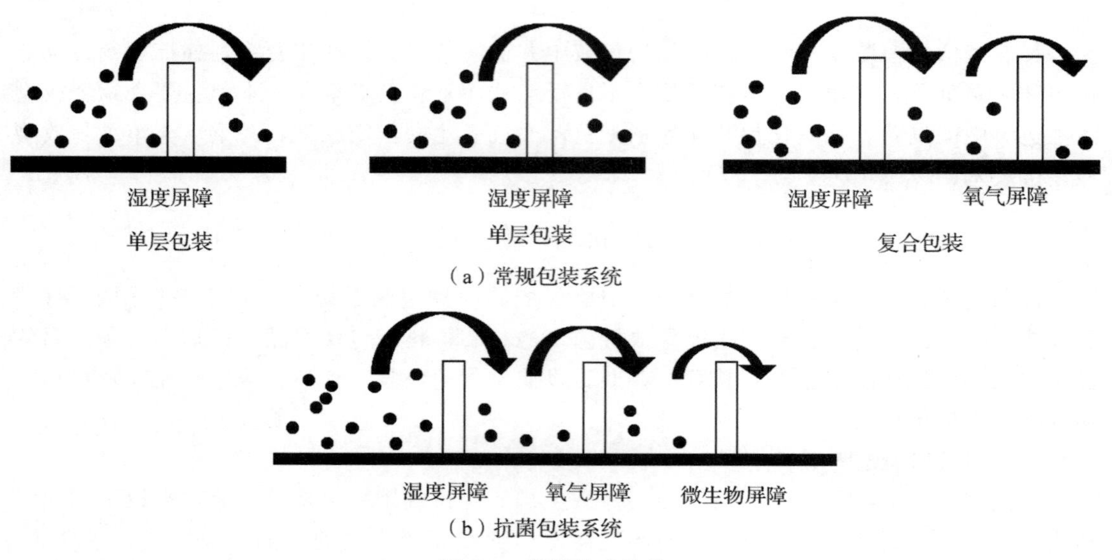

图 7-3　栅栏技术比较

在加工工业中，栅栏技术已经得到了广泛应用，并能达到有效抑菌抗氧化效果。目前已将新型工艺技术应用到栅栏技术中，例如将控释技术运用到包装中制备的抗菌包装膜，可使产品保质效果更持久，安全性更好。

2. 抗菌剂的扩散

抗菌剂有多种添加方式，包括加入到包装材料中、包装内部气氛中或者顶隙空间中等。抗菌剂需扩散接触到产品表面，从而抑制细菌的生长，而不同种类的抗菌剂实现抗菌效果的方式也有差异。

（1）抗菌剂迁移　实施方式主要是抗菌剂被添加到包装材料中，继而从包装材料扩散到产品表面及内部。因此，抗菌剂迁移过程中的重要特征常数包括抗菌剂在包装材料中的扩散率、在产品中的溶解度和扩散率。迁移性抗菌包装系统常应用于液体产品，如图 7-4 为包装膜内抗菌剂向食品内扩散，抗菌剂从膜材内部向表面扩散，并通过溶解、

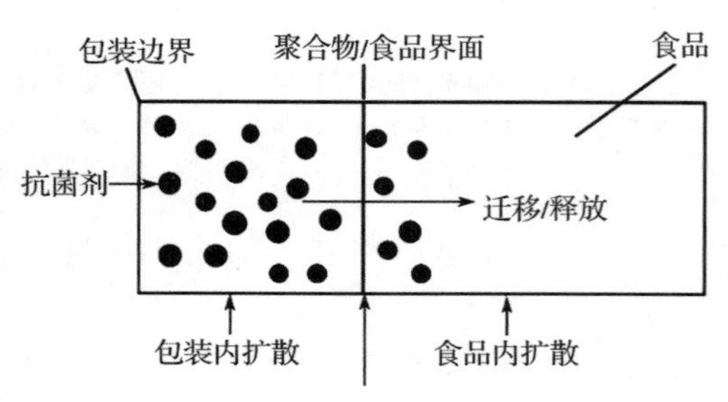

图 7-4　包装膜内抗菌剂向食品内扩散

扩散作用从膜材-食品界面进入食品。

（2）抗菌剂挥发　实施方式主要是抗菌剂被添加到包装材料或者包装顶隙空间中，包装产品后可以挥发到顶隙空间中与产品表面接触并且被产品吸收。挥发性抗菌系统可应用于多孔的产品以及固态类产品。

（3）抗菌剂与聚合物之间的分子链共价结合　此形式不会发生迁移过程，所以其活性仅局限于包装与产品的接触面，导致包装系统在抗菌剂的选择上受到了很大的局限。但该包装系统可以包含不允许作为食品原料或者添加剂的助剂，在应用市场和相关法规方面具有优势。

二、抗氧化包装

橡胶等产品在使用过程中会出现脆化硬化、龟裂、颜色变深或者变粘软化等性能降低的现象，这是由于在合成加工、运输存放以及之后的制品应用过程中会接触到一些物理化学作用，例如光、热、氧、臭氧、有害金属离子、机械力、生物腐蚀等，会与产品自身不饱和双键、末端羟基、支链以及羰基等活性点上发生作用，造成产品弹性降低，物理机械性能变差，化学性能弱化，丧失利用价值。而具有高脂质含量的食品，在受到以上物理化学作用也容易因此变质，其中光、热等氧化作用是变质的关键因素。释放型抗氧化包装是通过扩散作用使抗氧化剂到达产品表面或包装顶部空间，从而抑制产品的氧化。

（一）抗氧化剂类型

抗氧化剂是指通过降低包装系统中的氧含量，与氧化过程中的活性基团发生作用及螯合具有催化作用的金属离子来延缓产品氧化过程的物质。

（1）按来源可分为人工合成抗氧化剂（如 BHA、BHT、PG 等）和天然抗氧化剂（如茶多酚、植酸等）。

（2）按溶解性可分为油溶性、水溶性和兼容性三类。油溶性抗氧化剂有 BHA、BHT 等；水溶性抗氧化剂有抗坏血酸、茶多酚等；兼容性抗氧化剂有抗坏血酸棕榈酸酯等。

（3）按照作用方式可分为自由基吸收剂、金属离子螯合剂、氧清除剂、过氧化物分解剂、酶抗氧化剂、紫外线吸收剂或单线态氧淬灭剂等。

常用的食品抗氧化剂有茶多酚（TP）、丁基羟基茴香醚（BHA）、二丁基羟基甲苯（BHT）、叔丁基对苯二酚（TBHQ）等。其他产品（如塑料、纤维、橡胶等）常用抗氧化剂有亚硫酸磷脂、硫代脂类、苯二胺类、芳烃基仲胺类以及萘胺类聚合物。

（二）抗氧化包装作用原理

（1）通过抗氧化剂的还原反应，降低产品内部及其周围的氧含量，有些抗氧化剂如抗坏血酸与异抗坏血酸本身极易被氧化，能使产品中的氧首先与其反应，从而减缓油脂氧化。

（2）抗氧化剂释放出氢原子与油脂自动氧化反应产生的过氧化物结合，中断连锁反应，从而阻止氧化过程继续进行。

（3）通过破坏、减弱氧化酶的活性，使其不能催化氧化反应的进行。

（4）将能催化及引起氧化反应的物质封闭，如与能催化氧化反应的金属离子络合。

三、释放型活性包装基础

（一）包装形式

释放型活性包装的形式主要有小袋、衬垫、薄膜、纸板、涂层等。目前应用最多的释放型包装是将独立于产品的包含活性释放剂的独立小包、衬垫或标签添加到常规的“被动”包装中。近年来释放型活性包装膜、包装纸等研制日益增加，但商业化应用的材料还不多。

（二）释放型包装材料

目前大多数活性释放包装系统均使用塑料薄膜作为包装材料，这是由于其具有成本低、重量轻、光学性能好，热性能和机械性能较佳的特性。然而，近年来由于相关“限塑令”政策，塑料使用受到了限制，进一步推动了可降解材料活性包装材料的研发。

释放型包装膜是释放型活性包装常见形式。与吸附型包装膜的四种形式相同，即将活性释放剂混合到聚合物基质中、多层结构的复合、薄膜表面的涂覆及将释放剂在薄膜表面的化学固定。制造过程中须考虑聚合物基质与活性释放剂的相容性以及释放剂的稳定性。与直接向产品中添加释放剂相比，通过包装材料向产品中缓慢释放具有消耗释放剂少、较长时间抑制反应等优势。

四、释放型活性包装要点

（一）明确释放型活性包装基本要求

释放型活性包装是通过释放活性物质以达到保质、延长产品货架期的目的。为达到这一效果，需要明确产品包装货架期、产品品质劣变及劣变速率以及活性物质释放性能等基本要求。

确定活性物质的释放性能的依据主要取决于产品，主要包括：

（1）目标释放速率　活性物质的释放速率或释放速率范围；过快或过慢的活性物质的释放速率都会影响产品的劣变过程，从而影响货架期。

（2）活性物质的浓度分布　产品周围的活性物质浓度与时间关系的函数。当活性物质的释放速率达到目标释放速率时，会与产品的劣变速率相匹配，达到最佳的抑制效果，最大限度延长产品的货架期。

（二）活性物质选择

释放型活性包装中常用的活性物质主要包括用于产品安全的抗菌剂和保证产品质量的抗氧化剂。两种活性化合物也可同时掺入同一包装中，但其释放行为可能会互相影响。选择活性化合物时，需要考虑到其挥发性能以及与材料的相容性等。

（三）控释包装技术

在释放型活性包装中，添加到包装中释放剂的总量通常是有限的，如果释放剂的释放速率过快或过慢，均不能在产品表面维持抑制产品不良反应的最佳浓度，因此如何控制释放剂的释放速率成为释放型活性包装中最关键的问题之一。

控释包装（Controlled Release Packaging，CRP）是能够控制活性物质从基体包装材料中以可控的合适速率释放出来的包装，达到保证产品品质与安全、延长产品货架寿命的作用。

活性化合物与聚合物结合以形成复合基质是最常见的活性包装系统。相应地，活性物质的控释机制主要包括：

（1）扩散诱导释放　在这种释放中，活性剂通过微孔或聚合物基质的大孔结构，从膜表面转移到产品中。聚合物的化学性质及其孔隙率和渗透性是重要参数。

（2）溶胀诱导的释放　当聚合物基质放置在相容的液体介质中时，聚合物通过将流体渗透到其基质中而膨胀。在聚合物的溶胀状态下，活性剂的扩散系数增大，然后扩散出去，这种类型的释放经常发生在对水分敏感的包装材料中。

（3）降解引起的释放　这种释放的主要原因是聚合物的降解或变形。变形和降解速率是由聚合物基质内通常为水性的流体吸收引起的。这种类型的释放发生在生物可降解或反应性非生物可降解聚合物中，例如聚酐、聚丙交酯和聚丙交酯-共-乙交酯。

目前，活性包装的缓释技术在食品中运用较多，控释技术则更多用于医药领域的给药系统，以便优化治疗效果，在食品领域中应用较少。由于控释系统的功效由活性物质的扩散和传质行为决定，而活性物质的释放速率又存在众多影响因素，因此控释系统释放模型的建立及释放动力学研究是重要的研究方向。

思考题与习题

1. 说明影响活性包装材料吸附性、或活性物质释放的主要因素有哪些？

2. 画原理图说明活性物质从包装材料内向被包装食品中的释放方式。

3. 总结说明袋装吸附剂包装的工程实施要点。

4. 表征吸氧剂、释放型抗氧化包装膜有关活性包装性能的主要参数有哪些？如何进行这些性能的测定表征？

5. 说明释放型活性包装工艺设计过程。

6. 针对一需要控制氧气氧化的固体保健食品，采用软塑膜袋包装，要求包装内氧气含量低于0.5%，保质期3个月。试分析可能采用的吸附型包装形式及包装工艺设计要点。

第八章　气体调节包装

气体调节包装是一种置换包装内空气或充入保护性气体，或利用包装材料的气体选择性渗透作用等使包装内气体组分不同于空气组分，进而达到保质的一种包装技术。广义上，气体调节包装包括真空包装、真空充气包装、自发性气调包装（MAP）等。

气体调节包装作为一种食品保质包装技术已有较长的历史，早在20世纪30年代欧美已开始研究使用CO_2气体保存肉类产品；20世纪50年代研究开发了N_2和CO_2气体置换牛肉罐头和奶酪罐的空气，有效延长了货架期；20世纪60年代由于各种气密性塑料包装材料的开发，很多食品如肉食品、水果、蔬菜、蛋糕、茶叶和乳制品等都成功地采用了气体置换包装技术；20世纪70年代生鲜肉的充气包装在欧美各国广泛就用，从此气调包装在全世界蓬勃发展。近十多年应用于零售产品的气调包装大量增加，如肉类、禽类、鱼类、熏肉、面包、蛋糕、脆饼、奶酪、果蔬等食品。目前真空包装、真空充气包装、MAP包装已成为广泛应用的产品保存方法。

本章主要介绍真空包装及其质量控制、MAP基本原理、果蔬呼吸速率测定及其模型表征，推导建立果蔬MAP包装内外气体交换模型；论述MAP包装设计方法、气调包装系统的建立及其设备；最后介绍肉类、水产品、焙烤食品和面条食品气体包装要领等。

第一节　真空包装

真空是指在特定的空间内，低于一个大气压力的气体状态，表征真空状态的主要技术参数是真空度，即指真空状态下气体的稀薄程度，通常用压力值表示。

真空包装是将产品充填进气密性包装容器，抽去容器里空气，达到预定真空度后完成包装容器封口的一种包装方法。真空包装能有效降低包装内氧气含量，防止或减缓内容物性能发生改变（如食品变质、金属锈蚀）。通常氧气浓度小于1%，微生物的生长和繁殖速度就急剧下降；氧气浓度≤0.5%时，大多数微生物将受到抑制而停止繁殖。

真空包装形式主要包括软塑袋、托盘式包装、贴体包装等。真空贴体包装的独特之处就在于在大气压力的作用之下，上膜能平滑地随着产品的外形收缩，紧紧地贴附在产品表面，在保证产品包装质量同时能突出产品销售作用。

一、真空包装材料

在选择真空包装材料时，需要重点考虑以下因素：

（1）气体阻隔性　气体阻隔性包括对O_2、CO_2、水蒸气等阻隔性能。为使包装后的容器内气体压力、预制最佳气氛、相对湿度等在保质期内能保持足够的有效性，须采用高阻隔包装材料。

（2）热封性能　包装容器密封性也是影响真空包装质量的关键因素之一。包装容器封合应有足够的强度，同时要适应工业化包装生产要求。

（3）机械力学性质　机械力学性质包括强度、抗撕裂、耐穿刺性等，保证真空包装产品能适应贮运环境。为了满足上述要求，真空包装通常使用多种材料复合而成的包装材料。

二、真空包装工艺与设备

（一）真空包装工艺过程

典型的真空包装工艺过程为：

（1）开袋、充填　打开预制袋，并将产品充填入袋中。

（2）预封　将充填好产品的包装袋上开口进行预封合。

（3）抽真空　将已预封的包装袋进行抽真空，随后在真空中进行完全封合。

（4）输出　将已完全封合的真空包装袋输出。

（二）真空包装性能参数

1. 主要性能参数

表征真空包装主要性能参数包括：

（1）真空室的最低绝对压强（真空度）。

（2）包装能力（包装速度）。

（3）真空室有效尺寸（包装尺寸）。

（4）真空作业时间。

（5）包装袋形式等。

2. 真空作业时间计算

完成一个周期包装所需要的真空作业时间，直接关系包装速度。依据单位时间内真空泵抽出的气体量等于真空腔室减少的其体量，可建立关系式

$$p_{in} u dt = -V_C d p_{in} \tag{8-1}$$

式中　p_{in}——真空腔室内气体压强，Pa；

u——真空泵抽气速率，L/s；

t——真空作用时间，s；

V_C——真空腔室容积，m^3。

对式（8-1）积分，并考虑初始条件：$t_0=0$，$p_{in0}=101325Pa$，得到

$$t=\frac{V_C}{u}\ln\frac{p_{in0}}{p_{in}} \tag{8-2}$$

表明，在常压下抽气时间与真空度成指数变化关系。考虑到真空腔室与管道等泄漏、真空泵作业等原因，工程中真空作用时间的估算引入修正系数 c（$c>1.0$），即

$$t=c\frac{V_C}{u}\ln\frac{p_{in0}}{p_{in}} \tag{8-3}$$

（三）间歇式真空包装工艺与设备

1. 腔室真空包装机

目前我国生产应用的基本上是这一类型，其原理、对应的设备如图 8-1、图 8-2 所示。

工艺过程为：供袋、装入产品→置入腔室，袋口对着充气口并平搁在热封条上→抽真空→充气（或不充气）→热封→腔室通大气，输出包装件。

腔室式真空充气包装机也有多种类型，按腔室数量可分为单腔和双腔，双腔室生产效率较高：按结构可分为台式、传送带式、回转工作台式等。

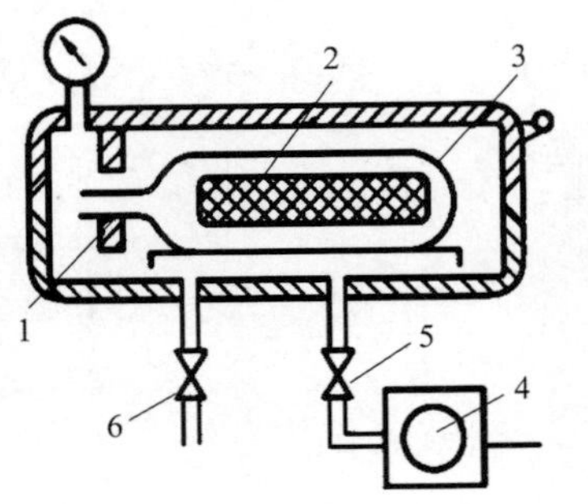

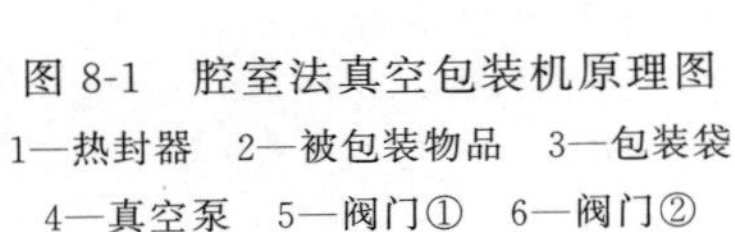

图 8-1 腔室法真空包装机原理图

1—热封器 2—被包装物品 3—包装袋
4—真空泵 5—阀门① 6—阀门②

图 8-2 腔室法真空包装机

2. 插管式真空包装机

插管式真空包装机不设真空室，将插管直接对软塑袋抽气、或抽气-充气，因而抽真空时间短，但成型包装内的真空度较低。其原理如图 8-3 所示，包装过程为：将包装袋套入抽气-充气管嘴后橡胶夹紧装置即将袋口夹紧，进行抽真空或抽真空-充气，随后热封袋口。有的插管式真空包装机的扁形管嘴直接装置在热封装置上，利用上下热封杆橡胶夹住袋口进行抽真空或抽真空后充气，热封时将扁形管嘴抽出袋口。

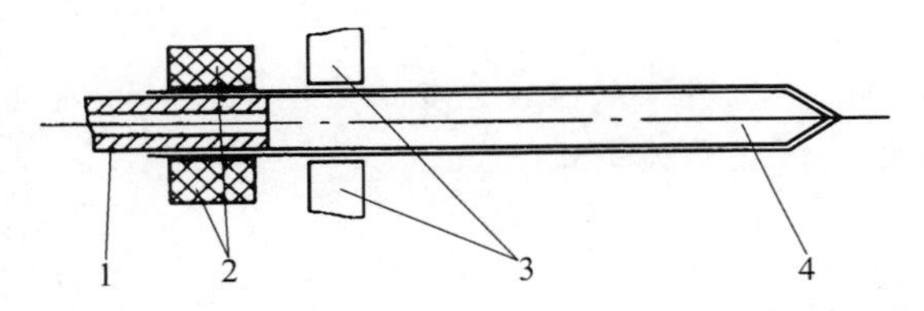

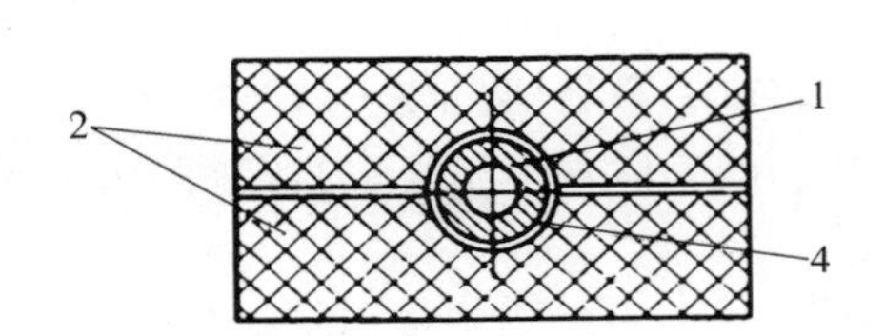

图 8-3 插管式真空包装机工作原理

1—抽气-充气管嘴 2—夹紧装置 3—热封装置 4—塑料袋

3. 连续式真空包装机

连续真空包装机是一种自动化程度高的多工位真空包装机，能实现自动、连续、高效生产。

（1）旋转式真空包装机　旋转式真空包装机的转盘上有多个旋转的真空室，分别完成从充填到抽真空的多道工序，生产能力达 40 袋/min 以上。

旋转式真空包装机的工序：取袋→打印→开袋充填→灌装→预封→转移→接袋→闭盖→预抽真空→第 1 次抽真空→保持真空→第 2 次抽真空→密封→自然冷却→第 2 次冷却→进气→出袋→进入下一次循环。

图 8-4 所示为旋转式真空包装机工作示意图，该机由充填和抽真空 2 个转台组成。2 个转台之间装有机械手，自动将已充填物料的包装袋送入抽真空转台的真空室。充填转台有 6 个工位，自动完成供袋、打印、张袋、充填固体物料、灌装 5 个动作；抽真空转台有 12 个工位，即 12 个真空室。包装袋在旋转 1 周经过 12 个工位完成抽真空、热封冷却、卸袋。

（2）直线式真空包装机　典型热成型真空包装机供盒式真空包装如图 8-5 所示，该机生产能力与热成型模和热封模的尺寸有关。一般来说，热成型包装机是多功能的，可实现软膜包装、硬膜包装、泡罩包装、贴体包装等包装形式。

包装的全过程由机器自动完成，根据需要，装填可采用人工或机械实现。由图 8-5 可见，底膜卷 9 经牵引进入热成型装置 1 成型，在包装盒充填部位 2 填充物料后，进入真空热封室 3。在热封区中，上卷膜经卷膜机 4 后覆盖在成型盒上。然后通过真空热封室 3 抽真空并热封，随后经过封口冷却装置 5 封口。最后经横切、纵切形成包装成品，经裁切后的边料可由底膜边料引出装置 8 收集和清理。

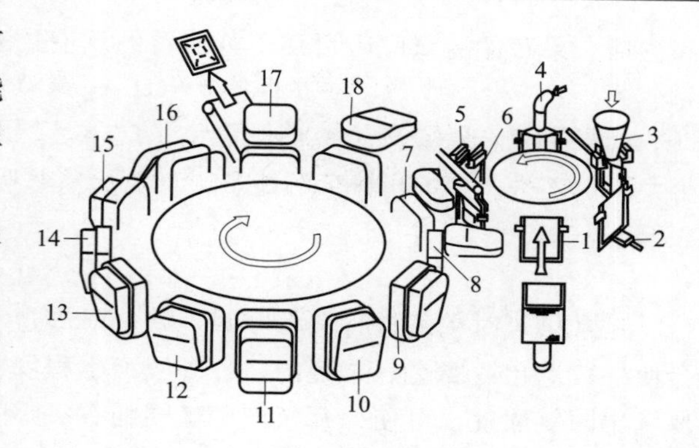

图 8-4　旋转式真空包装机

1—吸袋夹持　2—打印日期　3—撑开定量充填　4—自动灌装　5—空工序　6—机械手传送包装袋　7—真空盒袋　8—关闭真空盒盖　9—预备抽真空　10—第一次抽真空　11—保持真空（袋内空气充分逸出）　12—二次抽真空　13—脉冲加热热封袋口　14、15—袋口冷却　16—进气释放真空、打开盒盖　17—卸袋　18—准备工位

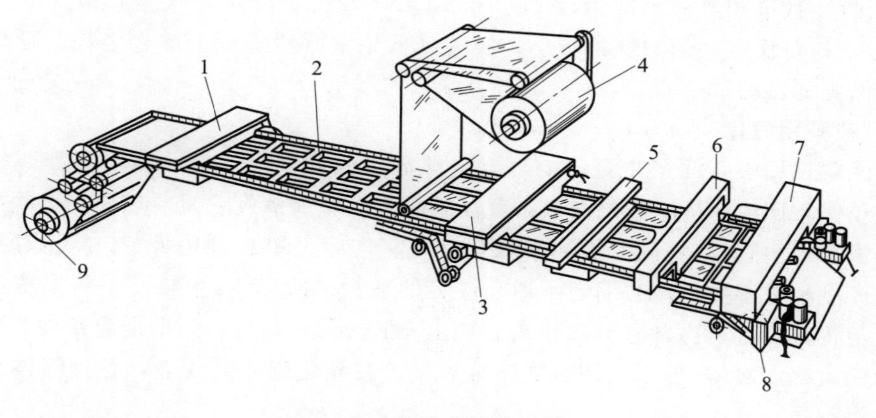

图 8-5　热成型真空包装机

1—热成型装置　2—包装盒充填部位　3—真空热封室　4—卷膜机　5—封口冷却装置　6—横向切割刀具　7—纵向切割刀具　8—底膜边料引出　9—底膜卷

第二节　果蔬自发气体调节包装

一、果蔬采后生理特性

果蔬采收后还进行着旺盛的呼吸和蒸发作用，从空气中吸取氧气，分解消耗自身的营养物质。

果蔬在有氧的环境贮藏时，从周围环境中吸收氧消耗呼吸基质如葡萄糖等，放出 CO_2

和乙烯。果蔬的有氧呼吸可用下列简单的反应式表示：

$$C_6H_{12}O_6 + 6O_2 \longrightarrow 6CO_2 + 6H_2O + \text{热量}$$

如果果蔬在缺氧环境或周围氧量供应不足贮藏时，靠分解葡萄糖来维持呼吸活动，产生大量的乙醇、CO_2和较少的能量，称为厌氧呼吸。果蔬厌氧呼吸可用下列简单的反应式表示

$$C_6H_{12}O_6 + 6O_2 \longrightarrow 2C_2H_5O + 2CO_2 + \text{热量}$$

正常供氧时果蔬进行有氧呼吸，缺氧时进行无氧呼吸，过快的有氧呼吸或无氧呼吸都会使果蔬老化或腐烂。果蔬的二种呼吸产生程度与环境中氧的浓度成预定比例关系。控制环境中的氧浓度，可使果蔬仅产生微弱的有氧呼吸而不产生厌氧呼吸。

二、果蔬包装保鲜原理

（一）基本原理

自发气体调节包装（MAP）的原理是利用新鲜果蔬呼吸作用中要消耗氧气放出二氧化碳的原理，选用不同透气率和透湿率的塑料薄膜，自发性地调节密封包装内的不同气体比例，控制果蔬的呼吸速度，以达到延长贮存和保鲜效果的包装技术。在密封的容器里，呼吸作用使 O_2 的浓度逐渐降低，CO_2 浓度逐渐增大，但由于塑料薄膜对 CO_2 的渗透性较 O_2 大，由呼吸积累的 CO_2 比率就小于相应速度的 O_2 消耗率，当果蔬呼吸交换与薄膜透过的 O_2、CO_2 数量相等时，即组成 O_2、CO_2、N_2 较稳定的组合气体，最终形成一个低 O_2、高 CO_2 相对稳定平衡的气氛状态，实现降低果蔬呼吸速度，减轻消耗，延缓生理老化，保质保鲜的目的。

（二）包装用气体

果蔬贮藏过程中有两个主要影响因素，即需氧菌和氧化反应，两者均需要氧气。因此，要延长保质期或保持果蔬的品质，就需要降低环境的氧气含量。然而，一些果蔬的腐烂变质是由于厌氧/微需氧微生物和非氧化反应，实际上单独利用低 O_2 包装对其很难有效，并且产品不可避免地被皱缩而不适合许多的食物。MAP 技术核心是将果蔬周围的气体调节成与正常大气相比含有低氧和高二氧化碳的气体，结合适当的低温条件，来延长新鲜产品的保质期。MAP 技术的调节气体有氧气、二氧化碳、氮气等，各种气体在包装中所起的作用不同。

1. 二氧化碳

二氧化碳是一种抑菌气体，在空气中的正常含量为 0.03%，低浓度的 CO_2 能促使微生物的繁殖，而高浓度 CO_2 能阻碍引起食品腐败的大多数微生物的生长繁殖，延长其繁殖生长的停滞期（或潜伏期）以及延缓其增长期。

CO_2 能抑制细菌和真菌的繁殖与生长，但是具体的作用机制目前还不是很清楚。可以肯定的是，这取决于包装内的气体扩散，主要基于以下原由：

（1）抑制效果与 CO_2 的存在直接相关。包装体积和包装材料的透气性及表面积应该重点考虑。

（2）当 CO_2 浓度很高时，如存在含碳酸的一些溶解性气体，将产生酸味。

（3）CO_2 溶解性与贮藏温度呈反比，因此低温具有协同作用。

（4）产品吸收气体将使得气体体积减少，因此这会引起产品包装塌陷。

2. 氧气

果蔬包装保鲜理想的条件是要降低 O_2 含量，但包装新鲜果蔬时 O_2 又必不可少，因为果蔬采收后须进行呼吸作用，并且如果缺少 O_2 将进行厌氧呼吸，这样将加速感官品质的变化和腐烂。

3. 氮气

氮气是一种惰性、无味的气体，能控制化学反应。在同食品的接触过程中呈中性，因此可用于食品防腐。与其他常用的气体相比，氮气不容易透过包装膜，在气调包装系统中主要作为充填气体以防 CO_2 逸出后使包装坍落。

（三）果蔬 MAP 建立形式

果蔬 MAP 建立有以下两种形式。

1. 被动 MAP

果蔬包装容器内的初始气体成分与外界大气一致，仅借助果蔬呼吸作用降低 O_2 含量并通过薄膜交换气体来调节 O_2 与 CO_2 含量。如果薄膜的选择性透气率适当，包装内将能逐渐地建立一个有利于果蔬贮藏的气调平衡环境。如果所选择薄膜的透气率不当，包装内将会建立一个不利于果蔬贮藏的厌氧气调或有害的高浓度 CO_2。这种形式包装工艺简单，但包装内建立气调平衡的时间较长，在包装的初始阶段气调效果很不理想，可能将影响部分果蔬的保鲜效果。

2. 主动 MAP

根据果蔬呼吸特征人工创造有利于果蔬贮藏的气调条件。目前主要采用方法是将果蔬放入包装容器内，先抽出空气构成局部真空，再充入低 O_2、CO_2 浓度的混合气体或充入 N_2，或直接利用上述混合气体对包装容器内进行不间断的连续充气，以置换包装内原有空气，直接得到接近果蔬理想的低 O_2 浓度的气调环境，然后密封；而后借助果蔬呼吸作用与薄膜选择性透气交换气体来建立一个有利于果蔬贮藏的气调平衡环境。这种形式使包装内建立气调平衡的时间较短，气调保鲜效果较理想，但包装工艺较复杂。图 8-6 所示为果蔬采用被动气调和主动气调达到包装内气调平衡的时间比较。

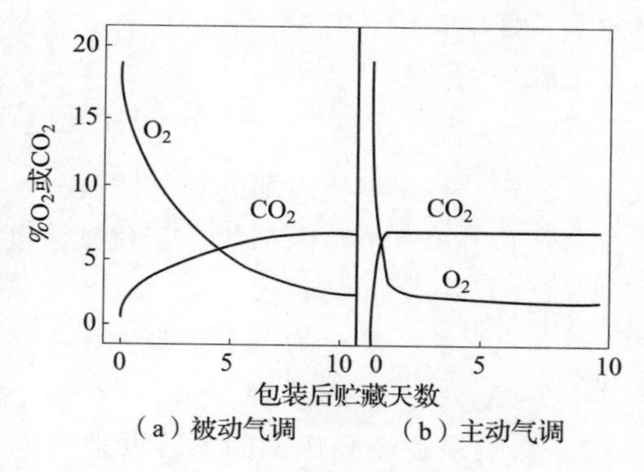

图 8-6　果蔬被动和主动气调达到包装内平衡气调的时间比较

三、果蔬 MAP 内外气体交换理论

1. 果蔬呼吸速率的测定

单位时间单位质量的活细胞（组织）产生 CO_2 或消耗 O_2 量称为呼吸速率。通常果蔬呼吸速率的表示方法有 O_2 消耗率 R_{O_2}，和 CO_2 产生率 R_{CO_2}。目前国内外对果蔬呼吸速率的测定方法有密闭系统法、渗透性系统法、流动系统法等。三种方法都存在各自优劣，常用的测试方法为密闭系统法。密闭系统法呼吸速率计算方法为：

$$R_{o_2}=\frac{(C_{o_2}^{t_i}-C_{o_2}^{t_f})\times V}{100\times M\times(t_f-t_i)} \tag{8-4}$$

$$R_{co_2}=\frac{(C_{co_2}^{t_f}-C_{co_2}^{t_i})\times V}{100\times M\times(t_f-t_i)} \tag{8-5}$$

式中　t_i，t_f——分别为测量起始终止时间；

$C_{o_2}^{t_i}$，$C_{o_2}^{t_f}$——分别表示表示测试时前一阶段和后一阶段氧气的浓度；

V——密封容器的自由体积；

M——产品质量。

2. 果蔬呼吸速率模型的表征

在气调包装模型中，呼吸速率的表征至关重要，它是气调包装技术机理的基础。自从20世纪60年代起，国外开始建立模型来分析气调包装中的微气氛动力过程。但由于果蔬产品整个呼吸过程的复杂性、潜在的实验误差以及实验所需的时间等因素，都限制了理论模型的建立。直到20世纪80年代后期人们应用酶动力理论与Langmuir吸收理论来建立果蔬产品的呼吸模型。

1991年国外研究认为新鲜果蔬可能受到酶反应、allosteric酶的催化作用及反馈抑制的限制，植物组织中的O_2和CO_2的可溶性和扩散性可能限制了呼吸速率。因此推断果蔬呼吸与微生物呼吸具有相似性，继而首次提出Michaelis-Menten式方程可用于模拟果蔬的呼吸。把CO_2作为O_2的非竞争抑制，建立了果蔬呼吸速率方程（假定在有氧呼吸的条件下）：

$$R_{O_2,CO_2}=\frac{V_m[O_2]}{K_m+(1+[CO_2]/K_i)[O_2]} \tag{8-6}$$

式中　$[O_2]$——包装内部的氧气浓度；

$[CO_2]$——包装内部的二氧化碳浓度；

K_i——抑制系数；

V_m——果蔬的最大呼吸速率；

K_m——米氏常数。

3. 影响果蔬呼吸速率的主要因素

影响呼吸速率的因素很多，有果蔬的内在因素，也有贮藏条件的外在因素。

（1）内在因素　影响呼吸速率的内在因素包括果蔬的类型、品种、成熟度、损伤性等。不同品种的果蔬有不同的组织器官和代谢机理，从而有不同的呼吸速率。甚至同一类型的果蔬，产地不同呼吸速率也有差异。一般来说，非呼吸跃变型果蔬的呼吸速率变化平缓，随着贮藏时间的增长而逐渐下降；呼吸跃变型果蔬，在采后初期其呼吸速率逐渐下降，然后迅速上升，并出现呼吸高峰，随后迅速下降。果蔬受到损伤时，呼吸速率会大大加快，同时会导致乙烯含量增加，而乙烯含量增加则诱导呼吸速率增加、腐烂加速、加速呼吸跃变型果蔬的后熟衰老等。

（2）外在因素　影响果蔬呼吸速率的外在因素主要有温度、包装的气体成分、空气流动速率和乙烯含量、运输振动等。

温度是影响果蔬呼吸速率的主要因素之一。一般地，温度在0～25℃范围内，较低的温度将降低果蔬生理反应速度，继而降低果蔬的呼吸速率。目前温度对呼吸率的影响主要通过以下两种方法表征：

① 采用温度每增加10℃时呼吸速率所增加的值Q_{10}来表示，即

$$Q_{10}=\frac{R_2^{10/(T_2-T_1)}}{R_1} \tag{8-7}$$

式中，R_2——温度T_2时果蔬的呼吸速率；

R_1——温度T_1时果蔬的呼吸速率。对于不同的果蔬，研究发现Q_{10}值通常为1～4。

② 应用Arrhenius方程式表征温度对呼吸速率的影响，即

$$R_{O_2,CO_2}=R^*_{O_2,CO_2}exp\frac{Ea^*_{O_2,CO_2}}{RT} \tag{8-8}$$

式中　$R^*_{O_2,CO_2}$——氧气或二氧化碳的呼吸指数；

$Ea^*_{O_2,CO_2}$——以氧气或二氧化碳表示的呼吸速率的活化能；

R——气体常数；

T——绝对温度。

4. 果蔬软塑膜MAP内外气体交换模型

（1）包装膜气体内外交换机理　一般针对软塑膜（均质膜）气体渗透模型的建立都是基于Fick气体扩散理论展开的。通过软塑膜引起的包装内气体i改变量可表示为

$$\frac{dn_i(t)}{dt}=\frac{P_iA}{L}(p_{i_1}-p_{i_2}) \tag{8-9}$$

式中　A——包装薄膜表面积；

P_i——包装薄膜对气体组分i的渗透系数；

L——包装薄膜厚度；

p_{i_1}，p_{i_2}——i气体在包装薄膜两侧的分压。

（2）果蔬MAP内外气体交换模型的建立　包装内气体成分的调节是一个动态过程，它包括果蔬的呼吸和气体对薄膜的渗透两个环节。在气调包装过程中，产品一直在消耗O_2和产生CO_2，在不稳定时期CO_2同时在相反的方向流动时，O_2开始渗透入包装中，最后当呼吸率和渗透率达到平衡时，包装内部的O_2和CO_2达到一个稳定的水平。为了预测包装内气体压力（浓度）的变化以及状态稳定后气体局部压力，需要建立包装内外气体交换模型。

由于MAP内部气体浓度变化是一个动态的过程，根据包装内各组分气体物质量的变化关系：

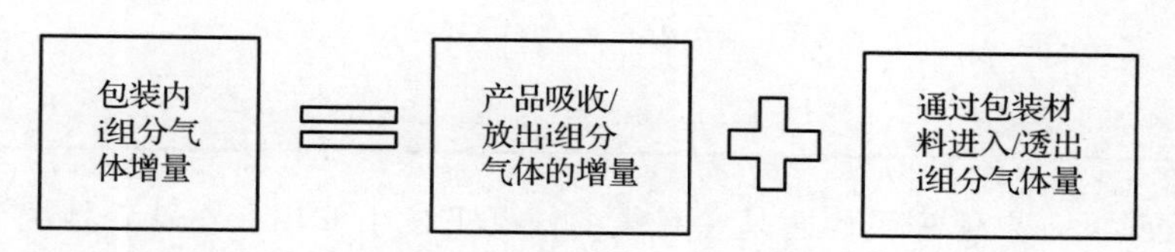

可建立果蔬包装内外气体交换模型

$$\frac{dn_{O_2}}{dt}=\left[\frac{P_{O_2}\cdot A\cdot(p^{out}_{O_2}-p^{in}_{O_2})}{L}R_{O_2}\cdot M\right]/V \tag{8-10}$$

$$\frac{dn_{CO_2}}{dt}=\left[\frac{P_{co_2}\cdot A(p^{in}_{CO_2}-p^{out}_{CO_2})}{L}R_{CO_2}\cdot M\right]/V \tag{8-11}$$

式中，n_{O_2}，n_{CO_2}——包装内 O_2、CO_2 的物质量；

P_{O_2}，P_{CO_2}——O_2、CO_2 透过包装材料的渗透系数；

$p_{O_2}^{out}$，$p_{O_2}^{in}$——环境中、包装容器内 O_2 的分压；

$p_{CO_2}^{out}$，$p_{CO_2}^{in}$——外界环境中、包装容器内的 CO_2 分压。

由于果蔬吸收 O_2 排出 CO_2，在包装初期，包装内 O_2 的浓度下降，CO_2 的浓度上升。在经过初期的诱导期后，包装内部将可能会达到稳定状态，此时包装内 O_2 和 CO_2 浓度处于相对平衡。

当包装内气体达到动态平衡时有

$$\frac{dn_{O_2}}{dt}=\frac{dn_{CO_2}}{dt}=0 \tag{8-12}$$

四、果蔬 MAP 设计要点

由于果蔬气调设计涉及的变量和设计参数较多，变量之间具有较强的约束作用，相互之间的关系需要一个合适的设计原则来指导包装件的参数设计。

1. 确定包装内目标气调环境

对于 MAP 设计，首先是需确定保证果蔬长保鲜期包装内适宜的气氛（理想气氛）。确定合适的氧气和二氧化碳气氛，可基于实验获得，在条件不够的情况下也可参阅已有研究成果（表 8-1）。

表 8-1　　常见果蔬的理想气氛及适宜的贮藏温度

品种	混合气体配比	贮藏温度(℃)
苹果	2%～3%O_2/1%～2%CO_2/其余 N_2	0～5
草莓	10%O_2/15%～20%CO_2/其余 N_2	0～5
黄瓜	2%～4%O_2/8%～12%CO_2/其余 N_2	5～9
马铃薯	10%O_2/8%～12%CO_2/其余 N_2	3～7
油梨	2%～5%O_2/3%～10%CO_2/其余 N_2	5～13
硬花甘蓝	1%～2%O_2/5%～7%CO_2/其余 N_2	0～5
莴苣	2%～5%O_2/0～2%CO_2/其余 N_2	0～5
红薯	6%～8%O_2/2%～4%CO_2/其余 N_2	10～15
圆辣椒	2%～4%O_2/10%～14%CO_2/其余 N_2	5～9

在正常情况下，果蔬呼吸代谢是在有氧的情况下发生作用。在特殊情况下，由于包装或者储藏不当，果蔬周围环境的氧气浓度过低，不能提供足够的氧气使其发生反应，果蔬则发生厌氧呼吸，产生维持果蔬生命活动所需要的能量，因此定义引发果蔬发生厌氧呼吸的气体的浓度临界值称为发酵阈值。

为此，确定果蔬的目标参数还必须结合果蔬的发酵阈值，即最低的氧气浓度、最高的二氧化碳浓度（表 8-2）。

表 8-2　　果蔬允许的最低 O_2 和最高 CO_2 浓度（发酵阈值）

允许的气体浓度限值(%)	果蔬品种
最低 O_2 浓度	
0.5	木本坚果、干燥的果蔬
1.0	硬花甘蓝、蘑菇、大蒜、洋葱、许多截切的果蔬
2.0	苹果和梨、猕猴桃、杏、李、桃、油桃、草莓、木瓜、菠萝、甘蓝、甜玉米、芹菜、莴苣、龙眼包心菜、花椰菜、卷心菜、樱桃
3.0	油梨、柿、番茄、黄瓜
5.0	柑橘类、芦笋、土豆、甜土豆、青豌豆
最低 CO_2 浓度	
2.0	苹果、梨、杏、葡萄、番茄、甜胡椒、莴苣、芹菜、卷心菜、甜土豆
5.0	桃、李、柑橘、油梨、香蕉、芒果、木瓜、猕猴桃、红莓、豌豆、红辣椒、胡椒、茄子、花椰菜、包心菜、卷心菜、萝卜
10.0	葡萄柚、柠檬、酸橙、柿子、菠萝、黄瓜、芦笋、硬花甘蓝、香芹菜、韭菜、绿洋葱、干洋葱、大蒜、土豆
15.0	草莓、树莓、黑莓、蓝莓、樱桃、无花果、甜玉米、蘑菇、菠菜

2. 确定果蔬在目标参数下的呼吸商和呼吸速率

对果蔬 MAP，首要的参数是确定果蔬呼吸速率，其值的大小直接影响后续其他参数的选择与确定。

一般采用密闭容器法对果蔬进行呼吸速率测试，得出相应的呼吸速率曲线。对于要进行 MAP 设计的果蔬，在其目标参数浓度下得出相应的 R_{CO_2} 和 R_{O_2}。同时采用呼吸商（RQ）来表示呼吸速率的量化指标，即 $RQ=R_{CO_2}/R_{O_2}$。

3. 计算所需包装材料渗透系数值

呼吸商确定后，就要选择符合其气调包装用的材料去进行包装设计。对于大部分果蔬而言，其 RQ 值一般处于 0.7～1.3，并且大多数的果蔬在 1.0 上下波动，即果蔬对于二氧化碳和氧气分别产生速率和消耗速率的值差别不大。因此单纯依靠呼吸商是无法确定所需要的包装材料。

果蔬气调包装的实质就是希望包装内外气体交换与果蔬自身的呼吸作用产生的包装内的气体浓度处于最佳气氛浓度范围之内，因此根据动态平衡方程可得出：

$$\beta=\frac{RQ\left(p_{O_2}^{out}-p_{O_2}^{in}\right)}{p_{CO_2}^{in}-p_{CO_2}^{out}} \tag{8-13}$$

β 是选择包装材料的依据，对于常见的包装材料其 β 值一般为 3～6。通常对于选择材料时很难达到完全的匹配，继而不能形成最佳的包装内气氛。同时还要避免 CO_2 和 O_2 的发酵阈值，因此一般对于气氛值需要选择一个最佳范围，在这个范围内能满足就能接受为合适的包装材料。若在最佳范围内选择不到合适的包装薄膜，可以考虑微孔膜、硅窗气调包装以满足薄膜渗透性需要。

4. 确定包装薄膜厚度和有效扩散面积

包装材料选定之后，可以通过文献及相关参数得出对应材料的渗透系数。根据包装薄膜的渗透系数和相关的数据计算气调包装材料各项参数值，即包装薄膜的厚度与表面积。一般情况下两个参数需要先确定其中一个，再根据确定的参数去确定另外一个参数。包装薄膜面积应根据实际果蔬的重量以及规格限制确定，这样既能保证设计的合理性又不引起材料浪费。

通常所选的包装膜渗透率与MAP计算最佳渗透率存在偏差，故薄膜厚度及产品质量需进行组合优化。由于产品的质量与材料厚度不能同时优化，通常先确定其中一个变量，可以根据已知产品的呼吸速率和所需要的平衡气体以及所需要薄膜表面积来确定产品的质量；或者是根据同样的程序确定所需薄膜表面积。不管以何种设计必须对于重量和表面积需要在一定的范围内，确保设计是可行的。

在计算过程中利用 φ 表示包装薄膜厚度与表面积的比值

$$\varphi=L/A \tag{8-14}$$

为了确定包装薄膜厚度和有效面积，需对其中一个变量假设为已知常数，可以预先设定薄膜厚度，然后求解有效表面积；也可预先确定有效表面积的大小，计算薄膜的厚度。原则是在保证规格所需要的情况下，保证设计的合理性同时不至于材料浪费。

综合上述给出的条件根据下面的公式可得出 φ 值

$$\varphi_{co_2}=\frac{P_{co_2}\left(p_{CO_2}^{in}-p_{CO_2}^{out}\right)}{MR_{co_2}} \tag{8-15}$$

$$\varphi_{o_2}=\frac{P_{o_2}\left(p_{O_2}^{out}-p_{O_2}^{in}\right)}{MR_{o_2}} \tag{8-16}$$

φ_{co_2}，φ_{o_2} 分别表示根据 CO_2 和 O_2 计算所得的包装膜厚度与表面积的比值。按照理论分析，上述的 φ_{co_2}，φ_{o_2} 应该是相等的，但是由于选择的薄膜的 β 值并不严格意义上等于实际所选取的薄膜，因此根据两个等式所计算得出的 φ_{co_2}，φ_{o_2} 并不相等。此时应该优先保证包装内氧气平衡浓度，即根据 φ_{o_2} 值计算薄膜的厚度和有效表面积大小。

5. 确定包装件空体比

无论对于袋式还是盒式MAP，除去被包装物所占的空间外，包装内总会有一定的自由空间 V_f 存在，它与参数 V_c 之间的比例构成“空体比”，用字母 ψ 表示，即

$$\psi=V_f/V_c \tag{8-17}$$

空体比的大小直接影响果蔬MAP内外气体交换达到平衡的时间，原则上空体比要尽可能的小，以保证包装材料的合理利用。随着空体比减少，包装内外气体交换达到平衡的时间也会缩短，但设计时应考虑气调包装的不稳定性，需要留有一定的余量。

6. 包装验证

根据上述的流程结合给定的相关参数可设计出满足要求的包装，同时需对产品包装件的有效性进行验证。包装验证一般分为实验验证、仿真验证。实验验证即根据设计的包装件参数，进行实际产品气调包装，测试包装内部的浓度以及维持浓度气氛的时间；仿真验证即根据理论模型模拟分析气调包装内的气氛变化情况。在此基础上，验证实际产品MAP包装内的气体浓度、平衡状态时的浓度与理论设计值的吻合度。

第三节 其他产品气体调节包装

一、肉类产品气体调节包装

(一) 产品特性与品质劣变

生鲜肉的腐败变质表现在三个方面：色泽变化、微生物腐败、非微生物引起的组织变质。

1. 微生物腐败

生鲜肉中存在着大量的微生物，微生物生长繁殖不仅使肉的颜色、气味、质地等严重恶化，降低了肉的营养成分，甚至还会产生大量微生物毒素。生鲜肉中的微生物有病原菌、腐败菌以及一般杂菌。肉中部分致病菌和腐败菌的最低生长温度见表 8-3，可以看出，主要的致病菌如肉毒梭菌、沙门氏菌和金黄色葡萄球菌在 3℃时即停止生长繁殖，不分泌肉毒素。因此为了保证肉的质量，最好将肉冷却到 0～3℃；若超过 7℃，病原菌将成倍增长。

表 8-3 一些致病菌和腐败菌的最低生长温度

细菌	名称	最低生长温度/℃	细菌	名称	最低生长温度/℃
埃希氏大肠杆菌	E. Coli	8～10	假单孢菌	Ps. Aeruginosa	5
蜡样芽孢杆菌	B. Cereus	12	副溶血弧菌	V. Parahemolyticus,	5
肉毒梭菌	C. Bolulinum	3.3	肠炎耶尔森氏菌	Y. Enterocolitica	3
金黄色葡萄球菌	Staph. Aureus	10	单核增生李斯特菌	L. Monocytogenes	0
沙门氏菌	Salm onella	5			

2. 色泽变质

氧气对鲜肉色泽变化的影响显著。如图 8-7 所示，鲜肉肌肉组织的色泽取决于肌肉色素和肌红蛋白的氧化状态。肌红蛋白的功能是向肌肉组织输送氧，根据周围环境氧的分压，肌红蛋白以三种形式存在，即肌红蛋白或脱氧肌红蛋白（Mb）、氧合肌红蛋白（MbO_2）和正铁肌红蛋白或高铁肌红蛋白（Mb^+）。

刚分切的或缺氧时肉呈紫红色，这种色泽会被消费者误认为变质肉，其实这是脱氧肌红蛋白的颜色；氧合肌红蛋白具有亮红色泽，因而易吸引消费者；脱氧肌红蛋白缓慢氧化时成为褐色正铁肌红蛋白，是血红素含铁的氧化形式，显示肉的色泽变质。肌红蛋白在高氧浓度时氧化成为氧合肌红蛋白；脱氧肌红蛋白比氧合肌红蛋白对氧更敏感，在低氧浓度时氧化成为正铁肌红蛋白。这种氧化反应在酶的作用下缓慢地逆向进行，而使正铁肌红蛋白活性降低。但肌肉组织的正铁肌红蛋白降低量是有限的，一旦正铁肌红蛋白量超过氧合肌红蛋白，氧化反应就不可逆转。鲜肉实际颜色取决于这三种肌红蛋

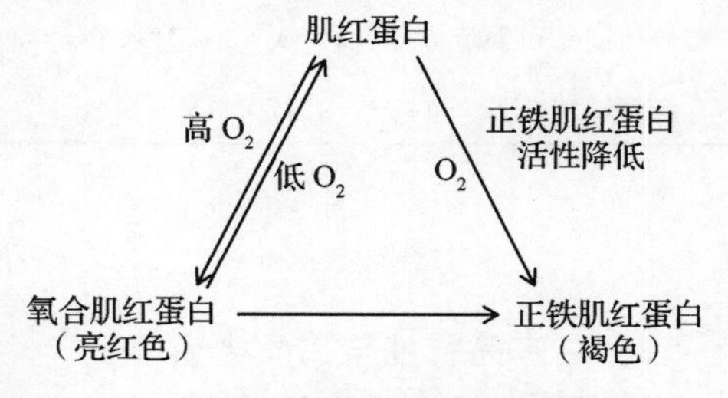

图 8-7 肌肉色素和肌红蛋白的氧化反应

白形式在肉表面的相对量。

3. 其他变化

除了上述变化外，生鲜肉还会发生光催化下的脂肪氧化、水分蒸发引起的重量损耗和肉色变化、肉组织结构破坏、持水力下降引起的汁液渗出等。

（二）影响肉及肉制品气调保鲜效果的因素

肉及肉制品在气调包装条件下的保鲜效果及货架期受多方面因素的影响，主要包括气体成分及比例、包装材料、贮藏温度等。

（1）关于气体成分及比例，有研究气调包装中 O_2 含量（0%、20%、50%、80%）对猪排和猪肉糜氧化稳定性的影响。通过测定脂质和蛋白质氧化值，发现猪排在贮藏 7 天内没有受到 O_2 含量增加的影响，而猪肉糜贮藏过程中的蛋白质形态发生了变化，活性巯基丧失，蛋白质氧化作用增强。说明气调包装中的 O_2 含量对猪肉不同产品的贮藏效果具有不同影响。

（2）气调包装所用的包装材料组成成分、阻隔性等会影响包装内外的气体交换，进而影响保鲜效果。

（3）贮藏温度是影响肉及肉制品中微生物生长和肉品质量稳定性最重要的因素之一，同时贮藏温度也会影响包装材料的阻隔性。

（三）气体组成及配比

（1）氧气（O_2）　O_2 一方面会为需氧菌群生长以及维生素、脂类等营养物质氧化提供条件，导致异味形成、肉韧性增加和营养价值降低；但与此同时，包装保持较高的 O_2 分压，有利于形成鲜红色的氧合肌红蛋白，使肌肉色泽鲜艳，并抑制厌氧菌的生长。

（2）二氧化碳（CO_2）　CO_2 具有抑制某些细菌生长的作用，可以达到延长货架期的目的。

（3）氮气（N_2）　N_2 不影响肉的颜色，也不抑制细菌的生长，但对氧化酸败、霉菌生长和病虫害有一定抑制作用。

基于保鲜与销售等要求，肉制品包装一般按三种气体组成混合气体。常见的肉与肉制品气调包装沿用的气体混合比见表 8-4。

表 8-4　肉与肉制品 MAP 气体混合比

种类	混合比例	种类	混合比例
新鲜肉	$70\%O_2+20\%CO_2+10\%N_2$ 或 $75\%O_2+25\%CO_2$	熏制香肠	$75\%CO_2+25\%N_2$
鲜碎肉制品和香肠	$33.3\%O_2+33.3\%CO_2+33.3\%N_2$	香肠及熟肉	$75\%CO_2+25\%N_2$
新鲜斩拌肉馅	$70\%O_2+30\%CO_2$	家禽	$50\%O_2+25\%CO_2+25\%N_2$

二、水产品气调包装

（一）产品特性与品质劣变

新鲜鱼、虾、贝类是所有新鲜食品中最易腐败的食品。鱼肉与其他肉类相比，自溶作用更迅速，同时由于三甲胺（TMA）的生成而易于腐败变质，产生难闻的气味。此外，鱼脂肪多由不饱和脂肪酸构成，因而易与 O_2 反应而产生氧化酸败。因此，新鲜水产品的保鲜包装难度较大。

海水鱼中含有较多的氧化三甲胺（TMAO），鱼死后氧化三甲胺被细菌还原为三甲胺（TMA）。这一反应还伴随以乳酸氧化而生成醋酸与 CO_2。

$$\text{TMAO}+\text{乳酸}\longrightarrow\text{TMA}+\text{醋酸}+CO_2+H_2O$$

这种反应取决于鱼肉pH，活鱼或濒于死亡的鱼的鱼肉pH为弱碱性（鲜鱼的pH一般在6.6左右），但鱼死后鱼肉pH迅速下降。鱼肉及其组分（尤其是TMAO）是相当强的缓冲剂。TMAO随着鱼开始腐败而被还原成TMA，此时的TMA并不起缓冲作用，所以pH就略为下降。最后，在腐烂的鱼肉内，乳酸消失，取而代之的是更多的碱性物（包括氨），pH上升至8.0以上，并产生臭味。鱼肉腐败是生化反应、酶活性和细菌繁殖的综合作用过程。

（二）水产品气调包装要素

1. 产品初始状态

气调保鲜效果与产品包装前受污染程度相关，当水产品具有更好的初始状态时，气调保鲜技术能更好地延长其货架期。

2. 贮藏温度

水产品保鲜中，温度决定了其品质劣变的速度，直接影响产品货架期。例如，鱼在5℃时的腐败速率是0℃时的2倍，是－10℃时的4倍。当水产品储存在适宜的温度时，气调保鲜技术才能更好地发挥效果。

3. 气体组成及配比

O_2、CO_2 与 N_2 是气调保鲜的常用气体。混合气体的抑菌效果由气体浓度、细菌数量、储藏温度、产品种类等决定。O_2、CO_2 与 N_2 作为常用的保鲜气体，三者合理的配比更有助于保持产品品质。

新鲜水产品气调包装混合气体组成有两类：一类是由 CO_2 与 N_2 两种气体组成；另一类是由 O_2、CO_2 与 N_2 三种气体组成。

（1）CO_2 是水产品MAP中起保鲜作用的主要气体，它对鱼类表面污染的细菌和真菌有抑制性，能够抑制或影响腐败微生物的生长。CO_2 溶于水和脂肪，并且在水中的溶解性随温度的降低而迅速提高。研究表明，25%～100%浓度 CO_2 均可抑制水产品中微生物的活性。在一定范围内，气调包装中的 CO_2 含量越高其抑菌效果越好。

（2）O_2 在水产品气调包装中，能抑制厌氧菌生长，减少鲜鱼中三甲胺氧化物（TMAO）还原为三甲胺（TMA），但 O_2 的存在却有利于需氧微生物的生长和酶促反应的加快，还会引起高脂鱼类脂肪的氧化酸败。

（3）N_2 是一种无味气体，难溶于水和脂肪。主要用作充填气体；同时用于置换包装袋内的空气和 O_2 等，以防止高脂鱼、贝类脂肪的氧化酸败和抑制需氧微生物的生长繁殖。

国内外新鲜海产品气调包装气体混合配比和货架期见表8-5，其中一些海产品的货架期根据感官指标、化学和微生物腐败指标来确定。可见，气调包装对新鲜海产品的保鲜、延长包装货架期方面均有显著改善。

表 8-5　　新鲜海产品气调包装气体混合配比和货架期

海产品	贮藏温度(℃)	包装型式	气体混合配比(体积比)	包装货架期(d)	货架期延长(%)
鳕鱼片	26.0	高阻隔袋	100% CO_2	3	50
			65% CO_2/4% O_2/31% N_2	2	0
	8.0	高阻隔袋	100% CO_2	23	280
			65% CO_2/4% O_2/31% N_2	16	170
	4.0	高阻隔袋	100% CO_2	40—53	>100
	0	高阻隔袋	25% CO_2/75% N_2	8	70
大麻哈鱼	22.2	高阻隔袋	100% CO_2	<2	<100
	10.0	高阻隔袋	90% CO_2/10%空气	10	150
			60% CO_2/40%空气	10	150
	4.4	高阻隔袋	100% CO_2	12	100
白鱼	5.0	盒包装	40% CO_2/30% O_2/30% N_2	6	50
	2.0	塑料盒	40% CO_2/30% O_2/30% N_2	8	60

注：货架期延长相对于包装内初始气体为空气而言。

4. 包装材料

阻隔性优良的包装材料可有效控制包装内气体环境发生变化，保持产品周围环境相对稳定，有助于延长产品货架期。

三、焙烤食品和面条食品气调包装

（一）产品品质劣变

焙烤食品、新鲜面条食品较易发生品质劣变，气调包装是其保质的有效手段。焙烤食品和面条腐败变质有三种类型：物理变质，如失水和陈化；化学变质，如酸败；微生物腐败，如霉菌、酵母和细菌繁殖。焙烤和面条食品的腐败变质受多种因素相互作用影响，尤其是产品水分活度、贮藏温度与相对湿度以及周围气氛环境，其中产品的水分活度（A_w）、相对湿度影响较为显著。焙烤和面条食品在各种 A_w 范围内主要腐败变质因素见表 8-6。

表 8-6　　焙烤和面条食品在各种 A_w 范围内主要腐败变质因素

主要腐败变质因素	A_w	主要腐败变质因素	A_w
细菌	0.91～0.95	适高渗压酵母	0.60～0.65
酵母	0.87～0.81	非酶褐变	0.60～0.80
霉菌	0.80～0.87	酶(淀粉酶)	0.95～1.00
嗜盐细菌	0.75～0.80	脂肪酶	0.1
适旱性霉菌	0.65～0.75	脂肪氧化	0.01～0.50

1. 物理变质

焙烤食品的物理变质往往与水分的流失或增加密切相关，从而导致质地恶化或霉菌生长的发生。

面条产品的物理变质原因也是失湿或吸湿以及陈化。干面条最适宜的水分含量为10%～11%，水分活度为 0.44 时达到平衡湿度。如果失湿达到 6%以下，面条会变脆、品质变差。相反，如吸湿后水分含量达到 14%～16%，霉菌会繁殖和淀粉再结晶（退化），面条煮后食用的口感差。

陈化是产品在贮藏中发生化学物理变化使组织逐渐硬化而失去风味和口感。这种变化发生在失去水分的产品中。陈化是面包物理变质的重要问题，而其他的发酵食品如蛋糕和曲奇等陈化变质的问题较少。陈化定义是“焙烤后发生的所有物理、化学变化，但不包括微生物腐败引起的变化”。面包、蛋糕等较高水分含量产品比中，低水分含量产品陈化快。陈化不是简单的水分损失或迁移，而是淀粉晶态化速度和程度的反映，尤其非线性支链淀粉部分是陈化的主要原因。

2. 化学变质

焙烤食品、面条产品，特别是脂肪含量高的产品，容易发生化学变质或酸败，从而导致异味，使产品口感变质并影响其保质期。

发生的酸败问题可分为两种类型：氧化性和水解性。氧化性酸败是不饱和脂肪酸被氧气氧化，从而产生醛、酮和短链脂肪酸气味性产物。水解性酸败是甘油酯水解产生较强异味的游离脂肪酸的结果，如癸酸、月桂酸和肉豆蔻酸。

脂肪含量较高的面条产品更易脂肪降解，如硬质小麦胚粉天然存在脂肪氧化酶，在光照作用下使脂肪氧化，形成的过氧化物会破坏胡萝卜素而变色。

3. 微生物腐败

影响焙烤食品和面条微生物腐败的主要因素是环境相对湿度和产品水分活度。低湿度的产品（A_w＜0.6）很少发生微生物腐败；中等湿度的产品（A_w0.6～0.85）以适高渗压酵母、霉菌的微生物腐败为主；高湿度的产品（A_w 0.94～0.99），所有的细菌、酵母和霉菌都能繁殖。

（二）气调包装内的气体组成及配比

焙烤、面条食品气调包装的混合气体通常由 CO_2 与 N_2 组成。表 8-7、表 8-8 分别是西式焙烤食品、鲜面条面食气调包装的气体混合配比。

表 8-7　　西式焙烤食品气调包装典型气体混合配比

品种	气体混合配比(%,体积分数)			品种	气体混合配比(%,体积分数)		
	CO_2	N_2	O_2		CO_2	N_2	O_2
小面包	100	—	—	烤饼	100	—	—
切块面包	100	—	—	蛋糕	100		—
奶油鸡蛋卷	100	—	—	马德拉蛋糕	65	35	—
比特面包	100	—	—	茶点蛋糕	50	50	—
烤饼	60	40	—	丹麦糕点	50	50	—

表 8-8　　新鲜面条面食气调包装的气体混合配比

品种	气体混合配比(%,体积分数)		贮藏温度(℃)	包装货架期(d)
	CO_2	N_2		
面条	80	20	4	14
肉面条	50	50	4	14
馄饨	20	80	2	21

第四节　气体调节包装系统及设备

一、气体调节包装系统建立

气体调节包装系统由两部分组成：第一部分气体混合，由气体混合装置实现，它可作为单独部件与气体调节包装机、真空包装机配套使用。气体混合装置的作用是根据不同需要，准确地将 O_2、CO_2、N_2 等混合成各种不同比例的混合气体，供包装作业所用。第二部分为气体调节包装，由气体调节包装机实现，其作用是将装有产品的袋（盒）中的空气置换出，然后充入所需的混合气体，将袋（盒）封口。

（一）气体调节包装系统组成

该系统主要由气源、气体混合器、真空、气体调节包装机以及管路、减压阀、压力表和开关等附件组成，如图 8-8 所示。

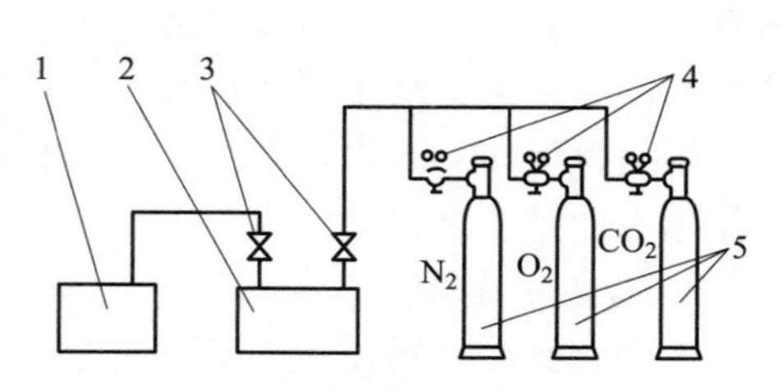

图 8-8　气体调节包装系统组成示意图

1—包装机　2—气体混合器　3—开关　4—减压阀　5—气源

（二）气体混合

1. 气体比例混合原理

根据理想气体状态方程可得：

$$n_1 : n_2 : n_3 : \cdots : n_m = p_1V_1 : p_2V_2 : p_3V_3 : \cdots : p_mV_m \tag{8-18}$$

式中，n_i 为气体 i 摩尔数，p_i 为气体 i 的分压；V_i 为气体 i 的分体积，$i=1, 2, \cdots m$

可见，气体比例混合可采用两种方法：一种是在气体分压力一定时，控制混合气体流量，采用流量阀对气体作节流比例混合，国外产品如美国 MULTIVAL 公司生产配件式气体比例混合器；另一种在一定容积的容器内，气体混合物的总压力一定时，控制混合气体中各气体成分的分压进行混合，目前部分国内产品、国外产品如丹麦 PBI-Dansensor 公司的 MIX9000 型都采用此方法。

2. 气体比例混合装置

如图 8-9 所示为 HQ 型气体比例混合装置。该装置可对二种以上气体进行混合，其中，对三种气体采用三只容积完全相同的定量缸 2，在每只缸的进口均设置调压阀 4，以控制进气压力 P_i（$i=1$、2、3），另外，在气缸两例设置 4 只电磁阀 3，以保证来自气源的气体能顺利地通过定量缸进入混合筒，并使气源与混合筒不直接串通。设置混合会有助于混合气体的混合和储存，为充气包装作好准备。每次工作前，先由真空泵将混合筒和定量缸中的空气抽成近真空状态，然后各单一气体通过定量缸有序地工作进入混合筒，成为混合气。在充气过程中，

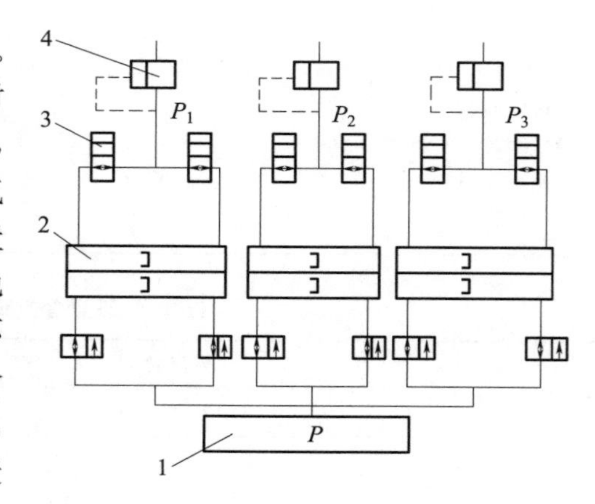

图 8-9　HQ 型气体比例混合装置

1—混合筒　2—定量缸　3—电磁阀　4—调压阀

当筒内压力 P 大于设定的压力时，定量缸即停止工作，待工作一段时间后，混合筒内混合气体的压力低于设定气压时，则定量缸便自动对混合筒充气，就这样，定量缸会自动地工作、停止、工作……不间断地向包装机械提供按比例的混合气。这里应强调指出，位于定量缸同一侧的电磁阀不能同时打开，否则该气缸将失去作用，致使混合气体比例失调。

图 8-10 是 GM 型气体比例混合器的结构。混合器由电磁阀组、控制器 2、压力传感器 3、气体混合桶 4 和贮气桶 6 等组成。混合器操作时，先在微机控制器上预设定两种或三种气体混合的比例值，按下自动操作按钮即开始自动气体混合操作。气体高压钢瓶的气体经过减压阀减压后由各充气电磁阀 1 分别向气体混合桶 4 充气进行比例混合，桶内压力达到预定的总压值后，放气电磁阀 5 将混合气体充入贮气桶 6，贮气桶通过压力调节阀 7 和流量调节阀 8 将混合气体送至真空充气包装机的供气管。GM 型气体比例混合器的气体混合操作是连续间断进行的，当混合气体向贮气桶充气时，气体混合桶的总压下降到预定的下限值，放气阀自动关闭，各充气电磁阀再次向气体混合桶充入气体与桶内剩余的混合气体进行叠加混合，其混合比例值保持不变，待气体混合桶达到预定的总压值后，放气电磁阀再次向贮气桶充气。气体的混合与贮气如此循环进行，保持贮气桶有足够压力与体积的混合气体，向真空体的混合与贮气如此循环进行，保持贮气桶有足够压力与体积的混合气体，向真空充气包装机充气包装机连续供给混合气体。GM 型气体比例混合器在改变气体混合比例时，可通过控制器控制真空泵排除桶内剩余的混合气体，达到预定真空值再进行气体混合操作，也可以在气体混合时用混合气体将剩余的混合气体或空气通过排气阀驱出，然后关闭排气阀，气体混合达到一定的精度。

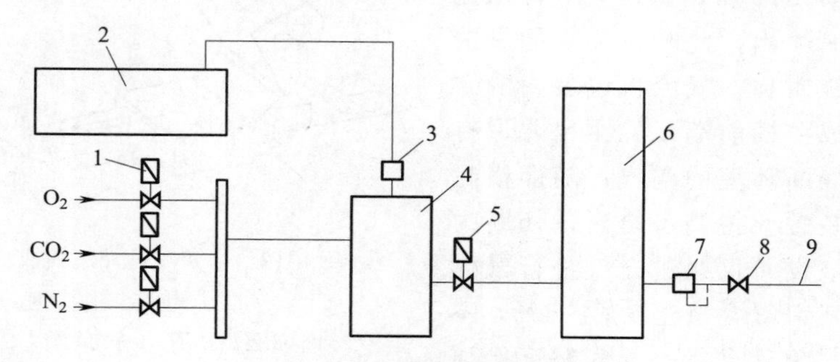

图 8-10　GM 型气体比例混合装置

1—充气阀　2—控制器　3—压力传感器　4—气体混合桶
5—放气电磁阀　6—贮气桶　7—压力调节阀　8—气体流量阀　9—混合气体供气管

图 8-11 是丹麦 PBI-Dansensor 公司的 MIX9000 型两种气体比例混合装置。该装

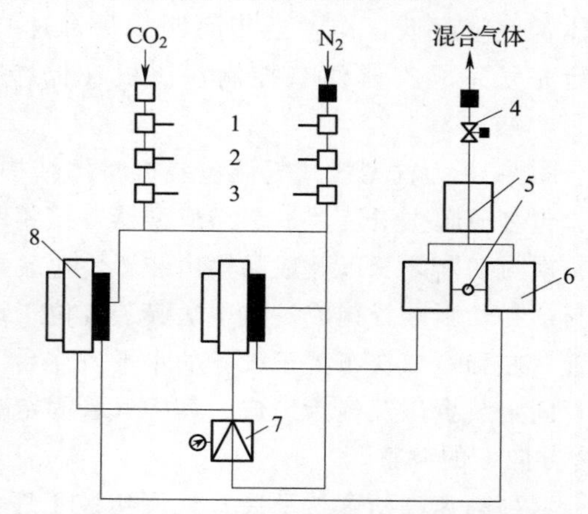

图 8-11　MIX9000 型两种气体比例混合器的结构

1—过滤器　2—压力报警器　3—止回阀
4—压力调节阀　5—气体流量调节阀　6—混合室　7—压力比例设定器　8—压力比例调节阀

置用两只或三只膜片式压力比例调节阀，使膜片两侧的气体构成一定的压力比例，然后在气体混合室内混合送出。CO_2和N_2经过过滤器1、减压阀2进入膜片式压力比例调节阀8的两侧，使CO_2与N_2构成一定的气体分压比，然后进入混合室6混合，再通过气体流量调节阀5和压力调节阀4送至充气包装机。该产品的气体比例混合精度受输出混合气体的流量和压力影响。

二、气体调节方式及其包装设备

实现包装内气体调节的方式分为两种：气流冲洗式、真空补偿式。

（一）气流冲洗式

气流冲洗式气体调节包装是在包装袋成形时连续充入混合气体，气流将包装内的空气驱出，袋的开口端形成正压并立即封口。这种气体调节包装方式通常采用包装袋连续成形、充填物料并不需要抽真空，包装速度快。

卧式自动制袋充填包装机气流冲洗式的工作原理如图8-12所示。混合气体从充气管2经喷管3喷出，此时包装袋的纵向和前端横向已被封口，气流将包装内的空气从薄膜制袋成型模前端9处驱出并保持一定的正压，隔断环境的空气；随即横封装置4和切断装置5将袋口热封并切断为单件包装品。该设备仅通过充气进行气体置换，包装内残留氧含量达3%～5%，不适用于对包装内氧气含量、配气精度等要求较高的产品，且充入气体消耗大。

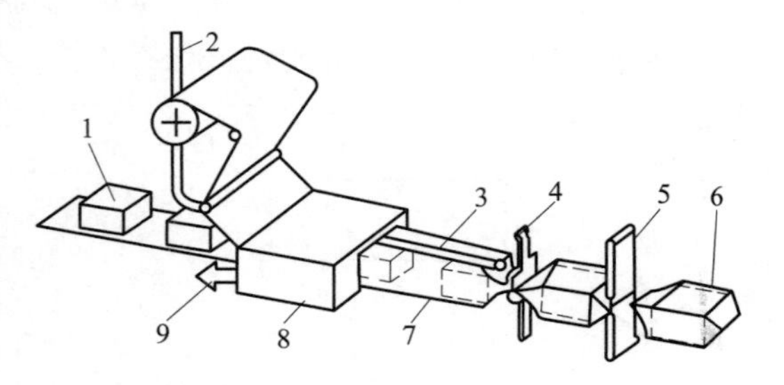

图8-12　卧式气体冲洗式成型-充填-封口包装工作原理

1—被包装物品　2—充气管　3—喷嘴　4—横封装置　5—切断装置　6—包装件　7—成型膜　8—制袋成型器　9—空气排出

为进一步提高气流冲洗式包装袋内的气体置换精度低，作者近年研制一种高速高精度枕型袋式气调包装机，通过抽气同时进行充气完成气体调节控制，该机在保持高速包装的同时，袋内气体置换率可达到97%～99.5%。

图8-13为枕型袋式气调包装机整体结构示意图。整机主要组成装置为：物料供送装置、包装薄膜供送装置、制袋成型器、拉膜牵引机构、气体置换装置、配气系统、纵封机构、横封切断装置以及成品输出装置。包装袋成型系统由送膜装置、制袋成型器、纵封机构与横封切断装置构成。其中送膜装置位于设备上方，制袋成型器，纵封机构与横封横切装置从左到右依次布置于设备的水平操作台上。气体置换系统由配气系统、气管连接器、气管固定装置以及气管组成。其中气管固定装置可以实现气管位置在上下，左右与前后的3个方向上的调整。

这种高速高精度枕型袋式气调包装工序流程如图8-14所示，以一个产品完成整个包装为例，在设备运行之前，需要根据包装尺寸通过气管固定装置6调整气管置入包装袋内的位置。设备进行一个包装循环所完成的工序：产品输送→产品测长→包装袋成型→包装袋纵封→气体置换→包装袋横封切断→包装成品送出。

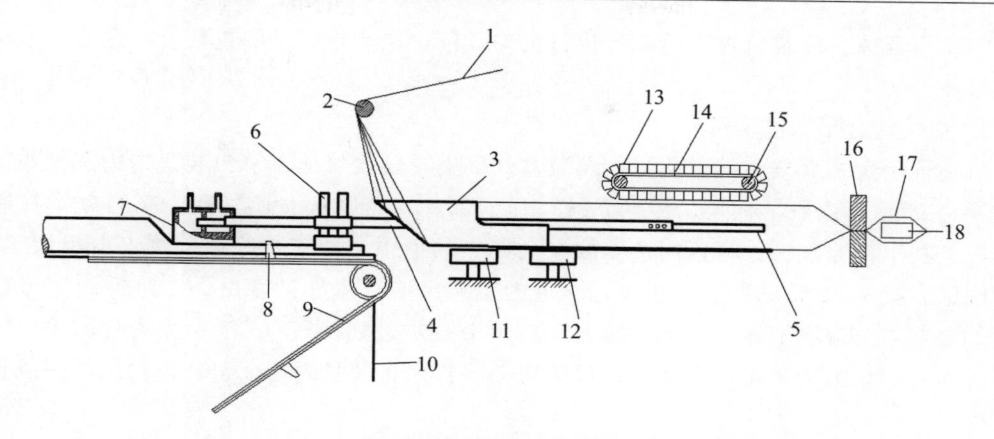

图 8-13 枕型袋式气调包装机整体结构示意图

1—热封膜 2—热封膜导辊 3—成型器 4—抽气管 5—充气管 6—气管固定装置 7—气管连接器 8—推杆 9—链条 10—机架 11—拉膜辊 12—纵封器 13—毛刷 14—皮带； 15—带轮 16—横封器 17—成品 18—产品

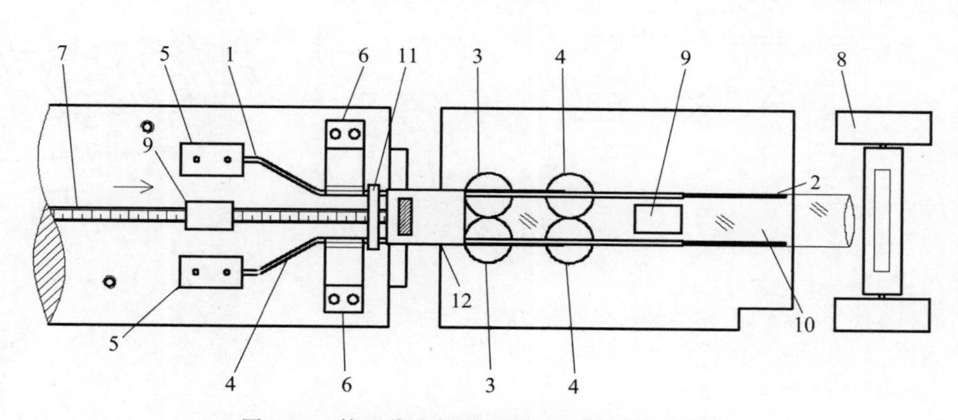

图 8-14 枕型袋式气调包装机工作流程示意图

1—抽气管 2—充气管 3—拉膜辊 4—纵封器 5—气管连接器 6—气管固定装置 7—链条 8—横封器 9—被包物 10—包装腔 11—环形光电传感器 12—成型器

（二）真空补偿式

真空补偿式气体调节包装是先将包装袋或盒内的空气抽出构成一定真空度，然后充入混合气体至常压，再热封封合。这种气体调节包装方式，包装内残氧率较低，应用范围广，各种真空充气包装机均可实施。由于须首先完成抽真空才能进行充气作业，故包装速度比气流冲洗式慢。

1. 预制袋真空充气包装机

图 8-15 为真空补偿式袋式气体调节包装机工作原理图。其工作过程：将装有物品的塑料袋口套在抽、充气嘴上，按动启动按钮，压嘴缸下压，压嘴块将抽、充嘴及袋口的上部压紧，在 2 只二位二通电磁阀的作用下，先后与真空泵和混合筒接通，对包装袋抽气与充气，抽气、充气的时间均可调节。等充气到预定的时间，压紧缸上压，压紧块将袋口下部压紧，以防抽、充气嘴抽出时，袋口泄气。压紧块压紧后，抽、充气嘴从袋口中抽出，接着安装在压嘴块上的电热带通电发热，将包装袋口热合，电热带的通电时间

与电压均可调节。待袋口封合后，各执行机构复位，取下封好口的包装袋，完成一个包装作业循环。

2. 盒式真空充气包装机

(1) 预制盒式真空充气包装机　预制盒式真空补偿式气体调节包装机结构及工作过程如图 8-16 所示，该机由机架、传动系统、送盒部件、盖膜架、换气室、割刀以及控制系统组成。其工作原理为：将预制盒安故在盒架 3 的槽中，并充填好包装物；由齿轮气缸，通过输送装置 1、2 带动装盒板步进，步进的距离为一只盒架的宽度，步进的距离可任意调节；盒架经过盖膜架 4 后，将盖膜盖到料盒上；步进到换气室 5、6 位置时，在换气室中换气和密封，本机采用二次换气；最后切割装置 7 将盖膜割断，包装盒输出，完成包装全过程。

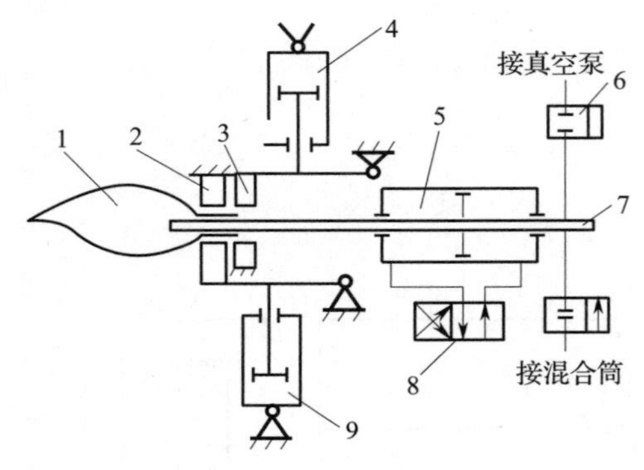

图 8-15　真空补偿式袋式气体调节包装机工作原理

1—包装袋　2—压紧块　3—压嘴块　4—压嘴缸　5—抽嘴缸　6—二位二通电磁阀　7—抽、充气嘴　8—二位四通电磁阀　9—压紧缸

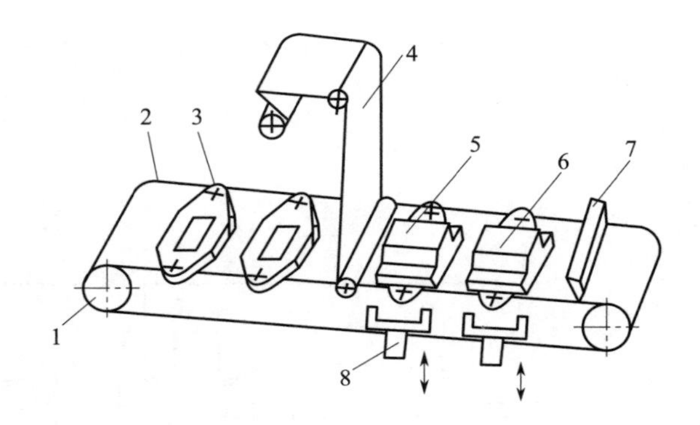

图 8-16　预制盒式真空补偿式气体调节包装工作原理

图 8-17 为某公司的预制盒气体调节包装装置原理图，预制好的包装盒在输入线排开，通过充填装置将物料装入盒中，通过传送装置进入气体调节置换密封室抽真空，同时进行密封处理，在密封结束后从输出线输出，进行装箱工艺。

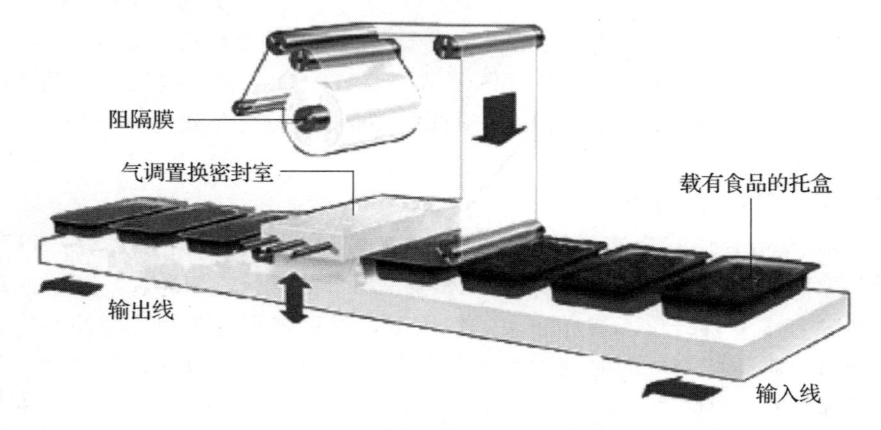

图 8-17　预制盒气体调节包装装置

(2) 成型盒气体调节包装机　图 8-18 是成型盒气体调节包装机真空补偿式气调包装原理图。其基本工艺过程为：底膜 1 经热吸塑成型 2 为浅盘，在置入包装产品后覆盖上膜 4，进入真空-充气-热封室 9 完成依次进行抽真空、充气、热封，最后经切断成单个包装输出。

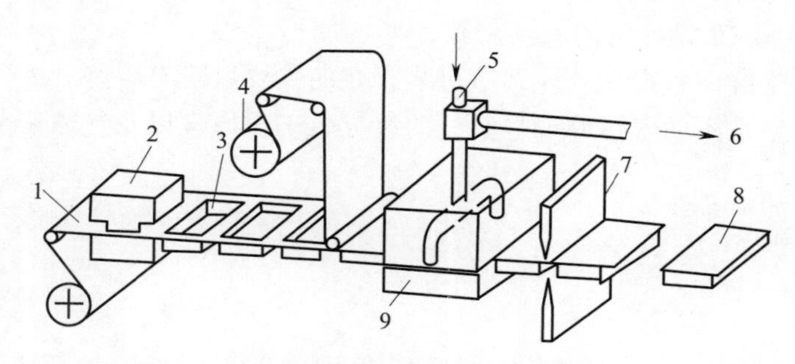

图 8-18　成型盒气体调节包装机真空补偿式气调包装工作原理

1—底膜　2—热成型装置　3—成型盒　4—盖膜卷材

5—充气管　6—抽真空管　7—切割刀具　8—包装件　9—真空-充气-热封室

图 8-19 为澳大利亚 Garwood 公司生产的成型盒真空补偿式气体调节包装装置原理图。已热成型的塑料盒 8 与盖膜 1 同时进入真空室 3，真空室的上模 3 与下模 9 关闭，通过上、下模的抽气孔 5、10 将真空室的空气抽出，混合气体从中间模板 6 的充气孔 2、7 充入到盖膜上、塑料盒内，热封模 4 下降将盖膜与盒的周边热封。

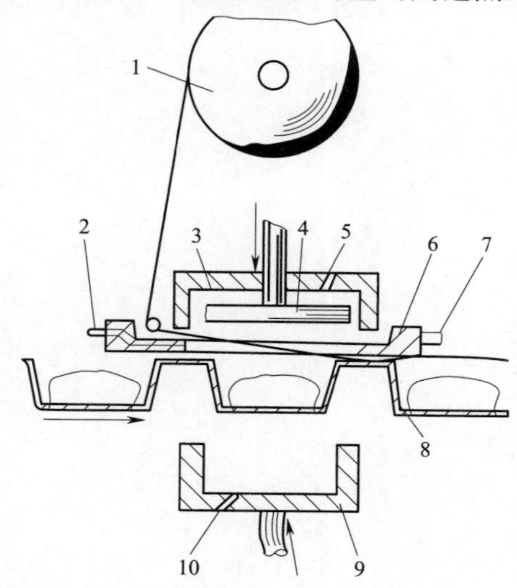

图 8-19　真空补偿式气体调节包装装置原理

1—盖膜　2、7—充气孔　3—真空室上模　4—热封模

5、10—抽气孔　6—中间模板　8—塑料盒　9—真空室下模

思考题与习题

1. 真空包装工艺参数有哪些？实施高质量真空包装的关键要素有哪些？
2. 说明真空贴体包装应用场合以及与真空包装的差异。

3．若MAP包装膜气体渗透系数不能满足设计值要求，工程上可采用的解决方案有哪些？

4．定义必要的参数，写出果蔬MAP内外气体（O_2、CO_2、N_2、H_2O）交换的一般方程；若包装外环境为大气环境、RH80％，进一步列出相应的交换方程。

5．说明果蔬MAP设计的内容及步骤。

6．水产品、生鲜面食产品气体调节包装存在的主要风险有哪些？

7．说明实验室采用的气体调节包装机的组成、工作原理以及气体调节精度等。

第九章　控 温 包 装

在众多产品中，疫苗、药品、生鲜食品等温度敏感产品的理化性质极易受到环境温度的影响，需要严格控制储运过程的温度条件。温度敏感产品必须通过全程冷链来实现物流过程中（包括生产、储存、运输、销售最后到达消费者手中）的温度控制。冷链运输的冷源主要可分为两类：即有源冷链和无源冷链。有源冷链是指采用有源制冷设备的冷藏车、冷库，主要适用于产品销售前的大批量储藏、运输过程。而从市场到消费者手中的“最后一公里”往往无法使用有源制冷设备，导致产品脱离冷链保护，从而造成产品品质降低甚至失效。此外，随着电子商务的发展，小批量零散货物的运输越来越频繁，这也对传统的有源冷链提出了新的挑战。

为适应新时代电商物流环境，控温包装得到广泛的应用。控温包装在使用过程中无需能源，经过合理的设计可实现连续控温，能够灵活应用于温度敏感产品“最后一公里”运输及零散电商产品的全程冷链物流。

本章主要介绍典型控温包装的原理、结构及其构成材料，介绍相变传热基本理论，分析控温包装中的相变传热过程，推导控温包装表面传热系数、系统热阻两个重要物理量，并进一步推导控温包装设计的可靠边界，阐述控温包装设计方法。最后介绍控温包装系统测试评价方法及其工程化应用技术。

第一节　控温包装结构与材料

为实现物流过程中的无源控温，控温包装需要尽可能较小包装内外的热交换，并能够快速吸收传导至包装内部的多余热量，使产品处于稳定的温度环境内。为实现上述功能，控温包装采用了独特的多层包裹结构和多种特殊包装材料。

一、控温包装主要结构及工作原理

典型的控温包装系统由保温容器、蓄冷剂、产品及其他附件组成（图 9-1）。产品放置于包装中心位置，周围放置蓄冷剂，并将蓄冷剂和产品一同放置于保温容器内。保温容器封口后放置于瓦楞纸箱、钙塑箱等外包装内。

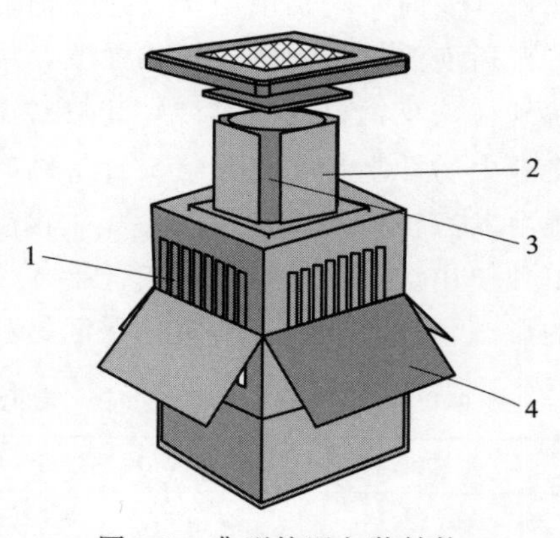

图 9-1　典型控温包装结构

1—保温容器　2—蓄冷剂　3—产品

4—其他包装

在上述控温包装结构中，拥有低导热系数的保温材料制作密闭的保温容器能够减少外界环境与包装件之间的热传导和热对流，部分控温包装内还覆有反光材料用于反射热辐射；蓄冷剂能够吸收渗透到包装内部的热量，并利用蓄冷剂相变过程保证温度恒定，最终实现控温的目的。

二、包 装 材 料

由控温包装的主体结构中主要包括保温材料和蓄冷剂两种材料。

(一) 保温材料

保温容器的材料主要可分为纤维板、发泡材料、松散填充物、反光材料及复合保温材料。

1. 纤维板

纤维板主要依靠板材中的空气间隙实现隔热的目的。同时纤维通过黏合剂胶合后具有极高的力学强度。纤维板的主要材料有植物纤维、有机纤维或无机纤维等。这类材料具有良好的保温性能和力学强度，在建筑、纺织及大型保温容器中得到广泛应用。

2. 发泡材料

发泡材料主要可分为闭孔和开孔两类。闭孔发泡材料依靠填充气体实现减少热传导的目的。常见的闭孔发泡材料有发泡聚苯乙烯（EPS）、发泡聚丙烯（EPP）等。开孔发泡材料则是通过增加热传通道的复杂程度来降低热传系数。常见的开孔发泡材料有发泡聚乙烯（EPE）、聚氨酯（PU）等。由于泡沫单体结构的性质不利于传热，故发泡材料导热率普遍小于纤维材料。

3. 松散填充物

松散填充物则是将分散的颗粒、粉末（如硅、珍珠岩、硅藻土、气凝胶等）充填到容器中，利用充填物间的空隙来降低导热率。这类保温材料不具备固定的形状，能够自由贴合产品的外形，起到很好的包裹作用。但由于其属于分散的散体，故需要配合瓦楞纸箱、木箱等容器使用。

4. 反光材料

上述几种材料均是通过减小热传导从而实现保温功能。而铝箔等反光类材料则主要是通过降低热辐射来达到隔热的目的。通常反光类材料必须与纤维、泡沫等低导热率材料组合使用。

5. 复合保温材料

复合保温材料能够结合多种保温材料的优点，进一步提高材料保温性能。真空纤维板（VIP）是将多层纤维板黏合在一起，对其进行真空处理，进一步降低材料的导热系数，并在其表面贴附铝箔用于反射热辐射。VIP的最大优点是重量轻、导热系数极低，并且具有普通泡沫材料无法比拟的强度，可多次重复使用。镀层气垫膜采用由塑料膜构成的蜂窝状气柱减小材料内的热传导和热对流，而膜上涂覆有防辐射金属镀层能有效隔绝热辐射。将聚丙烯纤维与发泡材料复合得到的纤维发泡材料能够在保持原有隔热效果的基础上有效提高发泡材料的机械强度。二氧化硅气凝胶具有极低的导热系数，但其松散的结构不方便单独使用。二氧化硅气凝胶纤维复合板是将二氧化硅气凝胶与纤维板复合，使其具有固定的形态和较高的强度。常见保温材料的导热系数如表9-1所示。

表9-1　　常见保温容器材料的导热系数

材料名称	导热系数/W/(m·K)	材料名称	导热系数/W/(m·K)
空气	0.026	PU	0.031
瓦楞纸板	0.061	EPE	0.076
EPS	0.038		

表 9-1 列举了常见保温材料的导热系数，其中 EPS 和 PU 应用最为普遍。EPS 的隔热效果好、价格低廉、加工性强、重量轻，因此应用最广泛。但 EPS 在自然环境中难以分解，对环境污染极大，质地较脆，容易破损，无法多次使用，且表面无法印刷，故 EPS 多用于低值产品，且市场占有比例有下降趋势。PU 的保温性能强于 EPS，但其价格昂贵，目前主要用于高端产品的包装。

（二）蓄冷剂

蓄冷剂的本质是一种储能材料，它能够吸收外界传递到保温容器内的多余热量，达到控温的目的。

储能材料大致可分为显热型储能材料、潜热型储能材料和化学型储能材料，图 9-2 列举了储能材料的分类。

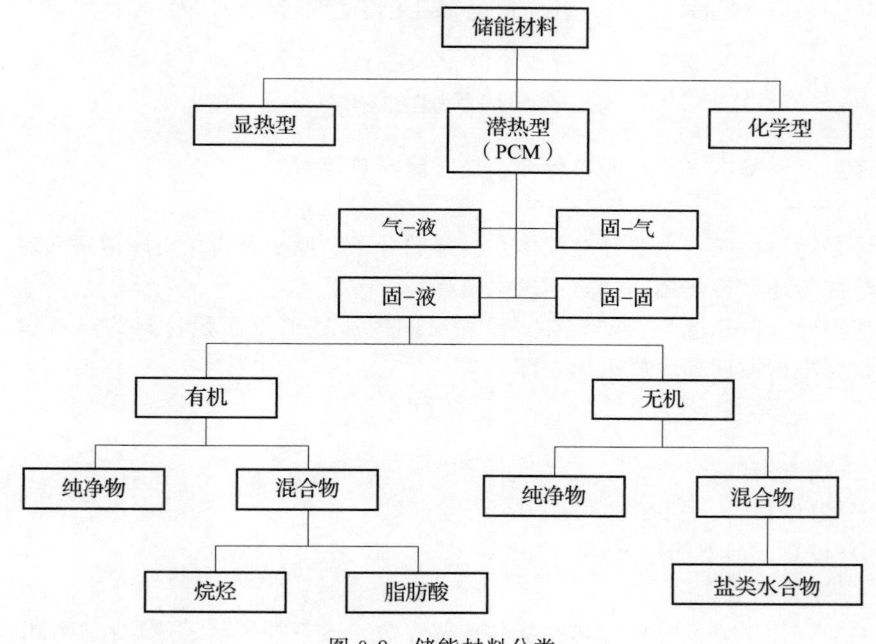

图 9-2　储能材料分类

1. 显热型储能材料

显热型储能材料的储能能力主要依赖材料的比热容。比热容越大，则吸收的能量越大，在储能过程中材料性质不发生显著变化。显热型储能材料几乎能适用于任何温度条件的控温包装，且成本低廉。然而，相比潜热型储能材料和化学型储能材料，其储能密度很低，只适用于短时间储藏，无法替代现有有源储能系统。

2. 潜热型储能材料

潜热型储能材料是利用相变材料（Phase Change Material，简称 PCM）在相变过程中吸收或释放的热量来进行潜热储能。衡量潜热型储能材料储能能力的指标是相变潜热。相变潜热是指单位质量的物质相变过程中吸收或者释放的能量。PCM 相变过程是一个等温或近似等温过程，期间伴随着能量的大量吸收或释放。此外 PCM 的相变过程完全可逆，因此 PCM 能够循环重复使用。与显热储能材料相比，潜热储能材料具有储能密度高、体积小，温度控制更为精确等特点。此外，PCM 在储能过程中近似恒温，非常适用于控温系统。

3. 化学型储能材料

化学能型储能材料是利用化学反应的化学能来实现对热量的吸收或释放。化学型储能材料储能密度非常高。但化学反向的速率往往不可控，这种不稳定性将会导致安全问题。同时，多数化学反应是不可逆的，材料不能重复使用。因此，化学型储能材料的使用范围十分有限。

根据蓄冷剂的相变类型可分为固-固、固-液、固-气、液-气。由于固-气和液-气相变前后体积变化过大，而固-固相变温度大多较高，且相变潜热小，因此常用的蓄冷剂均为固-液相变。而融化后的蓄冷剂具有流动性，必须严格密封。此外有效的封装可使蓄冷剂模块化，方便工程运用。

第二节　控温包装设计理论与方法

一、传热基础理论

热传递有三种基本方式，即热传导、热对流与热辐射。

(一) 热传导

热传导是通过物质（主要针对固体）内部的分子、原子及自由电子等微观粒子的热运动来实现热能传递，传热期间物质不发生位移。

根据傅里叶（Fourier）导热定律，单位时间内通过单位面积材料的热流量（即热流密度）与材料中的温度梯度成正比，即

$$q=-k\frac{\mathrm{d}T}{\mathrm{d}x} \tag{9-1}$$

式中　q——热流密度；

T——温度；

x——传热方向空间尺度；

k——导热系数。

导热系数是用于表征材料导热性能的重要参数，该系数表示了热量在材料中传递的难易程度，导热系数越小，热量越难在材料中传递。

傅里叶导热定律是一维稳态传热条件下的数学表达式，对于更一般的情况则需要结合能量守恒定律建立非稳态过程的传热方程：

$$\rho C\frac{\partial T}{\partial t}=\frac{\partial}{\partial x}\left(k\frac{\partial T}{\partial x}\right)+\frac{\partial}{\partial y}\left(k\frac{\partial T}{\partial y}\right)+\frac{\partial}{\partial z}\left(k\frac{\partial T}{\partial z}\right)+\Phi \tag{9-2}$$

式中　ρ——密度；

C——比热容；

t——时间；

x、y、z——三维空间尺度；

Φ——单位体积热源。

(二) 热对流

热对流是由于流体的宏观运动而引起的流体各部分之间发生位移，冷、热流体互相掺混所导致的热传递。在控温包装领域中尤其关注流体与物体表面间的热交换过程（又称表

面对流换热）。根据牛顿冷却公式，表面对流换热的热流密度由物体表面温度和流体温度间的温差决定，即

$$q=h\Delta T \tag{9-3}$$

式中　ΔT——换热流体与换热表面的温度差；

　　h——表面传热系数，W/（m^2·K）。

表面传热系数 h 与流体物性、流体流速、换热面形状、换热面方位等均有关系，是一个复杂的系统参数。

在工程问题中表面传热系数通常用 Nusselt 数描述，即

$$h=Nuk_a/l \tag{9-4}$$

其中 Nusselt 数 Nu 可由如下表达式确定：

$$\begin{cases} Nu=C(GrPr)^n \\ Gr=\dfrac{g\alpha_a(T_o-T_w)l^3}{\upsilon_a^2} \\ Pr=\upsilon_a/\alpha_a \end{cases} \tag{9-5}$$

式中　α_a、υ_a 和 k_a——分别表示空气热扩散系数、动力黏度和导热系数，可查表得到；

　　C、n——试验参数，不同工况下的取值见表 9-2；

　　l——特征长度。

特征长度 l 的取值与换热面位置有关，当换热面垂直时 l 等于换热面高，当换热面水平时 l 等于换热面表面积与周长的比值。

表 9-2　不同条件下的 C 和 n 取值

换热面位置	Gr 数适用范围	C	n
垂直	$1.43\times10^4\sim3\times10^9$	0.59	1/4
	$3\times10^9\sim2\times10^{10}$	0.0292	0.39
	$>2\times10^{10}$	0.11	1/3
	Ra 数适用范围（$Ra=GrPr$）		
热面向上或冷面向下	$10^5\sim10^7$	0.54	1/4
	$10^7\sim10^{11}$	0.15	1/3
热面向下或冷面向上	$10^5\sim10^{11}$	0.27	1/4

定性温度 T_c 取环境温度与换热面温度的均值：

$$T_c=\frac{T_o+T_w}{2} \tag{9-6}$$

式中　下标 o、w——分别表示环境和换热面。

（三）热辐射

热辐射是通过电磁波来传递能量，区别于以上两种传递方式，热辐射传热无需介质，即使在真空中也能传播。物体热辐射的强度与其温度有关，相同温度下物体的吸收和放出辐射的大小也不同。

在辐射传热过程中一种称为“黑体”的理想物体具有重要意义。黑体是指能够吸收所有投射到其表面的热辐射能量的物体，其单位时间内的热辐射量由斯忒藩-玻尔兹曼定律决定。

$$\Phi=A\sigma T^4 \tag{9-7}$$

式中　A——换热面积，m^2；

σ——黑体辐射常数（即斯忒藩-玻尔兹曼常数），其值为 5.67×10^{-8} W/（$m^2\cdot K^4$）。

黑体是一种理想物体，实际情况下物体的辐射能力均小于同温度下的黑体。因此，实际情况下物体的辐射量是由黑体辐射与物体发射率 ε 的乘积计算的，即

$$\Phi=\varepsilon A\sigma T^4 \tag{9-8}$$

式（9-8）表示的是物体放出辐射的热流量，要计算物体的辐射传热量需要同时考虑物体吸收和放出的总辐射量。例如，当一个表面积为 A_1、表面温度为 T_1、发射率为 ε_1 的物体包容在一个很大的表面温度为 T_2 的空腔内时，该物体与空腔表面间的辐射热流量为

$$\Phi=\varepsilon_1 A_1\sigma(T_1^4-T_2^4) \tag{9-9}$$

由于热辐射传热与物体的温度密切相关，随着温度的降低辐射量会显著减小。研究表明，在温度低于 300℃时，热辐射的作用远低于热传导和热对流。而在控温包装中，其物流温度一般远低于 300℃，故在工程计算中往往能够省略热辐射引起的热传递。

二、相变传热

蓄冷剂的本质是一种相变材料，相变材料在融化过程中既有固相也有液相。蓄冷剂固相和液相区域内的热量传递规律与普通传热相同，能够通过热传导和热对流的一般表达式进行计算。但区别于一般介质中的热传递，蓄冷剂中还存在一个随时间移动的固-液界面，在该界面上大量的热量通过相变过程吸收或释放。与此同时，由于固-液界面会随时间推移而移动，因此该界面又被称为移动边界。因此，对于蓄冷剂的相变传热过程，还要对固-液移动边界上的温度和能量平衡进行约束：

$$\begin{cases} T_s(sf,t)=T_l(sf,t)=T_{sf}=T_m \\ k_s\dfrac{\partial T_s}{\partial \vec{n}}-k_l\dfrac{\partial T_l}{\partial \vec{n}}=\rho L\dfrac{\partial sf}{\partial t} \end{cases} \tag{9-10}$$

式中　下标 s、l、sf、m——分别表示固相、液相、固液界面和融化；

sf——固液界面位置；

L——相变潜热；

$\vec{n}$——固液界面法向空间向量。

三、控温包装中的热传递

（一）控温包装传热过程分析

如图 9-3 所示，控温包装中的热量传递主要包含三个部分：① 外环境与包装外表面间的自然对流传热；② 保温容器内的热传导；③ 蓄冷剂中的相变传热。

（二）控温包装相变传热模型

1. 模型假设

根据图 9-3 所示典型控温包装中的热量传递模式，可将控温包装各壁面中的传热模型做如下简化：

① 传热过程为一维传热，热流仅存在于 x 轴方向。

② 由于在蓄冷剂完全融化之前，未融化区域温度为定值，故可认为蓄冷剂区域为半

无穷大区域。

③ 隔热壁和蓄冷剂各向同性。

④ 忽略相变过程中蓄冷剂的体积变化、热对流和热辐射。

⑤ 隔热壁和蓄冷剂的物理特性不随温度变化而变化。

2. 传热模型

由上述假设可得自然对流边界下的一维相变传热模型（图 9-4），该模型包含了隔热壁及半无限大的蓄冷剂（PCM）。在隔热壁表面有自然对流，PCM 内部分为固相和液相两个区域，固-液界面 $sf(t)$ 随时间推移向 x 轴正向移动。初始时刻，隔热壁和 PCM 内部温度均为 T_m。

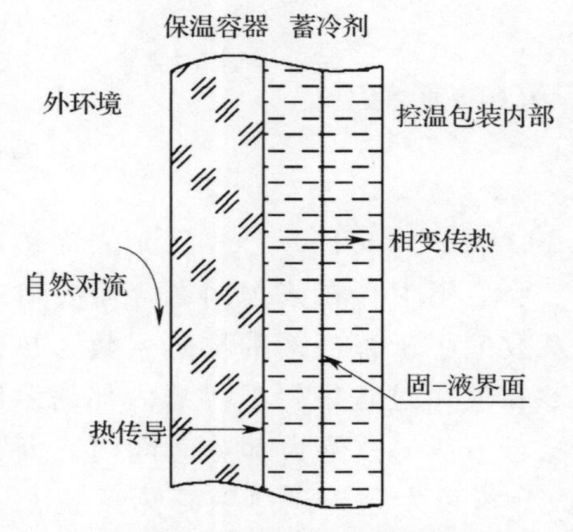

图 9-3　控温包装中的热量传递

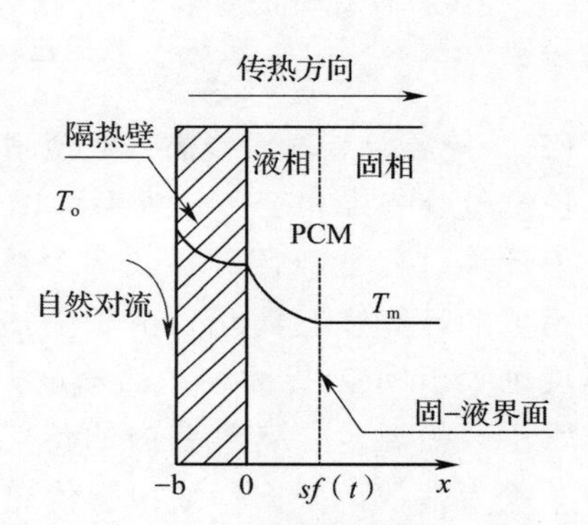

图 9-4　控温包装半无限大相变传热模型

基于上述物理模型和假设，可得控温包装各壁面中传热控制方程

$$\begin{cases} T_s = T_m, sf < x < \infty \\ a_l \dfrac{\partial^2 T_l}{\partial x^2} = \dfrac{\partial T_l}{\partial t}, 0 < x < sf \quad, t > 0 \\ a_w \dfrac{\partial^2 T_w}{\partial x^2} = \dfrac{\partial T_w}{\partial t}, -b < x < 0 \end{cases} \tag{9-11}$$

边界条件为

$$\begin{cases} T_l(sf, t) = T_m \\ -k_l \left.\dfrac{\partial T_l}{\partial x}\right|_{x=sf} = \rho_l L \dfrac{\mathrm{d}sf}{\mathrm{d}t} \\ T_l(0,t) = T_w(0,t) \\ k_l \left.\dfrac{\partial T_l}{\partial x}\right|_{x=0} = k_w \left.\dfrac{\partial T_w}{\partial x}\right|_{x=0} \\ -k_w \left.\dfrac{\partial T_w}{\partial x}\right|_{x=-b} = h[T_o - T_w(-b,t)] \end{cases} \quad, t > 0 \tag{9-12}$$

初始条件为

$$\begin{cases} T_w = T_m, -b < x < 0 \\ T_s = T_m, 0 < x < \infty \quad, t = 0 \\ sf = 0 \end{cases} \tag{9-13}$$

通过求解上述方程组便可获得控温包装内的温度场分布以及表面传热系数，如图 9-5 所示。

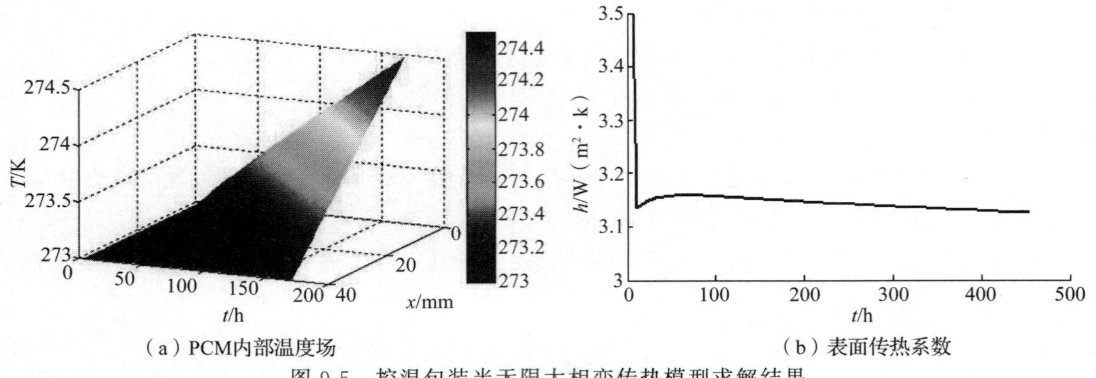

（a）PCM内部温度场　　（b）表面传热系数

图 9-5　控温包装半无限大相变传热模型求解结果

（三）控温包装表面传热系数预测

控温包装一维相变传热模型可以通过式（9-11）～式（9-13）计算得到表面传热系数，但计算过程复杂且需要较多参数，在实际工程运用中存在诸多问题，需要对表面传热系数的计算进行简化。由于隔热壁的导热系数远小于蓄冷剂的导热系数，热传递的速度远大于固-液界面移动的速度，且控温包装在使用过程中保温容器内部的温度变化非常小，控温包装隔热壁内的传热可近似成稳态传热，故绝大部分时间内表面传热系数几乎为常数。根据一维相变传热模型的参数分析可发现，隔热壁导热系数 k_w、隔热壁厚度 b 及过余温度 ψ 对表面传热系数具有显著影响。由此可得到控温包装表面传热系数估算公式

$$\begin{cases} h_v=(e^{-0.7014b/k_w}+2.334)(0.1015\sqrt{\psi}-0.0037\psi) \\ h_b=(e^{-0.7808b/k_w}+2.116)(0.1405\sqrt{\psi}-0.0052\psi) \\ h_t=(e^{-0.5898b/k_w}+2.813)(0.0574\sqrt{\psi}-0.0021\psi) \end{cases} \tag{9-14}$$

式中　下标 v、b、t——分别表示垂直、底部和顶部；

ψ——过余温度，即环境温度与控温包装内温度的差值。

为根据式（9-14）得到的表面传热系数随 k_w、b、ψ 变化的规律，如图 9-6 所示，并可快速估算控温包装在储运过程中的表面传热系数。

（四）系统热阻估算

系统热阻 R 是估算控温包装控温时间的重要参数。对于一维平板热传递过程，可通过牛顿冷却公式和 Fourier 导热定律计算其热阻：

$$R=\frac{1}{hA}+\frac{b}{k_wA} \tag{9-15}$$

但保温容器作为一个三维立体空腔结构，其内外表面积不同，无法直接运用一维传热的热传递热阻计算方法。通常情况下可通过计算等效面积将保温容器转化为一维平板的方法进行近似计算。研究表明，以保温容器内、外表面积的几何平均值作为等效面积，其误差最小。等效面积可表达为 $\bar{A}=\sqrt{A_oA_i}$。

将保温容器等效面积作为热传导面积，同时将保温容器各外表面积作为表面对流传热面积代入式（9-15），则可得保温容器系统热阻为

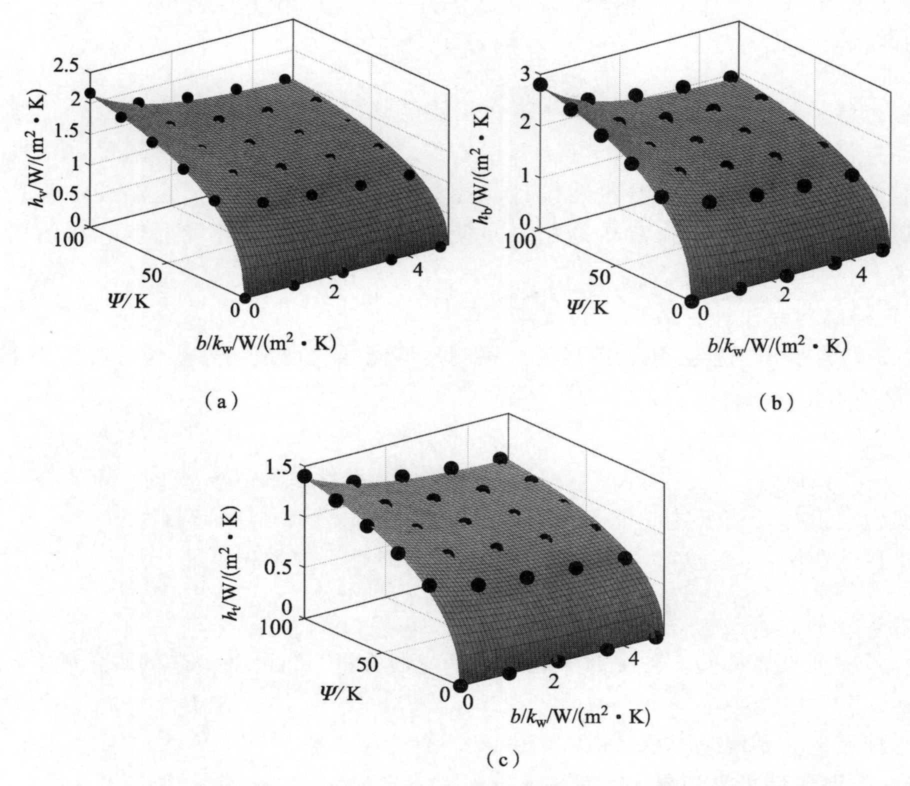

图 9-6　k_w、b、ψ 与平均表面传热系数的关系

(a) 垂直表面　(b) 底面　(c) 顶面

$$R=\frac{1}{\sum_{n=1}^{6} h_n A_{o,n}}+\frac{b}{k_w \bar{A}} \tag{9-16}$$

式中　n——换热面编号。

(五) 控温包装控温时间预测

在蓄冷剂完全融化前，控温包装内部温度都能维持在相对稳定的范围内，因此控温包装内蓄冷剂完全融化的时间被定义为控温包装的控温时间。

由于控温包装在使用过程中内部温度变化很小，可近似认为热量在隔热壁中的传递过程为稳态传热过程。依据 Fourier 导热定律，隔热壁在一定时间内通过的热量 Q' 可表示为

$$Q'=\frac{t\psi}{R} \tag{9-17}$$

在储藏过程中通过隔热壁的热量均需要通过蓄冷剂来吸收。因此，储藏过程中蓄冷剂相变过程所吸收的热量 Q 为

$$Q=m_{PCM}L=Q' \tag{9-18}$$

式中　m_{PCM}——蓄冷剂质量。

联立式 (9-17) 和式 (9-18) 可得控温包装控温时间为

$$t=\frac{m_{PCM}LR}{\psi} \tag{9-19}$$

四、控温包装设计方法

控温包装控温时间的预测主要用于在控温包装方案已确定的基础上评估其控温效果。但在控温包装设计过程中，保温容器壁厚、蓄冷剂量等都是未知量，因此控温包装控温时间预测不能用于控温包装设计。控温包装设计是指对指定温度敏感产品设计合理的保温容器结构尺寸和蓄冷剂用量，使其满足特定物流环境温度和物流时间下的控温要求。

（一）控温包装设计参数

式（9-19）提出的控温包装控温时间预测模型能准确地预测控温包装控温时间，将式（9-19）移项可得

$$t\psi = m_{\mathrm{PCM}} LR \tag{9-20}$$

式（9-20）包含了环境参数（t 和 ψ）、控温包装设计参数（m_{PCM}、L 和 R）。为使其能用于控温包装设计，将上述 5 个参数进行重组，得到以下 3 组重组参数。

（1）热载荷 F_{T}　热载荷定义为过余温度与储藏时间的乘积，即

$$F_{\mathrm{T}} = \frac{\psi \cdot t}{3600} \tag{9-21}$$

（2）蓄冷剂吸热量 Q　蓄冷剂吸热量由蓄冷剂质量与蓄冷剂潜热的乘积确定，即

$$Q = m_{\mathrm{PCM}} \cdot L \tag{9-22}$$

（3）控温包装系统热阻 R　由式（9-16）确定。

（二）控温包装可靠边界

将式（9-21）和式（9-22）代入式（9-20）可得

$$Q = \frac{3600 F_{\mathrm{T}}}{R} \tag{9-23}$$

由式（9-23）可发现，当热载荷确定后，蓄冷剂吸热量和控温包装系统热阻具有一一映射关系。因此，可将热载荷确定为控温包装设计决定参数。根据式（9-23）可建立不同热载荷下的控温包装可靠边界（图 9-7）。

控温包装可靠边界是一组方案集合。在确定热载荷后，每一条曲线上方区域均为安全区域，所对应的控温包装能够满足保温需求，进而在多个约束条件的限制下缩小方案区间，便可在方案边界上确定最佳方案，如图 9-8 所示。

（三）控温包装结构尺寸设计

式（9-23）中 Q 和 R 均为控温包装设计的目标参数。式（9-16）表明，系统热阻 R 与控温包装结构尺寸关系密切。因此需要建立系统热阻 R 与控温包装结构尺寸间的关系。以图 9-9 所示控温结构为例，假设蓄冷剂均匀分布于产品各表面（即厚度相同），长宽与产品对应的面相等，保温容器与蓄冷剂之间无间隙，由产品和控温包装间的几何关系可得到产品—控温包装结构尺寸—系统热阻间的关系：

$$\begin{cases} R = \dfrac{1}{\bar{h} A_{\mathrm{o}}} + \dfrac{b}{k_{\mathrm{w}} \bar{A}} \\ \bar{A} = \sqrt{A_{\mathrm{i}} A_{\mathrm{o}}} \\ A_{i} = 2[(x_{\mathrm{p}} + 2\Delta x)(y_{\mathrm{p}} + 2\Delta x) + (x_{\mathrm{p}} + 2\Delta x)(z_{\mathrm{p}} + 2\Delta x) + (y_{\mathrm{p}} + 2\Delta x)(z_{\mathrm{p}} + 2\Delta x)] \\ A_{\mathrm{o}} = 2[x_{\mathrm{b}} y_{\mathrm{b}} + x_{\mathrm{b}} z_{\mathrm{b}} + y_{\mathrm{b}} z_{\mathrm{b}}] \end{cases} \tag{9-24}$$

式中，$x_b = x_p + 2(\Delta x + b)$，$y_b = y_p + 2(\Delta x + b)$，$z_b = z_p + 2(\Delta x + b)$，$\Delta x = \frac{m_{PCM}}{2\rho_{PCM}(x_p y_p + x_p z_p + y_p z_p)}$。

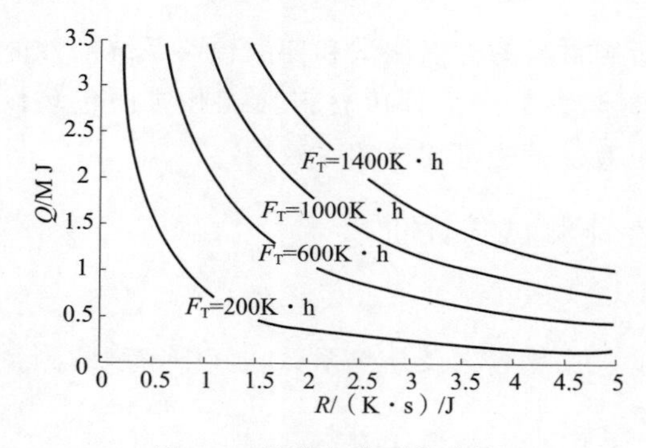

图 9-7　控温包装可靠边界

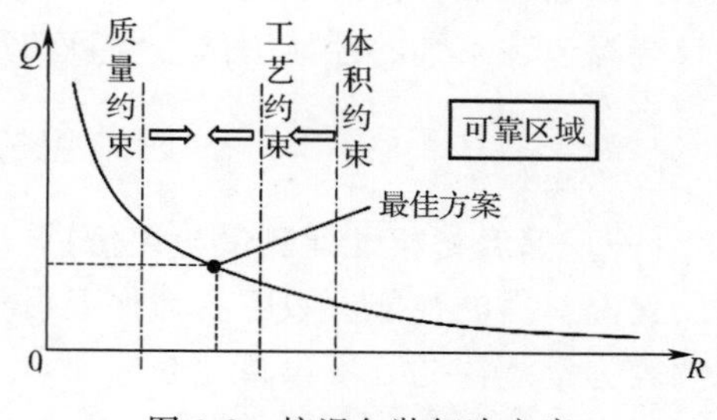

图 9-8　控温包装解决方案

根据式（9-24）得到的产品—控温包装结构尺寸—系统热阻间的关系，结合控温包装可靠边界，便可在确定物流条件的情况下完整设计控温包装。

（四）控温包装设计流程

基于上述控温包装可靠边界和结构尺寸设计方法，提出控温包装五步设计法：

（1）确定物流条件及产品特性　物流条件包括物流环境温度及物流时间；产品特性包括最适储藏温度、外形尺寸以及其价值等。

（2）确定包装结构及制约因素　根据产品类型设计合适的包装结构，包括蓄冷剂摆放位置、保温容器结构形式等。制约因素包括成本、总体积、总质量等。

（3）选择合适的保温材料及蓄冷剂，确定保温材料、蓄冷剂各项物理参数

根据产品价值及客户需求，选择合适的保温材料；根据产品最适储藏温度选择合适的蓄冷剂。通过相关资料、数据库或试验确定包装材料各项物理参数。

保温材料相关参数主要包括导热系数、密度、比热容；蓄冷剂相关参数主要包括导热系数、潜热、相变起始温度、相变结束温度。

（4）设计控温包装　由物流条件确定热载荷，建立控温包装可靠边界，以成本、工艺条件和其他客观制约因素为约束条件，基于可靠边界和约束条件对控温包装结构尺寸进行设计。

（5）试验验证　将产品放置于设计的控温包装中，并放置于相应的物流温度条件下进行储藏试验，监测控温包装内温度是否超过产品最适储藏温度。若储藏过程中控温包装内温度始终低于并接近产品最适储藏温度，则表明设计的控温包装符合要求；若控温包装内温度高于产品最适储藏温度，则需要对包装结构进行重新设计。

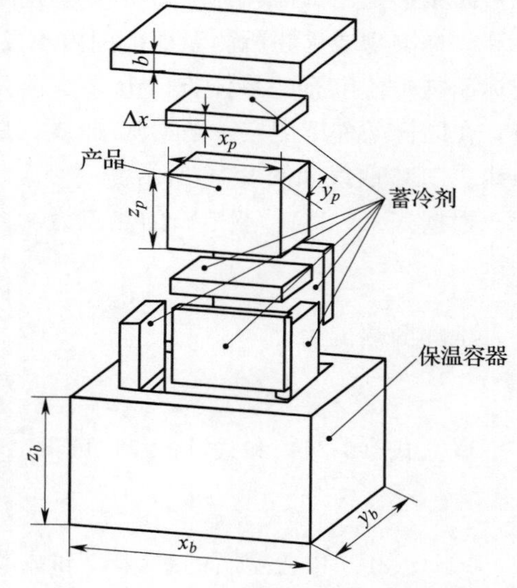

图 9-9　控温包装结构尺寸示意图

第三节　控温包装性能测试与评价

控温包装的性能测试主要包含控温包装中所用材料的性能测试和控温包装系统的性能测试。控温包装材料的性能测试主要用于确定材料参数进而评价材料性能和方便包装设计；控温包装系统的性能测试主要目的是检验包装设计的可靠性和有效性。

一、控温包装材料性能测试与评价

（一）保温材料性能测试与评价

保温材料的性能参数主要为保温材料的密度、比热容以及导热系数。其中密度的测量方法较为常规，此处不再单独介绍。

1. 比热容

比热容指单位质量的物体改变单位温度时的吸收或释放的内能。根据物理化学中比热容定义，在没有体积功及物态变化的情况下，物质的比热容可表示为

$$\frac{\mathrm{d}\Phi}{\mathrm{d}t}=Cm\frac{\mathrm{d}T}{\mathrm{d}t} \tag{9-25}$$

式中　$\mathrm{d}\Phi/\mathrm{d}t$——热流；

$\mathrm{d}T/\mathrm{d}t$——升温速率。

差示扫描量热仪（简称 DSC）能够测量试样的吸热和放热速率，常用于测定物质的比热容。用 DSC 测定比热容主要有两种方法，一是直接法，即从 DSC 曲线上直接读取吸热或放热速率和升温速率，从而计算样品比热容。这种方法往往误差较大，因为在测定范围内 $d\Phi/dt$ 不是绝对线性的，且仪器校正常数在整个测定范围不是一个恒定值。此外，在整个测定范围内基线不能完全平直。因此，一般常采用间接法测定物质比热容。

间接法是用试样和标准物质在其他条件相同下进行扫描，然后测量二者的纵坐标进行计算。标准物要求在所测温度范围内不发生化学变化和物理变化，并且比热容已知，常用的标准物是蓝宝石。具体方法分三步：首先，用两个空坩埚绘制基线；然后，放入蓝宝石，在同样条件下测定一条 DSC 曲线；最后，放入样品，在同样条件下再测定一条 DSC 曲线。DSC 曲线如图 9-10 所示。

根据式（9-25），蓝宝石的热流为

$$\frac{\mathrm{d}\Phi'}{\mathrm{d}t}=C'm'\frac{\mathrm{d}T}{\mathrm{d}t} \tag{9-26}$$

试样的热流为

$$\frac{\mathrm{d}\Phi}{\mathrm{d}t}=Cm\frac{\mathrm{d}T}{\mathrm{d}t} \tag{9-27}$$

联立式（9-26）和式（9-27）可得

$$C=C'\frac{m'\mathrm{d}\Phi}{m\mathrm{d}\Phi'} \tag{9-28}$$

式（9-28）中蓝宝石的参数 C' 和 m' 均为已知从参数，$\mathrm{d}\Phi$ 和 $\mathrm{d}\Phi'$ 可由 DSC 曲线上量取。因此，根据式（9-28）便可计算得到试样的比热容。

2. 导热系数

导热系数是指在稳定传热条件下，单位厚度材料，两侧表面的温差为 1K 时在 1s 内通过单位面积传递的热量。测量导热系数主要有稳态法、热线法和瞬时平面热源法。

稳态法是一种在稳态导热情况下测定材料导热系数的方法，如图 9-11 所示。

其理想模型为无限大平板稳态传热模型。由 Fourier 导热定律可得：

$$q=-k\frac{\mathrm{d}T}{\mathrm{d}x} \tag{9-29}$$

在稳态条件下式（9-29）可表达为

$$q=\frac{k}{b}\Delta T \tag{9-30}$$

式（9-30）中热流密度 q、材料厚度 b 和热板间的温差 ΔT 均可测得，所以材料的导热系数可表示为

$$k=q\frac{b}{\Delta T} \tag{9-31}$$

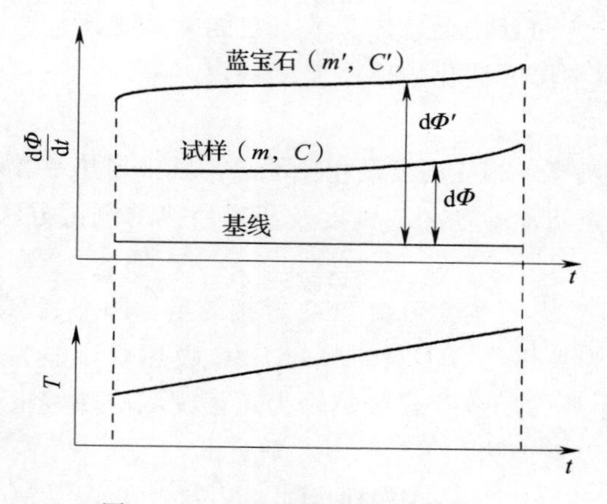

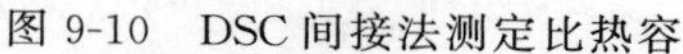
图 9-10　DSC 间接法测定比热容

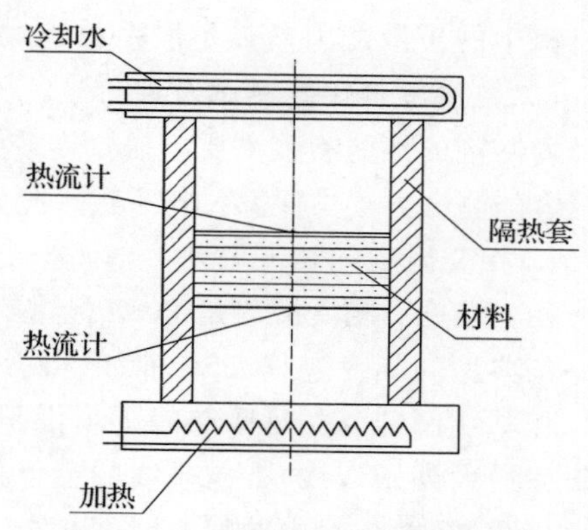

图 9-11　稳态法测量导热系数

稳态法测量导热系数需要很长的测量时间，对样品形态要求高，且不方便用于测量液体的导热系数，因此逐渐被新的测量方式所取代。

热线法的理想模型为无限长的线热源在无限大介质中处于初始热平衡状态下，受到瞬间加热脉冲而引起的热传导过程。

热线法以一定功率加热试样，试样内的温度分布可由圆柱坐标系下的 Fourier 导热方程描述，其解为

$$\frac{\partial T(r,t)}{\partial \ln t}=\frac{q}{4\pi k}e^{-\frac{r^2}{4at}} \tag{9-32}$$

对于线热源而言，其直径可忽略不计，即 $r=0$，则式（9-32）可简化为

$$\frac{\partial T(t)}{\partial \ln t}=\frac{q}{4\pi k} \tag{9-33}$$

通过记录测试过程中热线的温度，以 $\ln t$ 为自变量，对式（9-33）进行最小二乘拟合，便可得到试样的导热系数 k。

热线法测量时间极短，在流体发生自然对流前可完成测量，可避开对流的影响。因此，该方法能同时适用于固体和液体导热系数的测量。

瞬时平面热源法是 Gustafsson 在热线法的基础上发展起来的一项专利技术。瞬时平面热源法的优点在于只需将平面热源置于材料表面，而无需破坏样品，是一种无伤检测方法。

3. 保温材料性能的系统评价

保温材料的导热系数表示了决定了热量在保温材料内传递速度的大小，因此保温材料的导热系数越小越好。保温材料的比热容决定了保温材料的吸热能力，保温材料的比热容越大就能够吸收更多热量，则向包装内部传递的热量就越少，因此保温材料的比热容应当越大越好。但对于大多数保温材料而言，低导热系数与高比热容往往是矛盾的，因此在评价保温材料时一般采用热扩散系数作为评价指标。

热扩散系数可定义为材料导热系数与单位体积材料比热容的比值，即：

$$\alpha=\frac{k}{\rho C} \tag{9-34}$$

由式（9-34）可知，热扩散系数的分子是导热系数，表示材料热量传递能力的大小；分母是体积热容，表示材料吸热能力的大小。将两者结合后热扩散系数能够系统评价温度在材料中的扩散能力，热扩散系数越大则材料中温度变化的传播速度越快。

（二）蓄冷剂性能测试及评价

蓄冷剂的性能参数主要包括导热系数、比热容、相变温度及相变潜热。其中导热系数和比热容的测试方法与保温材料一致，此处着重介绍蓄冷剂相变温度及相变潜热的测试方法。

1. 相变温度和相变潜热

相变温度和相变潜热是 PCM 最重要的两项参数，通常可由 DSC 直接测量。图 9-12（a）是一条典型的相变过程 DSC 曲线，曲线可分为吸热峰（不同品牌的 DSC 吸热峰可能为正值）和基线两部分。延吸热峰下降沿斜率最小处做切线（若吸热峰为正值则取吸热峰上升沿斜率最大处做切线），与基线的交点处所示温度即为相变温度。

将图 9-12（a）中曲线对时间积分，可得图 9-12（b）中的曲线，图 9-12（b）中 a、b 两点为图 9-12（a）中吸热峰与基线两侧交点所对应的温度，a、b 两点间的热量差即为相变潜热。

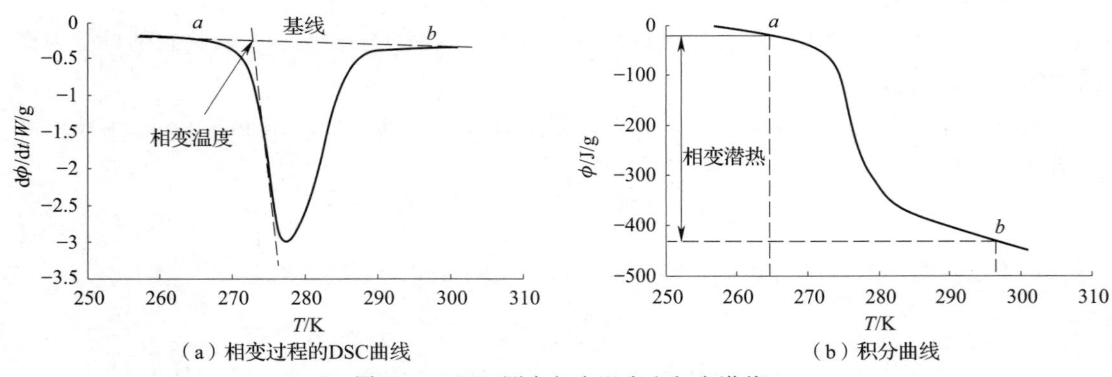

（a）相变过程的DSC曲线　　（b）积分曲线

图 9-12　DSC 测定相变温度和相变潜热

2. 蓄冷剂性能的系统评价

蓄冷剂的主要作用是吸收外界环境传递到包装内的热量，同时控制包装内的温度保持稳定。蓄冷剂的相变潜热越大，其吸热能力越强，表明蓄冷剂性能更为优越。蓄冷剂的比热容越大其吸热能力也越强，但蓄冷剂显热部分吸收的热量（即比热容吸热）远小于潜热部分吸收的热量，因此蓄冷剂的比热容大小对于蓄冷剂性能影响不大。蓄冷剂的相变温度需要和被包装产品的最适储藏温度接近。而蓄冷剂的导热系数越大则包装内的温度均匀性越好，蓄冷剂蓄冷速度越快，使用越方便。

二、控温包装保温性能测试与评价

控温包装保温性能测试主要包括保温容器保温性能测试以及控温包装内温度分布测试。保温容器保温性能测试的目的是测量保温容器的系统热阻，用于评价保温容器的保温性能；控温包装内温度分布测试测试的目的是验证控温包装内的温度是否满足产品储藏需求。

（一）系统热阻测试——“融冰法”

保温容器的系统热阻与包装表面的换热条件、保温材料性能及保温容器的形状均有关系。尽管式（9-15）能够用于估算保温容器的系统热阻，但更准确的系统热阻则需要通过“融冰法”获得。

“融冰法”是一种通过试验测量保温容器系统热阻的方法。该方法是将已知量的冰块放入处于恒温环境中保温容器内，通过比较试验前后冰块的质量确定冰块融化的量，进而通过式（9-35）计算得到系统热阻 R 值：

$$R=\frac{t\psi}{m_{冰}\ L_{冰}} \tag{9-35}$$

（二）温度分布测试及评价

控温包装内的温度分布检测主要关注产品储藏区域的温度，包括产品角、棱、面及中心位置的温度，一般可采用分布式测温系统获得。将温度传感器探头贴敷于产品角、棱、面及中心位置。传感器数量及具体摆放位置根据标准要求，不同包装结构、产品外形略有不同。完成温度传感器布局后将控温包装放置于指定温度环境内，记录各测点温度及环境温度，测试时间由物流运输时间或标准要求决定。完成测试后分析各测点温度变化，若各测点温度均处于产品要求的储藏温度范围内，则表明该控温包装能够满足产品的防护需求。

（三）典型测试标准 ISTA 7E 和 Standard 20 简介

ISTA 是国际安全运输协会（International Safe Transit Association）的简称，是一个专注于运输包装检测的社会组织。ISTA2010 年推出了 7E 标准和 Standard 20 标准，提出了冷链运输包装的试验方法及试验标准。7E 标准主要提供了包装件在物流过程中经历的温度历程，包括了昼夜交变的高温条件温度曲线及低温条件温度曲线。Standard 20 标准则规定了相关检测的技术要求及测试流程，Standard 20 标准的索引文件 APPX-0048 规定了建议的产品和包装分类以及不同分类对应的温度传感器数量和布局方式。

第四节　控温包装工程化技术

为实现工程化应用，控温包装中蓄冷剂和保温材料需要进行工程化改性和优化，使控温包装在工程应用中能够体现出更优异的性能。

一、蓄冷剂工程化技术

（一）蓄冷剂改性技术

1. 防过冷改性

蓄冷剂在相变温度以下不发生相变的现象称为过冷。蓄冷剂的过冷会导致蓄冷剂蓄冷过程需要更低的温度，增加能耗。蓄冷剂发生过冷的主要原因是蓄冷剂材料过于纯净，缺乏结晶所需的晶核。因此，防止蓄冷剂过冷的主要方法是在蓄冷剂中添加硼砂等固体晶核，促进相变结晶过程。

2. 防相分离改性

蓄冷剂的相分离主要是由于蓄冷剂中多个组分在结晶过程中分步析出发生沉淀，当其再次融化后难以充分混合导致蓄冷剂中成分分布不均匀，引起蓄冷剂相变温度、相变潜热等重要参数的改变。目前常用的蓄冷剂防相分离技术主要通过添加增稠剂或高吸水树脂，以增加蓄冷剂黏度，防止蓄冷剂结晶沉淀，促进蓄冷剂析出成分充分混合、溶解，抑制相分离现象。

3. 传热改性

导热系数是表征蓄冷剂性能的一项重要参数。蓄冷剂导热系数越高，其吸收热量的速度越快，从而能够更好地保护产品；同时，较高的导热系数，可缩短蓄冷剂使用前预冷所需时间（即冻结所需时间），而不会明显加快蓄冷剂在保温容器中的融化速度，保证良好的控温效果。提高蓄冷剂传热系数的方法主要有加大传热面积、在其中加入金属结构或混入高导热系数的颗粒，如铁粉、纳米铝颗粒等；微胶囊化 PCM 也能显著提高其导热系数。

（二）蓄冷剂封装技术

1. 冰袋

目前运用最为广泛的封装方式是软塑袋装，如图 9-13 所示。该封装方式具有工艺简便，价格低廉的优点。但熔化后的蓄冷剂会因为重力作用而流动，使相变界面倾斜，袋内不同位置相变程度不均匀；同时，蓄冷剂在凝固后会发生膨胀，引起外观形状的改变，可能会导致蓄冷剂无法放置到产品和保温容器间的空隙中。另外，软塑袋在运输过程中易破裂，导致蓄冷剂外流而影响保温效果，甚至危及产品安全。

2. 冰板

冰板是另一种常见的蓄冷剂封装方式（如 9-14 所示）。该封装方式是将蓄冷剂灌装于密封的注塑容器中。相较袋装蓄冷剂，冰板蓄冷剂具有更稳定的外形，方便在控温包装中排列、摆放；同时，注塑外壳较软塑更为牢固，不易发生破损、泄漏。但冰板蓄冷剂的成本较袋装蓄冷剂高，一般需要循环使用。

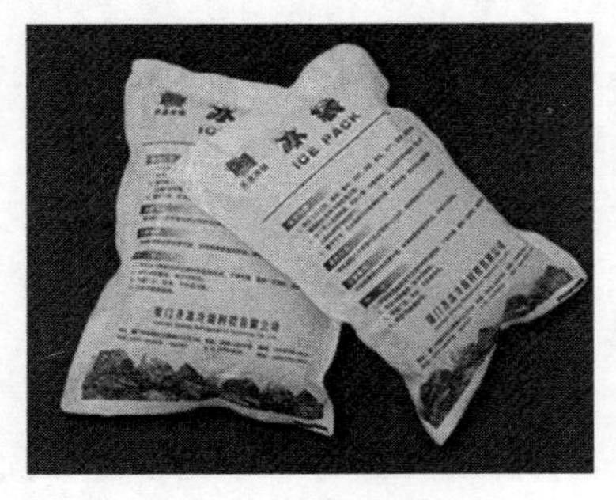

图 9-13　袋装蓄冷剂图

图 9-14　冰板蓄冷剂

二、新型控温包装技术

为应对行业内对包装材料、容器在环保性及功能性方面的新需求，多种新型保温容器和蓄冷剂被开发出来并投入应用。

（一）可折叠保温容器

传统的保温容器属于刚性或半刚性制品，在空箱运输过程中空间利用率极低，物流运输成本极高。为提高保温容器空箱运输的空间利用率、降低运输成本，出现了多种形式的可折叠保温容器。目前，可折叠保温容器主要有两种形式。一种是将保温容器的棱边处沿对角线裁开，并留下极薄的材料作为柔性铰链，从而实现保温容器的折叠，如图 9-15 所示。这种形式的折叠保温容器成型较为简单，但铰链可靠性不佳，多次折叠后容易出现断裂。另一种形式是将保温材料片材贴敷于柔性材料（如镀铝薄膜）上，通过柔性材料连接各保温片材，在使用时按一定的方位折叠成型，如图 9-16 所示。且柔性材料一般都进行了镀铝处理，能够反射热辐射，进一步提升保温性能。这种工艺制作的折叠保温容器可靠性较高，且单片保温材料损坏后可单独替换。

图 9-15　柔性铰链可折叠保温容器

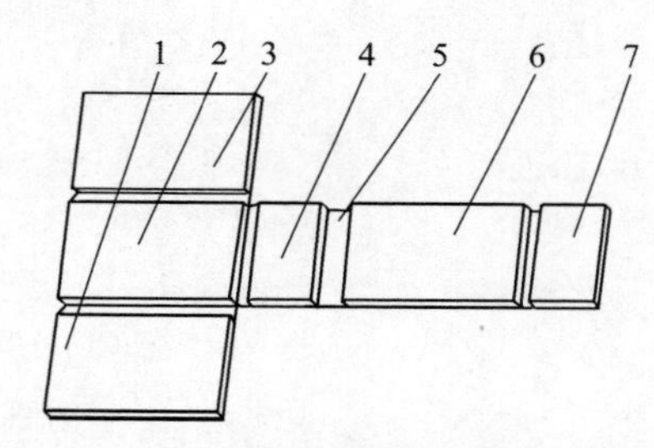

图 9-16　薄膜连接可折叠保温容器

1、3—保温容器向下面

2、4、6、7—保温容器四个侧面　5—柔性材料

（二）可降解保温材料

以 EPS 为典型代表的石油基发泡材料以其优异的保温效果、成熟的加工工艺以及低廉的价格在控温包装中广泛应用。然而石油基发泡材料难以自然降解，从而导致了严重的环境污染。因此，高性能的可降解的保温材料开发是行业急切突破的技术难点。目前，已有少数可降解保温材料投入商业使用。

1. 淀粉基发泡材料

淀粉是一种纯天然可降解材料，经过改性后的淀粉可通过微波发泡、挤出发泡等工艺制备发泡材料。淀粉基发泡材料具有接近石油基发泡材料的低导热系数，且能够完全溶解于水中，是一种优良的可降解保温材料，如图 9-17 所示。但淀粉基发泡材料的强度较低，一般需要将其封装在塑料薄膜或纸质材料中使用。

2. 纸质保温容器

纸是目前最常见的可降解材料。纸板在经过合理的结构设计后能够形成具有中空夹层的容器，并在纸板表面复合镀铝膜反射热辐射，从而实现保温的目的，如图 9-18 所示。

（a）淀粉基发泡材料制作的保温容器

（b）淀粉基发泡材料遇水溶解

图 9-17　淀粉基发泡材料

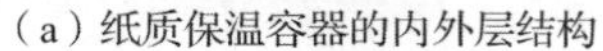

（a）纸质保温容器的内外层结构

（b）内外层套合后形成的中空结构

图 9-18　纸质保温容器

（三）蓄冷剂固定化技术

PCM 固化主要是通过 PCM 与特殊载体结合后形成固体材料，使其在工作过程中外形不发生变化。目前，PCM 固化方法主要包括：

1. 熔融共混法

运用高密度聚乙烯（HDPE）、聚丙烯（PP）、聚苯烯（PS）、丙烯腈-丁二烯-苯乙烯（ABS）等高分子材料具有的三维网状结构使其与 PCM 熔融共混包裹 PCM，从而得到聚合物型的 PCM。

2. 物理吸附法

用多孔介质作为基体吸附液态 PCM 所得定形相变材料形状稳定性好，在工作过程中表现为微观液相、宏观固相。田胜力用纳米多孔石墨作载体，与硬脂酸丁酯混合得到了一种定形相变材料；同济大学提出以石膏、水泥等气硬性或水硬性胶凝材料为基体，其中混合吸附有石蜡的膨胀黏土。Johnston 开发了一种以纳米硅酸钙作为载体的 PCM，将该材料用于保温包装，具有极佳的保温效果和热缓冲效果。物理吸附法工艺简单，但相变材料与基体材料的相容性问题难以有效解决，使用中可能出现 PCM 的渗出、表面结霜等现象。

3. 微胶囊化

微胶囊化是通过特定壁材，用原位聚合、界面聚合、复凝聚、喷雾干燥等技术将PCM材料包裹起来，形成微胶囊化相变材料。微胶囊化后的相变材料其形态转变为直径在0.1μm到1mm的微小固体粉末，如图9-19（a）所示。PCM被壁材包裹，工作过程中始终保持这种粉末状态，如图9-19（b）所示。通常，壁材的选择要考虑内核材料性质，油溶性内核选用水溶性壁材，水溶性内核则用油溶性壁材。外壳和内核须有良好的兼容性，彼此无腐蚀、无渗透、无化学反应。微胶囊化能有效增加PCM的表面积，且胶囊体积很小，可忽略其热传递时间，研究表明，微胶囊PCM颗粒的Biot数小于0.1，可近似为零维传热，即热量在PCM内部传导是瞬间完成的。因此微胶囊技术使PCM的传热性得到极大增强，能有效提高PCM性能。

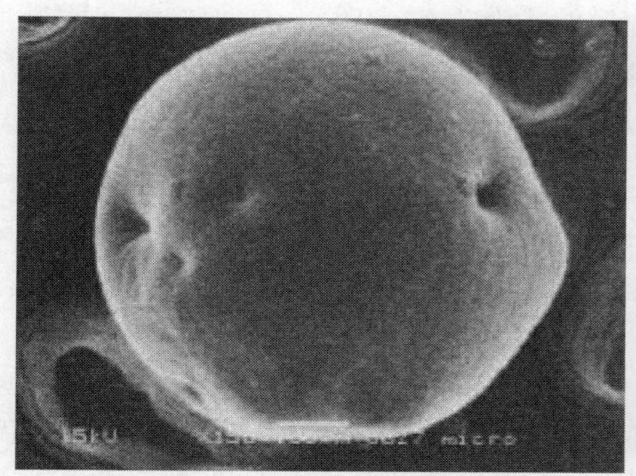

（a）扫描电镜照片　　（b）宏观形状（粉状）

图9-19　相变微胶囊

4. 相变发泡材料

相变发泡材料是将相变微胶囊经过凝胶化处理后形成直径3～5mm的大胶囊，如图9-20（a）所示，再将大胶囊与发泡材料共混得到的同时具备隔热和相变吸热功能的新型PCM固定化材料，如图9-20（b）所示。相变发泡材料能够在短距离冷链运输中无需使用蓄冷剂便可实现包装内的保温、控温，极大方便了控温包装的应用。

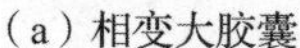

（a）相变大胶囊　　（b）相变聚氨酯发泡材料

图9-20　相变发泡材料

第五节　典型产品控温包装设计实例

本小节以一个设计实例具体演示控温包装的设计流程及方法。

(1) 确定物流条件及产品特性　生鲜食品（内包装属于小件类，以浓度为35%的乙醇溶液作为生鲜食品模拟物），长0.35m、宽0.17m、高0.17m，最佳储存温度为270～275K，物流条件见表9-3。

表 9-3　设计实例物流条件

NO.	1	2	3	4	5	6	7	8	9	10
t/h	4	8	4	4	4	4	4	8	4	4
T_o/K	288	301	298	291	285	291	298	301	298	291

(2) 根据产品类型选择合适的包装结构，确定制约因素　经一次包装后本产品外形属于长方体小件类产品，选取图9-9所示包装结构。

(3) 选择保温材料和蓄冷剂　由于产品为生鲜食品，价值不高，且最适储藏温度为270～275K，经调研后选用某品牌EPS为保温材料，蓄冷剂选用某公司生产的凝胶蓄冷剂，具体参数见表9-4。

表 9-4　保温材料和蓄冷剂参数

材料	ρ/kg/m³	k/W/(m·K)	L/kJ/kg	T_m/K
保温材料	12.77	0.031	/	/
蓄冷剂	930	/	319	272.7

(4) 设计控温包装　由于变温环境下的相变传热过程可近似为多个恒温过程的线性叠加，根据表9-3所示物流条件，由式（9-21）可得该条件下的热载荷为

$$F_T = \sum_{i=1}^{n} \varphi_i \cdot t_i = 1012\text{K} \cdot \text{h} \tag{9-36}$$

则符合该热载荷条件的控温包装可靠边界可由式（9-36）得到图9-21。

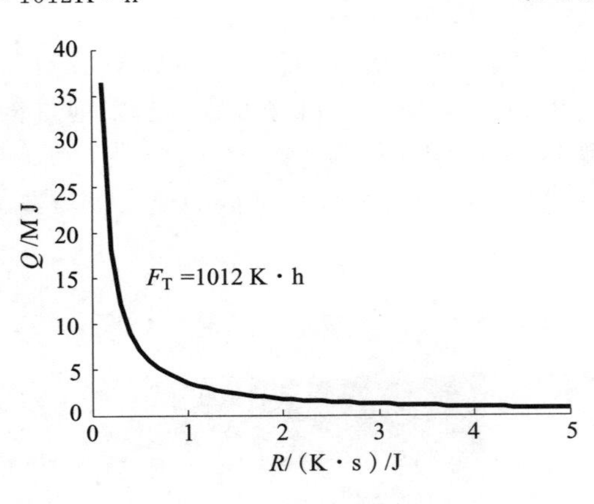

图 9-21　设计实例可靠边界

以成本最低为约束条件，优化控温包装。

单件包装成本由包装材料成本和运输成本构成，即

$$\text{Cost}_{total} = \text{Cost}_1 + \text{Cost}_2 \tag{9-37}$$

包装材料成本：

$$\text{Cost}_1 = m_{PCM}\text{Cost}_{PCM} + m_{EPS}\text{Cost}_{EPS} \tag{9-38}$$

运输成本：

$$\text{Cost}_2 = \frac{\text{Cost}_T}{\text{INT}[V_{co}/(x_b y_b z_b)]} \tag{9-39}$$

式中　Cost_T——单车运输成本；

V_{co}——车厢容积。

通常EPS价格远低于蓄冷剂价格，但并不是蓄冷剂用量越少越好。一方面由于EPS成型工艺的限制，保温容器壁厚一般不大于10cm；另一方面，过厚的保温容器会导致包装体积过大，致使单车装载量减少，反而增加单件包装的运输成本，从而增加控温包装总成本。

图 9-22 为蓄冷剂用量、保温容器壁厚和生产成本之间的关系，取曲线最低点为最佳方案，其工艺参数见表 9-5。

表 9-5　　控温包装最优方案

蓄冷剂用量/kg	保温材料壁厚/m	保温容器外形尺寸/m			预计成本/元/箱
2.43	0.079	长 0.52	宽 0.34	高 0.34	28.74

(5) 试验验证　将产品、蓄冷剂和保温容器按图 9-9 所示的结构组成控温包装。将控温包装放置在 253K 的环境中预冷 48h，再放置在 270K 的温度环境中稳定 72h；将分布式光纤测温系统测温探头固定在产品一顶角处，如图 9-23 所示，样品放置在表 9-3 所示温度环节中进行储藏试验；记录储藏过程中产品的温度变化。

试验过程中产品温度变化如图 9-24 所示。结果表明，在储藏过程中包装内部温度均处于产品最佳储藏温度范围内，即 270～275K，故依照上述方法设计的控温包装能够满足产品在物流过程中的防护要求。

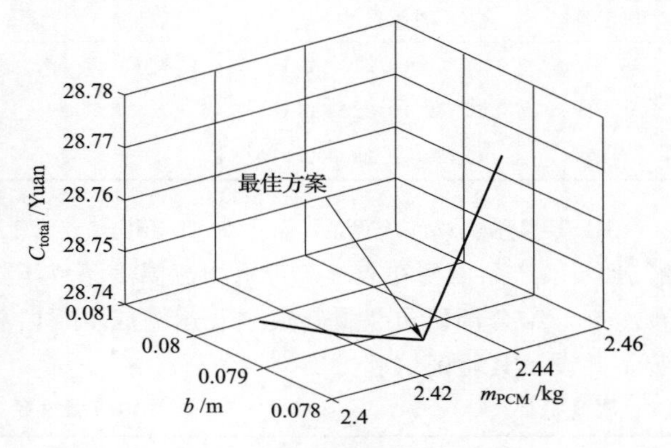

图 9-22　蓄冷剂用量、保温容器壁厚与生产成本之间关系曲线

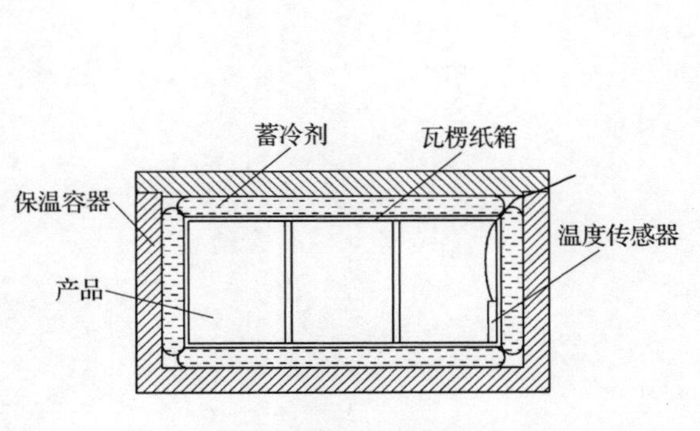

图 9-23　验证试验传感器安放位置

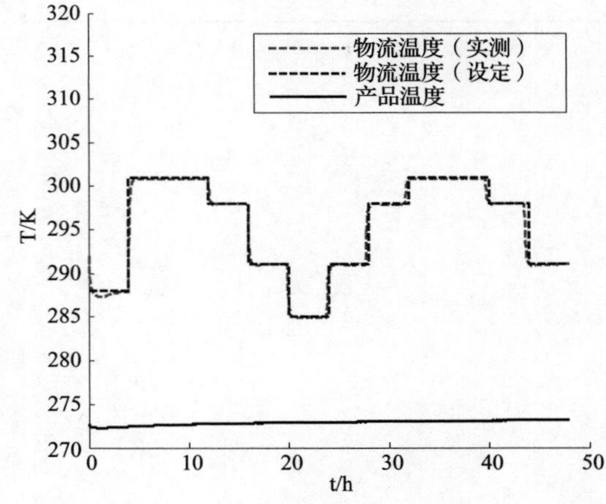

图 9-24　包装内部温度变化曲线

思考题与习题

1. 简述控温包装主要构成及其控温原理。

2. 简述保温材料及蓄冷剂的分类及其各自主要特点和应用场景。

3. 何为相变传热？其特点有哪些？

4. 有一控温包装，保温容器外尺寸为 0.46m×0.425m×0.345m，壁厚为 0.06m，材料为 EPS，导热系数为 0.031W/（m・K）；蓄冷剂为袋装凝胶蓄冷剂，质量为 7.92kg，相变潜热为 319kJ/kg，相变温度为 273K；内装产品外形尺寸为 0.255m×0.220m×0.140m，最适储藏温度为 273K。如图 9-1 所示方法，蓄冷剂均匀围绕产品放置，并封装于保温容器内。现将该控温包装放置于 308K 环境中进行储藏，试计算控温包装控温时间。

5. 现有三个长方体保温容器，其主要参数指标如表 9-6 所示。试比较三个保温容器保温性能的优劣。

表 9-6　主要参数指标

保温容器	外形尺寸/m	壁厚/m	保温材料导热系数/W/(m·K)	保温材料密度/kg/m^3
B1	0.250×0.215×0.150	0.030	0.039	23.84
B2	0.340×0.220×0.185	0.017	0.038	19.46
B3	0.280×0.230×0.310	0.055	0.037	28.12

6. 某生鲜食品，产品尺寸为 0.350m×0.175m×0.170m，最适储藏温度为 270～275K。该产品需要在表 9-7 所示物流温度条件下进行运输。请运用表 9-4 中的保温材料和蓄冷剂，结合调研包装材料成本及运输成本，以总成本最低为优化目标，设计一款控温包装，并设计其验证试验方案。

表 9-7　物流温度条件

序号	1	2	3	4
时间/h	4	6	8	6
环境温度/K	295	308	303	308

第十章　无菌包装系统

生物因素是导致产品质量变化的主要因素，其中微生物污染作为典型的生物学败坏因素，是导致有机物构成产品特别是生物性制品（例如食品、纺织品、橡胶制品、皮革制品等）质量劣变的主要来源。细菌、霉菌和酵母菌感染产品，适宜的条件下在产品表面大量生长和繁殖，引起产品的性状和品质变化，直接影响产品保质期。

食品作为人类赖以生存的基本物质，微生物的生长与食品的腐败变质和安全有着密切的关系，对加工食品采用灭菌处理并实施相应保质包装能有效保持食品的品质，延长货架期。为此，食品无菌包装被最先研究并实现工业化应用。1950 年，美国首次市场投放商业无菌充填设备，与此同时，瑞典利乐公司也推出了牛奶无菌包装系统。20 世纪 60 年代，随着材料科学的进步，包装用塑料得到突破，这给无菌包装发展提供了广阔的天地，其优越性很快为广大消费者所认可，市场需求迅速扩大，促使无菌包装的技术、设备、容器材料等的迅速发展；70 年代无菌包装技术开始进入我国，极大地加快了我国无菌包装食品的产业化。自二十一世纪初以来，我国自主研制了一系列无菌灌装设备、高温瞬时灭菌设备及其附属设备。需要特别说明的是，这里的食品无菌是指：① 食品在保质期内不会变质；② 食品内不含病原细菌、产毒菌；③ 食品内的细菌不会在储存、运输、销售时进行生衍繁殖，即达到商业无菌。

本章以食品无菌包装为典型对象，介绍产品无菌包装系统组成、灭菌工艺方法、超高温瞬时灭菌系统构成与工艺过程；重点论述软塑袋、纸盒、瓶（塑料、玻璃）、热成型容器、金属罐等各类食品无菌包装系统的构成、关键工艺过程、相应设备总体结构等。

第一节　概　　述

在生产加工领域，所谓无菌包装是指对于产品进行灭菌操作后，迅速冷却，再在无菌环境中充填入无菌的包装容器内并进行封合的作业过程。无菌包装主要应用于对产品生产后的微生物生长有严格控制要求的产品（例如食品、药品）生产制造过程。

在无菌包装生产过程中，物料的加工处理和包装过程通常是相对独立的，其加工、充填、封合的各个环节必须保证在无菌状态下进行，也就是需要确保产品、包装材料、包装环境三环节处于无菌状态，其中任何一个环节未达到要求都将影响无菌包装的整体效果。

一、无菌包装系统组成

现代无菌包装系统如图 10-1 所示，其应具备以下三个条件：

① 物料灭菌。

② 包装材料或包装容器的灭菌。

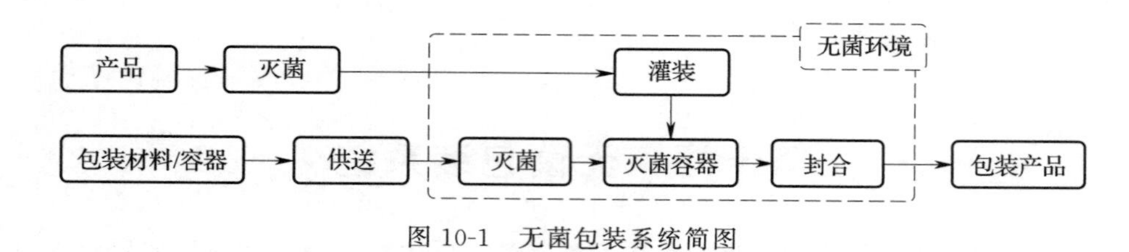

图 10-1　无菌包装系统简图

③ 在无菌环境下将灭菌的物料灌装入灭菌后的容器中，在没有二次污染的条件下实施灌装与封合。

无菌包装的概念表明了只有经过适当的机械、物理、化学等科学手段才能将产品封合在一定的包装容器内，以防止微生物进入包装容器内，破坏内部的无菌状态。相对于其他包装方法，无菌包装是包装技术发展上的一次巨大的飞跃，其特点主要表现为：

① 无需添加化学防腐剂、不经冷藏的条件下包装产品可获得较长的货架期。

② 在保证无菌的前提下，产品原有的品质、风味、色泽等能得到了最大程度的保留。

③ 通常无菌包装生产的容器和产品是分别进行灭菌的，因而自动化程度高，单位成品能耗低，降低了工艺成本。

④ 产品经灭菌冷却后进行灌装，因此对包装材料、容器的耐热性要求较低，多种包装材料都可进行无菌包装。

无菌包装系统设备与一般包装机械设备的差别是无菌包装系统设有相对独立的包装材料（容器）灭菌系统和无菌环境的灌装与封口系统，使得包装产品灭菌和包装材料灭菌相互独立，从而可实现产品的超高温短时灭菌，以确保包装产品的质量。无菌包装系统通常由超高温短时灭菌机械、无菌包装机械和 CIP（就地清洗）机械三部分组成，产品在密封的通道内连续加工和包装，整个系统加工和清洗消毒程序以及温度、压力等参数均采用微机控制，是高度自动控制的机电一体化的系统设备。

二、无菌包装的灭菌

无菌包装的灭菌按所起的不同作用可分为物料灭菌、包装材料灭菌、生产过程环境灭菌三大部分。

（一）物料的灭菌

总体上食品物料的灭菌分为热力灭菌和冷灭菌。目前大规模商业化食品无菌包装的物料灭菌主要是热力灭菌。物料主要是流体、半流体（如果酱、含有小颗粒或大颗粒的食品）。由于物料黏度、pH、热敏性、易氧化性等特殊性使得灭菌方法和设备都各有差别。

1. 按黏度划分

（1）低黏度均质物料灭菌　低黏度均质物料常用具有连续处理能力的超高温瞬时灭菌方法，如牛乳的超高温瞬时灭菌指在 136～138℃，保温 2～8s 之后在很短的时间内冷却至 20℃。

（2）高黏度物料或含固体颗粒物料灭菌　对高黏度或含固体颗粒物料灭菌时，需根据物料有关特性考虑生产率、灌装温度等工艺因素进行选择。一般来说，随着黏度或固体颗粒块度的增加，可依次选择片式热交换、自由流动式热交换、管式热交换、心管式热交换器、间歇式热交换、连续刮板式热交换等。

对热敏性物料需选用连续刮板式的热交换工艺，含固体颗粒的物料因固相传热速率低，增大流速时又因液相与固相的相对速度增大，产生较大剪切应力，使固体颗粒受到损害，因此一般采用延长热交换时间和冷却时间，颗粒直径越大，相应的处理时间也就越长。

2. 按 pH 划分

pH 大小往往决定了物料采用何种灭菌方式、灭菌的温度与时间。

（1）低酸性食品　低酸性食品 pH 大于 4.6，这为致病微生物提供理想的生长条件，且腐败微生物也可良好地生长。为此一般采用超高温瞬时灭菌，但如此高温下对营养风味有影响，且可能有蒸煮味。

（2）酸性食品　酸性食品的 pH 在 3.7～4.6，此环境下致病菌不易生长，但腐败菌可以生长，一般采用超高温瞬时灭菌或高温短时灭菌。对低酸性食品可通过加酸或发酵的方法使之转化为酸性食品，从而降低灭菌要求，提高货架寿命。

（3）高酸性食品　高酸性食品的 pH 小于 3.7，在此酸度下致病菌、腐败菌均无法生长，此时保持食品品质成为首要目的。一般采用巴氏灭菌即可满足要求，也可用超高温瞬时灭菌或高温短时灭菌，视具体情况而定。

此外，物料的冷灭菌方法是指根据不同场合利用各种灭菌剂和紫外线、辐射、超高压等灭菌技术等以达到不同灭菌目的。但紫外线灭菌和辐射灭菌穿透力较弱，较难达到灭菌要求，一般不用于无菌包装中的物料灭菌。

另外，利用微波灭菌的效果在酱油、啤酒、牛乳等方面已得到较好验证，但大规模生产应用的技术未解决；超高压灭菌技术近年来受到重视，国外已开发液态食品商使用超高压灭菌技术系统，但其技术要求高，对不同类型食品的灭菌处理适应性还有限。

（二）包装材料灭菌

无菌包装用材料及制品种类多、性质差异大，使灭菌方式较多。

1. 物理法

（1）热处理　热处理可以有效地灭菌，不会产生有毒物质，但对纸、塑料等包装材料性能会产生一定影响，能量消耗较大。热处理的介质主要有干热空气、过热蒸汽、饱和蒸汽和成型热等。干热方法直接灭菌需较高的温度，因此主要用于配套其他灭菌工艺中清除残留的化学药品；湿热法可用于包装材料及容器灭菌，包括过热蒸汽、热空气、热空气水蒸汽混合汽等。

（2）辐射法　放射线辐照包括 γ 射线、β 射线和 x 射线等。主要用于热敏性塑料瓶、复合膜及纸容器。辐照时，辐照剂量控制是关键。紫外线具有强烈的表面灭菌作用，且波长为 250～260nm 时灭菌效果最好。另外还有紫外辐射、红外辐射、离子辐射。

2. 化学法

单一的化学法一般不能达到灭菌要求，或由于化学药剂浓度较高，使药剂易有残留。化学法灭菌后，应严格控制化学药剂残留量。

（1）双氧水　常温下双氧水的灭菌作用较弱。使用双氧水的浓度为 30%～35%，温度越高，效果越好，温度约在 60～80℃比较适宜。工程中可采用浸渍法、喷雾法等。

（2）环氧乙烷　灭菌效果很好，但是有毒性，消毒时间也过长；另外对乙烯塑料有渗透作用，残留量较高，不适于单独使用。

（3）有效氯　即使在常温下，灭菌效果也很好，但氯对金属材料有强烈的腐蚀作用。

3. 综合法

目前工程化的综合法灭菌主要包括：

（1）双氧水与热处理　应用最为广泛，几乎所有包装材料都可用此方法处理。用热双氧水浸泡或喷雾，然后加热，使残留在包装材料表面的双氧水挥发和分解，加热本身也有一定的抑菌作用。

（2）双氧水与紫外线　紫外线可以增强双氧水的灭菌效果。在常温下，用低浓度双氧水（浓度＜1%）喷雾处理包装材料或容器，然后用高强度紫外线照射，以达到无菌要求。

（3）乙醇与紫外线　主要用于处理塑料薄膜。使用过的乙醇经过滤处理后，可循环使用。

（三）生产过程环境的灭菌

无菌包装系统主要分为敞开式无菌包装系统、封闭式无菌包装系统两大类，它们之间最大的区别是封闭式无菌包装系统设置无菌室，包装材料在无菌室内完成灭菌、成形、灌装。目前无菌室通常采用通无菌气体保持其正压，故能有效防止微生物的污染。

对敞开式无菌包装机而言，在无菌灌装前，包装机内与食品接触的表面须灭菌，其灭菌是通过包装机自身产生的无菌热空气（或无菌热蒸汽）来实现的，之后水冷却器启动，冷却无菌空气，进而冷却食品接触表面。

封闭式无菌包装机的灭菌仅通过无菌热空气是不够的，还要保证封闭空间的无菌，即无菌室的灭菌。无菌室一般用双氧水喷雾和高温无菌空气干燥来实现，即液态双氧水喷射至无菌热空气中并瞬时蒸发，这样无菌空气和双氧水气体的混合物进入无菌室进行灭菌，冷凝在内表面的双氧水通过无菌热空气进行干燥，从而完成无菌室的灭菌。一般无菌室安装有空气过滤装置、紫外线灭菌装置，用以保持无菌室经常性的无菌状态。无菌室的洁净度、温度和湿度都应符合规定的标准。

第二节　超高温瞬时灭菌系统

超高温瞬时灭菌就是将食品在短时间内保持在135℃左右的高温，从而杀灭食品中的细菌。这种技术所需时间较短，效果较好，不仅可以保护食品的质量，生产效率也可以得到很大的提高，这种技术多适用于流体食品。

食品的种类很多，各种食品性能各异，造成食品变质的原因也不一致，但是食品变质的主要因素之一是微生物在食品中的生长繁殖。所有微生物中最为耐热的是细菌孢子，它处于100℃以上的环境温度时，温度越高，孢子的死亡越快，所需灭菌的时间也就越短。表10-1所示为肉毒杆菌孢子在中性磷酸缓冲溶液中的死亡时间与环境温度的关系。

表10-1　肉毒杆菌孢子的死亡时间与温度的关系

温度/℃	100	105	110	115	120	125	130	135
死亡时间/min	330	100	32	10	4	$\frac{4}{3}$	$\frac{1}{2}$	$\frac{1}{6}$

一般而言，食品通常具有香味以及色素，同时含有各种维生素，当食品经过一定温度的加热时，它们会发生一定程度的变化。然而这种变化对于温度的依存关系比杀灭细菌孢

子相对小一些，但对时间的依存性很大，加热时间越短，其变化就越小；反之，加热时间越长，其变化就越大。由表10-1可见加热温度在130℃以上杀灭细菌的时间显著缩短。因此，采用超高温瞬时灭菌技术在杀灭细菌的同时还能更好的保持被包装食品的色、香、味等。

不同的食品采用不同的灭菌工艺和不同的灭菌温度，通常将121℃左右的灭菌工艺称作为高温短时灭菌（简称HTST），而将135℃左右的灭菌工艺称作为超高温短时灭菌（简称UHT）。这两种工艺有时候统称为超高温瞬时灭菌工艺。

UHT灭菌机械系统的开发是由荷兰的斯托克（Stork）公司在20世纪50年代初率先研制，随后国际上又出现了多种类型的超高温灭菌设备。由于这种设备灭菌效果特别好，几乎可以达到“无菌”的要求，所以被用于牛乳的灭菌处理。20世纪60年代初，金属罐无菌包装技术获得成功，促进了超高温灭菌与无菌包装技术相结合，从而发展了灭菌乳生产工艺。从此超高温灭菌装置获得较广泛的应用。自20世纪80年代后，UHT技术得到了更大的发展，其应用范围不仅仅限于液体产品，目前已可应用于固液混合产品和固体粉状产品等。灭菌装置也有很大的发展，如欧姆加热装置、气流式灭菌装置等的开发，进一步促进了超高温灭菌技术与机械的发展。

对于目前常用的UHT灭菌装置，在直接加热方式中，有将蒸汽直接喷入食品中的蒸汽喷入式和将食品喷入蒸汽中的喷入式两种加热方法。在间接加热方式中，有板式加热、管式加热以及刮板式加热等装置。板式装置是加热介质和物料通过隔板间隙时，相互进行热交换。管式装置是管中的蒸汽或热水对管内盘管中流过的物料进行热交换的加热装置。刮板式UHT灭菌装置一般用于高黏性食品和含有固形物的流动食品的加热灭菌。

（一）低黏性物料UHT灭菌系统

1、灭菌系统的设备组成

（1）热交换器　低黏性物料使用的UHT灭菌热交换器主要有：蒸汽直接喷射式、物料喷射式（蒸汽浸渍式）、板式（也称片式热交换器）、管式、表面刮板式等。其中蒸汽直接喷射式、物料喷射式是直接加热方式；板式、管式、表面刮板式是间接加热方式。

目前蒸汽直接喷射式、物料喷射式（蒸汽浸渍式）、板式等热交换器内部液体流过的流路较窄，故只用于黏性低的液状食品。管式和表面刮板式热交换器虽然也适用于低黏性物料，但它们相对热效率略差，价格也高，尤其是表面刮板式热交换器价格更高，故一般不采用。此外，上述热交换器的热效率高，可以连续快速加热和冷却，与其他热交换器相比价格便宜，因此在生产中被广泛采用。但蒸汽喷射式和物料喷射式装置一般不单独使用，大多和板式热交换器联合使用。

（2）保温管　这是在热交换器和冷却器之间设置的单层金属管。物料在热交换器中加热升温到所需的温度后，即进入保温管，且在此温度下保持一定时间，以达到杀死微生物，确保食品商业无菌的目的。保温管的粗细和长短由物料的流量、流速、黏性、滞留时间等因素而定。为了防止空气混入其中，保温管从加热器到冷却器需设置成向上有一定的坡度，以防一旦物料中有空气混入，产生温度不均、流量变化而使灭菌不充分的可能性。

（3）输送泵　物料通过热交换以及进行无菌灌装等一系列工序时都必须使用输送泵。

低黏性物料一般使用螺杆泵或离心泵。为了保证物料在热交换器中有一定的滞留时间，必须使用定量精度较高的输送泵。此外，为了克服热交换器中的压力，抑制物料产生沸腾，输送泵需保证一定的正压，以防止物料对泵内结构的污染。

（4）真空罐　真空罐使用一般有两种情况，一是在加热灭菌前从食品中除去氧气（脱气），另一种是在加热灭菌后进行瞬时闪蒸冷却。

以脱气为目的时，通常用板式热交换器将食品预热后送入真空罐中，除去氧气之后再送入板式热交换器中加热到灭菌目标温度。以瞬时冷却为目的时，一般在采用蒸汽喷入式热交换器时使用。这样使用的真空罐也称为蒸发冷却罐。

（5）均质机　均质机是使食品粒子微粒化的均质化加工设备。均质的目的是为了防止液体食品中粒子沉降或上浮而产生分层现象，同时使食品产生纯厚爽口的口感。均质根据不同食品有两种不同的工序，即安排在预加热后、加热灭菌前进行的方式以及安排在加热灭菌及预冷却之后进行的后均质方式。

除上述装置外，其他辅助设备，包括背压阀、气动三通调节阀等。同时，为了确保食品无菌，需安装控制、监视及记录温度、压力、流量等重要参数的仪器。对温度、压力、流量等的控制和监视相当复杂，通常采用自动化控制。此外，有时对加热灭菌及冷却后的物料需短暂贮存一段时间，因此，在 UHT 灭菌装置后一般设有无菌的缓冲罐。

2. 灭菌系统流程

（1）蒸汽喷入式热交换器的 UHT 灭菌系统　图 10-2 为英国 APV 公司的蒸汽喷入式 UHT 灭菌系统工作流程，液体物料首先由泵 1 抽出，进入第一预热器 2、第二预热器 3 被预热到 75～80℃；随后由泵 4 抽出，经气动流量阀 5 进入蒸汽喷射装置 6，在该

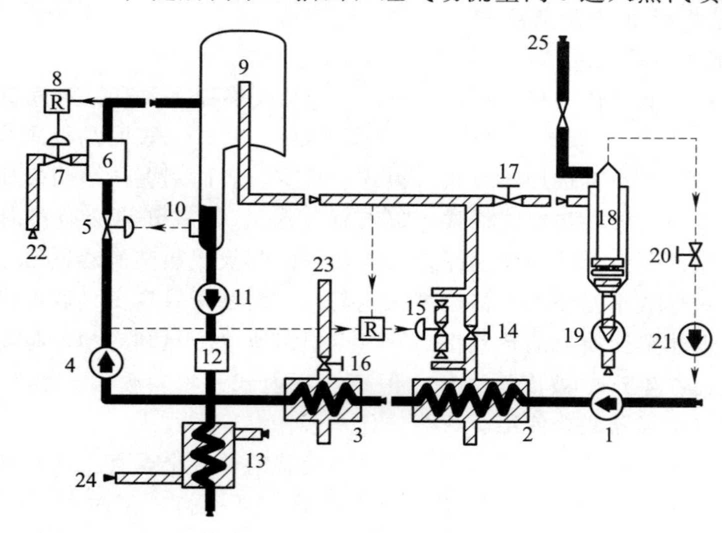

图 10-2　APV 公司的蒸汽喷入式 UHT 灭菌系统工作流程

1、4—输送泵　2—第一预热器　3—第二预热器　5—气动流量阀　6—蒸汽喷射灭菌装置　7—气动蒸汽阀　8—灭菌温度调节器　9—真空罐　10—装有液面传感器的缓冲器　11—无菌泵　12—均质机　13—冷却器　14、17—蒸汽阀　15—气动蒸汽阀　16—相对密度调节器　18—喷射冷凝器　19—冷凝水泵　20—真空调节阀　21—真空泵　22—高压蒸汽　23—低压蒸汽　24、25—冷却水

口处直接喷入蒸汽，物料瞬间被加热到灭菌温度（140～150℃），然后通过保温管单元保温 2～5s，再进入真空罐 9 中，此间低压下物料在此蒸发除去大致相当于蒸汽喷入时混入的水分，同时使物料冷却到约 77℃。水冷凝器 18 和真空泵 21 将产生的蒸汽冷凝、同时抽出不凝气体，使真空罐保持一定的真空度。经过灭菌的物料送至真空储罐并经无菌泵 11 送至均质机 12，进行压力均质，后再经过灭菌物料冷却器 13 进一步冷却至常温或低温。为保证系统的运行，设置有灭菌温度调节器 8、相对密度调节器 16 等多种调节控制装置。

需要说明的是，蒸汽喷入式热交换器的 UHT 灭菌方法在蒸汽冷凝时产生的冷凝水会稀释产品，因此，必须除去与冷凝水等量的水分，可在真空罐中闪蒸除去多余的水分。此法大多用于乳品的加工。

（2）板式蒸汽间接加热 UHT 灭菌系统　板式蒸汽间接加热 UHT 灭菌系统主体上由数组板式热交换器 UHT 灭菌装置组成。图 10-3 为板式热交换器结构简图，其由一组 0.5～0.8mm 厚金属薄板构成，相邻薄板间衬密封圈 11，并用框架组装而成。一组换热板 13 固定在导杆 5 上，前端为前支架 1，由压紧螺杆 8 实施压紧板与换热板的叠合，板间的密封圈使两块板之间构成 3～6mm 的间距并防止物料泄漏。各块板上通过上下角孔 2、12 叠合构成流通通道，物料和蒸汽分别在板的两侧流动并进行热交换。板表面冲压成各种形状的波纹结构，可强迫使流体流动中达到湍流状态，有效提高热交换效率。

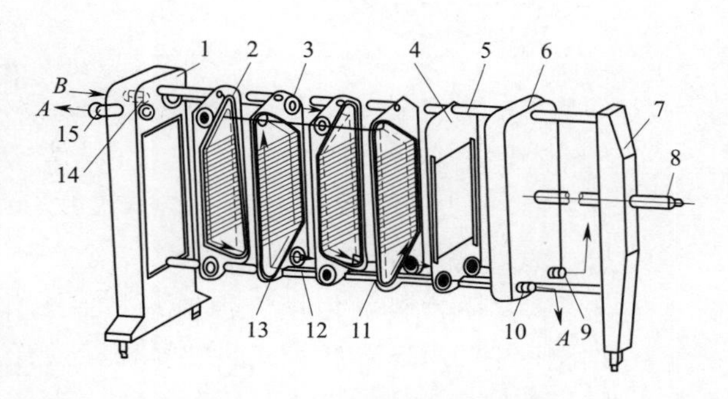

图 10-3　板式热交换器结构简图

1—前支架　2—上角孔　3—圆环密封垫圈　4—分界板　5—导杆　6—压紧板　7—后支架　8—压紧螺杆　9、10、15—连接管　11—密封垫圈　12—下角孔　13—换热板　14—板架

（二）高黏性物料的 UHT 灭菌系统

高黏性物料的 UHT 灭菌一般采用间接加热的表面刮板式、套管式间接加热以及蒸汽直接喷射式灭菌等。对于像番茄酱这类的产品，为了防止加热引起的焦煳问题，通常采用刮板式 UHT 灭菌装置。

图 10-4 所示为刮板式装置结构简图，装置由套筒及旋转刮刀等组成，蒸汽或冷水通过内筒的外侧夹层，物料在内筒中通过，内筒中装有旋转的刮刀，刮刀由不锈钢或聚四氟乙烯材料制成，可以刮去内筒内表面黏附的物料，防止焦煳。该装置不仅可以用于高黏性物料，还可用于含固形物的流体物料。

但是，采用一般的刮板式热交换器进行灭菌处理时，因传热面积有限，为了提高热交换速率必须使用高温的热介质，因此一些热敏性食品易产生焦煳现象，加热时的搅拌剪切力也易使产品品质降低。近年来，为了克服刮板式的缺陷，防止蛋白质等成分的热变性及质构变化，相继出现了间接加热法的套管式热交换器以及新型直接加热方式的吴羽式灭菌装置。

套管式热交换器基本结构如图 10-5 所示。物料的灭菌、保温、冷却都采用该形式

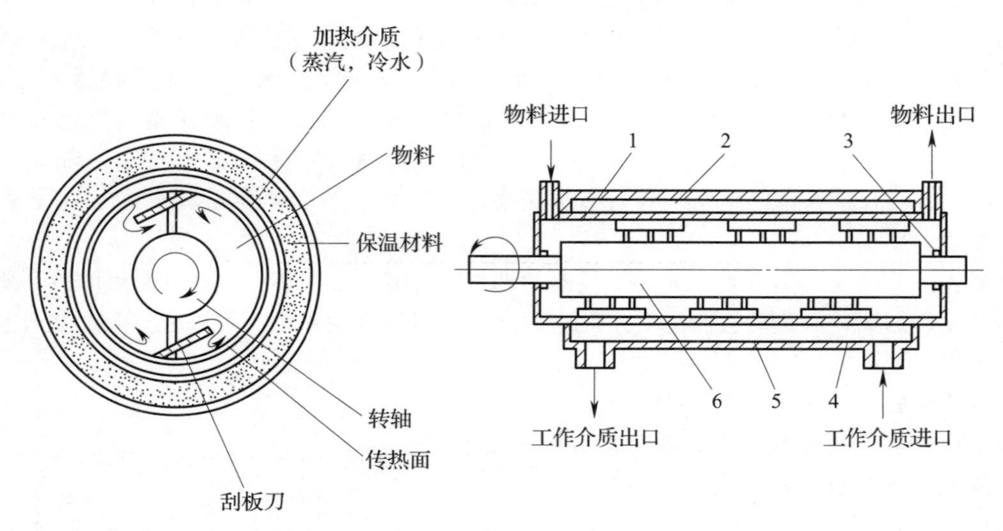

图 10-4　刮板式热交换器结构简图

1—物料筒　2—夹套（保温材料）　3—轴封　4—刮板刀　5—销栓　6—转轴

的热交换器，其中物料在内层管内流动，而工作介质在内外层的夹层中流动，进行热交换。实际中都采用环形套管式热交换器，没有密封圈与流动“死角”，因而可承受很大的压力。

日本开发的吴羽式 UHT 装置，其蒸汽混合基本结构如图 10-6 所示。高黏性物料经过流体通过部位时，高温高压的蒸汽从夹套部位经多孔板喷射将微生物杀死。其整个工艺过程是：在设备灭菌区将蒸汽喷入高黏性物料中进行混合，使物料瞬间升到灭菌温度（100～150℃），且加热均匀，然后在真空系统蒸发除去多余水分，再瞬间冷却至所要求的温度。该装置与以前的 UHT 灭菌装置比，最大优点是能应用于此前因加热焦煳、变色、风味损失而无法进行 UHT 灭菌的食品，使这类高黏性食品在基本不影响品质的情况下可连续进行 UHT 灭菌。

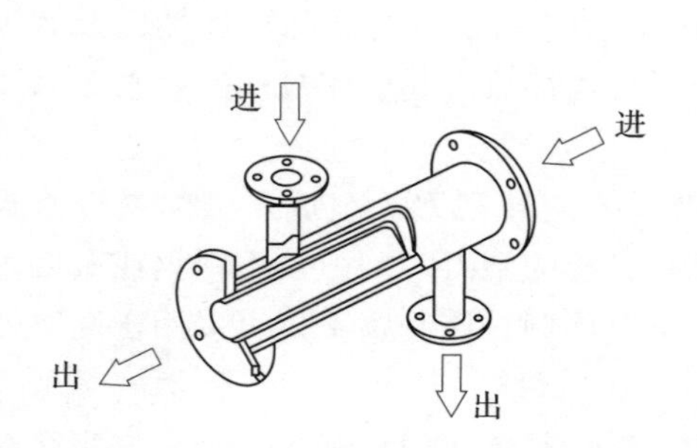

图 10-5　双层套管式热交换器基本结构

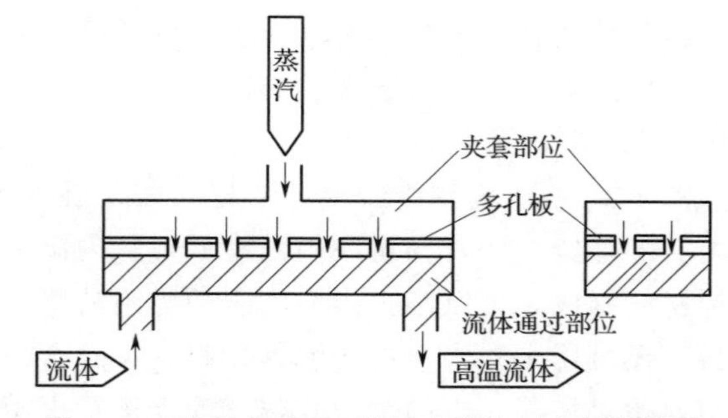

图 10-6　吴羽式 UHT 装置中蒸汽混合结构简图

（三）固液混合物料的 UHT 灭菌系统

固液混合物料 UHT 灭菌比低黏性物料难度大，固形物的大小、厚薄对加热灭菌有较大影响。表 10-2 为固液混合物料用的四类 UHT 灭菌装置，这四类装置分别是表面刮板式、欧姆加热式、微波加热式和 Jupiter 方式等。

表 10-2　　固液物料用 UHT 灭菌装置与原理

UHT 灭菌装置	灭菌原理
表面刮板式	在套筒的内筒外侧通蒸汽或冷水，使其对内筒中的物料进行间接加热或冷却。
Jupiter 方式	在容器内对固形物进行 132℃，5min 的加热灭菌，冷却后，加入无菌的调味汁。
欧姆加热灭菌式	对流动的固液混合食品施加电压，电流流动时，瞬时产热进行加热灭菌。
微波加热式	将固液混合食品装入包装容器中，密封后用微波进行高温短时灭菌。

第三节　典型无菌包装系统

目前，国际上有数十家公司提供各种不同的无菌包装设备。根据包装容器的特征可将无菌包装系统设备分为以下几种类型：

① 软塑袋无菌包装系统。

② 纸盒无菌包装系统设备。

③ 瓶（塑料、玻璃）无菌包装系统设备。

④ 热成型容器无菌包装系统设备。

⑤ 金属罐无菌包装系统设备。

一、软塑袋无菌包装系统

目前塑料袋无菌包装应用最为广泛，其设备国际上以芬兰 Elecster 公司的 FinPak（芬包）、瑞典利乐公司的利乐枕、加拿大 DuPotn 公司的 PrePak（百利包）等最具代表性，中国包装和食品机械总公司、山东碧海、杭州中亚等国内企业也早已完成该类设备自制，设备型式均为立式制袋充填包装机。

图 10-7 为 Elecster 公司的 FPS-2000LL 塑料袋无菌包装机结构简图。总体上由电阻式 UHT 灭菌设备、FPS-2000LL 无菌包装机、空气过滤灭菌器和 CIP 清洗设备等组成。该包装系统主要用于包装牛奶、饮料等流体食品的包装。其主要由薄膜牵引与折叠装置、纵向与横向热封装置、袋切断与打印机构、计数器、膜卷终端光电感应器、双氧水和紫外灯灭菌装置、无菌空气喷嘴和定量灌装机构等组成。包装薄膜经双氧水浸渍灭菌并刮除余液，再经紫外灯室（由上部 5 根 40W 和下部 13 根 15W 紫外灯）紫外线的强烈照射灭菌，然后引入成形器折成筒形，进行纵向热封、充填、横封切断并打印而成包装袋成品。无菌空气经高温蒸气灭菌和特殊过滤筒获得，引入无菌包装机后分为两路，一路送入紫外灯灭菌室，一路送入灌装室上部以 0.15～0.2MPa 压力从喷嘴喷出，保持紫外灯室、薄膜筒口和灌装封口室内无菌空气的过压并经加热器快速加热灭菌，并经保持器保温一段时间，接着通过四组刮板式热交换器迅速冷却至室温送至无菌包装机。该包装机有两种规格，包装容量分别为 0.2～0.5L 和 0.6～1L，系统的生产能力达 1000L/h。

芬兰 Elecster 公司 EA 系列塑料袋无菌包装机外形如图 10-8 所示。

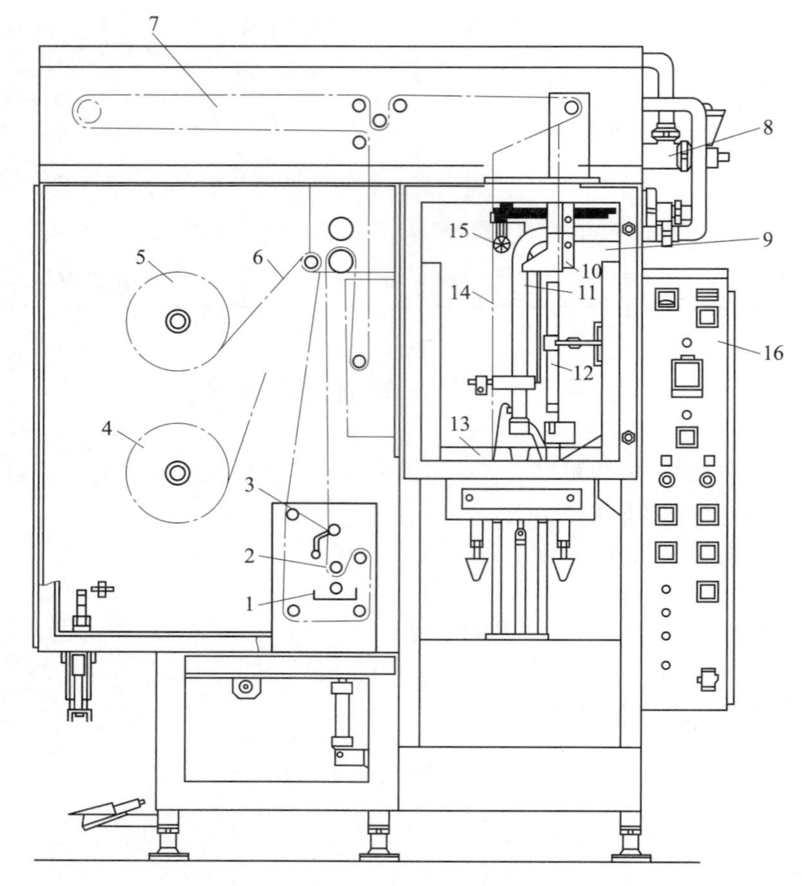

图 10-7　FPS-2000LL 塑料袋无菌包装机结构简图

1—H_2O_2 浴槽　2—导向辊　3—H_2O_2刮除辊　4—备用薄膜卷　5—薄膜卷
6—包装薄膜　7—紫外灯室　8—定量灌装泵　9—无菌腔　10—三角形薄膜折叠器
11—物料灌装管　12—纵缝热封器　13—横缝热封和切断器　14—薄膜筒　15—无菌空气喷管　16—控制箱

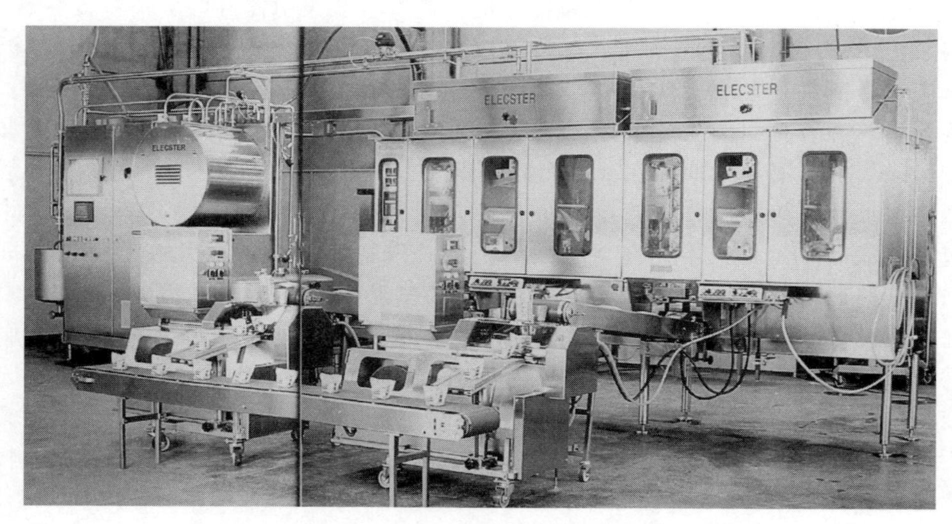

图 10-8　Elecster 公司 EA 系列塑料袋无菌包装系统外形图

近年来，大袋、箱中袋无菌包装开始得到应用。大袋无菌包装机由无菌灌装头、加热系统、抽真空系统、计量系统和计算机控制系统组成，并有两个无菌灌装室，工作时相互交替使用，其工作程序可分为三个过程：

（1）设备清洗　它由CIP系统提供酸碱液和清洗液进行程序清洗，保证管道不残存物料。

（2）设备灭菌　采用蒸汽灭菌，将一定压力的高温蒸汽送入管道和灌装室，保持一定时间达到灭菌要求。

（3）无菌灌装　将无菌大袋的袋口放入无菌灌装室，夹在下面夹爪上，喷入灌装室的氯气包围住袋口，为袋盖灭菌，然后机械手在计算机控制下拔掉袋盖，抽掉袋内空气，灌入杀过菌的物料，灌满后抽去袋内多余气体，并充入氮气和盖好盖子，完成全部灌装过程。

灌装时，为了保证无菌环境，机器各运动部件全部用蒸汽密封。所使用的压缩空气经过过滤除菌，灌装室始终保持正压以免外界带菌空气侵入。

Star Asept为一种新型的大袋无菌灌装方法。该装置的灌装阀设计独到，它不需无菌室也能进行无菌灌装和封盖处理。实际加工时，先将已灭菌的带盖内衬袋供给灌装装置，用蒸汽对特殊的灌装口进行灭菌，自动地开盖灌装已进行了UHT灭菌的食品，然后封盖，图10-9为灌装阀的工作过程。该装置不仅用于液体食品，还能充填包装含固形物的流体食品。

图10-10为日本DN-AB型无菌灌装机的工艺简图，适用于箱中袋包装系统。该包装产品容量大，包装的食品有浓缩果汁、奶油、汤汁、水果沙司等。

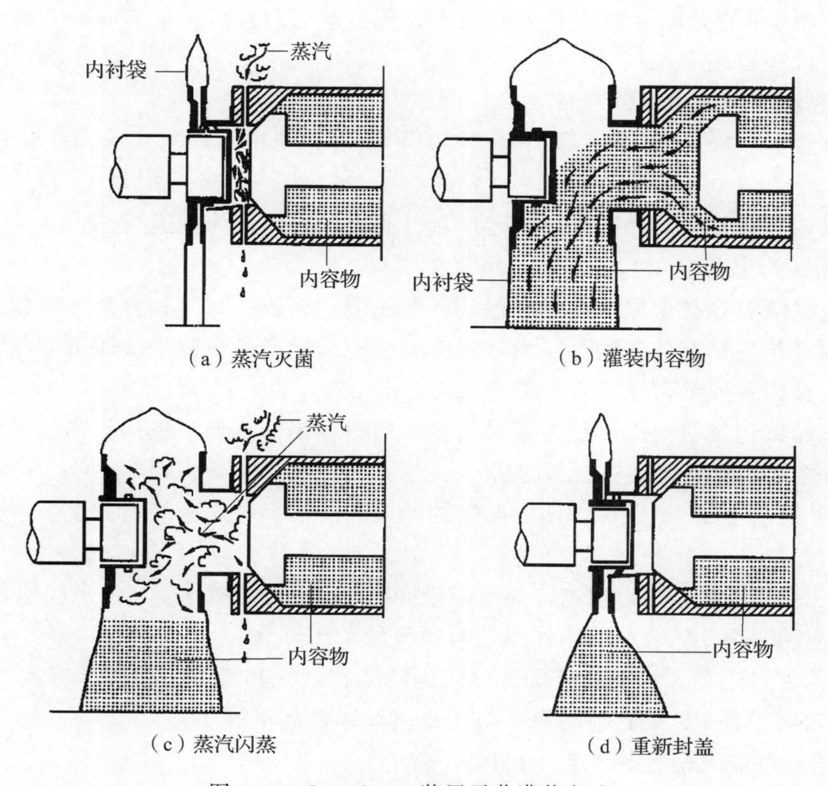

图10-9　Star Asept装置无菌灌装方法

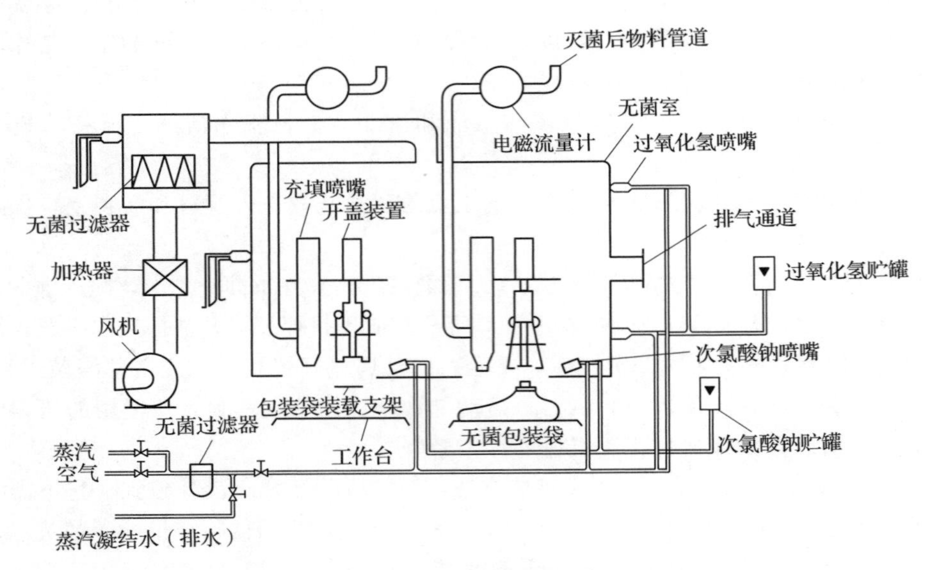

图 10-10　DN-AB 型无菌灌装机工艺简图

二、纸盒无菌包装系统

盒装是将被包装物品按要求装入包装盒中，并实施相应的包装封口作业后得到的产品包装形式。装盒包装工作中涉及待包装物品、包装盒与装盒机三个方面，它们以装盒包装的包装工艺过程相连接。

(一) 在线成型纸盒无菌包装

纸盒有菱形（标准型)、砖形、屋顶形、利乐冠和利乐王等包装形式，容量从 125mL 至 2L 不等。

下面以瑞典利乐公司的利乐成型砖形盒（利乐包）包装为例进行论述。

1. 利乐砖形盒包装材料

利乐包以纸板卷材为原料在无菌包装机上成型、充填、封口和分割为单盒。采用纸板卷材直接制盒包装具有节省贮存空间，集成型、充填、产品包装于一体可避免污染以保证高度无菌，操作强度低，生产效率高等特点。

利乐包的纸包装材料以纸板为基材与多层塑料和铝箔复合，包括印刷油墨层在内共有 7 层，各层的功能如下（从外层到内层)：

① 最外层为 PE，用以保护印刷图案的油墨和防潮，并用于纸盒的上、下折叠角与盒体粘合。

② 第二层是纸板，用以印刷，并赋予包装具有一定的机械强度，便于成型和稳定放置。

③ 第三层是 PE 黏合剂，用作铝箔与纸板的紧密黏合。

④ 第四层是铝箔，用于气体和光的阻隔，防止氧气和光对产品的影响。

⑤ 最内两层是 PE 或其他塑料，防止流质液体食品泄漏。

2. 利乐砖形盒无菌包装工艺与机械

图 10-11 为 TBA/8 型砖形盒无菌包装机的外形结构和工作原理，主机主要包括包装

材料灭菌、纸板成型封口、充填和分割等机构装置，辅机有无菌空气和双氧水灭菌装置等。包装纸板从纸卷1经过打印日期装置4，引入35%双氧水溶液浴槽8灭菌，再经过双氧水挤压辊9和空气刮水刀，除去残留的双氧水，进入机器上部的无菌腔并折叠成筒状并由纵缝加热器13封接纵缝；物料从充填管12充入纸筒后，横向封口钳19将纸筒挤压成砖形盒，经横向封口切断为单个盒离开无菌腔；最后由两台折叠机将砖形纸盒的顶部和底部折叠成角并下屈与盒体粘接形成砖形盒，整个包装过程结束。TBA/8砖形盒无菌包装机的包装范围为124～355ml，而TBA/9型砖形盒无菌包装机包装范围为125～284ml，生产能力为6000～7500包/h。

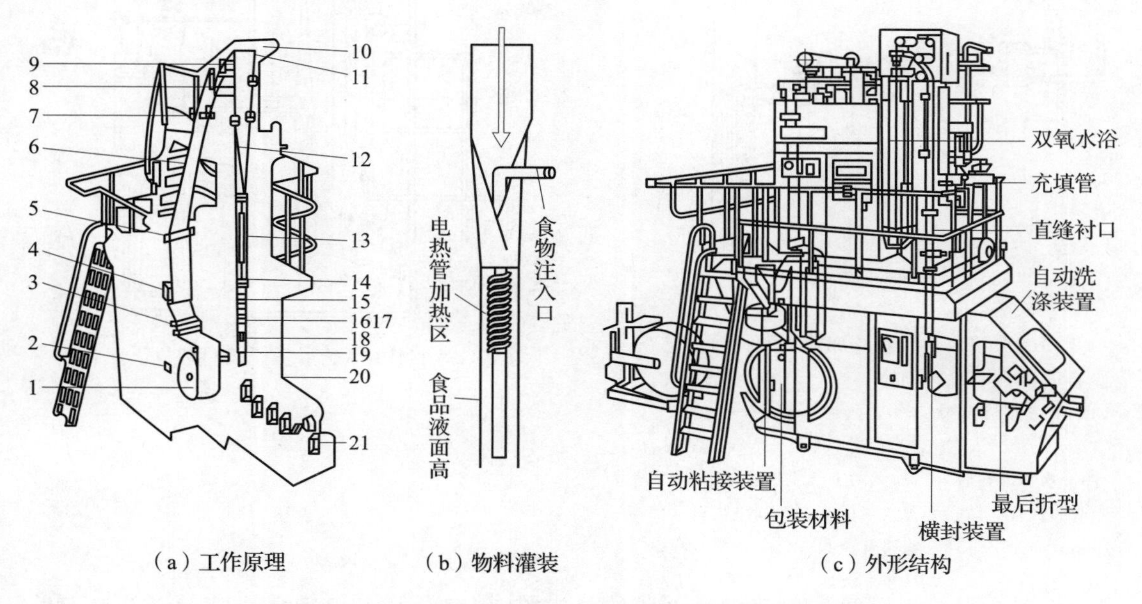

图10-11　TBA/8砖形盒无菌包装机的外形结构和工作原理

1—纸板卷　2—光敏传感器　3—纸板平服辊　4—打印日期装置　5—纸板弯曲辊　6—纸板接头记录器　7—纸盒纵缝粘接带粘接器　8—双氧水浴槽　9—双氧水挤压辊　10—无菌空气收集罩　11—纸板转向辊　12—物料充填管　13—纸筒纵缝加热器　14—纵缝封口器　15—环形加热管　16—纸筒内液面　17—液面浮标　18—充填管口　19—纸筒横向封口钳　20—接头纸盒分拣装置　21—纸盒产品

（1）无菌空气装置　无菌包装机操作前的灭菌和物料充填都需要提供无菌空气，图10-12为无菌空气装置的空气循环加热灭菌原理。水环泵1从进水口2供水，在泵运转时构成泵内密封水环并吸收回流空气中残留的双氧水。水环泵压出约0.015MPa压力的空气经过气水分离器3分离水分，而后进入空气加热器5被加热到360℃的工作温度。从加热器出来的无菌热空气一部分由管道送至包装机的纸筒纵缝封口器用作热封；一部分无菌热空气经过冷却器7被冷却至80℃左右，冷却的无菌空气由空气控制阀8、9控制分成两路，当进行小容量包装时空气控制阀8开启，而当大容量包装时空气控制阀9开启、空气控制阀8关闭。无菌空气从纸筒上部供气管11引至密封纸筒液面上的空间。无菌空气在13处折流向上经收集罩17回流到水环泵再循环使用。

（2）机器灭菌　无菌包装开始前，所有与无菌物料直接或间接接触的机器部件都必需进行消毒灭菌。TBA/8型砖形盒无菌包装机的消毒灭菌是先在机器的部件上喷射35%的

H_2O_2溶液，然后用无菌热空气使之干燥。

如图 10-13 所示，机器灭菌过程为：首先预热无菌空气加热器和纵向粘接带加热器加热，在达到 360℃的工作温度后；将 35％的 H_2O_2溶液喷射分布到包装机的无菌区和机器其他待灭菌部分；H_2O_2溶液喷雾量和喷雾时间自动控制以确保最佳的灭菌效果；喷雾消毒结束后自动用热空气干燥。机器灭菌的整个过程约 45min。

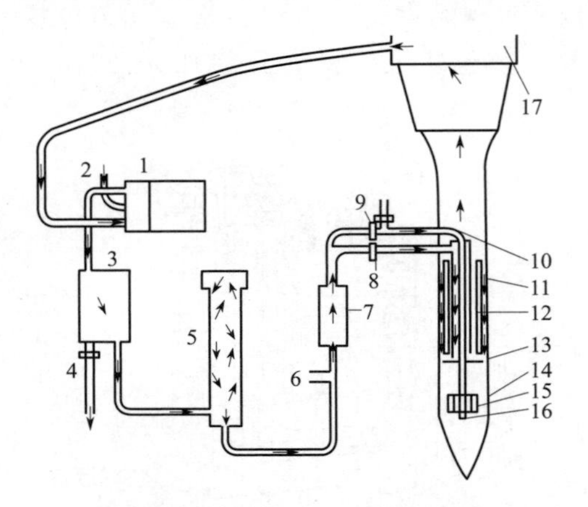

图 10-12 空气循环加热灭菌原理

1—水环泵 2—进水口 3—气水分离器 4—废水排出阀 5—空气加热器 6—热空气分流管 7—空气冷却器 8、9—空气控制阀 10—物料进料管 11—无菌空气供气管 12—环形电加热管 13—无菌空气折流点 14—物料液面 15—液面浮子 16—物料节流阀 17—空气收集罩

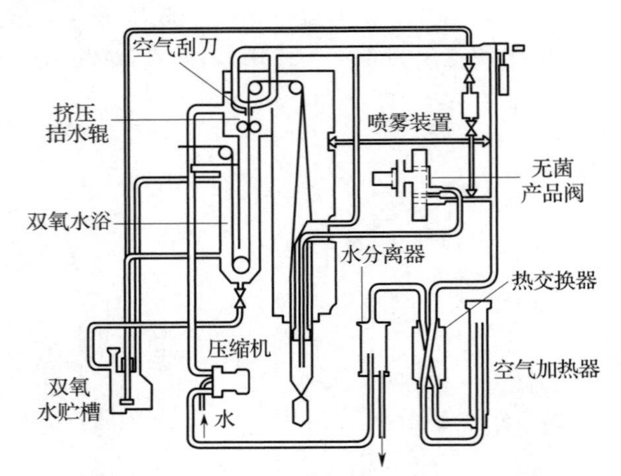

图 10-13 TBA/8 砖形盒无菌包装机灭菌过程

(3) 包装材料灭菌 包装材料灭菌过程如图 10-14 所示，包装纸带引入 75℃左右的 35％H_2O_2液浴槽中，经过预设时间的浸浴灭菌后，纸带从 H_2O_2液浴槽带出，而后经双氧水挤压辊和空气刮水刀除去残留 H_2O_2液，并用空气喷嘴吹干。当纸带成型为纸筒并向下延伸进行纵缝封口时，热无菌空气从纸筒内液面上折回向上流动，以防纸筒再度被细菌污染。在纸筒液面上的无菌空气被管状电加热器加热到高温，利用热辐射和对流加热空气与纸筒内表面，而加热器底端温度仅 110～115℃。此时，纸筒内表面的 H_2O_2受热分解出新生态“氧”，可进一步增强 H_2O_2的灭菌效果并减少纸盒内表面的 H_2O_2残留量。

(4) 纸盒成型、充填、封口和分割 包装材料纸板带经导向辊进入无菌区，借助三个成型部件折叠成纸筒，并通过纵向热封器将纸筒的纵缝封合。图 10-15 是纸盒纵缝密封的结构，在纵向热封前，将密封带加入到纸筒内部搭接的纵缝上，纵向热封器将密封带与搭接的纵缝粘接纵封。

物料无菌充填如图 10-16 所示，无菌物料通过进料管进入纸筒内，其液面由浮子与节流阀控制。横向封口均在物料液面下进行，因而可获得完全充满的包装。包装热封后由横向封口钳夹持向下移位。纸筒的横向封口采用高频感应加热，周期约 200ms 的高频脉冲电流通过纸板的铝箔感应加热，在封口钳的压力下使内层的聚乙烯密封带与纸盒的纵缝熔接密封。

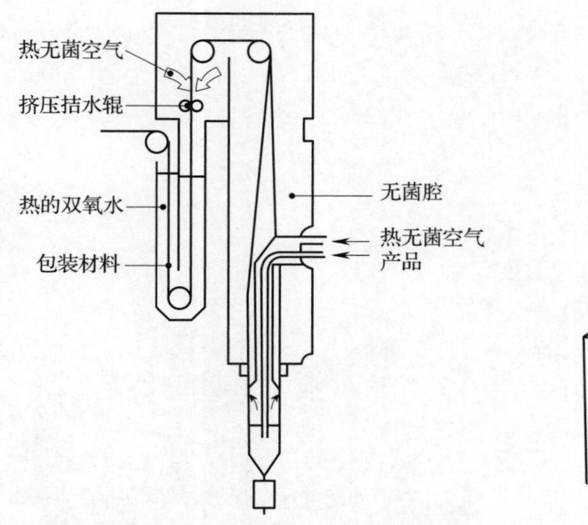

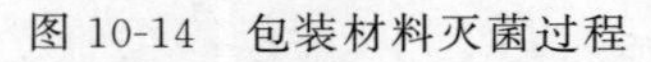
图 10-14 包装材料灭菌过程

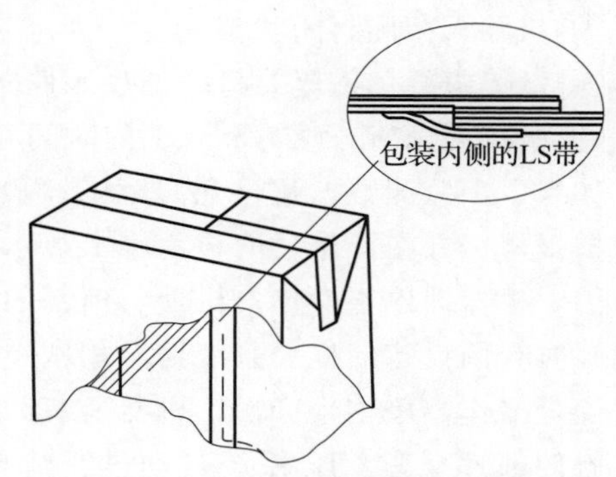

图 10-15 纸盒纵缝密封的结构

（5）带有顶隙包装盒的充填 带有顶隙包装盒可充填高黏度或含颗粒的食品（图 10-17），包装中物料按充填前预先设定流量进入，同时通过导入无菌空气或惰性气体来形成包装上部的顶隙。下部的纸筒由一个特殊的密封环使它从无菌腔室中分离，并施以微小的过压使密封的包装最终更好地成型为纸盒。

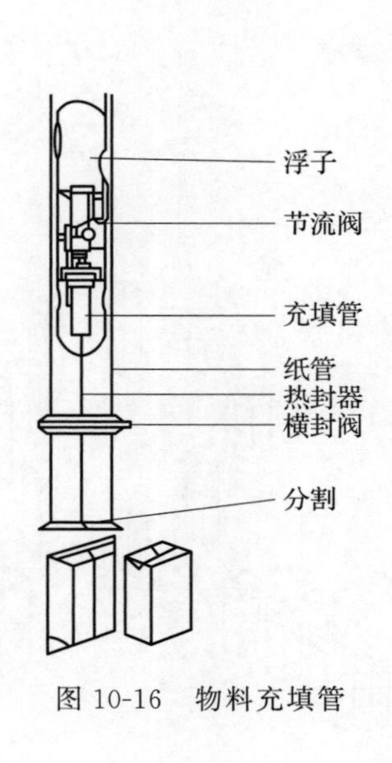

图 10-16 物料充填管

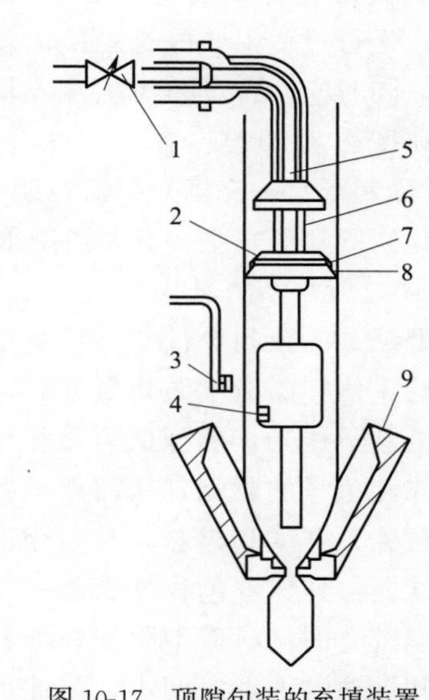

图 10-17 顶隙包装的充填装置

1—恒定流量阀 2—膜

3—超量充填报警传感器

4—磁头 5—灌装管 6—顶隙管

7—夹持器 8—密封垫圈 9—盒成型夹钳

（6）包装盒折叠成型 经过灌装和封口的包装被分割为单个包装，送到两台折叠机上，将包装盒的顶部和底部折叠成角并向下弯折，用电加热的热空气将折叠角与盒体黏合。

（7）机器的安全和卫生　该机器可对无菌充填和包装的各项参数进行连续监测，其监测过程和参数包括：

① 无菌空气的压力与温度。

② 双氧水浴槽溶液的温度以及喷雾量。

③ 灌装液位。

④ 机器无菌腔封闭状态。

⑤ 纸筒纵缝和横缝封口的加热元件操作工况。

⑥ 机器灭菌时，喷雾和灭菌的时间和温度。

如果以上监测数据超过允许范围，触发报警器报警，并在操作台的显示屏上显示故障原因，机器即停止操作。机器与前部的超高温瞬时灭菌设备的报警系统信号相联系以确保安全操作。停止生产后，机器所有与产品接触的部件通过 CIP 系统自动进行清洗。物料充填和纸盒折叠机由机外的自动清洗系统执行。

图 10-18　BH9000 砖形盒无菌包装机外形结构

图 10-18 为我国山东碧海机械科技有限公司生产的 BH9000 砖形盒无菌包装机外形结构，该机械系统将单纸仓升级为双纸仓，解决了生产运行过程中要停机更换包装纸的技术难题，同时同一台设备可实现不同容量纸盒的快速转换，适应行业对柔性包装的需求，生产速度达 9000 盒/h。

（二）预制纸盒—充填—封口包装

目前预制纸盒形式主要有屋顶型纸盒与砖型无菌纸盒。

1. 屋顶型纸盒无菌包装

屋顶型纸盒的独到设计与其特有的材质及结构，使其能适度防止氧气和水汽进出，纸盒不透光，能降低氧化作用对产品风味和色泽的影响，从而保护盒内物料的营养、鲜度和口味，是当今世界果蔬汁饮品最佳保鲜包装容器之一。

屋顶型纸盒的材料成本除较其他材料低外，其运输时占据空间小，因此可充分利用运输能力，降低了储运成本。

屋顶型纸盒灌装工作原理如图 10-19 所示，其主要工艺过程如下：

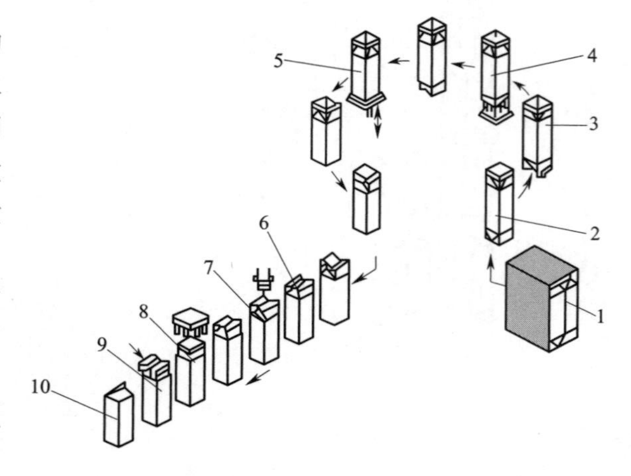

图 10-19　屋顶型纸盒灌装工作原理图

1—供盒盒库　2—进盒　3—底部预折　4—底部加热　5—底部成形与封合　6—顶部预折　7—纸盒灌装　8—顶部加热　9—顶部封合与打印　10—卸出

① 供盒。操作人员将空纸盒放入供盒匣内。

② 纸盒底部预折、成形与封合。

纸盒被真空吸盘吸出，并被推送进入成形心轴。纸盒底部预折后，由加热器局部加热，使PE熔解。同时成形器沿纸盒底部轧压线将底部成形。底部加压器在纸盒底部加压，同时使熔解的PE冷却黏合，使纸盒底部完成封合。

③ 脱盒。底部封合后由真空吸盘自成形心轴上将纸盒吸出，进入传送器向前移到顶部成形区。

④ 顶部预折。顶部预折器及盖罩沿纸盒顶部轧线将纸盒顶部预折成形。

⑤ 灌装。顶部预折过的纸盒被送人灌装区，在此物料经充填泵，灌注入纸盒内。

⑥ 顶部封合与打印。充填后，纸盒进入顶部封合区，此时纸盒顶部折片受热空气加热，PE熔解活化。封合器与日戳加压，PE冷却黏合，使顶部封合并进行打印。

⑦ 卸出。顶部封合好后，纸盒自机器末端卸出，进入后续的传送链条上。

图10-20为国际纸业公司生产的屋顶型纸盒包装机工作原理示意图。

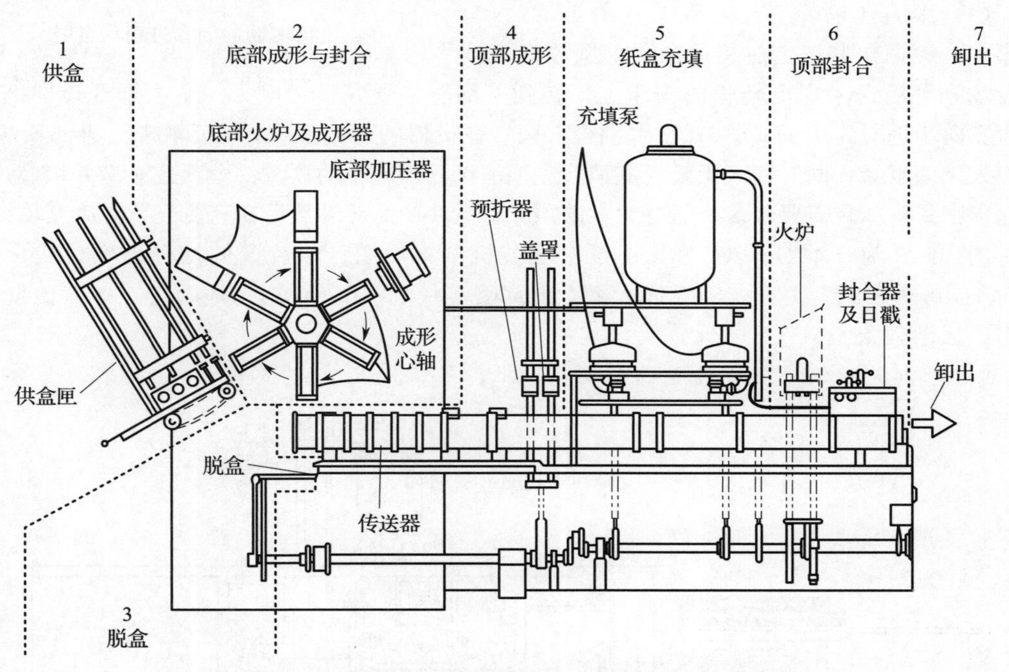

图10-20　国际纸业公司屋顶型纸盒包装机工作原理示意图

2. 砖型纸盒无菌包装

预制砖型纸盒包装系统采用塑料/纸/铝箔作为包装材料，灭菌方法采用 H_2O_2 和热空气进行消毒，在无菌空气中充填；充填方法为同时使用 H_2O_2 和紫外线照射消毒，在无菌空气中进行灌装操作。

对包装材料灭菌最常用的方法是用 H_2O_2 溶液湿热涂在包装材料内部面对其消毒灭菌。无菌灌装采用设置无菌区域，由包装材料形成的筒状无菌腔室进行灌装。无菌区或无菌腔室都是用经过过滤的无菌蒸汽形成恒定的正压，这种正压压力大于外界环境中的空气压力使气流流动方向由内向外，空气中的微生物因此不能进入无菌区域而达到无菌灌装。

预制纸盒无菌包装最大的特点是物料灌装后顶部封口是在无菌区域中敞开状态下封口，并在盒内留有空隙，这对经超高温灭菌的乳品产生的焦煮味具有消除作用，从而使食品具有良好的风味感。

(1) 康美盒的包装材料和制盒过程　康美盒的包装材料是6层结构的复合纸板。纸板复合过程为纸板外层用挤出法涂布LDPE以提供良好的印刷表面和热封性，纸板内表面再用LDPE与铝箔黏合，最内层用黏合剂与LDPE膜黏合，成为与食品接触的无毒层。整个复合纸板的70%为纸板，25%是聚乙烯，5%是铝箔。

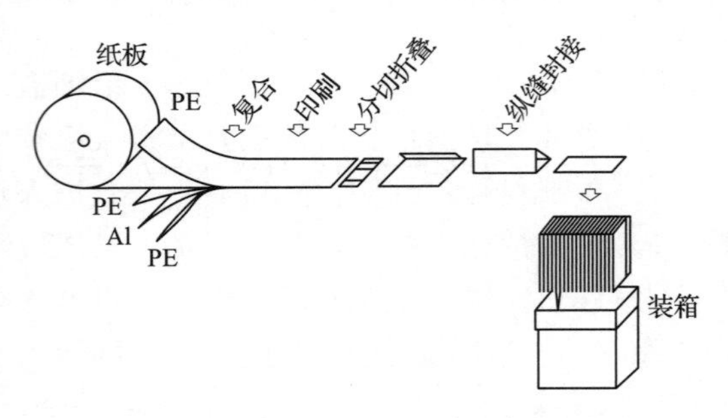

图10-21　康美盒的制盒过程示意图

图10-21是康美盒的制盒过程示意图。先在纸板上印刷图案，再进行分切、折叠、压痕制成盒坯，盒坯的纵向缝密封采用火焰加热专利技术，使之黏合成开口的纸筒。康美盒可以根据用户的要求改变包装的容量。

(2) 康美盒包装工艺与机械　图10-22为康美盒无菌包装工艺过程示意图。型芯将纸盒坯张开后送入定形转轮的支座上，转到下部时将盒底密封成为一个上部开口的纸盒；纸盒纵向步进时先用H_2O_2和热空气混合灭菌；在机器的无菌部位，灭菌物料一步或分两步充填入无菌纸盒；同时注入无菌气流消除盒顶泡沫而构成小的顶隙；盒顶盖成型并用超声波将盒顶密封。如果需要包装产品有较大的顶隙，可使产品摇动然后在充氮气下实施充填。

图10-23为日本DN-AL型无菌纸盒灌装机结构简图。该装置的特点是底封成形后，喷射H_2O_2时，纸盒上升，喷嘴插入纸盒内部喷雾状H_2O_2，可均匀地附着在纸盒内壁上，提高了灭菌效果。

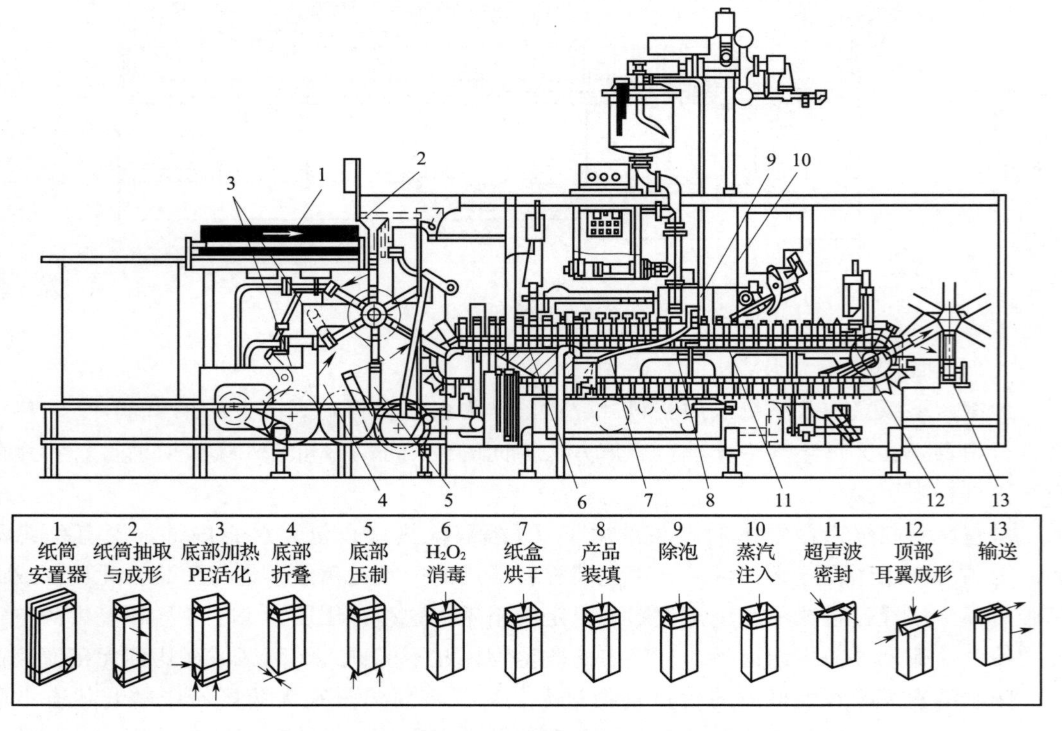

图10-22　康美盒无菌包装的工艺过程示意图

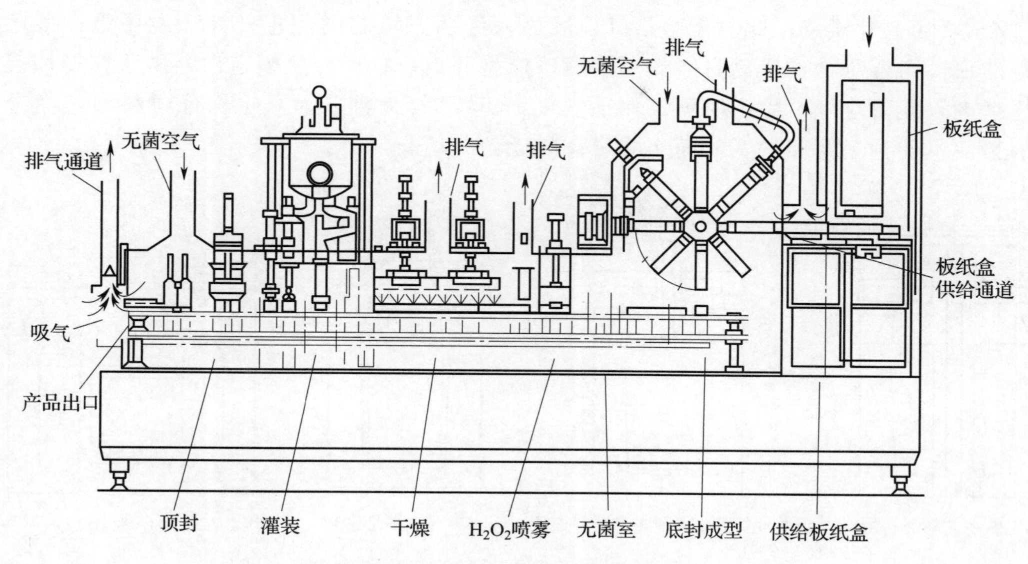

图 10-23　DN-AL 型无菌灌装机结构简图

三、瓶装无菌包装系统

瓶装无菌包装主要分为塑料瓶、玻璃瓶无菌包装。果蔬汁、饮料、奶制品等塑料瓶无菌包装已成为包装市场上发展最快的包装形式之一。

（一）塑料瓶无菌包装

塑料瓶无菌包装型式有在线吹塑瓶和预制瓶两种型式。

1. 在线吹塑瓶无菌包装

吹塑瓶无菌包装是在吹塑制瓶过程中自然构成无菌状态并充填和封口。该无菌包装系统是以热塑性颗粒塑料为原料，采用吹膜工艺制成容器，在无菌环境下，直接在模中进行物料的充填、封口。其显著特点是容器不需要二次灭菌，因为在挤压吹膜成形后模中的容器已是无菌了，故在无菌环境下可直接进行充填、封口。

该设备的包装规格从 1mL 到 10L。塑料瓶的造型依市场需要而变，但同时也受吹膜工艺及经济性的影响。设备的生产能力取决于模具的数量、充填体积等。下面列出该类设备的部分不同规格包装的生产能力：

小包装	～30mL	～20000 个/h
瓶子	～250mL	～7500 个/h
容器	～500mL	～6000 个/h
容器	～1000mL	～4500 个/h
容器	～3000mL	～450 个/h

用于制造容器的塑料主要是聚烯烃类，如聚乙烯、聚丙烯及其共聚物等。主要考虑的性能是材料的熔点是否适合于挤压、吹膜，且无毒、无臭、无味。

图 10-24 和图 10-25 是“Bottle Pack”塑料瓶的吹塑成型、无菌充填和封口过程。颗粒塑料经挤出机挤出的型坯被切割刀切成型芯并送入型坯模内，型芯被无菌空气吹塑成瓶型；与此同时，紧接着吹气/充填管进入瓶口将定量的无菌物料充填到瓶内。充填完毕，

吹气/充填管上升复位，此时无菌空气连续进入无菌充填腔内防止外界环境污染；型坯模上端的顶模闭合压紧，依靠真空作用使瓶口成型并封口；产品脱模送出。由于在型坯模上部连续进入无菌空气，生产时不仅保证吹气/充填芯杆无菌，而且也保证塑料型坯尚未成型的顶部也受到无菌保护，从而实现可靠的无菌充填与封口。

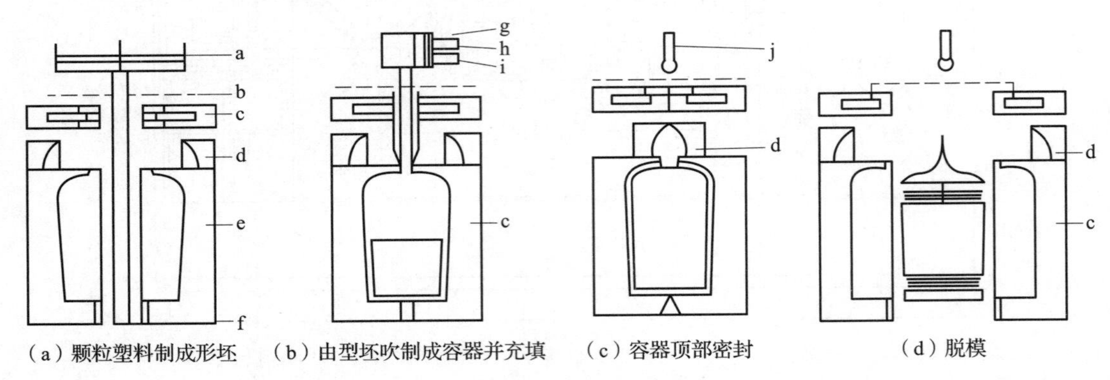

（a）颗粒塑料制成形坯　（b）由型坯吹制成容器并充填　（c）容器顶部密封　（d）脱模

图 10-24　“BottlePack”吹塑瓶无菌包装过程示意图

a—型坯　b—切割刀　c—真空供应　d—顶模　e—型坯模　f—塑料型坯　g—芯杆部件　h—压缩空气进口　i—压缩空气出口　j—吹气充填芯杆

2. 预制塑料瓶无菌包装

预制塑料瓶无菌包装是将预制瓶经灭菌后在无菌包装机内进行充填和封口，是目前塑料瓶无菌包装应用最广的形式。

（1）预制瓶包装材料

预制瓶的基本包装材料有多种如PET、PP、PC等，目前应用最广的是PET瓶，如与阻隔性包装材料共挤可得到气密性能非常好的容器。一般价格较低的PET瓶，由于未经结晶化，只能承受低于74℃的温度。而目前耐热性的PET瓶已广泛地应用于果汁饮料的包装，一般热灌装温度为87.7℃。

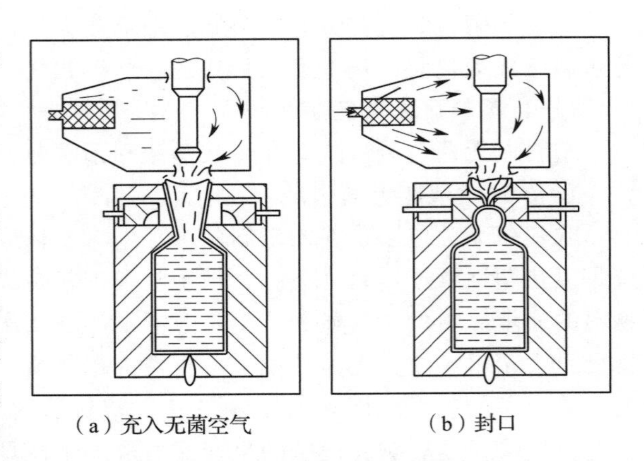

（a）充入无菌空气　（b）封口

图 10-25　瓶口的无菌空气保护与封口

（2）无菌包装系统

塑料瓶无菌包装系统如图 10-26 所示。其基本工艺过程为：首先将瓶口倒插的瓶子冲洗和预热；然后瓶内用带 H_2O_2 的热空气灭菌并在瓶的内外表面冷凝，经过一段时间后用无菌热空气干燥；最后进行无菌灌装与加盖密封。

① 塑料瓶灭菌。瓶的灭菌过程如图 10-27 所示。瓶子倒插入一密封的载瓶器内并送入灭菌部位；灭菌剂喷管上升插入瓶口，将带 H_2O_2 的热空气喷入瓶内灭菌；灭菌剂喷管全部插入瓶内而瓶上升，使灭菌剂能围绕瓶的内外表面流动。

② 瓶盖灭菌。根据瓶盖材料采用两种灭菌方法：对非热敏性金属盖可用高温饱和蒸汽灭菌，对机械性差和热敏性的塑料盖用 H_2O_2 液灭菌。

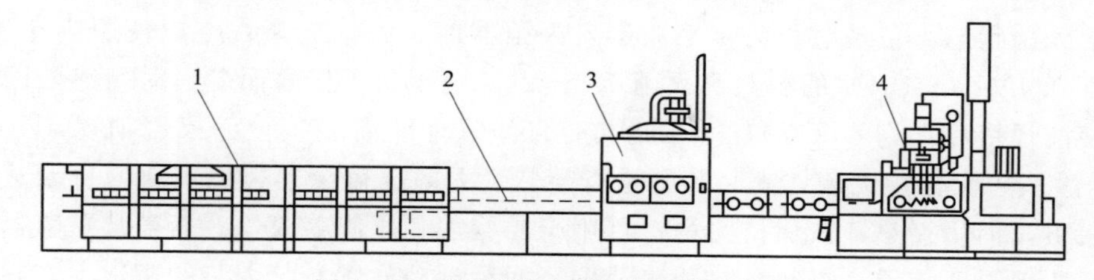

图 10-26　塑料瓶无菌包装系统示意图

1—瓶冲洗和预热　2—输送连接　3—瓶灭菌和干燥　4—无菌灌装和封盖

③ 无菌灌装。所有灌装操作都在无菌室内自动完成，而无菌室内充入无菌空气并对外部环境保持正压，从而保证在无菌环境下灌装。

(3) 封盖　加盖封瓶前，瓶口要求用无菌的惰性气体或蒸汽冲刷，然后充填并加盖密封。

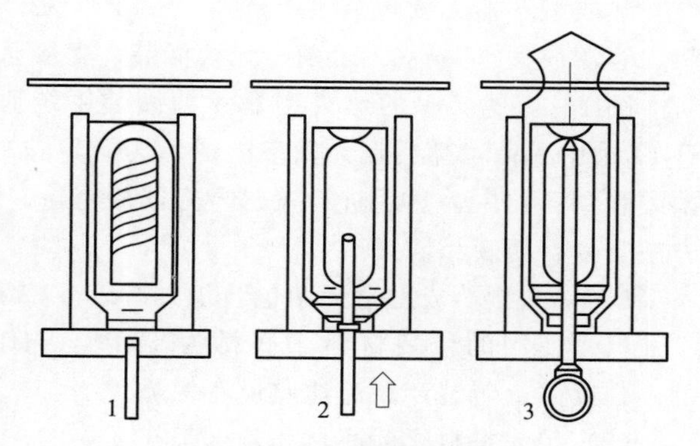

图 10-27　塑料瓶灭菌过程

1—瓶子进位　2—灭菌剂管进瓶　3—瓶子离位

(二) 玻璃瓶无菌包装

玻璃瓶无菌包装工艺与塑料瓶无菌包装基本一致。同样需经历空瓶灭菌、瓶盖灭菌、无菌灌装、封盖等技术过程。下面主要介绍多尔玻璃瓶无菌包装系统。

图 10-28 所示是美国 Dole 公司的玻璃瓶无菌包装系统。整个系统采用过热蒸汽对瓶和瓶盖进行灭菌，保持灌装和

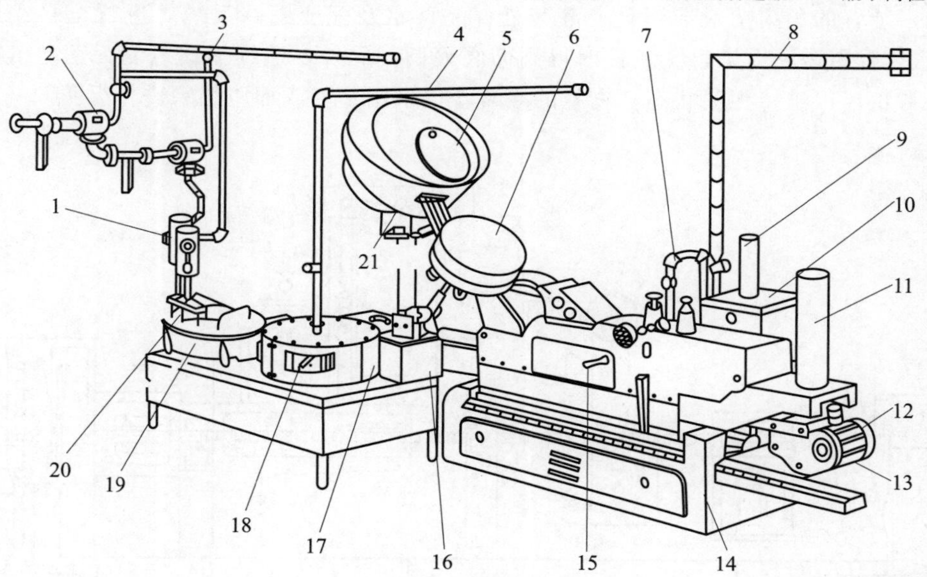

图 10-28　多尔玻璃瓶无菌包装系统示意图

1—真空缓冲罐和压强计　2—蒸汽喷射泵　3—蒸汽管道　4—待灭菌产品输入　5—贮盖装置　6—瓶、盖灭菌装置　7—过热蒸汽输送装置　8—过热蒸汽　9—排气筒　10—蒸汽发生器运输带　11—排气筒　12—卸瓶输送装置　13—压盖装置　14—封瓶装置　15—观测室　16—传动机械　17—环缝灌装装置　18—视镜　19—空瓶灭菌装置　20—蒸汽缓冲罐和压力计　21—消毒瓶供送装置

封盖时的无菌状态。包装过程为：空瓶送入灭菌器内，先抽成高真空以使瓶内空气净化，而后进行 0.4MPa、154℃的湿蒸汽灭菌 1.5～2s。由于瓶子仅表面受瞬时高热，因而瓶子进入灌装前很快冷却到 49℃左右。与此同时直注式环缝灌装装置已灭菌消毒，并连续通入 262℃过热蒸汽保持无菌，灌装装置进行灌装。无菌压盖装置类似普通的自动蒸汽喷射真空封瓶机，但用过热蒸汽保持无菌，可用于回旋盖和压旋盖封口。瓶盖从贮盖器定向排列后送至瓶盖灭菌装置，进行过热蒸汽消毒，而后自动放置在已灌装的瓶口上，封瓶装置完成自动压盖；包装成品输出。

四、热成型容器无菌包装

热成型容器无菌包装主要选择 PS、PP、PET 等热塑性片材，在线完成片材除尘、预热、容器成型（贴标）-杀菌、无菌灌装、盖膜杀菌、封口等。

图 10-29 为典型的热成型盒无菌灌装系统原理图。加工时，首先将塑料复合薄膜在 H_2O_2槽中灭菌，随后在无菌室内成形为开口拉伸型容器，将已经过 UHT 灭菌的食品无菌灌装到容器中，然后进行盖材与容器的密封，切边后得到包装产品。在此，盖材的灭菌方法与复合薄膜相同。

DN-AT 型热成型盒无菌包装机具有以下特征：

（1）使用的包装材料　底材为 HIPS，HIPS/EVAI/HIPS；盖材为 PET/AL/热封剂，强度高，包装产品流通质量有保障。

（2）包装材料灭菌底材和盖材都在加热的 H_2O_2槽中浸渍灭菌，随后采用热风干燥除去 H_2O_2。

（3）装置的预灭菌对成形处、灌装处、无菌室及配套管路系统等进行全自动地喷射 H_2O_2，然后用热风干燥，使装置内得到彻底灭菌。此外，连续输送过滤无菌空气，使装置内保持正压以维持无菌状态。物料的灌装管道采用蒸汽或加压热水进行灭菌。

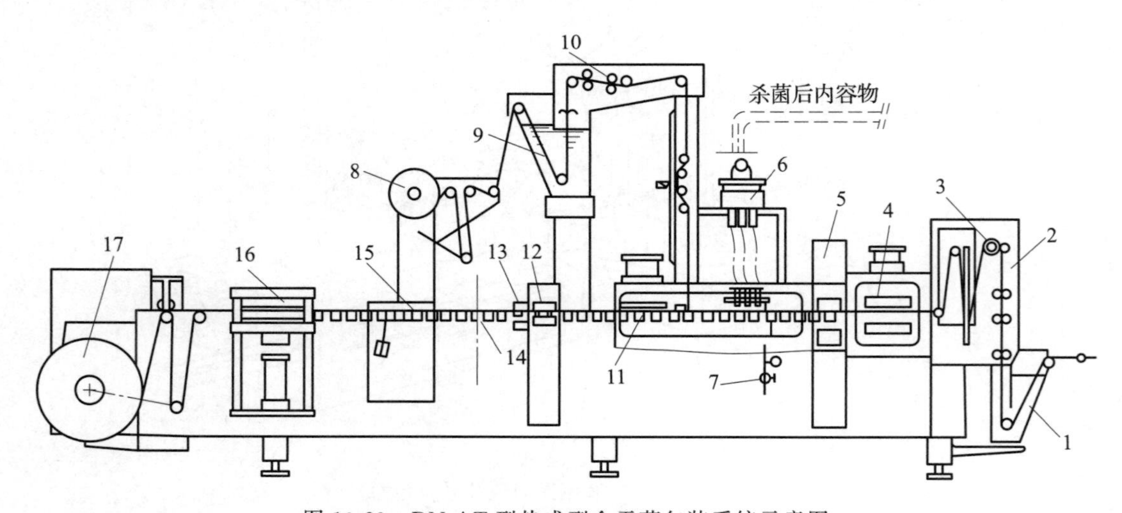

图 10-29　DN-AT 型热成型盒无菌包装系统示意图

1—卷材灭菌槽　2—干燥室　3—牵引辊　4—包材加热　5—盒成形　6—灌装　7—CIP 管线
8—盖材卷绕　9—盖材灭菌槽　10—干燥室　11—预封　12—封盒　13—冷却装置
14—切缝　15—输送装置　16—冲切装置　17—废料回收卷

图 10-30 为杭州中亚机械股份有限公司生产的 DXRA 系列热成型塑杯容器无菌包装机示意图。该机械可用于各种常温酸奶、牛奶、饮料、布丁、奶酪、果粒饮料等物料的无菌包装，包装速度 12000～60000 杯/h。

图 10-30　DXRA 系列热成型塑杯容器无菌包装机示意图

五、金属罐无菌包装设备

马口铁罐无菌灌装设备主要为美国的多尔无菌灌装系统（Dole Aseptic Canning System）。如图 10-31 所示，该系统由空罐灭菌装置、罐盖灭菌装置、无菌灌装室、无菌封罐机和控制系统等组成。

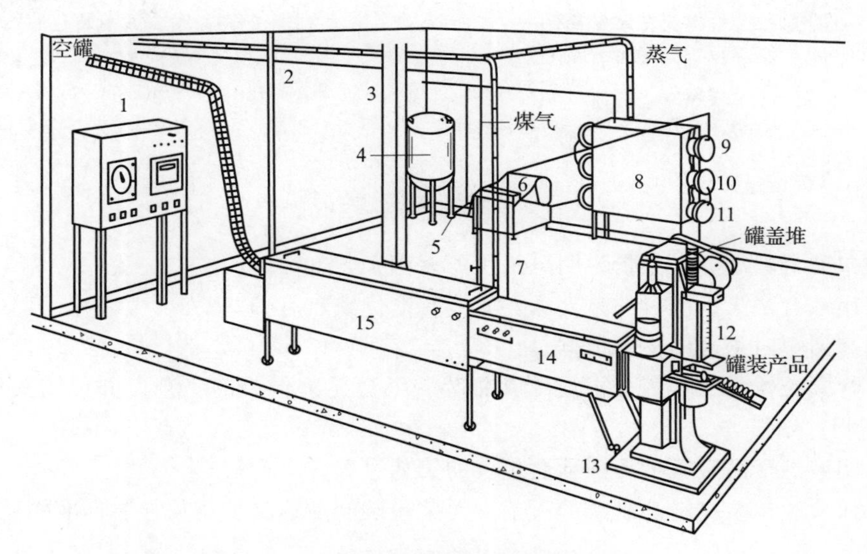

图 10-31　多尔金属罐无菌包装系统示意图

1—温度控制记录仪和报警器系统　2—蒸汽排气管　3—烟囱　4—供应槽
5—三通阀　6—泵　7—灭菌产品供应管道　8—连续流体压力蒸煮器和冷却器　9—冷却段
10—保温段　11—加热段　12—罐盖灭菌装置　13—封罐机　14—灌装室　15—空罐灭菌装置

空罐灭菌装置如图 10-32 所示，是个绝热的隧道，隧道的下部为煤气燃烧器和过热蒸汽发生器，能产生 262℃过热蒸汽为空罐灭菌；隧道上部为空罐灭菌通道，过热蒸汽从顶部和底部的蒸汽分配管送入，空罐灭菌时间由输送带的速度来调节。

罐盖灭菌装置如图10-33所示，其由一个密封箱体构成，罐盖由一组下降螺杆进入装置内，箱体内装置过热蒸汽分配管，罐盖随螺杆下降时被分隔，使盖的表面都暴露在过热蒸汽中而完全灭菌。

灌装室是一个紧接在空气灭菌装置后的无菌隧道，隧道上部连接制品输送管道，空罐在通过隧道时，上部开口的狭缝或装置的多孔灌装装置将产品直接注入罐内，其灌装程度由产品的流动速度控制。无菌封罐机的加盖和卷封操作与普通封罐机相同，但前者是在过热蒸汽的绝对无菌环境下进行。

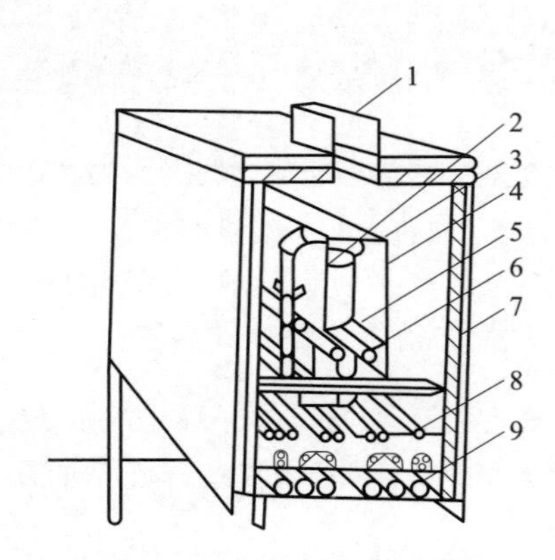

图10-32　空罐灭菌装置简图

1—烟囱　2—空罐　3—顶部蒸汽分配器　4—空罐隧道　5—索道输送　6—底部蒸汽分配器　7—保温层　8—过热蒸汽分配器　9—煤气燃烧器

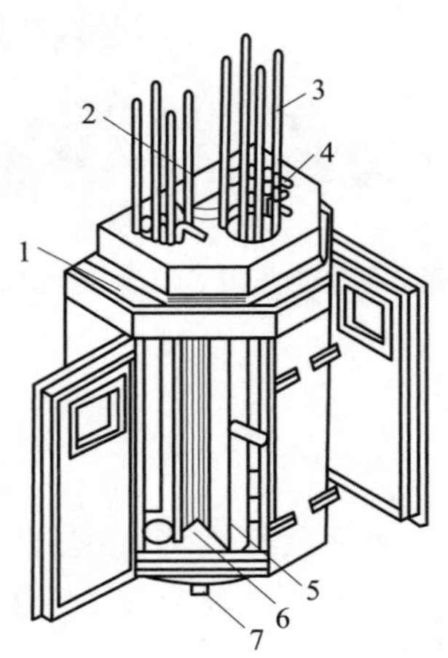

图10-33　罐盖灭菌装置简图

1—外壳　2—蒸汽排气管　3—上部罐盖导杆　4—下部罐盖导杆　5—蒸汽分配器　6—罐盖降落螺杆　7—传动轴

思考题与习题

1. 按包装材料划分，分析说明可采用的灭菌工艺方法。
2. 采用综合法灭菌的目的是什么？其具有的优缺点有哪些？
3. 超高温短时杀菌的主要依据是什么？
4. 以含颗粒饮料为例，分析设计其瓶装、纸盒无菌包装的工艺，并说明关键工艺参数的选择设计依据。
5. 说明液态食品带吸嘴无菌纸盒包装的工艺过程。
6. 如何检验包装材料与制品的灭菌、无菌包装产品达到了相关包装标准的要求？

第十一章　包装工艺规程及质量管理

包装是产品生产的终点，同时也是产品进入物流环节的起点，几乎所有产品都经过包装以后才能进入流通领域。包装工艺过程就是采用各种包装材料，选择合适的包装防护技术，通过材料成型、产品充填、包装密封以及一系列辅助加工手段，最终将产品包装起来，使之成为完整合格的商品的过程。

质量管理贯穿产品生产的全流程，从包装材料和容器的生产到产品包装起来的包装工艺过程都必须进行全面质量管理，才能确保生产出合格的包装产品。

本章主要介绍包装工艺规程的作用和制定原则、步骤和内容、工艺文件编制；针对三种典型产品，分析论述产品具体包装工艺规程制订；围绕包装工艺过程质量管理，简要论述包装产品质量管理、包装产品质量统计分析法、包装产品质量检验，开展典型包装产品质量检验分析。

第一节　包装工艺规程制订

包装工艺规程主要是指包装产品加工工艺过程中所要遵循的一些标准、规定、原则等文件，包装工艺规程对于包装工艺的开展和发展有着标准化引导和规范作用。在具体的包装工艺过程中，加工生产的工艺及操作方法都必须根据规定的形式进行操作，而且按照相应的技术标准文件规定做指导进行加工生产。具体来说，包装工艺规程为生产过程中的指导性文件，是生产工作过程的重要依据，是包装工艺技术的重要标准和技术规范化依据。

一、概　　述

制定包装工艺规程应遵守产品包装的技术要求，保证产品品质，提高生产效率，降低包装成本。制定的包装工艺规程要从实际条件出发，充分利用现有设备，挖掘企业生产潜力。同时，还应尽量考虑国内外包装新技术、新工艺、新材料、新设备，做到经济合理，技术先进。随着包装相关的各项技术不断进步，包装工艺规程在生产中应不断总结经验，修订和不断升级，使其真正能起到指导生产的作用。

产品包装时，可能要在不同的车间和不同的设备上进行一系列操作，为了便于分析讨论包装的工作情况和制定包装工艺过程，可将工艺过程分解为以下几个组成部分：

(1) 工序　工序是组成包装生产过程的基本单位，即一个操作者在一台设备（工作站点）上，对一个产品完成的某一个工艺过程的单元。工序不仅是制定工艺过程的基本单元，也是制定劳动定额、安排工作计划和进行质量控制的基本单元。

(2) 工步　也可以称之为工作步骤。在一个工序中往往含有若干个工作步骤，每一个步骤称为工步。

(3) 工位　许多包装设备上有若干个加工位置，包装容器定位安装后，要经过若干个加工位置，依次装入产品。产品在包装设备上完成的那部分包装工艺过程，所占据的每一个加工位置就叫作工位。

以回转式多头灌装机为例：全部的灌装生产过程称为灌装工序。生产过程中的升瓶、启阀、灌装、关阀、压盖、降瓶、退出等动作，称为工步。每一个灌装头就叫一个工位。

在包装设备完成产品装填和封装的过程中，必须确保包装容器和产品到达正确的位置，才能完成相应的操作，包装容器和产品按一定要求到达指定位置，叫作定位。

二、包装工艺规程的作用和制定原则

包装工艺过程的内容按一定的格式用文件的形式固定下来，称之为包装工艺规程。包装工艺规程的作用大致包含以下几个方面：

① 包装工艺规程是指导生产的主要技术文件。合理的工艺规程是建立在正确的工艺原理和实践基础上的，是科学技术和实践经验的结晶。因此，它是获得合格产品的技术保证，一切生产和管理人员必须严格遵守。

② 包装工艺规程是生产组织管理工作、计划工作的依据。原材料的准备、制造、设备和工具的购置、专用工艺装备的设计制造、劳动力的组织、生产进度计划的安排等工作都是依据工艺规程来进行的。

③ 包装工艺规程是新建或扩建工厂或车间的基本资料。在新建扩建或改造工厂或车间时，需依据产品的生产类型及工艺规程来确定机床和设备的数量及种类、工人工种、数量及技术等级、车间面积及设备的布置等。

包装工艺规程的制定一般要遵循以下几个方面的原则：

① 按产品包装的技术要求生产的原则。在包装工艺规程的制定过程中，为了确保包装产品加工的质量，必须根据设计图纸进行规程编制，必须根据产品包装的技术要求进行规程的制定，这是包装工艺规程制定的首要原则。

② 经济效益原则。包装工艺规程的制定必须依据生产效率最优化和生产加工成本最低化的原则，以实现整个加工工艺过程经济效益最大化的原则。

③ 均衡生产的原则。在包装工艺规程制定过程中，应该确保整个工艺过程实现均衡生产，各工序、工步之间均衡发展、同步发展。

④ 安全生产的原则。包装工艺规程的制定必须遵守安全生产的原则，确保整个包装工艺过程中人员的安全，尽可能地采取自动化操作技术或机械化操作措施，从而减少操作者的劳动量，降低人员的操作风险。

⑤ 适用标准原则。在包装工艺规程制定中应该根据国家标准、行业标准、企业标准以及其他相关的技术文件等展开。不断对包装工艺规程进行更新修订，确保其对生产的指导作用。

三、包装工艺规程制定依据的原始资料

包装工艺规程制定依据的原始资料主要包括以下几个方面：

(1) 被包装产品的特性　关注被包装产品的物理形态、化学特性、尺寸、体积、重量、规格、质量等级等。根据物品的不同特性，掌握其在流通过程中的品质变化规律，选择合适的包装材料和包装技术，才能制定合理的包装工艺规程。

（2）包装技术条件及技术资料　参照国际、国内有关标准中所推荐的各类产品包装技术方法，明确包装物的具体类型、性能、工艺、检测、环保等要求，各种包装产品应参照这些标准制定产品包装技术条件，并在制订包装工艺规程时满足这些标准的要求。

（3）生产数据资料　研究基本生产数据（产品以及包装的年产量、批量、生产节律、质量等级），根据不同的生产量，考虑经济合理的包装作业形式与方法。

（4）生产条件材料或数据　制定包装工艺规程必须考虑现有的生产条件，即考虑现场的设备、场地、人员技术水平、可达到的精度等，制订实际可行的包装工艺规程。

（5）工艺技术国内外发展现状或研究现状　对比研究国内外同类产品的包装先进技术，决定引进、消化、应用的策略，注意采用有利于贯彻循环经济的包装材料、容器、加工方法。综合同类产品先进包装经验，根据企业实际生产情况创新运用，制定出先进的包装工艺规程。

四、制定包装工艺规程的步骤和内容

（一）包装工艺规程制定的步骤

（1）研究被包装物品的情况　分析研究被包装物品的形态、结构与特征；了解产品的销售方式、对象及使用情况等；分析研究包装件在流通环境中可能遇到的物理、化学、生物和环境等因素的影响；收集国内外同类产品包装设计的资料，分析研究在结构设计、外观形态、表面装潢以及技术处理等方面的特征。探索采用包装新材料、新工艺、新技术与新设备的可能性，确定新包装系统在包装材料、包装设计、包装印刷、包装工艺及包装检测上的技术措施；遇到因包装产品结构不合理而造成包装工艺性不佳时，可建议或会同产品设计人员共同改进产品的结构。

（2）设计确定包装结构与造型装潢等方案　包装设计基本包括了造型设计、结构设计、装潢设计，这三项设计既具有独立性，又相互联系，只有将三者有机地结合起来，才能整体发挥包装设计的功能和作用。包装设计的最终任务是要提供表现包装容器造型和结构的生产工作图、装潢设计图和效果图等，在加工订货或生产制造时，列入包装材料技术规范中。包装设计与材料等有密切的联系，包装设计时要考虑合理选择包装材料，同时，包装设计还必须满足和实现包装功能。

（3）选择包装物材料与容器等　包装品泛指包装材料和包装容器等一切用来包装产品的用品。包装材料通常指各种包装原材料，如纸张、塑料、玻璃和金属等。包装容器则指用原材料制成的包装用半成品或容器，如瓦楞纸箱、纸盒、塑料袋、易拉罐等。包装品应根据被包装产品的特性、价值及包装件运输、储存、销售或使用要求来选择，同时应考虑原材料的来源、价格和加工性能、制订出包装品的技术规范。

（4）确定包装工艺思路和路线　包装工艺路线是指产品经过的全部包装工作步骤，具体有确定定位基准、明确加工方法、细分加工阶段等。应同时提出几个工艺路线方案供分析比较，并选择技术上先进、经济上合理的方案。工艺路线主要包含：包装方法，包装顺序，检验及其他辅助工作等。

（5）选择确定各包装工序需要的加工设备　设备选择应以保证产品包装的连续性、生产速度和生产能力为基本点。此外，还应考虑生产设备的技术水平、价格、操作人员使用性能、占地面积等经济因素。选择设备应充分考虑每个包装工序，做到精准协调，满足产品生产的需要。

(6) 确定包装工序技术要求及检测方法　每个产品的生产首先要保证产品品质，产品由多个工序组合完成整个生产流程，每个工序的技术指标都会影响到最终的产品品质，因此对每个工序都应设置相应的技术要求，同时明确具体的检测手段。设备在线检测和实验室离线检测要协同配合。

(7) 确定包装生产率、工时定额等　为保证每个生产工序的节奏平衡，其工序、工步的时间定额都需要精确计算。比如，灌装工序的时间应与后续封盖机、贴标机的工序时间相均衡，保证流水线的稳定运行。

(8) 对所定的包装工艺方案做技术经济评估　制定包装工艺规程时，需要在保证品质的前提下提高生产效率、降低生产成本。应在给定的生产条件下选择最经济合理的方案，应对不同的生产工艺进行技术经济分析，评价与生产工艺直接相关的生产费用。

(9) 编制包装工艺规程文件　完成上述的分析与评估，即可用文件的格式制定包装工艺规程。这将为公司的生产提供全面的指导。

(二) 包装工艺规程的主要内容

1. 包装物的技术规范

包装物技术规范涉及因素很多，主要包括材质要求、工艺要求、性能要求、尺寸、重量、质量分级、生产日期、使用范围、标记、装潢印刷、装运方法等。

包装品的技术规范，包括材料性质与成分、尺寸和造型工艺性；性能要求，指包装品如何实现其预定的保护产品、传达信息及使用等方面的功能；必要时还包括包装表面处理，即表面结构和图案的要求。包装品技术规范中对这些规定和要求应做出具体说明。

包装品技术规范的内容：技术规范的制定、标记代码和日期、适用范围、包装品结构和允差、包装性能要求、性能的测试方法、不合格品分类和合格质量水平、装潢印刷及色彩标准、包装品的装运要求与方法。

包装分为三个层次，即一级包装、二级包装和三级包装。一级包装，或称个体包装、首道包装，是对产品最贴身的包装，如纸盒、玻璃瓶等；二级包装是将一级包装构成一个包装单元，如瓦楞纸箱包装等；三级包装则是组成运输单元，如作为外包装的装运容器，用捆扎带或塑料薄膜捆扎裹包的托盘。

2. 确定包装工艺路线

包装工艺路线是进行包装生产线总体设计的依据，包装工艺路线是在调查研究和分析所收集资料的基础上确定的。按先后顺序列出的产品包装加工过程所要经过的全部作业程序与环节。

包装作业阶段一般划分三个：

第一阶段是前期工作阶段——主要是为包装主体作业做材料资源准备，包括容器设计制造，清理及供应等。目前有两种方式：① 由专门制造商或供应商提供，经验收后采用。② 自己组织生产。

第二阶段是主体工作阶段——主要是指计量、装填、裹包、充灌、贴标、封缄等，以及与这些加工过程相配套的作业。

第三阶段是后期工作阶段——主要指整理、分流、输送、堆垛等作业。

不管包装形式如何，其全部工艺路线的基本顺序可归结如图 11-1 所示。

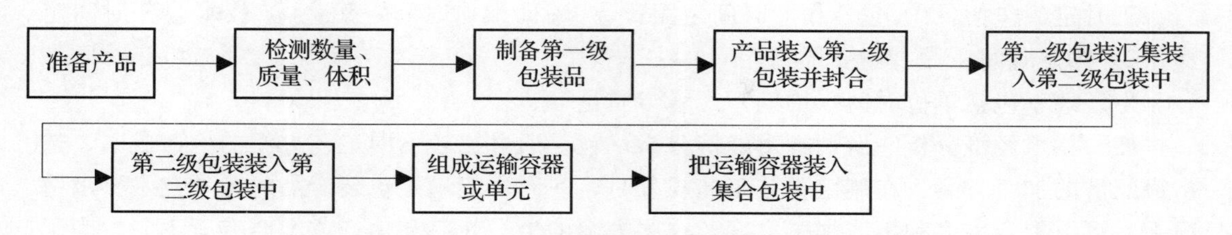

图 11-1　总体包装工艺路线的基本顺序

3. 包装设备选择与布局

选择设备应以保证产品包装过程的连续性、生产速度和生产能力为基本点，其他如产品特性及其包装前的状态，是选择设备应考虑的因素。还有如被包装产品的价值、工人技术熟练程度、设备价格、自动化程度及占用场地面积等都是应该考虑的经济因素。

选择设备后，要合理布局使之形成有效的系统，以便最经济地满足生产能力、生产率、产量与质量的要求。此外，布局还应符合安全技术的要求，并满足劳动法规和环境保护的要求。图 11-2 为一现代化酒厂的包装生产工艺流程图。

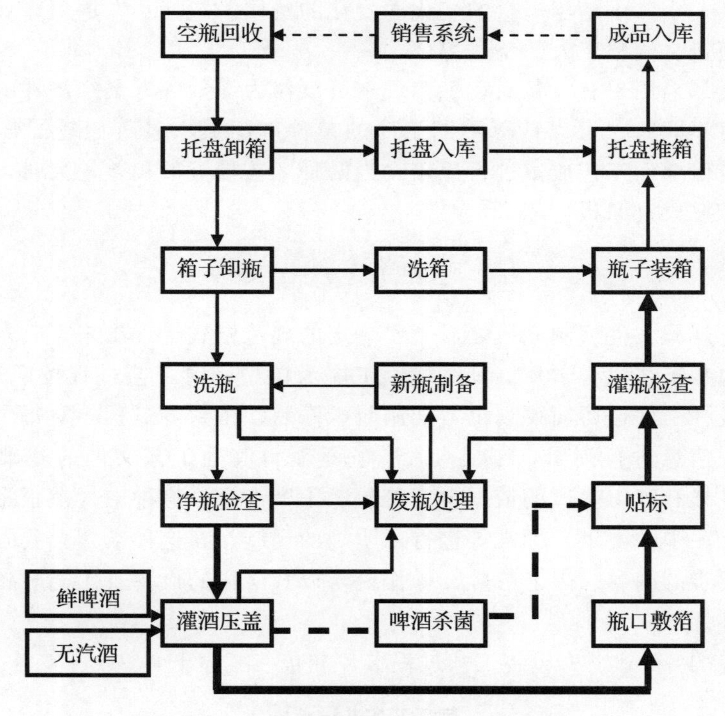

图 11-2　现代化酒厂包装生产工艺流程图

4. 包装方案的生产效率与技术经济分析

对不同的包装工艺方案进行技术指标和经济指标的比较，全面衡量各种情况的利弊。在满足主要生产指标要求的条件下，最大限度地降低包装材料、人力与设备的成本。

（1）时间定额　时间定额是在生产技术组织条件下，规定一件产品或完成某一道工序需消耗的时间。时间定额不仅是衡量劳动生产率的指标，也是安排生产计划，计算生产成本的重要依据，还是新建或扩建工厂（车间）时计算设备和工人数量的依据。

工时定额包括：① 包装作业时间定额；② 辅助操作时间定额；③ 技术服务时间定额；④ 休息时间；⑤ 调整时间。

生产效率包括单位时间（周期）产量与质量等。

(2) 技术经济分析　所谓技术经济分析，就是通过比较不同工艺方案的生产成本，选出最经济的加工方案。在制定包装工艺规程时，在同样能满足包装产品的各项技术要求情况下，可以拟定出多种不同加工方案，这些方案的生产效率和生产成本会有所不同，为了选择最佳方案，就需要进行技术经济分析。

制造一个产品所消耗的费用的总和，称为生产成本。生产成本分两类费用：一类是与工艺过程直接相关的费用，称为工艺成本。工艺成本约占生产成本的70%～75%；另一类是与工艺过程没有直接关系的费用，如行政人员的开支、厂房的折旧费、取暖费等。

按照工艺成本与产品产量关系，可分为两部分费用。① 可变费用——与产品年产量有关，并与之成正比关系的费用。包括：毛坯材料及制造费、操作工人工资、通用机床折旧费和修理费、通用工艺装备的折旧费和修理费以及机床电费等。② 不变费用——与零件年产量无直接关系，不随年产量的变化而变化的费用。包括：专用机床和专用工艺装备的折旧费和修理费、调整工人的工资等。

当工艺方案都采用现有设备时，工艺成本可以作为衡量各方案经济性的依据；若两种方案中少数工序不同时，可以计算不同工序的单件工序成本进行比较；若多数工序不同时，可以对包装件全面工艺成本进行比较。当两种工艺投资额相差较大时，在考虑工艺成本的同时还应考虑投资回报周期。

五、包装工艺规程文件

包装工工艺规程文件编制完成之后会以一定的规范格式呈现出来，其常用的格式主要有两种：一是包装工艺过程卡片。其往往以工序为单位，对工艺过程按照工序进行细分，对产品加工的各种工序进行简要列出，如制袋、灌装、密封等过程，对每个工序中所要注意的问题和规程信息进行列出，制成卡片。它是制订其他工艺文件的基础，也是生产准备、编排作业计划和组织生产的依据。二是包装工序卡片。这种卡片是根据各特定的工序所设计的，对工序中的要求、标准等进行了明确的规制，在这种卡片上要画工序简图，说明该工序每一工步的内容、工艺参数、操作要求以及所用的设备及工艺装备。一般用于大批量生产的零件。

表11-1和表11-2分别为包装工艺过程卡片和包装工序卡片。

表11-1　　包装工艺过程卡片

工厂名称		产品名称及型号					
工序	工步	工序内容	车间	材料	设备	技术等级	时间定额
编制					核准		

表 11-2　　　　　　　　**包装工序卡片**

		工艺号		产品型号		工序号	
工序简图		工艺名称		产品名称		工序名称	
		设备型号		材料种类		工时	
		设备名称		材料号		加工数量	
		工步号	工步名称	工步说明			
		工艺装备	名称	型号	工艺时间		
编制				核准			

第二节　典型产品包装工艺规程制订

一、饮料产品包装工艺规程制定

1. 啤酒对包装技术的要求

啤酒是以大麦芽（包括特种麦芽）为主要原料，加酒花，经酵母发酵酿制而成的、含二氧化碳的、起泡的、低酒精度的饮料。但啤酒不同于一般饮料，为保证品质、口感等特性，对包装材料的要求十分苛刻。它要求有良好的气体阻隔性、耐热性、耐压性、遮光性、口味保持性及透明性等。其中最重要的是气体阻隔性，主要是防止外界氧气渗透进入包装以及啤酒所含二氧化碳的逸出。在生产以及运输过程中还存在着碰撞等问题，会造成酒瓶的破损以及突然增压状况，因此对于酒瓶的选择极为关键。首先，要保证酒瓶可抗击一定的压力并且各点上所受到的压力保持均一。其次，要保证玻璃受到外界冲击时不致产生破损。玻璃啤酒瓶一般都要回收重复使用或重复灌装，因此还必须能够耐高温碱洗、不吸附异味、瓶壁不易划伤等，且在瓶子的正常使用期限内多次周转后仍可保持所有上述特性。

如果在选择了玻璃啤酒瓶后还要注意皇冠盖的选择。首先，原则是保证酒瓶与瓶盖之间结合紧密，另外皇冠盖内材质必须洁净，并能保持酒瓶在装满啤酒后的密封性，以及将啤酒与马口铁制瓶盖有效隔绝。同时应避免马口铁制皇冠盖产生锈蚀，保持酒体不受污染。

2. 啤酒包装容器设计

啤酒的包装类型主要有三种：瓶装、桶装、罐装。一般熟啤酒用瓶装或易拉罐装，而鲜啤多用桶装。罐装啤酒有 330mL 规格的，绝大部分啤酒用小口玻璃瓶包装，其容量有 350mL 和 640mL 两种规格，保存期为 3 个月。啤酒瓶外形以简洁圆滑为主，选择圆柱体外形设计时，还需注意瓶肩形状和瓶跟形状。

（1）瓶肩形状　瓶颈和瓶身的连接以瓶肩过渡，要避免棱角分明的端肩形状，溜肩形状显得缓和，玻璃厚薄分布均匀，应力的分布也均匀，垂直荷重强度好。由于溜肩受到的应力较少，所以抗机械冲击强度和抗水冲击强度都好。

（2）瓶跟形状　瓶跟处的圆角要适当大，这样，瓶底接触面减少，瓶跟不易被擦伤，又没有明显的拐弯角，厚薄差相对较小，内部应力和表面擦伤都不会集中在同一位置面上，所以抗热冲击性能、垂直荷重分布均匀性和抗水冲击强度都会很稳定。

（3）关于剩余空间（顶隙）　瓶罐在灌装后，其液面到瓶盖之间的容量为剩余空间，剩余空间与公称容量之比为顶隙率。由于啤酒富含CO_2气体，剩余空间起重要的缓冲作用。考虑到啤酒在灌装、巴氏杀菌、贮存、运输、饮用过程中，环境温度及振荡等因素的影响，顶隙率更要保证。按640mL啤酒瓶瓶型，外观要求啤酒灌装液位距瓶盖之间的高度确定在75mm位置为合适。

（4）关于瓶壁厚度　瓶壁厚度分布均匀性是影响强度的重要因素。一般瓶罐标准中是通过规定其最薄处的壁厚和瓶罐质量（重量）来控制玻璃分布的。玻璃瓶罐在消毒杀菌过程中，需经受温度的激烈变化，当张应力超过玻璃强度时，即发生破裂。耐热急变性能与瓶壁厚度有关，瓶壁越厚，越易破裂。啤酒瓶在生产过程中，除了稳定瓶重和最薄处厚度外，还需注意厚薄分布均匀。理想的厚薄是瓶身截面上厚度比不大于1倍，内应力不超过3级。

3. 啤酒小口玻璃瓶外包装设计

为方便啤酒尤其是玻璃瓶装啤酒的运输，啤酒外包装也是一项必须采用的手段。啤酒外包装常见的有4种形式，即塑料绳捆扎、塑料膜热封、塑料箱包装和瓦楞纸箱包装等。小型啤酒厂为降低生产成本，一般用塑料绳对数十瓶啤酒进行捆扎，从而起到固定作用，以便于运输。而由此派生出的塑料膜热封包装与塑料绳捆扎包装形式类似。这两种包装形式具有投入少、成本低等优点但外观并不美观。一般大型啤酒厂在生产大批量中低档啤酒时，多会采用塑料箱包装储运。此种包装形式具有先期投入高、可反复利用等特点，但容易对标签等包装物产生剐蹭，从而影响整体包装效果。高档啤酒以及易拉罐装啤酒的外包装多采用瓦楞纸箱，此类包装不可重复使用而且成本较高，但精美的印刷以及对啤酒的有效保护都使得瓦楞纸箱包装方式在高端产品包装方面得到普遍应用。

4. 啤酒小口玻璃瓶包装工艺过程

啤酒小口玻璃瓶包装工艺过程见表11-3。

表11-3　啤酒小口玻璃瓶包装工艺过程

工序	工步	工序内容及要求	包装设备与工艺装备	包装品	
				名称	数量
1		包装准备	消毒机		
	1	准备啤酒			
	2	环境消毒			
	3	收集啤酒瓶			
2		瓶子处理	啤酒小口玻璃瓶洗瓶机		
	1	进瓶			
	2	第一次淋洗预热(25℃)			
	3	第二次淋洗预热(50℃)			

续表

工序	工步	工序内容及要求	包装设备与工艺装备	包装品	
				名称	数量
2	4	洗涤剂浸瓶Ⅰ(70℃)	啤酒小口玻璃瓶洗瓶机		
	5	洗涤剂浸瓶Ⅱ(70℃)			
	6	洗涤剂喷洗(70℃)			
	7	高压洗涤剂瓶外喷洗(70℃)			
	8	高压水喷洗(50℃)			
	9	高压水瓶外喷洗(50℃)			
	10	高压水喷洗(25℃)			
	11	高压水瓶外喷洗(25℃)			
	12	清水淋洗(15～20℃)			
	13	出瓶			
3		灌装 工位1储液缸内通入压缩气体 工位2建立背压 工位3液体流入容器气体排至气室 工位4液体上升与储液缸液面等高 工位5自动停止灌装 工位6容器下降	等压灌装机	小口玻璃瓶	
4		压盖	压盖机	皇冠盖	
5		杀菌	喷淋式隧道杀菌机		
6		验酒	验酒机		
7		贴标	贴标机	耐湿耐碱纸	
8	 1 2	热收缩包装，每打9瓶 预包装 热收缩	热收缩包装机	PV收缩薄膜	
9		装箱	托盘	塑料周转箱	
10			入库	叉车	

5. 啤酒小口玻璃瓶包装工艺过程分析

(1) 瓶子处理　新瓶如无污染，只需高压水冲洗后即可使用。对回收使用的旧啤酒瓶则要加强监控，防止超过2年使用期限的旧啤酒瓶混入流进市场而带来安全隐患。回收瓶经选瓶后，要经过浸瓶和洗瓶处理。现代化啤酒灌装车间浸洗瓶由洗瓶机组完成。

浸瓶的目的是洗去瓶子内外残存物，并对瓶子杀菌处理。浸洗后瓶内水分应尽量淋干，滴水应无碱性反应。

洗瓶工序的技术参数如下：

① 浸洗液。应高效、低泡、无毒。常用碱性清洗液，如3%NaOH水溶液。清洗液有多种配方。

② 浸洗温度。玻璃导热差，升温应平稳。瓶温与液温之差不大于35℃，以防爆裂，建议最高温度为65～70℃，但不小于55℃。

③ 喷淋压力。喷洗液压力0.2～0.25MPa，无菌压缩空气压力0.4～0.6MPa。

浸洗吹干后的瓶子，要用人工或光学仪器逐个验瓶，不合格的应剔除。

（2）装酒　用灌装机灌装啤酒。小型灌装机有12～24头，中型灌装机有40～70头，生产效率是20～200瓶/min。

等压灌装技术特点：

① 可减少CO_2损失，保持含气饮料的风味和质量。

② 防止灌装中过量泛泡，保证包装机计量准确。

等压灌装技术又叫压力重力灌装、气体灌装。先向包装容器内充气，使容器内压力与贮液缸内压力相等，再将贮液缸的液体物料灌入包装容器内。在灌装过程中，与物料接触的气体主要来自瓶内及储液缸内留存的空气，为了减少物料中氧气的含量，延长保质期，可将储液缸做成三个腔室，储液室内充满物料，与空气隔离，容器内排出的空气引入回气室。这样不但可以提高排气和灌装的速度，还减少了物料和空气的接触时间。

（3）压盖　啤酒灌至瓶口额定容量时，送至压盖机将皇冠盖压上密封。皇冠盖属冲压型马口铁盖，一般根据实际需要通常选用厚度0.23mm、硬度T3或T4、镀锡层为2.8g/m^2的马口铁或镀铬铁。马口铁材质既要有一定的强度和硬度，又要有一定的耐冲击性。

（4）杀菌　为了延长保质期，啤酒要进行巴氏杀菌。杀菌可用喷淋式隧道杀菌。

杀菌工艺要求：

① 瓶内应留有3%～4%瓶容的剩余空间，酒不得灌满。

② 杀菌温度一般为65℃，保温10～15min。

③ 加热水与酒的温差应保持在2～3℃，以防局部过热。

④ 升温、降温应和缓，以防瓶子破损。

（5）验酒　普通浅色啤酒应该是淡黄色或金黄色，瓶内啤酒应清明透亮，无悬浮物和杂质、瓶盖不漏气漏酒；上部空隙高度保持在6～8cm；瓶外无不洁物。

（6）贴标　一般用耐湿耐碱纸商标，用贴标机粘贴。啤酒标包括顶标、底标、身标以及背标等。

（7）热收缩包装　热收缩包装使包装材料收缩而裹紧产品，使包装件充分显示物品的外观以达到完美的收缩效果，具有密封、收缩成型、防潮、防污染并保护物品免受外部冲击，防止产品在运输过程中产生松散、破裂的作用。

（8）装箱　可用花格木箱、塑料周转箱或瓦楞纸箱集装。现在的发展趋势是采用瓦楞纸箱，它轻便，价格适中，回收处理较方便。装箱可用人工操作或集装机。花格箱用于无防湿、防潮要求而怕磕碰损坏的产品，用料省，结构简单，较经济。塑料周转箱在发达国家已经普遍使用，仓储管理合理化，节省空间，大大提高了生产效率。带盖周转箱是普通周转箱的改进型，无清洗死角，底面具有有效的防滑设计，带有折叠式箱盖，防尘，防压，堆垛效果好，箱盖和箱体可以锁，防止箱内物品丢失，有合理舒适的搬运把手，尺寸符合国际标准，可以同标准托盘配合使用，箱体结构合理，强度高，可以保护箱内产品不致轻易损坏，易于存放，并可以从仓库到生产车间一体化运用，可以多次循环使用，节省包装成本。

6. 啤酒包装件检测

运输包装主要考虑以下几个方面：

（1）冲击能量的吸收性能。

（2）振动能量的吸收性能。

（3）耐压性能。

（4）机械搬运性能。

检测运输包装的合格与否，除了以上性能要求，还要有以下几类进行判定包装容器是否破裂：包括玻璃瓶的破裂、塑瓶的变形，内容物是否溢出等。

7. 玻璃瓶的防破损

玻璃包装容器性脆，所包装产品在流通过程中易发生破损。据统计，在短距离储运时其破损率为5%～7%，长距离储运则达20%～30%。因此，玻璃包装容器，尤其在包装液态产品时，要特别注意防破损。因此玻璃瓶应采用以下防护措施。

（1）选用合适的外包装。

（2）为了便于运输、储存，单个外包装的产品总重和体积要适当。

（3）瓶罐在外包装内的安放形式要合适，有时要考虑增加缓冲措施。

8. 填写包装综合工艺卡片和包装工序卡片。

二、泡罩包装药品包装工艺规程制定

1. 药品包装的主要作用

（1）保护功能　药品极易受物理、化学、微生物及气候条件的影响，遇空气易氧化并感染细菌，遇光容易分解变色，变潮会溶解变质，受热容易挥发和软化，从而导致药品失效。所以，医药包装在包装材料选择上，首先要考虑保护性能。药品的平均有效期为2年，长的可达3年。药品包装应将保护功能作为首要因素考虑。保护功能主要包括以下两个方面：首先是阻隔作用，视包装材料与方法，包装能保证容器内药物不穿透、不泄漏，也能阻隔外界的空气、光、水分、热、异物与微生物等与药物接触。其次是缓冲作用，药品包装具有缓冲作用，可防止药品在运输、贮存过程中，免受各种外力的振动、冲击和挤压。

（2）方便应用　药品包装应能方便病人及临床使用，能帮助医师和病人科学而安全地用药。标签、说明书与包装标志是药品包装的重要组成部分，它向人们科学而准确地介绍具体药品的基本内容、商品特性。药品的标签分为内包装标签与外包装标签。内包装标签与外包装标签内容不得超出国家食品药品监督管理局批准的药品说明书所限定的内容；文字表达应与说明书保持一致。药品说明书应包含有关药品的安全性、有效性等基本科学信息。包装标志是为了帮助消费者识别药品而设的特殊标志。便于取用和分剂量，提高病人用药的依从性。药品包装呈多样化，如剂量化包装，方便患者使用，亦适合于药房发售药品。药品包装还应考虑到携带以及保存方便，还应考虑到有利于实现包装自动化，提高生产效率。

（3）商品宣传　药品属于特殊商品，首先应重视其质量和应用；从商品性看，产品包装的科学化、现代化程度，一定程度上有助于显示产品的质量、生产水平，能给人信任感、安全感，有助于营销宣传。

2. 药品包装材料的质量要求

为确认药品包装材料可被用于包裹药品，有必要对这些材料进行质量监控，药品包装材料应具备有下列特性：

（1）保护药品在贮藏、使用过程中不受环境的影响，保持药品原有属性。

（2）药品包装材料与所包装的药品不能有化学、生物意义上的反应。

（3）药品包装材料自身在贮藏、使用过程中性质应有较好的稳定性。

（4）药品包装材料在包裹药品时不能污染药品生产环境。

（5）药品包装材料不得带有在使用过程中不能消除的对所包装药物有影响的性质。

药品包装材料一般采用泡罩包装形式。泡罩包装防护性好、化学稳定性好，能很好地保护药品且便于取用和携带。因为药品对潮湿、光非常敏感，就要求所用泡罩材料对水分、光等有高阻隔性。多选用聚氯乙烯（PVC）、聚偏二氯乙烯（PVDC）或复合材料PVC/PVDC、PVC/PE、PVC/PVDC/PE、PVDC/OPP/PE等。由于PVC在阻湿阻汽等方面性能不够理想，现今已采用PVDC及其复合材料。以相同厚度的材料比较，PVDC对空气中氧的阻隔性能是PVC的1500倍，是PP的100倍，是PET的100倍，其阻水蒸气、异味等性能也优于PVC。药品包装领域还有一些专用的高阻隔性泡眼成型材料，比如聚三氟氯乙烯（PCTFE）、环烯烃共聚物（COC），具有优异的综合阻隔性能。对环境特别敏感的药品还可以采用冷成型铝箔复合材料，结构为PA/Foil（铝箔）/PVC或者PVC/PA/Foil/PVC的结构。

另外，药用铝箔以硬质工业用纯铝为基材，具有无毒、耐腐蚀、不渗透、阻热、防潮、阻光、可高温灭菌等优点。药用铝箔通常厚度为0.02mm，由保护层、油墨层、基材与黏合层构成。药用铝箔黏合材料主要是由聚醋酸乙烯酯与硝酸纤维素混合的溶剂型黏合剂，其溶液固含量一般在18%～22%，能够满足铝箔与泡罩材料经热压后的热合强度。

泡罩包装成泡基材的主要质量问题集中在机械强度不够、透水透气过量、卫生性能及异常毒性指标不达标等方面。因此，其主要性能及检测指标有：厚度与宽度、拉伸强度、落球冲击破碎率、加热收缩率、剥离力、水蒸气透过量、氧气透过量、涂布量、卫生性能、细菌检验、异常毒性等。

药品泡罩包装封口材料基本都是铝箔，要求具有无毒、耐腐蚀、不渗透、阻热、防潮、阻光及可高温灭菌的性能。

3. 药品泡罩工艺过程

全自动泡罩包装联动机可实现泡罩的成型、药品填充、封合、批号打印、板块冲裁、包装纸盒成型、说明书折叠与插入、泡罩板入盒以及纸盒的封合等，药品泡罩包装全过程一次完成，既缩短了生产周期，又减少了环境及人为因素对药品可能造成的污染，减少了对药品生产过程的影响，最大限度地保证了药品及包装的安全性，符合GMP要求。泡罩包装机结构图如图11-3所示。

（1）薄膜输送　完成泡罩包装的设备是一种多功能包装机，各个包装工序分别在不同的工位上进行。包装机上设置有薄膜输送机构，其作用是输送薄膜并使其通过上述各工位，完成泡罩包装工艺。国产各种类型泡罩包装机采用的输送机构有槽轮机构、凸轮-摇杆机构、凸轮分度机构、棘轮机构等，可根据输送位置的准确度、加速度曲线和包装材料的适应性进行选择。

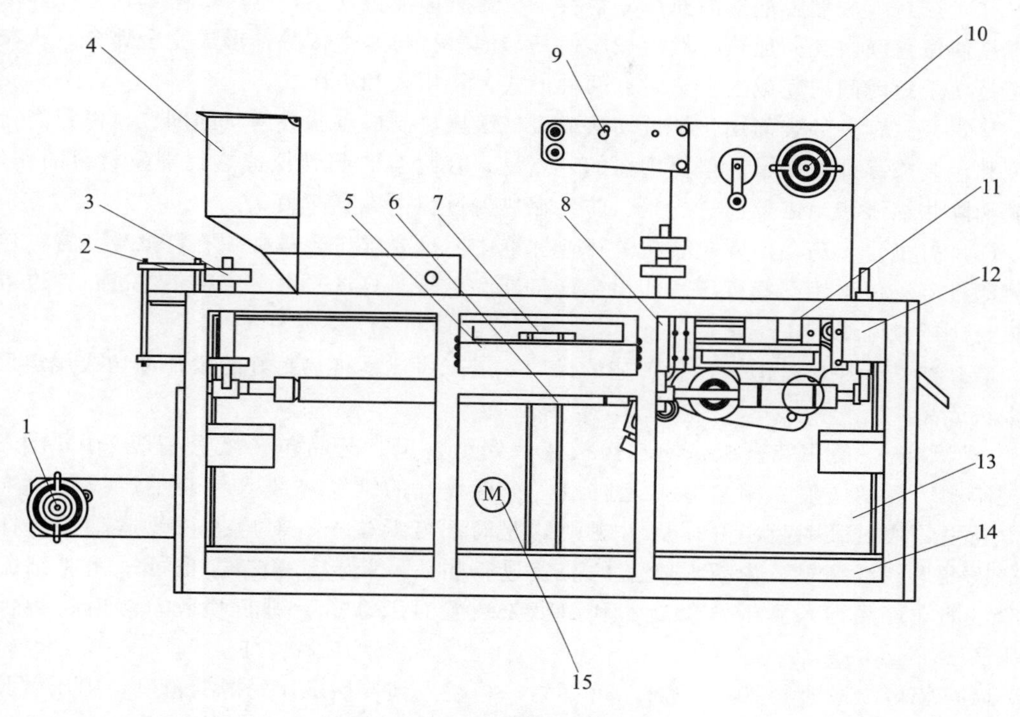

图 11-3　泡罩包装机结构图

1—塑料片材放卷　2—加热部分　3—成型模具　4—加料器　5—运行导轨　6—主轴部分　7—触摸开关板　8—热封模具　9—导辊　10—铝箔衬底放卷　11—行程装置　12—冲裁模具　13—主机牌　14—底板　15—主电机

(2) 加热　将薄膜加热到能够进行热成型加工的温度，这个温度是根据选用的包装材料确定的。国产泡罩包装机的加热方式有辐射加热和传导加热 2 种。大多数热塑性包装材料吸收 3.0～3.5μm 波长红外线发射出的能量，因此最好采用辐射加热方法。

(3) 成型　成型是整个包装过程的重要工序，泡罩成型方法可分为以下 4 种：

① 吸塑成型（负压成型）。利用抽真空将加热软化的薄膜吸入成型模具的泡罩窝内，形成一定几何形状，完成泡罩成型。吸塑成型一般采用辊式模具，成型泡罩尺寸较小，形状简单，泡罩拉伸不均匀，顶部较薄。

② 吹塑成型（正压成型）。利用压缩空气将加热软化的薄膜吹入成型模具的泡罩窝内，形成需要的几何形状的泡罩。吹塑成型多用于板式模具，成型泡罩壁厚比较均匀，形状挺括，可成型较大尺寸泡罩。

③ 冲头辅助吹塑成型。借助冲头将加热软化的薄膜压入模腔内，当冲头完全压入时，通入压缩空气，使薄膜紧贴模腔内壁，完成成型加工工艺。冲头辅助成型多用于平板式泡罩包装，通过合理设计可获得均匀、尺寸较大、形状复杂的泡罩。

④ 凸凹模冷冲压成型。当采用包装材料的刚性较大（如复合铝箔）时，热成型方法显然不能适用，而是采用凸凹模冷冲压成型方法，即凸凹模合拢，对膜片进行成型加工，其中空气由成型模内的排气孔排出。

(4) 充填　泡罩包装机配有自动充填装置，将物料送入已成型的泡罩内。物料充填区必须有足够长度，便于操作人员操作和检验。

(5) 热封　成型膜泡罩内充填好物料，覆盖膜即覆盖其上，然后将两者封合。其基本原理是使覆盖膜内表面加热，然后加压使其与泡罩材料紧密接触，形成完全焊合，所有这一切是在很短时间内完成的。热封有两种形式：辊压式和板压式。

热封板（辊）的表面用化学铣切法或机械滚压法制成点状或网状的网纹，以提高封合强度和包装成品外观质量。但更重要的一点是，在封合时起到拉伸热封部位材料的作用，从而消除收缩皱褶。需要注意的是，防止在热封过程中戳穿薄膜。

(6) 打批号　药品泡罩包装机的行业标准中明确要求包装机必须有打批号装置。包装机打印批号一般采用凸模模压法印出生产日期和批号。打批号可在单独工位进行，也可以与热封、压撕断线同工位进行。

(7) 冲切　冲切是泡罩包装工艺的最后一道工序，是将热封好的膜片冲切成规定尺寸的板块成品。

(8) 装盒　使用装盒机将泡罩药板装入到纸盒里。药品包装纸盒一般采用白卡纸，通过印刷、模切压痕、糊盒等工艺成型，将折叠好的纸盒坯装入包装生产线装盒工位的盒仓里，通过吸嘴吸出并撑展为规则的盒筒。与纸盒一一对应做往复运动的推杆将泡罩板推入到纸盒里。由折叠盒盖的装置进行折舌，搭接封盖口。也可采用黏结方式封盒，即在产品推入到纸盒以后，利用喷胶装置对纸盒折舌进行喷胶，然后将折舌搭接压实。

(9) 装箱　将纸盒 10 个一捆，30 捆为一箱装入到 5 层 AB 瓦楞纸箱里，用压敏胶带封箱。最后在纸箱表面打印产品批号或物流信息，全部包装工艺结束。药品泡罩包装流程工艺卡见表 11-4。

表 11-4　　药品泡罩包装流程工艺卡

工序	工步	工序内容及要求	包装设备与工艺装备	包装产品
1	 1 2 3 4	包装准备 验收药品 验收成型材料 检查盖膜 检查外包装纸盒		成型材料 铝箔盖膜
2	1 2 3	泡罩成型 药品充填 盖膜封合	泡罩成型机	封装好泡罩药品
3	 1 2	打码裁切 打码 裁切	打码机 切边机	
4	 1 2	装盒 盒坯撑起 推杆推入	装盒机	药品说明书 外包装纸盒
5	 1	装箱 按批量对包装方法、随箱文件、捆扎和封箱质量检验	订箱机	纸箱 压敏胶带

三、家电产品包装工艺规程制定

针对家电类产品的包装主要是要满足运输安全、储运方便，保护在流通过程中不能损坏。本例以波轮式全自动洗衣机的包装工艺过程为例，产品尺寸 510mm×500mm×902mm（长×宽×高），重量 30kg。

1. 洗衣机的结构特点及对包装的技术要求

洗衣机属于家用电器产品，它除了有使用性能的要求外，还有外形美观的要求，包装的保护功能应满足这两方面的要求。

洗衣机包装设计应做到结构紧凑、防护周密、安全可靠、便于装卸，确保在正常装卸、运输条件下和在有效储存期限内，产品不会因包装原因发生损坏、锈蚀而降低产品的安全和使用性能。包装环境应清洁、干燥、无有害介质，包装环境为室温条件，相对湿度不大于 85%；包装材料必须保持干燥、整洁，与产品直接接触的包装材料，应对产品无腐蚀作用和其他有害影响；产品在包装箱内不应松动、碰撞，不应与包装箱内壁直接接触。以免受外力的冲击而损伤产品；包装应满足集装箱或托盘运输的要求，并应符合铁路、公路、水路、航空运输等包装的规定；产品包装防护功能应满足防潮、防霉、防锈及防震的要求。储存仓库应通风良好、贮存环境温度为－40～60°C，相对湿度不大于 80%，包装有效期为两年。

2. 洗衣机包装防护功能设计

（1）防潮、防霉与防锈包装　洗衣机箱体由钢板和塑料制成，内部结构主要由驱动电机和管道线路等元件构成。根据洗衣机包装的技术要求，应按国家标准防潮（GB5048）、防霉（GB4768）和防锈（GB4879）包装规定进行处理。

① 防潮处理。一般是在瓦楞纸箱外表面涂刷防潮涂料，或对瓦楞纸板的箱面纸进行防潮处理。此外，在洗衣机外覆盖聚乙烯薄膜罩，除了能够防尘，还可防潮。必要时，在箱内放入适量的干燥剂，如袋装硅胶等。

② 防霉处理。防霉性能应按“防霉包装试验方法”（GB4769）的规定进行试验后，外观质量及有关性能应符合产品标准规定的要求，在有效期内不长霉。

③ 防锈处理。洗衣机表面要求干燥、无污物及油迹；采用聚乙烯薄膜覆罩后，防锈性能应满足两年内无锈迹。

（2）确定缓冲材料的厚度　洗衣机的允许脆值 $G=100$，质量为 30kg，则重力为 $30\times9.8=294$N，洗衣机底面积为 $51\times50=2550\text{cm}^2$。流通中的等效跌落高度为 H＝45cm。缓冲材料可选用发泡聚苯乙烯，根据缓冲材料最大加速度-静应力曲线计算缓冲材料厚度，同时校核缓冲垫的压缩挠曲。

（3）瓦楞纸箱设计　洗衣机外包装箱选用 AB 楞型组合的 5 层瓦楞纸板。瓦楞纸箱箱顶与箱底采用组合型 0201/0310，即箱顶由上、下摇盖构成，瓦楞纸箱尺寸计算的顺序是，先计算内部尺寸，再计算制造尺寸，最后计算外部尺寸。当瓦楞纸板尺寸不够大时，箱坯可做成两片。箱底用钙塑瓦楞底盘，以提高其坚固耐久、防水防潮的性能。底盘内放置前、后、左、右四根木条构成的框架，其厚度为 15mm。木框上放置防震衬垫，瓦楞纸箱套在底盘上。

（4）包装件防护性能试验　为了检查包装对洗衣机的保护程度，对包装件应进行堆码、振动、斜面冲击、横木撞击、跌落等项目试验。堆码试验是为了考核洗衣机包装件承受堆码时的耐压强度及包装箱、衬垫等对洗衣机的保护能力。振动试验用模拟汽车运输振动试验代替，在模拟汽车振动台上振动 75min，相当于洗衣机包装件在三级公路上运输 200km，以检验包装对洗衣机的保护能力；斜面冲击试验是根据国内运输装卸的特点，采用人工环境模拟斜面冲击试验，测试包装件遇到斜面滑动及斜坡上的急剧刹车，对前后车箱拦板产生的冲击的承受能力；横木撞击试验是采用人工环境模拟斜面横木撞击试验，模拟汽车运输中的启动、刹车、停车以及因路面不平，使包装件产生摇晃和侧面对低拦板撞击等实际情况，以考核洗衣机包装件抗斜面拦板撞击的能力；跌落试验用来评定洗衣机包装件在装卸过程中，受到垂直冲击时的耐冲击强度及托盘底垫对洗衣机的缓冲保护能力。

3. 洗衣机包装工艺过程

洗衣机包装工艺过程如表 11-5 所示。

表 11-5　洗衣机包装流程工艺卡

工序	工步	工序内容及要求	包装设备与工艺装备	包装产品	
1	 1 2 3	包装准备 验收洗衣机 验收衬垫 检查纸箱			
2	1 2	封箱门 将附件和文件袋放入洗衣机滚筒内 用压敏胶带将上盖粘封	胶带切断器	PP 压敏胶带	2 条
3	1	装瓦楞底盒		瓦楞纸箱 防振缓冲垫	
4		罩塑料包装膜 侧面衬垫固定 顶部缓冲衬垫固定		PE 薄膜袋 OPP 压敏胶带 侧面衬垫	1 个 1 条 1 套
5		装纸箱 封箱顶 用胶带固定密封纸箱	订箱机	纸箱 压敏胶带	1 个 1 条
6		贴标	贴标机		1 套
7		捆扎	自动捆扎机	打包机	
8		入库 堆放不超过 2 层	叉车		
9		检验 按批量对包装方法、随箱文件、捆扎和封箱质量检验			

4. 洗衣机包装工艺过程分析

（1）封箱　封箱门之前，首先验收洗衣机，检查外观质量，进行必要清洗。然后将合格证挂在洗衣机的中铰链上，并将装有装箱单、保修证的文件袋放入冷藏室中，放置所有附件。再用两条宽 25mm、长 280mm 的聚丙烯压敏胶带，在适当位置将门贴牢。同时，将木条放置在钙塑瓦楞底盒内侧四周，并将防震垫放在木条上，再将封好的洗衣机放在防震垫上，洗衣机的位置要正确，底腿放在防震垫上对应的孔穴中。根据洗衣机底部的结构形状，也可在制成洗衣机体后，立即放在装有防震垫的底盒内，再接着进行后续制造工序。

（2）罩内塑料袋　覆罩聚乙烯吹塑薄膜袋时，要将下口收紧，并用宽 20mm、长 150mm 的 OPP 压敏胶带在距底面 80mm 处将包装袋扎住。然后将两块侧面衬垫和前面衬垫放在洗衣机周围，要求放在防震底垫上，并与箱体靠紧；再用宽 20m、长 2500mm 的 OPP 压敏胶带粘贴一圈。最后将左右两根棱垫卡在洗衣机顶部，要求前后、左右位置正确。洗衣机还可采用其他衬垫形式，如底部采用托盘衬垫，上部采用护棱方顶大包盖，四周用四根立式护棱组成框形结构。

（3）装纸箱　先在纸箱侧面的手把孔内装入塑料手把（此工作也可由纸箱制造部门完成）。然后将纸箱从上向下套在洗衣机外面，纸箱的前后方向应与洗衣机一致，不得碰伤蒸发盒。封箱时先盖纸箱的前后盖，再盖纸箱的左右盖片。前面所说左右两根棱垫也可在盖纸箱时卡在洗衣机顶部。用两个规格为 3518 的钉箱钉将左右盖钉住，箱钉与纸箱边缘距离保持 30～40mm。并用宽 50mm、长 850mm 的聚丙烯压敏胶带封住纸箱顶部开合处；两头的胶带长度应留均匀。接着将外包装塑料薄膜袋覆罩在纸箱外面，将包装袋下口收紧，用宽 20mm、长 150mm 的 OPP 压敏胶带贴住，以利于捆扎机顺利工作。

（4）包装件捆扎　包装件在自动捆扎机上进行捆扎；打包带为宽 15.5mm、厚度 0.8mm 的机用聚丙烯打包带。捆扎时打包带作“井”字形或作 2～3 道等距平行捆扎；捆扎位置要正确、对称、并保持纸箱清洁无损。捆扎后沿打包带方向距箱体一端 300mm 处，使用弹簧秤勾住打包带进行拉出试验，试验时拉力必须垂直于箱面，拉力不小于 19.6N 时，打包带拉起距离应不大于 50mm。

（5）包装后期工作　主要包括堆码、储存和运输。堆码高度一般不超过两层；用仓库储存时，与墙、柱、灯、顶之间应留有一定距离，并离地面不少于 15cm；运输时无论用何种方式，均不应露天运输；装卸时用人工或机械。应轻装轻卸，不得顶撞箱体，而且不应颠倒，垂直偏移角度不大于 45°。

（6）洗衣机包装件检验　洗衣机包装件的检验分为出厂检验和型式检验。出厂检验项目有包装方法、随箱文件和捆扎。检验时不需要逐个检验，而是从整批包装件中随机抽取一批样本，根据对样本的检测的结果，判断这批产品是否合格。出厂检验采用 GB2828“逐批检查计数抽样程序及抽样表”中正常检查一次抽样方案。检验项目有跌落、斜面冲击、横木撞击。为检查在规定周期内包装生产过程的稳定性是否符合规定的要求，可以逐批检查合格的某批或若干批中抽取样本进行周期检查。

第三节　包装工艺过程质量管理

包装质量是指产品的包装能满足产品流通、销售和消费的需要及其满足程度的属性，它具有适用性、可靠性、安全性、耐用性和经济性。产品包装质量通常以机械、物理、化学、生物学等性能及尺寸、形状、重量、外观、手感等表示。产品包装质量管理就是运用管理功能，为提高产品的包装质量，不断地满足用户需要而建立的科学管理体系的活动。工业企业要把包装的质量标准和用户满意的程度作为衡量产品包装质量的尺子。产品包装质量管理包括产品包装的设计过程、制造过程、辅助生产过程和用户使用过程的管理，并涉及包装材料的质量管理和处理使用过程中发生的问题。

一、包装产品质量管理

包装企业要推行全面质量管理，必须建立一套严密的质量管理体系。质量管理体系是根据质量管理的要求，通过必要的手段和方法，把企业各部门、各环节组织起来，明确规定它们在全面质量管理方法的职责权限，并建立起组织和协调各方面全面质量管理活动的专门机构，使全面质量管理工作贯穿于企业生产经营活动的全过程。一方面，可以把全面质量管理的具体工作落实到各部门、各级进行管理，企业内部形成严密而有效的体系，从而在组织上保证企业生产出优质的包装产品。另一方面，在统一领导下，互通信息、相互协作，共同保证提高产品包装的质量，在企业生产经营活动和各阶段之间、各环节之间进行质量信息反馈，包括“厂内反馈”与“厂外反馈”，两个反馈在体系中循环不止，每经一次循环，产品包装质量就可能提高一步。为此，要落实以下主要措施。

1. 建立严格的质量责任制

总经理、各部部长、车间主任、技术人员、生产调度、质量检验员、供销与财会人员直至生产工人，都要规定对包装产品质量的责任，明确分工，使质量工作事事有人管，环环把好关。要严格按照产品质量标准和用户要求，进行设计和生产。生产调度部门下达生产指令，其规格、造型、用料和装潢设计等都必须准确无误。

2. 制定和严格执行工艺规程

制定出包装产品制造过程、辅助生产过程的工艺操作规程，严格按生产指令、技术标准进行生产。严禁违章操作，各工序之间要建立互相制约与监督的工序控制方法，上道工序质量不符合要求，下道工序可拒绝加工。对违章作业者规定必要处罚。

3. 建立和健全产品包装质量检验制度

加强质量管理，必须设立专职检验机构，配备专职检验技术人员，建立一套严格的质量检验制度。同时，规定质量检验人员的权力和职责范围。不合格的产品包装，坚决不准出厂。

包装产品要实行科学的检验方法，建立实验室，配备必要的仪器设备，对试样进行化学、物理和生物的实验。如进行化学成分的分析、化学稳定性分析、跌落试验、抗压试验、抗水试验等。

对于一切原辅材料，必须根据技术标准检验合格后，才能用于产品生产。新研制的材料必须经鉴定合格后，才能进入市场。直接接触食品与药品的包装材料，应符合食品卫生法和药品管理法的规定。对于出口商品包装还要由国家进出口商品检验部门，负责监督检验及发放商检证书。产品包装监督机构和人员执行任务时，被检单位要积极配合和提供便利，不得拒绝、阻碍。

4. 运用科学的质量控制统计方法

质量控制的统计方法，是以概率论和数理统计为理论基础的一种控制产品质量的方法。正确地运用这种方法，可从工序上判断生产进程是否正常，及时发现和清除造成包装产品质量不稳定的因素，预防废次品的发生，提高产品包装的合格率，并可进一步探讨产品包装质量变异的原因，及时采取措施，不断提高包装产品质量。

对于可用数据表示的资料的加工、整理、分析、推断，可利用分层法、排列图、直方图、控制图、散布图、调查表、方差分析、试验设计、抽样检查等；对于不可用数据表示的资料的加工、整理、分析、判断，可以利用调查表、因果图、树图、流程图、水平对比法等。质量控制统计方法以批量生产为前提条件。包装产品属于批量生产，也有相对稳定的生产程序。因此，也适宜于上述质量控制统计方法。这种方法是在生产过程中实行系统的抽样检验，将抽查结果制成各种统计图表，利用数理统计方法来分析工艺流程中的技术设备和产品质量状况。如发生问题，就可以从统计图中进行分析，找出工艺过程失调情况和质量不稳定因素，以及导致发生废品、次品的危险因素，从而采取相应措施来消除隐患，防止质量事故的发生。所以，充分和灵活地运用质量控制的统计方法，是搞好全面质量管理的一个重要方面，也是提高管理质量，实现管理科学化，讲究经济效益的重要手段。

二、包装产品质量统计分析法

包装工艺规程中对包装产品质量标准以及检测方法都有明确的规定。包装加工企业在接受供应商提供的原材料时需要进行检验，在完成产品包装加工之后，需要对包装产品进行质量检验，以判断是否达到质量要求。

对包装原料以及包装产品的检验方法有两种：第一种是全部检验，对所有产品按照质量标准进行检验，挑出不合格产品；第二种是抽样检验，即从整批产品中抽出样本，以样本质量代替整批产品质量。样本必须尽可能随机抽取，以使抽样结果有足够的可信度。两种检验方法都有其优缺点，也适用于不同的产品检测。

（一）统计抽样检测

抽样检验是利用从批或过程中随机抽取的样本，对批或过程的质量进行检验。我国国家标准 GB/T 2828.1 是《计数抽样检验程序第 1 部分：按接收质量限（AQL）检索的逐批检验抽样计划》为包装行业的抽样检验提供了依据。

GB/T 2828.1 计数抽样检验的内容包括以下几个方面。

1. 确定产品质量标准

产品质量标准，就是对产品质量的具体要求，即明确区分单位产品合格与不合格或每个质量特征构成不合格的标准。产品质量标准应在国家批准的产品图、技术条件或订货合同中做出明确规定。

2. 确定批量 N

同型号、同等级、同类型、同尺寸、同成分，在基本相同的时段和一致的条件下制造的由产品组成。从抽样检验的观点来看，大批量比较有利。在同一检验条件下，增大批量以后，随着样本量的增加，方案的鉴别力将随之提高，双方风险会因此降低，检验费用也会因抽样比的降低而降低。

3. 规定检验水平 IL（Inspection Level）

产品的检验水平根据产品的重要程度、产品的复杂程度、生产过程中的稳定性、检验实验是破坏性与否、产品价格、批量大小等因素做出选择。检验水平规定了批量与样本量之间的关系，用 IL 表示。只要 AQL 和检验水平相同，产品批的判断能力基本上是相同的。GB/T 2828.1 标准给出了三个一般检验水平，分别是水平Ⅰ、Ⅱ、Ⅲ，还有四个特殊检验水平，分别是 S-1、S-2、S-3、S-4。

4. 确定接收质量限 AQL (Acceptance Quality Limit)

方案的严格程度，主要决定于 AQL 值的大小，所以 AQL 值的确定应在保证产品主要性能的前提下，根据产品的重要程度，实际价值，生产方的质量保证能力，产品成本等各种因素来确定。

5. 确定抽样方案

根据批量和检验水平，由 GB/T 2828.1 检索出字码，如表 11-6 所示。根据字码和规定的 AQL 值以及规定的方案类型，由相应的主表中，直接检索出抽样方案。GB/T2828.1 中规定了三种严格程度不同的抽样方案；正常、加严、放宽检验抽样方案。确定抽样方案流程如图 11-4 所示。

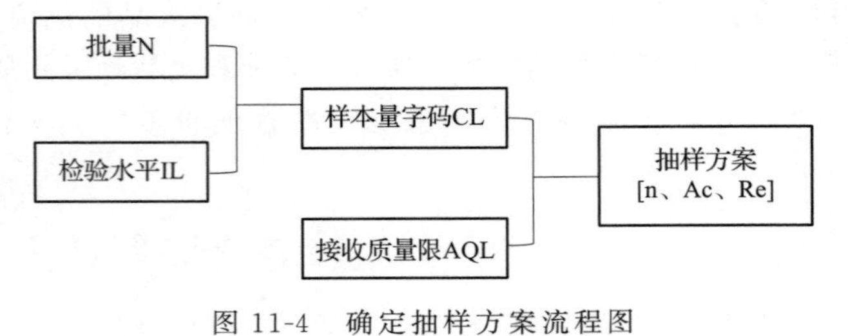

图 11-4 确定抽样方案流程图

表 11-6 样本量字码

批量	特殊检验水平				一般检验水平		
	S-1	S-2	S-3	S-4	Ⅰ	Ⅱ	Ⅲ
2～8	A	A	A	A	A	A	B
9～15	A	A	A	A	A	B	C
16～25	A	A	B	B	B	C	D
26～50	A	B	B	C	C	D	E
51～90	B	B	C	C	C	E	F
91～150	B	B	C	D	D	F	G
151～280	B	C	D	E	E	G	H
281～500	B	C	D	E	F	H	J
501～1200	C	C	E	F	G	J	K
1201～3200	C	D	E	G	H	K	L
3201～10000	C	D	F	G	J	L	M
10001～35000	C	D	F	H	K	M	N
35001～150000	D	E	G	J	L	N	P
150001～500000	D	E	G	J	M	P	Q
500001 及以上	D	E	H	K	N	Q	R

6. 抽取样本并检验样本

必须整批提交，可以在生产现场、库房或其他合适的场所提交；也可以按每个独立生产阶段分段提交；可以在装箱以前提交，也可以在装箱以后提交。

7. 检验判定

如果某种产品或某一检验试验项目，包含有严重和轻等不同类别的不合格，按照方案要求抽取样本后，应对逐个样品、逐个质量特征进行检验，只有当各个类别发现的不合格品都能满足各自抽样方案接收数的要求时，才能对批或某一检验试验项目做出接收的判定；其中任何一类不符合接收数的要求，都不能判定接收。

8. 重新检验

如果发现一个批不接收，应立即停止所有各方。在批中的所有单位产品被重新检测或试验，而且确信供方已剔除所有不合格品或以合格品替换，或者已修正所有的不合格之前，这样的批不应该再提交。负责部门应确定再检验应使用正常检验还是加严检验，再检验是针对所有类型的不合格还是只针对初次检验造成批不接收的特定类型。

（二）包装产品质量统计分析法

统计管理方法主要包括控制图、因果图、相关图、排列图、统计分析表、数据分层法、散布图等所谓的QC七工具。运用这些工具，可以从经常变化的生产过程中，系统地收集与产品质量有关的各种数据，并用统计方法对数据进行整理、加工和分析，进而画出各种图表，计算某些数据指标，从中找出质量变化的规律，实现对质量的控制。

1. 统计分析表

统计分析表是利用统计表对数据进行整理和初步分析原因的一种工具，其格式可多种多样，这种方法虽然较单，但实用有效。

2. 数据分层法

数据分层法就是性质相同的，在同一条件下收集的数据归纳在一起，以便进行比较分析。因为在实际生产中，影响质量变动的因素很多，如果不把这些因素区别开来，难以得出变化的规律。数据分层可根据实际情况按多种方式进行。例如，按不同时间，不同班次进行分层，按使用设备的种类进行分层，按原材料的进料时间，原材料成分进行分层，按检查手段，使用条件进行分层，按不同缺陷项目进行分层等。数据分层法经常与上述的统计分析表结合使用，数据分层法的应用，主要是一种系统概念，即在于要想把相当复杂的资料进行处理，就得懂得如何把这些资料有系统、有目的地加以分门别类的归纳及统计。

科学管理强调的是以管理的技法来弥补以往靠经验、靠视觉判断的管理的不足。而此管理技法，除了建立正确的理念外，更需要有数据的运用，才有办法进行工作解析及采取正确的措施。

3. 排列图（帕累托）

排列图又称为帕累托图，此图是由19世纪意大利经济学家帕累托（Pareto）的名字而得名。排列图是分析和寻找影响质量主要因素的一种工具，其形式用双直角坐标图，左边纵坐标表示频数（如件数、金额等），右边纵坐标表示频率（如百分比表示）。分折线表示累积频率，横坐标表示影响质量的各项因素，按影响程度的大小（即出现频数多少）从左向右排列。通过对排列图的观察分析可抓住影响质量的主要因素。

在质量管理过程中，要解决的问题很多，但往往不知从哪里着手，但事实上大部分的问题，只要能找出几个影响较大的原因，并加以处置及控制，就可解决问题的80%以上。帕累托是根据归集的数据，以不良原因，不良状况发生的现象，有系统地加以项目别（层别）分类，计算出各项目别所产生的数据（如不良率，损失金额）及所占的比例，再依照大小顺序排列，再加上累积值的图形。

在工厂里，把低效率，制品不良等损失按其原因或现象，也可换算成损失金额的80%以上的项目加以追究处理，这就是所谓的帕累托分析。帕累托的使用要以层别法的项目别（现象别）为前提，已经顺位调整过后的统计表才能画制成帕累托。

帕累托分析的步骤：

（1）将要处置的事，以状况（现象）或原因加以层别。

（2）纵轴虽可以表示件数或吨位，但最好以金额表示比较强烈。

（3）决定搜集资料的期间，自何时至何时，作为帕累托资料的依据，期限间尽可能定期。

（4）各项目依照件数或吨位之大小的顺序从左至右排列在横轴上。

（5）绘上柱状图。

（6）连接累积曲线。

帕累托法（重点管制法），提供了在无法面面俱到的状况下，抓重要的事情，而这些重要的事情又不是靠直觉判断得来的，而是有数据依据的，并用图形来加强表示。也就是层别法提供的统计基础。如图 11-5 的排列图就是依据表 11-7 的统计数据制作而成的。

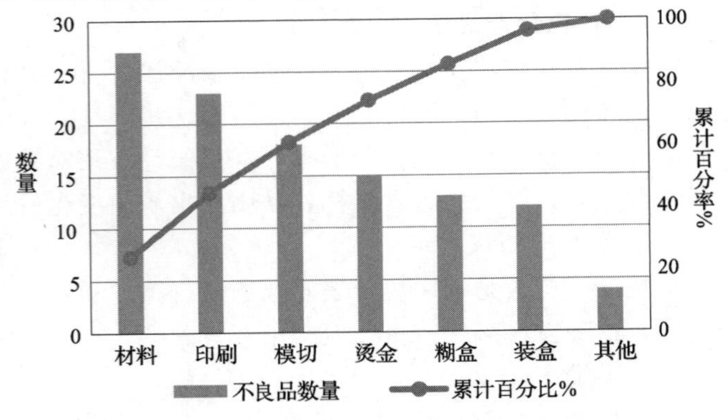

图 11-5　排列图

表 11-7　产品质量问题统计数据

工序	不良品数量	累计百分比%	工序	不良品数量	累计百分比%
材料	27	24.1	糊盒	13	85.7
印刷	23	44.6	装盒	12	96.4
模切	18	60.7	其他	4	100
烫金	15	74.1			

4. 因果分析图

因果分析图是以结果作为特性，以原因作为因素，在它们之间用箭头联系表示因果关系。因果分析图是一种充分发动员工动脑筋，查原因，集思广益的好办法，也特别适合于工作小组中实行质量的民主管理。当出现了某种质量问题，没搞清楚原因时，可针对问题发动大家寻找可能的原因，使每个人都畅所欲言，把所有可能的原因都列出来。

所谓因果分析图，就是将造成某项结果的众多原因，以系统的方式图解，即以图来表达结果（特性）与原因（因素）之间的关系。其形状像鱼骨，又称鱼骨图，如图 11-6 所示。某项结果的形成，必定有原因，应设法利用图解法找出其因。因果分析图，可使用在一般管理及工作改善的各种阶段，特别是树立意识的初期，易于使问题的原因明朗化，从而设计步骤解决问题。

5. 直方图

直方图又称柱状图，它是表示数据变化情况的一种主要工具，如图 11-7 所示。用直方图可以将杂乱无章的资料，解析出规则性，比较直观地看出产品质量特性的分布状态，对于资料中心值或分布状况一目了然，便于判断其总体质量分布情况。在制作直方图时，牵涉到一些统计学的概念，首先要对数据进行分组，因此如何合理分组是其中的关键问题。分组通常是按组距相等的原则进行。在应用中，分析直方图的形状并与规范界限比较，可以判断总体正常或异常，进而寻找异常的原因。

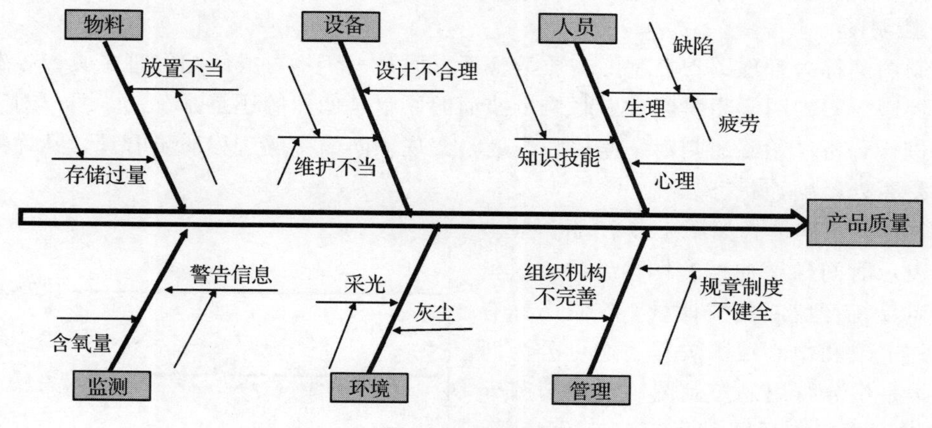

图 11-6　因果图

6. 散布图

散布图又叫相关图，它是将两个可能相关的变量数据用点画在坐标图上，用来表示一组成对的数据之间是否有相关性。这种成对的数据或许是特性—原因，特性—特性，原因—原因的关系。通过对其观察分析，来判断两个变量之间的相关关系。这种问题在实际生产中也是常见的，例如温度与气体浓度之间的关系，某种元素在材料中的含量与时间的关系等。这种关系虽然存在，但又难以用精确的公式或函数关系表示，在这种情况下用相关图来分析就是很方便的。假定有一对变量 x 和 y，x 表示某一种影响因素，y 表示某一质量特征值，通过实验或收集到的 x 和 y 的数据，可以在坐标图上用点表示出来，根据点的分布特点，就可以判断 x 和 y 的相关情况，常见的散布图如图 11-8 所示。

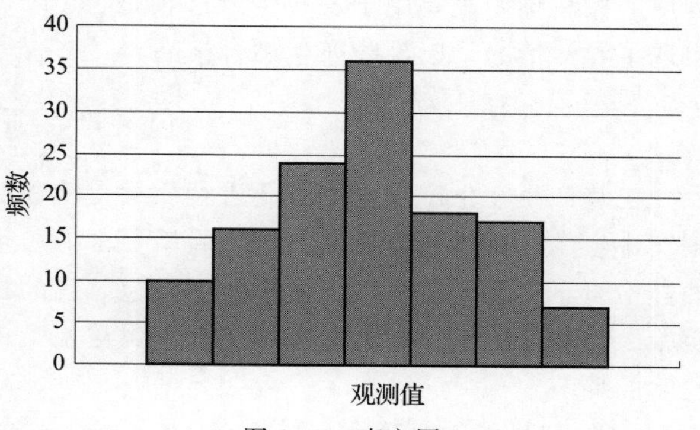

图 11-7　直方图

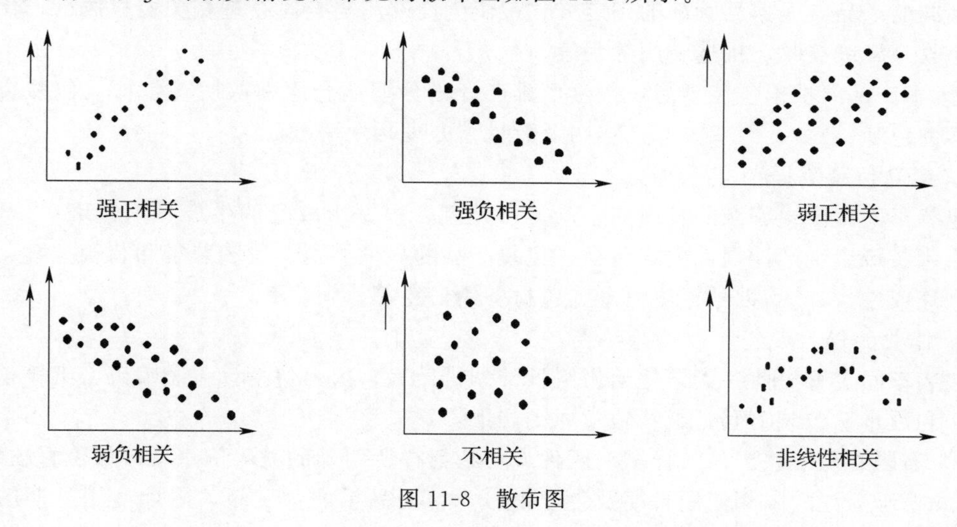

图 11-8　散布图

7. 控制图

控制图又称为管理图。控制图在质量管理方面是一个不可或缺的管理工具。控制图是一种有控制界限的图，用来区分引起质量波动的原因是偶然的还是系统的，可以对工序过程状态进行分析、预测、判断、监控和改进，实现预防为主的过程质量管理，从而判断生产过程是否处于受控状态。

控制图的基本形式如图 11-9 所示，横坐标通常表示时间顺序抽样的样本编号，纵坐标表示质量特征值或其统计量。控制图标有控制上、下限和中心线，按其用途可分为两类，一类是供分析用的控制图，用控制图分析生产过程中有关质量特性值的变化情况，看工序是否处于稳定受控状；另一类是供管理用的控制图，主要用于发现生产过程是否出现了异常情况，以预防产生不合格品。

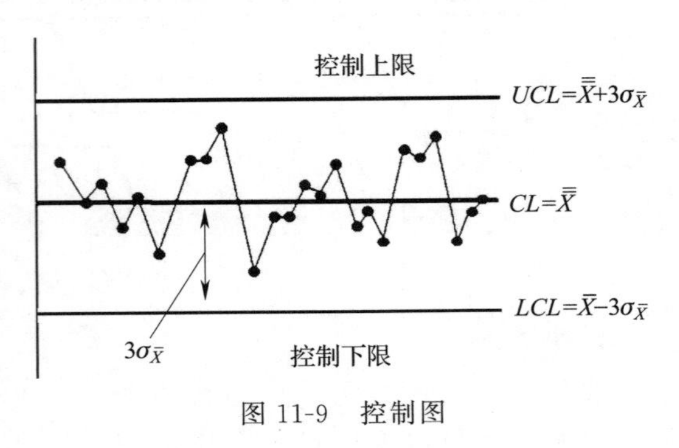

图 11-9　控制图

三、包装产品质量检验

包装产品在生产过程中需要进行质量检验和控制，并按照所获得的信息调整生产、合理安排生产设备，使其能够实现产品所要求的质量特性。对包装产品无论是全部检验还是抽样检验，都必须按照以下流程：制定包装品的技术规范；制定评价的标准；确认采用的检验工具和方法；记录检验数据，并提出对检验结果的处理方式。下面举例说明包装产品检验的环节。

1. 包装材料的管理

① 包装材料按物流流程进行分级管理，内容包括：入库、出库、使用、返库、保存等管理形式。

② 包装材料库凭供应商送货单和实物，经品控部门验收合格后，办理正式入库手续，并按品项分类保存，产品堆码、装卸、储存环境、物品安全必须符合标准要求。对不符合质量标准的产品，根据品管部的判定方式，由生产部门与仓库办理相关授权放行、让步接收、拒收、降级接收、挑选使用等手续。

③ 生产部门根据包装产能，按生产排产计划分期从仓库领取所需包材（包装袋、纸箱、其他包装材料），经双方清点实物及数量，办理领用手续。

2. 产品包装流程

包装车间按公司编制的日或周生产排产计划，根据半成品的生产日期、班次、数量，下达给包装班组生产计划，内容包括：包装产品的品种类别、包装装袋和装箱方案、成品数量（片或件）、产品批号标注信息、包材备用信息等。

3. 作业流程

包装车间主管提前一天下达给班组日计划排产表，内容包括：包装喷码、纸箱盖章生产批号和数量。包装喷码、纸箱盖章原则如下：

① 喷码必须依照产品封样书、函件或实物封样所明确的喷码信息及区域位置喷码。

② 喷码标注的限期使用日期及生产批号，普通品类的为三年，限期使用日期的有效

期按年月日少一日进行标注，生产批号中的日期以当日包装生产日期为起始日期进行标注，每个半成品生产班次的产品统一按一个包装生产日期进行标注。

③ 已产出的半成品按生产班次和实际数量，依次下达给包装班组包装生产，当日没有库存的半成品，根据次日生产的半成品数量，预先下达该生产线的喷码数量。

④ 喷码人员根据包装主管提交的生产批号信息及数量，从车间包装物保管员处领取计划量的包装袋，当日进行喷码，喷码时必须进行首检并交包装质检员确认，喷码过程中变更品项后，须再次进行首检与确认工作；包装班组长按包装车间主管指定的半成品，经质检员确认后，组织包装生产，并根据半成品的实际数量，不得超量，经登记核实后，提交喷码人员补喷包装袋；喷码人员每班人员必须做好喷码记录表及交接手续；

4. 产品包装工作规范

① 包装前包装人员必须清理工作台、现场区域内与包装品项不同的产品和杂物，做好设备、地面清洁卫生，备好所需的包装物；下线的产品经工序质检员判定合格后，包装质检员要检查是否与包装品项匹配，并向包装工讲明包装方案，即：产品装袋数量、产品装袋方向、宣传册装袋方式、标贴粘贴方式、产品装箱方式、喷码和纸箱盖章与批号相符等，并进行首检，经确认后方可进入包装程序。

② 包装工在包装前5min的产品要进行数量清点、核实数量，在确定无误后，按包装方式，规范装袋；包装工每包必须清点数量后，进行装袋；对于需要远距离运输的产品，应在包装外箱四个角处加上直角L条进行防护，以减少在运输过程中对产品产生的破坏。要求包装袋、包装箱投放宣传册、标贴等物品的，由包装物保管员到仓库领取，交车间主管或班组长发放给包装工，依据标准方式投放，在完成产品后，核实投放的物品和产品件数量是否相符，实行“碰零管理”，出现问题立即返工检查。车间主管、班组长、包装质检员负责巡检，未使用完的宣传册，由包装物保管员统一回收保管。

③ 装箱工在产品装箱时，首先检查纸箱的外观尺寸是否与要包装的产品规格一致，把纸箱平放在工作台上（如客户需要有内保护膜的要加上），再行装箱，并使用专用封箱胶带规范封箱，要求：封箱盖重合缝隙≤3mm，封箱两侧的封箱带粘合长度不得少于80mm；用于半成品周转的产品，必须使用外包装膜密封防水、防尘保护，并在外箱上粘贴合格证，标注好品名、生产班次、生产时间、产品数量等内容。

④ 包装质检员要对包装工序及产品进行抽查或巡检，并做好成品质量抽检记录，并及时反馈质量信息。

⑤ 当班未包装完的半成品，用专用周转箱装箱密封保存，做好产品标识存放，已产出的产品必须48h内装袋包装；包装完毕的成品，由车间主管与成品库办理入库手续，并在入库单注明产品生产批号，便于产品标识追溯；成品库按生产批次顺序进行发货。

⑥ 当日包装的产品，车间主管或班组长必须做好成品包装记录，记录内容包括：品名、包装数量、半成品生产日期、包装生产批号等；车间统计员在次日10点钟前完成生产日报表，并传递相关部门。

5. 不合格品的处理程序

包装工在包装时，发现不合格品（含产品、包装物），应及时剔除并交给包装质检员，包装质检员根据不合格品表现特性要及时做出判定，在颜色与纹路均正确的情况下生产过程中所产生的残次品或有色差、滴油等质量问题的产品，可作样册使用，并开具质量信息反馈单或停机通知书通报给生产部门。不合格产品处理方式：隔离待检、挑选使用、全检、返工、判废等；对发现不合格品的员工，按奖励条例，给予奖励；不合格品按合同条款，进行报废、销毁、变卖处理。

四、典型包装产品质量检验分析

(一) 电冰箱包装质量检验

电冰箱包装所用的材料，其检验规则按有关国家标准、企业标准进行。电冰箱包装件的检验分为出厂检验和型式试验。

1. 出厂检验

包装行业标准 BB/T0035《家用电冰箱包装》规定出厂检验采用 GB/T2828. 1《按接收质量限（AQL）检索的逐批检验抽样计划》中正常检查一次抽样方案。不合格品分类有 B 类和 C 类。

(1) B 类不合格　主要包括随箱文件不齐全、封装不合理，防振护楞和顶盖衬垫安装不合要求，捆扎位置不正确、不对称，用弹簧秤测得的捆扎带与箱面之间的垂直距离超过 50mm。B 类不合格的接收质量限为 AQL＝2. 5。

(2) C 类不合格　封箱所用胶带两端下垂长度小于 50mm，盖住了箱面标志和文字。C 类不合格的接收质量限为 AQL＝4。

出厂检验的检验水平 IL＝Ⅱ，主要是视检。

电冰箱包装件出厂检验见表 11-8。

表 11-8　电冰箱包装件出厂检验

项目	检验方法	IL	AQL	不合格分类
包装方法	视检	I	2. 5	B
随箱文件				
捆扎	捆扎拉力试验方法 捆扎拉出试验方法	S-2		
封箱	视检	I	4	C

2. 型式检验

以下情况应进行型式试验：① 成批生产的产品重新设计包装；② 新设计产品的包装定型；③ 包装工艺有较大改变；④ 在产品进行型式检验的同时进行包装件型式检验。

型式检验采用 GB 2829 中判别水平 I 的二次抽样方案。它由第一样本量 n_1、第二样本量 n_2 和判断数组（Ac_1、Re_1、Ac_2、Re_2；其中 Ac 代表合格判定数，Re 代表不合格判定数）结合在一起组成抽样方案，用以判断这批包装件是否合格。二次抽样方案根据第一个样本提供的信息，决定是否抽取第二个样本。其项目分组，不合格质量水平应符合表 11-9 的规定。

表 11-9　**电冰箱包装件型式检验**

项目	RQL	DL	不合格分类	Ac_1\\$Re_1$ Ac_2\\$Re_2$	n_1\\n_2
跌落	40	I	B	0　2 1　2	3
斜面冲击					
横木撞击					
堆码	65		C	0　3 3　4	3
振动					
捆扎					
封箱					

试验样品先在环境温度为（20±2)℃，相对湿度为（65±5)％的室内放置 24h。产品包装件各部位标示方法按 GB/T 4857.1 规定进行划分。

①堆码。堆码试验按 GB/T 4857.3 规定执行，堆码负载按 GB 1019 附录 A 中 A2.4.1 规定，施加压力时间为 24h。直接堆码时，试验后电冰箱包装件高度与试验前的包装件高度之差不大于 1cm/m。电冰箱包装件在堆码试验后，不应出现塌箱、鼓箱现象。压力堆码时，试验后电冰箱包装件高度与试验前的包装件高度之差不大于 1.5cm/m。

② 振动。振动试验方法：受测包装件固定在模拟汽车振动台上，模拟汽车振动台应符合GB/T 4857.7 第 2 章规定，振动时间为 75min。产品包装件经振动试验后，应符合以下要求：

a. 瓦楞纸箱无明显破损和变形，内装产品无明显位移。

b. 产品表面及箱内附件没有机械损伤。

c. 冰箱制冷、电气安全性能应符合 GB/T 8059.1～GB/T 8059.4、GB 4706.1 和 GB 4706.13 规定。

③ 水平冲击。水平冲击试验应符合以下要求：

a　斜面试验按 GB/T 4857.11 方法进行。样机放置面为 3，不大于 100kg 的包装件，冲击速度为 2.2m/s；大于 100kg 的包装件，冲击速度为 1.5m/s，冲击面为 2，5，4，6，每面冲击二次。

b　横木撞击试验按 GB 1019 附录 A 中 A6 的方法进行。样机放置面为 3，不大于 100kg 的包装件撞击距离为 1m；大于 100kg 的包装件撞击距离为 0.5m，撞击面为 2，5，4，6，每面撞击二次。

产品包装件经水平冲击试验后，瓦楞纸箱不应有明显的变形、折痕，并符合质量标准规定。

④ 跌落。产品包装件跌落试验按 GB/T 4857.5 进行。样机放置面为 3，跌落高度参考标准，连续跌落 6 次。产品包装件经跌落试验后，应符合质量标准规定。

(二) 饮料包装件质量检验分析

1. 出厂检验

生产企业的质量管理部门按照其相应的规则确定产品的批次。每批产品出厂时，应对感官特性、茶多酚、菌落总数、包装外观等进行检验。

单位产品任何一个质量特性不符合规定要求，称为不合格。根据不合格的严重程度将不合格分为三类。

（1）A类不合格　单位产品的极重要特性不符合规定或者单位产品的质量特性极严重不符合规定，如品种错误、饮料浑浊、饮料内严重悬浮或沉淀物等。

（2）B类不合格　单位产品的重要质量特性不符合规定或者单位产品的质量特性严重不符合规定，如净含量不合格、饮料内轻微悬浮物或沉淀物、瓶外围脏、瓶盖破裂、渗漏、瓶盖不易开启或开启后流酒不顺畅等。

（3）C类不合格　单位产品的一般质量特性不符合规定或者单位产品的质量特性轻微不符合规定，如商标轻微歪斜、飞角、擦伤、喷码不清晰、封箱不平整等。

2. 型式检验

（1）密封性能测试　采用负压原理测试瓶子整体的密封性，可以了解防盗瓶盖是否严密，防止在运输过程中，由于受到外力而产生脱盖泄漏等问题。

（2）垂直度偏差测试　瓶几何中心轴线与底平面的垂直轴线的偏差值。选取10个样瓶，旋转360°记录大值，小值，计算垂直偏差值。

（3）垂直载压测试　取10个样瓶，在压力试验机上垂直放置瓶子，以100mm/min的恒定速度对样瓶垂直施加压力，记录所能承受的最大初始载荷。

（4）耐内压力测试　取10个样瓶，在有防护装置的条件下，加压到1MPa，保持30s，不应有破裂。

（5）跌落性能测试　取样瓶5个，注入（20±5)℃的水，上好盖，跌落高度1.8m，瓶口向上，自由下落，不应脱盖、漏液。

（6）瓶盖开启扭矩性能测试　满足不同口径瓶盖开启力测试，规格小于38mm的瓶盖扭矩力应在0.6～2.2N·m，规格小于38mm且高度不大于12mm的瓶盖扭矩力应在0.4～2.2N·m，规格38mm口径的瓶盖扭矩力应在0.6～2.9N·m。

思考题与习题

1. 举例说明包装设备选择与布局中应考虑的问题。

2. 叙述制定包装工艺规程的步骤以及涉及的主要内容。

3. 结合典型产品，制定其包装工艺规程。

4. 试述控制图和直方图在包装工艺过程质量控制中的作用。

5. 某包装公司出厂检验采用GB/T 2828.1标准，现规定A类、B类、C类三类不合格品的接收质量限AQL分别为0.4、1.0和2.5，检验水平IL为Ⅱ，求批量N＝5000时正常检验一次的抽样方案。

参考文献

[1] 潘松年等编著. 包装工艺学 [M]. 北京：印刷工业出版社，2011.

[2] 卢立新等著. 食品包装传质传热与保质 [M]. 北京：科学技术出版社，2021.

[3] 卢立新等编著. 包装机械概论 [M]. 北京：中国轻工业出版社，2011.

[4] 卢立新编著. 果蔬及其制品包装 [M]. 北京：化学工业出版社，2005.

[5] 孙智慧，高德主编. 包装机械（第二版）[M]. 北京：中国轻工业出版社，2017.

[6] 张国全等编著. 包装机械设计 [M]. 北京：印刷工业出版社，2013.

[7] 许林成等编著. 包装机械原理与设计 [M]. 上海：上海科学技术出版社，1988.

[8] 黄静云等编著. 自动化立体仓库一本通 [M]. 中国物资出版社，2010.

[9] 肖旺群等编著. 高端装备工业设计创新研究与实践 [M]. 上海：华东理工大学出版社，2018.

[10] 董同力嘎等编著. 食品包装学 [M]. 北京：科学出版社，2015.

[11] Raija Ahvenainen 主编，崔建云等译. 现代食品包装技术 [M]. 北京：中国农业大学出版社，2006.

[12] Gordon L. Robertson. Food Packaging Principles and Practice [M]. CRC Press，2013.

[13] 周静好等编著. 防锈技术 [M]，北京：化学工业出版社，1988.

[14] 汤伯森等编著. 防护包装原理 [M]，北京：化学工业出版社，2011.

[15] 徐文达等编著. 食品软包装新技术：气调包装、活性包装和智能包装 [M]. 上海：上海科学技术出版社，2009.

[16] 孙智慧，晏祖根主编. 包装机械概论 [M]. 北京：印刷工业出版社. 2012.

[17] 马义中等编著. 质量管理学 [M]. 北京：机械工业出版社，2019.

[18] 袁建国等编著. 产品质量抽样检验程序与实施（再版）[M]. 北京：中国计量出版社，2005.

[19] 张志勇，赵淮主编. 包装机械选用手册 [M]. 北京：机械工业出版社. 2012

[20] Whiting R C，Buchanan R L. Development of a quantitative risk assessment model for Salmonella enteritidis in pasteurized liquid eggs [J]. International Journal of Food Microbiology，1997，36 (2)：111-125.

[21] Hao Fayi，Lu Lixin，Wang Jun. Finite Element Simulation of Shelf Life Prediction of Moisture-Sensitive Crackers in Permeable Packaging under Different Storage Conditions [J]. Journal of Food Processing & Preservation，2016，40 (1)：37-47.

[22] 倪卫涛. 基于智能物流的供应链包装系统集成分析 [J]. 包装工程，2016，37 (23)：203-208.

[23] 周丹，王利强，卢立新. 螺杆式粉料计量包装机粉料流动分析与数值仿真 [J]. 包装工程，2019，40 (17)：159-162.

[24] Azanha A B，Faria J A F. Use of mathematical models for estimating the shelf-life of cornflakes in flexible packaging [J]. Packaging Technology and Science，2005，(18)：171-178.

[25] 原琳，卢立新. 酥性饼干防潮包装货架期预测模型的研究 [J]. 食品工业科技，2008，(10).

[26] 郝发义，卢立新. 食品防潮包装理论及货架期预测研究现状 [J]. 包装工程，2012，33 (11)：45-49.

[27] 褚振辉. 多组份食品的防潮包装研究 [D]. 无锡：江南大学，2011.

[28] 陈亚慧，卢立新，王军. 非渗透包装下双组分食品间水分扩散模型研究 [J]. 食品科学，2014，35 (17)：32-35.

[29] Annalisa Apicella，Loredana Incarnato. Oxygen Scavengers in Food Packaging. Reference Module in Food Science [M]，Elsevier，2019.

[30] Aishee Dey，SudarsanNeogi. Oxygen scavengers for food packaging applications：A review [J].

Trends in Food Science &Technology，2019，90，26-34.

[31] Joaquín Gómez-Estaca，Carol López-de-Dicastillo，Pilar Hernández-Muñoz，et al. Advances in antioxidant active food packaging [J]. Trends in Food Science &Technology，2014，35 (1)：42-51.

[32] Janjarasskul，T.，Suppakul，P.. Active and intelligent packaging：The indication of quality and safety [J]. Critical Reviews in Food Science and Nutrition，2018，58，808-831.

[33] Chen，X.，Chen，M.，Xu，C.，Yam，K. L. Critical review of controlled release packaging to improve food safety and quality [J]. Critical Reviews in Food Science and Nutrition，2019，59，2386-2399.

[34] Lu L X，Tang Y L，Lu S Y. A Kinetic Model for Predicting the Relative Humidity in Modified Atmosphere Packaging and Its Application in Lentinula edodes Packages [J]. Mathematical Problems in Engineering，2013，1256-1271.

[35] 朱永. 果蔬呼吸速率测定方法改进及气调包装设计方法研究 [D]. 无锡：江南大学，2012.

[36] 卢立新. 果蔬气调包装理论研究进展 [J]. 农业工程学报，2005 (07)：175-180.

[37] 席丽琴，杨君娜，许随根，等. 肉及肉制品气调包装技术研究进展 [J]. 肉类研究，2019，33 (09)：64-68.

[38] 励建荣，刘永吉，李学鹏，等. 水产品气调保鲜技术研究进展 [J]. 中国水产科学，2010，17 (04)：869-877.

[39] 全自动连续袋式气调包装机 [P]. ZL201410420369. 8，江南大学.

[40] 陈超，王秀丽，尚建磊，等. 中温相变蓄热装置的蓄放热性能研究 [J]. 北京工业大学学报，2006，32 (11)：996-1001.

[41] B. O. Aduda. Effective thermal conductivity of loose particulate systems [J]. Journal of Materials Science，1996，31：6441-6448.

[42] L. Pan，X. Chen，L. X. Lu，et al. A prediction model of surface heat transfer coefficient in insulating packaging with phase change materials [J]. Food Packaging and Shelf Life，2020，24，100474.

[43] G. Burgess. Practical thermal resistance and ice requirement calculations for insulating packages [J]. Packaging Technology and Science，1999，12 (2)：75-80.

[44] 张涛，余建祖. 相变装置中填充泡沫金属的传热强化分析 [J]. 制冷学报，2007，28 (6)：13-17.

[45] I. M. Bugaje. Enhancing the thermal response of latent heat storage systems [J]. International Journal of Energy Research，1997，21 (9)：759-766.

[46] 张鑫鑫，陆新宇，陈建忠，等. 冷链可折叠保温箱设计及试验研究 [J]. 包装与食品机械，2016，34 (4)：32-35.

[47] P. J. Han，L. X. Lu，X. L. Qiu，et al. Preparation and characterization of macrocapsules containing microencapsulated PCMs (phase change materials) for thermal energy storage [J]. Energy，2015，91：531-539.

[48] 区炳显，王承康，闫俊霞，等. 石墨烯改性高导热相变大胶囊的制备与性能表征 [J]. 化工新型材料，2021，49 (2)：72-75.

[49] P. Verma，Varun，S. K. Singal. Review of mathematical modeling on latent heat thermal energy storage systems using phase-change material [J]. Renewable & Sustainable Energy Reviews，2008，12，999-1031.

[50] 陈营，陆佳平，李国华，等. 连续取袋接袋机构的设计 [J]. 包装与食品机械，2016，34 (3)：3337.

[51] 董伟，李克天，李啟定. 自动装盒机推料机构设计与仿真 [J]. 包装工程，2015，36 (19)：89-92.

[52] 张春和，郭健杰，刘小平. 战储物资防护包装重点控制指标与关键技术环节 [J]. 包装工程，2017，38 (7)：133-138.